Alois Breiing · Ryszard Knosala

Bewerten technischer Systeme

Springer-Verlag Berlin Heidelberg GmbH

Alois Breiing · Ryszard Knosala

Bewerten technischer Systeme

Theoretische und methodische Grundlagen
bewertungstechnischer Entscheidungshilfen

Mit 181 Abbildungen

Springer

PD Dr. sc. techn. habil. Alois Breiing
Eidgenössische Technische Hochschule Zürich (CH)
Tannenstr. 3
CH - 8092 Zürich

Professor Dr.-Ing. habil. Ryszard Knosala
Schlesische Technische Universität Gliwice (PL)
Konarskiego 18a
44-100 Gliwice
Polen

Die Deutsche Bibliothek
Breiing, Alois:
Bewerten technischer Systeme: theoretische und methodische Grundlagen bewertungstechnischer Entscheidungshilfen / Alois Breiing; Ryszard Knosala. - Berlin; Heidelberg; New York; Wien; Barcelona; Budapest; Paris; Singapur; Tokio;
Springer, 1997

ISBN 978-3-642-63908-1   ISBN 978-3-642-59229-4 (eBook)
DOI 10.1007/978-3-642-59229-4
NE: Knosala, Ryszard:

Dieses Werk ist urheberrechtlich geschützt. Die dadurch begründeten Rechte, insbesondere die der Übersetzung, des Nachdrucks, des Vortrags, der Entnahme von Abbildungen und Tabellen, der Funksendung, der Mikroverfilmung oder Vervielfältigung auf anderen Wegen und der Speicherung in Datenverarbeitungsanlagen, bleiben, auch bei nur auszugsweiser Verwertung, vorbehalten. Eine Vervielfältigung dieses Werkes oder von Teilen dieses Werkes ist auch im Einzelfall nur in den Grenzen der gesetzlichen Bestimmungen des Urheberrechtsgesetzes der Bundesrepublik Deutschland vom 9. September 1965 in der jeweils geltenden Fassung zulässig. Sie ist grundsätzlich vergütungspflichtig. Zuwiderhandlungen unterliegen den Strafbestimmungen des Urheberrechtsgesetzes.

© Springer-Verlag Berlin Heidelberg 1997
Ursprünglich erschienen bei Springer-Verlag Berlin Heidelberg New York 1997
Softcover reprint of the hardcover 1st edition 1997
Die Wiedergabe von Gebrauchsnamen, Handelsnamen, Warenbezeichnungen usw. in diesem Buch berechtigt auch ohne besondere Kennzeichnung nicht zu der Annahme, daß solche Namen im Sinne der Warenzeichen- und Markenschutz-Gesetzgebung als frei zu betrachten wären und daher von jedermann benutzt werden dürften.

Sollte in diesem Werk direkt oder indirekt auf Gesetze, Vorschriften oder Richtlinien (z.B. DIN, VDI, VDE) Bezug genommen oder aus ihnen zitiert worden sein, so kann der Verlag keine Gewähr für die Richtigkeit, Vollständigkeit oder Aktualität übernehmen. Es empfiehlt sich, gegebenenfalls für die eigenen Arbeiten die vollständigen Vorschriften oder Richtlinien in der jeweils gültigen Fassung hinzuzuziehen.

Einbandentwurf: Struve & Partner, Heidelberg
Satz: Camera ready Vorlage durch Autoren
SPIN: 10536134   62/3020 - 5 4 3 2 1 0 - Gedruckt auf säurefreiem Papier

Christa
und
Małgerzta
gewidmet

Vorwort

Jede von Menschen gesteuerte Entwicklung kann nur dann zu einem Erfolg führen, wenn sich alle Beteiligten der Randbedingungen und der möglichen, oftmals erst langfristig einstellenden Folgen bewußt werden und aus diesem Bewußtsein heraus bereit sind, Verantwortung zu tragen. Diese aufgrund getroffener Entscheidungen zu tragende Verantwortung kann von den Entscheidungsträgern jedoch nur übernommen werden, wenn Klarheit herrscht über die Zusammenhänge zwischen Entscheidungsgrundlagen, Entscheidungsabläufen, Beschlußfassungen, Folgen und Risiken bzw. Chancen, und wenn die Möglichkeiten ausgeschöpft werden, mit denen diese Zusammenhänge transparent und nachvollziehbar dargestellt und die Auswirkungen in Form einer abschätzbaren oder berechenbaren Wahrscheinlichkeit vorausbestimmt werden können.

Die Bandbreite derartiger Situationen erstreckt sich von der Beschaffung oder Entwicklung technischer Produkte oder Systeme, deren hybride, also viele Disziplinen integrierende, Komplexität kaum noch von einem einzigen Sachverständigen überschaubar und damit nicht mehr beurteilbar ist, bis hin zur Lösung regionaler und in vielen Fällen sogar globaler soziologischer, ökologischer und ökonomischer Aufgaben bei meist kollektiver Entscheidungsfindung und damit verbundener Verantwortungsstreuung.

Ein wesentliches Werkzeug zur Unterstützung von Entscheidungsprozessen ist die Bewertung möglicher Lösungsvarianten oder -alternativen durch den Vergleich der entscheidungsrelevanten Kriterien. In der Konstruktionswissenschaft und -praxis zeigen langjährige Erfahrungen, daß die sich entwickelten Bewertungsverfahren bei sorgfältiger und gewissenhafter Durchführung unumstritten die wichtigsten Entscheidungshilfen sind, zumal sich im Verlauf der meisten Entwicklungs- und dort insbesondere der Konstruktionsprozesse innerhalb der einzelnen Bearbeitungsphasen mehrere Lösungsmöglichkeiten ergeben, die alle die gestellte Aufgabe und die ihr beigefügten Anforderungen mehr oder weniger erfüllen und aus denen die möglichst optimale Lösung herausgefunden werden muß.

Während bei einfachen Konstruktionsaufgaben der immer aktive Bewertungsvorgang im Gehirn des Konstrukteurs ausreicht, um eine akzeptable Lösung zu finden, ist dies bei komplexen Konstruktionen aufgrund der unterschiedlichen Erfüllung jeder einzelnen Anforderung kaum mehr möglich. Diese Erkenntnis zwingt zu einer systematischen Vorgehensweise bei der Erarbeitung von Entscheidungshilfen. Dies gilt insbesondere für Entscheidungen von großer Tragweite, wenn also eine Fehlentscheidung möglicherweise zu großen finanziellen Verlusten oder aber zu existenz- oder lebensbedrohenden Schäden für Mensch und Umwelt oder gar zu Katastrophen führen würde.

Das vorliegende Buch dient dem eingehenden Studium des Wesens und der theoretischen Grundlagen von Bewertungsverfahren sowie deren methodische und wirtschaftlich vertretbare Umsetzung in die Praxis. Zur Beurteilung von Entscheidungssituationen und den ihnen angemessen Entscheidungshilfen werden zunächst allgemeine Gesichtspunkte zur Bewertungsdurchführung angesprochen (vgl. Kapitel 2). Darüber hinaus werden die Voraussetzungen behandelt, die für die Durchführung einer Bewertung geschaffen werden müssen (vgl. Kapitel 3). In diesem Sinne sind auch die einschlägigsten, aus der Literatur bekannten Verfahren zur Bewertung technischer Systeme in ausreichender Beschreibung zusammengefaßt (vgl. Kapitel 7). Kernstück dieses Buches bilden die theoretischen Grundlagen zu den einzelnen Bewertungssituationen und -schritten einschließlich zu deren besserem Verständnis angeführten Beispiele. Insbesondere werden die theoretische Voraussetzungen zur Minimierung der allen Bewertungsverfahren anhaftenden Subjektivität vorgestellt. Dazu zählen in erster Linie die Erfassung unscharfer deterministischer Werte und linguistischer Aussagen sowie die Erstellung zumindest weitgehend, wenn nicht gar vollständig konsistenter Entscheidungs- und Gewichtungsmatrizen (vgl. Kapitel 4). Da die mit einer Entscheidung verbundenen Risiken negativer Folgen und insbesondere denjenigen mangelnder oder gar fehlender Akzeptanz die konventionellen Bewertungsergebnisse in Frage stellen können, werden praxisnahe Maßnahmen zur rechtzeitigen Erkennung und die Möglichkeiten zur Verminderung von Risiken und Erhöhung der Akzeptanz vorgeschlagen (vgl. Kapitel 6).

Auf den in Kapitel 4 beschriebenen Grundlagen beruht der abschließend an mehreren durchgängigen Beispielen erläuterte methodische Ablauf einer anforderungsorientierten, gewichteten und durch objektivierende Maßnahmen untermauerten Bewertung, wie sie insbesondere bei der Entwicklung und Konstruktion komplexer technischer Systeme empfohlen wird (vgl. Kapitel 8).

Damit ist dieses Buch eine unentbehrliche Hilfe für die systematische Erarbeitung von Entscheidungsgrundlagen und soll all jenen dienen, die Verantwortung tragen und deshalb immer wieder vor der Situation stehen, Entscheidungen treffen zu müssen, sei dies im Rahmen beruflicher, politischer oder privater Situationen. Außerdem ist es ein wichtiges Lehrbuch und Repetitorium für alle Berufstätigen sowie Studentinnen und Studenten, die sich mit der Beobachtung und Auswertung verschiedenartigster Ereignisse und deren Analyse in Form von Bewertungen befassen.

Wir, die Autoren, haben - zunächst unabhängig voneinander - seit vielen Jahren industrielle Erfahrungen auf dem Gebiet der Bewertung komplexer technischer Systeme gesammelt, diese in vorliegendem Fachbuch zusammengefaßt und durch theoretische Grundlagen und Beispiele nachvollziehbar untermauert.

Beweggründe für die Abfassung dieser Arbeit ergaben sich insbesondere durch die häufig gemachte Beobachtung von Unsicherheiten, die sich bei Entscheidungsprozessen, insbesondere solchen, bei denen die Folgen nur schwer und oftmals erst langfristig zu erkennen sind, einstellten.

Die Abfassung und Herausgabe eines Buches bedarf immer auch der dankenswerten Hilfsbereitschaft und Einsicht anderer.

Vorwort

An erster Stelle danken wir deshalb unseren Frauen Christa und Małgerzta für ihre Geduld und ihr Verständnis unserer Arbeit gegenüber, durch die diese wesentlich gefördert wurde.

Für die wertvollen schriftlichen und mündlichen Hinweise, Diskussionen und Disputationen danken wir all denen, die uns zur Abfassung dieses Buches ermutigt haben. Herrn Professor Dr.-Ing. Johann Theodor Heynatz danken wir für seine kritische und konstruktive Haltung gegenüber der Sinnfälligkeit konsistenter Entscheidungs- und Gewichtungsmatrizen, Herrn Professor Dr. sc. techn. Urs Meyer für die fachkundige Durchsicht wesentlicher Abschnitte dieses Buches, Herrn Professor Dipl.-Ing. Hartmut Seeger für die anregenden Gespräche bezüglich der *design*technischen Gesichtspunkte bei der Aufstellung von Anforderungen und Bewertungskriterien sowie Herrn Dipl.-Ing. Eckehard Kalhöfer für die zweckmäßigen Hinweise und Lösungsvorschläge, die zur Reduzierung des Rechenaufwandes bei der Behandlung konsistenter Matrizen führten.

Unseren besonderen Dank sagen wir auch Herrn Dr.-Ing. Stanislav Plonka für die enge Zusammenarbeit bei der Ausarbeitung eines Bewertungsbeispiels sowie allen Industrieunternehmen, an deren Produkten die in diesem Buch vorgestellten Theorien und Methoden erprobt werden konnten. Nicht zuletzt sei dem Verlag für seine spontane Bereitschaft zur Herausgabe dieses Buches und die dazu erforderliche Unterstützung gedankt.

Zürich, im Frühjahr 1997   Alois Breiing

Gliwice, im Frühjahr 1997   Ryszard Knosala

Inhaltsverzeichnis

Verwendete Formelzeichen und Abkürzungen	xvii
1 Einleitung - Entscheiden erfordert vorausgehendes Bewerten	1
2 Allgemeine Gesichtspunkte zur Bewertungsdurchführung	5
2.1 Der grundsätzliche Bewertungsvorgang	5
2.2 Die Anwendungsbereiche einer Bewertung	6
2.3 Die Häufigkeit einer Bewertung	7
2.4 Der erforderliche Bewertungsaufwand	8
3 Die Voraussetzungen zur Durchführung einer Bewertung	11
3.1 Grundvoraussetzungen	11
3.2 Die Anforderungen als Grundlage der Bewertungskriterien	14
3.2.1 Übersicht	14
3.2.2 Gliederung und Ordnung der Anforderungen	15
3.2.3 Anforderungsfamilien und Einzelanforderungen	22
3.2.4 Kosten und Termine als Entscheidungskriterien	27
3.2.5 Aufstellen von Anforderungen und Erstellen von Anforderungslisten	28
3.2.6 Prüfen der Anforderungen und ihrer Relationen	32
3.2.7 Die Anwendbarkeit der Anforderungen im Konstruktionsprozeß	34
3.3 Die Bewertungskriterien	35
3.3.1 Übersicht	35
3.3.2 Gliederung und Ordnung der Bewertungskriterien	38
3.3.3 Erfassen und Aufbereiten der Bewertungskriterien	42
3.4 Die erforderlichen Informationen über die zu bewertenden Varianten	45
3.5 Die Bewerter	46
3.6 Zusammenfassung zu Kapitel 3	48
4 Theoretische Grundlagen	49
4.1 Die Konsistenz paarweise verglichener Bewertungsgrößen	49
4.1.1 Übersicht	49
4.1.2 Die Aufstellung konsistenter Entscheidungsmatrizen	49
4.1.2.1 Arten der Darstellung	49
4.1.2.2 Die Bestimmung der Bewertungsgrößen	50
4.1.2.3 Zusammenhänge der Bewertungsgrößen untereinander	52
4.1.3 Die Ermittlung des Ergebnisvektors.	60
4.2 Die Begriffe Schärfe und Unschärfe	79
4.2.1 Übersicht	79
4.2.2 Die Zugehörigkeitsfunktionen	79

4.2.3 Die Addition unscharfer Zahlen bzw. Mengen	84
4.2.4 Die Multiplikation unscharfer Zahlen bzw. Mengen	86
4.2.5 Das Supremum	87
4.2.6 Die Auflösung unscharfer Zahlen bzw. Mengen in scharfe Zahlen - Defuzzifikation	88
4.3 Die Bestimmung der Maßzahlen	89
4.3.1 Übersicht	89
4.3.2 Die Maßzahlen deterministischer Kriterien in Form scharfer Zahlen	90
4.3.2.1 Übersicht	90
4.3.2.2 Die Wertfunktionen	90
4.3.3 Die Maßzahlen deterministischer Kriterien in Form unscharfer Mengen	123
4.3.3.1 Übersicht	123
4.3.3.2 Die Zuordnung von Wertfunktionen zu Maßzahlintervallen	123
4.3.3.3 Die Ermittlung der Zugehörigkeitsfunktionen	126
4.3.4 Die Maßzahlen linguistischer Kriterien in Form scharfer Zahlen	129
4.3.4.1 Übersicht	129
4.3.4.2 Die Erhöhung der Objektivität durch Bewertergruppen	130
4.3.4.3 Die Ermittlung der Maßzahlen durch die Abschätzung von Erfüllungsgraden	132
4.3.5 Die Maßzahlen unscharfer Kriterien in Form unscharfer Mengen	134
4.3.5.1 Übersicht	134
4.3.5.2 Die Zugehörigkeitsfunktionen nicht scharf erfaßbarer Maßzahlen deterministischer Kriterien	135
4.3.5.3 Die Zugehörigkeitsfunktionen linguistisch beschriebener Maßzahlen deterministischer Kriterien	138
4.3.5.4 Die Wertfunktionen unscharfer Mengen	139
4.3.5.5 Die Zugehörigkeitsfunktionen von Maßzahlen echter linguistischer Kriterien	140
4.3.6 Die Maßzahlen probabilistischer Kriterien	146
4.3.6.1 Übersicht	146
4.3.6.2 Die Maßzahlen probabilistischer Kriterien in Form scharfer Zahlen	148
4.3.6.3 Die Maßzahlen probabilistischer Kriterien in Form unscharfer Zahlen	149
4.3.6.4 Die Maßzahlen probabilistischer Kriterien in Form unscharfer Mengen	149
4.4 Die Gewichtung	157
4.4.1 Übersicht	157
4.4.2 Die Ermittlung der Gewichtungsfaktoren als scharfe Zahlen	159
4.4.2.1 Die Gewichtungsmatrix	159
4.4.2.2 Die Bestimmung der Wichtigkeiten	159
4.4.2.3 Die Berechnung der Gewichtungsfaktoren	165

4.4.3 Die Modellierung der Gewichtungsfaktoren als unscharfe Mengen	168
4.4.3.1 Übersicht	168
4.4.3.2 Das numerische Verfahren zur Bestimmung unscharfer Gewichtungsfaktoren	169
4.4.3.3 Linguistische Verfahren zur Bestimmung unscharfer Gewichtungsfaktoren	170
4.5 Die Wertungszahlen	177
4.5.1 Übersicht	177
4.5.2 Die Wertungszahlen ungewichteter Kriterien	179
4.5.3 Die Wertungszahlen gewichteter Kriterien	179
4.5.3.1 Die Wertungszahlen scharf erfaßter Kriterien	179
4.5.3.2 Die Wertungszahlen unscharf erfaßter Kriterien	179
4.6 Die Bewertungsergebnisse	180
4.6.1 Übersicht	180
4.6.2 Die Wertigkeiten ungewichteter Kriterien	181
4.6.2.1 Die Wertigkeiten scharf erfaßter deterministischer Kriterien	181
4.6.2.2 Die Wertigkeiten unscharf erfaßter deterministischer Kriterien	181
4.6.2.3 Die Wertigkeiten scharf erfaßter linguistischer Kriterien	182
4.6.2.4 Die Wertigkeiten unscharf erfaßter linguistischer Kriterien	183
4.6.3 Die Wertigkeiten gewichteter Kriterien	187
4.6.3.1 Die Wertigkeiten scharf erfaßter Kriterien	187
4.6.3.2 Die Wertigkeiten unscharf erfaßter Kriterien	190
4.6.4 Die Normierung der Wertigkeiten	192
4.6.5 Die Ermittlung der Rangfolge	192
4.6.6 Die Zwischenbewertung der Kriteriengruppen bzw. -arten	193
4.6.7 Die Gesamtbewertung komplexer technischer Systeme	194
4.6.8 Darstellungsformen der Bewertungsergebnisse	194
4.6.8.1 Übersicht	194
4.6.8.2 Darstellung der Bewertungsergebnisse in Tabellen	195
4.6.8.3 Darstellung der Bewertungsergebnisse in eindimensionalen Diagrammen	196
4.6.8.4 Darstellung der Bewertungsergebnisse in zweidimensionalen Diagrammen	198
4.6.8.5 Darstellung der Bewertungsergebnisse in dreidimensionalen Diagrammen - das dreidimensionale Stärkediagramm	200
4.6.8.6 Darstellung der Bewertungsergebnisse als Wertprofile	201
4.6.8.7 Darstellung der Bewertungsergebnisse in Form von Zugehörigkeitsfunktionen	202
4.6.8.8 Darstellung der Bewertungsergebnisse in Form von Baumstrukturen	203
4.6.8.9 Darstellung der Bewertungsergebnisse in Form von Bedeutungsprofilen	206
4.6.9 Darstellung der Verbesserung von Bewertungsergebnissen	207
4.7 Zusammenfassung zu Kapitel 4	208

5 Der Vertrauensgrad einer Bewertung — 209
5.1 Übersicht — 209
5.2 Die Objektivität von Entscheidungen — 210
5.3 Die Plausibilität der Bewertungsergebnisse — 211
5.4 Die Robustheit der Bewertungsergebnisse — 211
    5.4.1 Robuste Mittelwerte allgemeiner Vektorkoordinaten — 211
    5.4.2 Die Erhöhung der Robustheit scharf erfaßter Maßzahlen — 212
5.5 Die Sensibilität der Bewertungsergebnisse — 213
5.6 Zusammenfassung zu Kapitel 5 — 213

6 Die Bewertung von Risiko und Akzeptanz — 215
6.1 Übersicht — 215
6.2 Die Abschätzung des Risikos einer Entscheidung — 215
    6.2.1 Risiko und Chance — 215
    6.2.2 Gesamtrisiko und individuelles Risiko — 216
    6.2.3 Die Risikoanalyse — 217
6.3 Bewerten als akzeptanzfördernde Maßnahme — 219
    6.3.1 Die unterschiedlichen Stufen der Akzeptanz — 219
    6.3.2 Die Akzeptanzanalyse — 220
    6.3.3 Die Akzeptanzsynthese — 225
6.4 Zusammenfassung zu Kapitel 6 — 225

7 Die bisher gebräuchlichsten Bewertungsverfahren — 227
7.1 Anwendungsgrundsätze und Übersicht — 227
7.2 Die Argumentenbilanz als einfachste Entscheidungshilfe — 229
7.3 Die technisch wirtschaftliche Bewertung nach F. *Kesselring* — 230
7.4 Das Rangfolgeverfahren — 235
7.5 Die Bewertung mit Hilfe einer Präferenzmatrix — 238
7.6 Die Nutzwertanalyse nach C. *Zangemeister* — 241
7.7 Die Vorrangmethode nach T. L. *Saaty* — 245
7.8 Die anforderungsorientierte gewichtete Bewertung mittels scharfer Zahlen nach A. *Breiing* — 247
7.9 Die objektivierte gewichtete Bewertung mittels unscharfer Zahlen und Mengen nach R. *Knosala* — 247
7.10 Die Kosten-Wirksamkeits-Analyse — 249
7.11 Die Kosten-Nutzen-Analyse — 249
7.12 Die Beurteilung von Lösungen mittels Bedeutungsprofilen — 250
7.13 Weitere Bewertungsverfahren — 253
7.14 Zusammenfassung zu Kapitel 7 — 253

8 Beispiele — 257
8.1 Übersicht — 257
8.2 Die anforderungsorientierte gewichtete Bewertung - Beschaffung eines Absperrorgans — 257
8.3 Bewertung mittels unscharfer und frei abgeschätzter Bewertungsgrößen - Bewertung von hydraulischen Zylindern — 267

8.4 Bewertung von Konstruktionsvarianten für eine Kolbenstangen- verbindung	273
8.5 Bewertung von Spindelfedern für eine Ringspinnmaschine zum ballonlosen Spinnen	279
9 Resümee und Ausblick	**293**
10 Literaturverzeichnis	**295**
Glossar	**301**
Sachwortverzeichnis	**309**

Verwendete Formelzeichen und Abkürzungen

Nachfolgend werden die wichtigsten Formelzeichen und sonstigen Abkürzungen für die in diesem Buch verwendeten Konstanten, Variablen und Funktionsbezeichnungen erklärt. Formelzeichen, die nur selten vorkommen bzw. untergeordnete Bedeutung haben, sind hier nicht aufgeführt, sondern werden im Text erläutert oder sind aus den entsprechenden Bildern ersichtlich. Ebenfalls nicht aufgeführt sind Formelzeichen, die sich selbst erklären bzw. standardisiert sind.

a unterer Grenzwert der Zugehörigkeitsfunktion einer unscharfen Zahl oder Menge mit dem Mitgliedsgradwert $\mu = 0$

a' unterer Grenzwert der Zugehörigkeitsfunktion einer unscharfen Zahl oder α-Niveaumenge mit dem Mitgliedsgradwert $\mu > 0$

b oberer Grenzwert der Zugehörigkeitsfunktion einer unscharfen Zahl oder Menge mit dem Mitgliedsgradwert $\mu = 0$

b' oberer Grenzwert der Zugehörigkeitsfunktion einer unscharfen Zahl oder α-Niveaumenge mit dem Mitgliedsgradwert $\mu > 0$

e_i Entität mit allgemeinem Laufindex i; hier zusammenfassender Begriff für Bewertungskriterien und zu bewertende Konstruktionsvarianten bzw. -alternativen

e_i, e_j allgemeine Entitäten; i = Zeilen, j = Spalten der Tafelmatrizen zur Ermittlung der Bewertungsgrößen u_{ij}

$E(k)$ der k-te Bewerter bzw. Experte einer Bewertergruppe

$E(X)$ Erwartungswert einer statistisch verteilten Zufallsvariablen bzw. -größe

E1, E2, ...   anonyme Benennung bestimmter Bewerter bzw. Experten einer Bewertergruppe

$f(t)$ Wahrscheinlichkeitsdichte der allgemeinen Zufallsvariablen x_i

$f(t)$ Ausfalldichte

F Aggregationsfunktion; Vorschrift zur Vereinigung einzelner Zugehörigkeitsfunktionen zu einer Ergebnisfunktion

$F(x_i)$ stetige Wahrscheinlichkeitsverteilung der allgemeinen Zufallsvariablen x_i

g_g allgemeiner Gruppengewichtungsfaktor

g_{ges} Summe aller Gewichtungsfaktoren einer Gewichtungsmatrix

g_i Gewichtungsfaktor des i-ten Kriteriums

g_p Gruppengewichtungsfaktor der psychologischen Bewertungskriterien

g_t Gruppengewichtungsfaktor der technischen Bewertungskriterien

g_w Gruppengewichtungsfaktor der wirtschaftlichen Bewertungskriterien

g_A Artgewichtungsfaktor der qualitativen Bewertungskriterien
(Index A = allgemeine Gesichtspunkte; konservative Bezeichnung für qualitativ erfaßbare Bewertungskriterien)

g_Z	Artgewichtungsfaktor der quantitativen Bewertungskriterien (Index Z = Zielfunktionen; konservative Bezeichnung für quantitativ erfaßbare Bewertungskriterien)
$g(x)$	absolute Häufigkeit eines allgemeinen Zufallsereignisses x_i
$\bar{g}$	Ergebnisvektor einer Gewichtungsmatrix
$G(x)$	absolute Summen- oder Klassenhäufigkeit eines allgemeinen Zufallsereignisses x_i
$H(x)$	relative Summen- oder Klassenhäufigkeit eines allgemeinen Zufallsereignisses x_i
k	Grenze der gestutzten Werte (Maßzahlen, Gewichtungsfaktoren ...) robuster Mittelwerte
K_i	das i-te Bewertungskriterium
K_i, K_j	allgemeine Bewertungskriterien; i = Zeilen, j = Spalten der Tafelmatrizen zur Ermittlung ihrer Wichtigkeiten p_{ij}
K1, K2, ...	anonyme Benennung bestimmter Bewertungskriterien
m	Maßzahl einer Konstruktionsvarianten bzw. -alternativen bezüglich eines Bewertungskriteriums (in dieser Form nur in Kapitel 4.3.2.2 verwendet)
m_{ij}	Maßzahl des i-ten Bewertungskriteriums der j-ten Konstruktionsvariante bzw. -alternative
$m_{ij}(k)$	vom k-ten Bewerter bzw. Experten E(k) für das i-te Bewertungskriterium der j-ten Konstruktionsvariante bzw. -alternative festgelegte Maßzahl
$\underline{m}_{ij}(k)$	untere Intervallgrenze eines vom k-ten Bewerter bzw. Experten E(k) geschätzten Maßzahlintervalls des i-ten Bewertungskriteriums der j-ten Konstruktionsvariante bzw. -alternative
$\overline{m}_{ij}(k)$	obere Intervallgrenze eines vom k-ten Bewerter bzw. Experten E(k) geschätzten Maßzahlintervalls des i-ten Bewertungskriteriums der j-ten Konstruktionsvariante bzw. -alternative
$m_{i_{max}}$	Maßzahl des i-ten Bewertungskriteriums der Idealkonstruktion
p_{ij}	Wichtigkeit des i-ten Bewertungskriteriums gegenüber dem j-ten Bewertungskriterium; i = Zeilen, j = Spalten der Tafelmatrizen zur Ermittlung der Gewichtungsfaktoren g_i
$p_{ij}(k)$	vom k-ten Bewerter bzw. Experten E(k) im paarweisen Vergleich des i-ten Bewertungskriteriums gegenüber dem j-ten Bewertungskriterium abgeschätzte Wichtigkeit
p_{ik}	Wahrscheinlichkeit des Eintreffens des k-ten Zufallsereignisses mit der Zufallsvariablen bzw. -größe x_{ik} in Bezug auf das i-te Bewertungskriterium
$p_{AB}, p_{AC}, \ldots$	Wichtigkeit des Bewertungskriteriums A gegenüber der des Bewertungskriteriums B usw.
$P(x_i)$	diskrete Wahrscheinlichkeitsverteilung der allgemeinen Zufallsvariablen x_i
r	scheinbare Fehler (*Residuen*) bei Ausgleichs- bzw. Approximationsproblemen
r_{ij}	Erfüllungsgrad der i-ten Konstruktionsvariante bzw. -alternative gegenüber demjenigen der j-ten Konstruktionsvariante bzw. -alternative; i = Zeilen, j = Spalten der Tafelmatrizen zur Ermittlung der Maßzahlen m_{ij} je Bewertungskriterium und Konstruktionsvariante bzw. -alternative

Verwendete Formelzeichen und Abkürzungen xix

r_{ij} Rangfolge eines jeden Bewertungskriteriums K_i in Bezug auf die j-te Konstruktionsvariante bzw. -alternative innerhalb einer Kriteriengruppe oder -art (nur in Kapitel 3.1 verwendet)

$r_{ij}(k)$ vom k-ten Bewerter bzw. Experten E(k) im paarweisen Vergleich der i-ten Konstruktionsvariante bzw. -alternative in Bezug auf die j-te Konstruktionsvariante bzw. -alternative abgeschätzter Erfüllungsgrad je Bewertungskriterium

$\underline{r}_{ij}(k)$ untere Intervallgrenze eines vom k-ten Bewerter bzw. Experten E(k) im paarweisen Vergleich der i-ten Konstruktionsvariante bzw. -alternative in Bezug auf die j-te Konstruktionsvariante bzw. -alternative abgeschätzten Erfüllungsgradintervalls je Bewertungskriterium

$\bar{r}_{ij}(k)$ obere Intervallgrenze eines vom k-ten Bewerter bzw. Experten E(k) im paarweisen Vergleich der i-ten Konstruktionsvariante bzw. -alternative in Bezug auf die j-te Konstruktionsvariante bzw. -alternative abgeschätzten Erfüllungsgradintervalls je Bewertungskriterium

R Menge aller unscharf erfaßten Erfüllungsgrade

R Zuverlässigkeit

R_{ges_j} Rang der j-ten Konstruktionsvariante bzw. -alternative innerhalb der Gesamtbewertung

$R_{ges_{max}}$ Rang der Idealkonstruktion innerhalb der Gesamtbewertung

R_{ij} Risiko bezüglich eines möglichen i-ten Risikofalles bei Realisierung der j-ten Konstruktionsvariante bzw. -alternative

R_j Rang der j-ten Konstruktionsvariante bzw. -alternative innerhalb einer Kriteriengruppe oder -art

$R_{j_{ges}}$ Gesamtrisiko bei Realisierung der j-ten Konstruktionsvariante bzw. -alternative

R_{max} Rang der Idealkonstruktion innerhalb einer Kriteriengruppe oder -art

$R(t)$ Zuverlässigkeitsfunktion

s Stärke einer Konstruktionsvariante bzw. -alternative (Konstruktionslösung) im Vergleich ihrer Wertigkeiten gegenüber derjenigen einer anderen Lösung bzw. einer vorher definierten Idealkonstruktion

s_{ges_j} Gesamtwertigkeit der j-ten Konstruktionsvariante bzw. -alternative

$s_{ges_{max}}$ Gesamtwertigkeit der Idealkonstruktion

s_j Teilwertigkeit der j-ten Konstruktionsvariante bzw. -alternative innerhalb einer Kriteriengruppe (Gruppenwertigkeit)

s_{max} Teilwertigkeit der Idealkonstruktion innerhalb einer Kriteriengruppe

$s_{n_{ges_j}}$ normierte Gesamtwertigkeit der j-ten Konstruktionsvariante bzw. -alternative

$s_{n_{ges_{max}}}$ normierte Gesamtwertigkeit der Idealkonstruktion

s_{n_j} normierte Teilwertigkeit der j-ten Konstruktionsvariante bzw. -alternative innerhalb einer Kriteriengruppe (normierte Gruppenwertigkeit)

$s_{n_{max}}$ normierte Teilwertigkeit der Idealkonstruktion innerhalb einer Kriteriengruppe

$s_{n_{p_j}}$ normierte Teilwertigkeit der psychologischen Bewertungskriterien der j-ten Konstruktionsvariante bzw. -alternative (normierte Gruppenwertigkeit)

$s_{n_{t_j}}$ normierte Teilwertigkeit der technischen Bewertungskriterien der j-ten Konstruktionsvariante bzw. -alternative (normierte Gruppenwertigkeit)

$s_{n_{Wj}}$	normierte Teilwertigkeit der wirtschaftlichen Bewertungskriterien der j-ten Konstruktionsvariante bzw. -alternative (normierte Gruppenwertigkeit)
$s_{n_{Aj}}$	normierte Teilwertigkeit der qualitativen Bewertungskriterien der j-ten Konstruktionsvariante bzw. -alternative (normierte Artwertigkeit)
$s_{n_{A_{max}}}$	normierte Teilwertigkeit der Idealkonstruktion der qualitativen Bewertungskriterien (normierte Artwertigkeit)
$s_{n_{Zj}}$	normierte Teilwertigkeit der quantitativen Bewertungskriterien der j-ten Konstruktionsvariante bzw. -alternative (normierte Artwertigkeit)
$s_{n_{Z_{max}}}$	normierte Teilwertigkeit der Idealkonstruktion der quantitativen Bewertungskriterien (normierte Artwertigkeit)
S_j	unscharfe Menge der Gesamtwertigkeit je Konstruktionsvariante bzw. -alternative
T_{ij}	Tragweite bei Eintreten eines möglichen i-ten Risikofalles infolge Realisierung der j-ten Konstruktionsvariante bzw. -alternative
u	allgemeine Bewertungsgröße
u, u_x	beliebige Werte der Zugehörigkeitsfunktion einer unscharfen Bewertungsgröße, wobei u_x auch durch $g_x, m_x, s_x \ldots$ ersetzt werden kann
u_{ij}	Bewertungsgrößen; zusammenfassender Begriff für Erfüllungsgrade r_{ij} und Wichtigkeiten p_{ij}; i = Zeilen, j = Spalten einer Tafelmatrix
$(u, \bar{\alpha}, \bar{\beta})$	Notation der triangulären Zugehörigkeitsfunktion einer unscharfen Bewertungsgröße mit Bezug auf deren Spannweiten $\bar{\alpha}$ und $\bar{\beta}$, wobei u auch durch $m, p, r, w \ldots$ ersetzt werden kann
U	Menge aller Bewertungsgrößen
$U = (u_{ij})$	(n, n)-Matrix der Bewertungsgrößen
v_i	Koordinaten des Ergebnisvektors $\vec{v}$ einer Tafelmatrix; i = i-te Matrixzeile bzw. Vektorkoordinate
$\bar{v}_\alpha$	α-gestütztes Mittel der Maßzahlen bzw. Gewichtungsfaktoren aller Bewerter bzw. Experten einer Bewertergruppe
$\vec{v}$	allgemeiner Ergebnisvektor einer Entscheidungsmatrix (Tafelmatrix), dessen Koordinaten v_i je einen Präferenzgrad der entsprechenden Entitäten zueinander bestimmen, wobei $\vec{v}$ auch durch $\vec{g}, \vec{m} \ldots$ ersetzt werden kann
V_i, V_j	allgemeine Varianten; i = Zeilen, j = Spalten der Tafelmatrizen zur Ermittlung der Erfüllungsgrade r_{ij}
V_j	die j-te Konstruktionsvariante bzw. -alternative
V1, V2,...	anonyme Benennung bestimmter Konstruktionsvarianten bzw. -alternativen
w	normierter Wert einer Konstruktionsvariante bzw. -alternative bezüglich eines Bewertungskriteriums (nur in Kapitel 4.3.2.2 verwendet)
w_i, w_j	Verhältniswerte allgemeiner Bewertungsgrößen; i = Zeilen, j = Spalten der Tafelmatrizen
w_{ij}	Wertungszahl des i-ten Bewertungskriteriums der j-ten Konstruktionsvariante bzw. -alternative
$\underline{w}_{ij}(k)$	untere Intervallgrenze eines vom k-ten Bewerter bzw. Experten E(k) geschätzten Wertungszahlintervalls des i-ten Bewertungskriteriums der j-ten Konstruktionsvariante bzw. -alternative

Verwendete Formelzeichen und Abkürzungen   XXI

$\overline{w}_{ij}(k)$ obere Intervallgrenze eines vom k-ten Bewerter bzw. Experten $E(k)$ geschätzten Wertungszahlintervalls des i-ten Bewertungskriteriums der j-ten Konstruktionsvariante bzw. -alternative
$w_{i_{max}}$ Wertungszahl des i-ten Bewertungskriteriums der Idealkonstruktion
w_{Aj} Artwertungszahl der qualitativen Bewertungskriterien der j-ten Konstruktionsvariante bzw. -alternative
$w_{A_{max}}$ Artwertungszahl der qualitativen Bewertungskriterien der Idealkonstruktion
w_{Zj} Artwertungszahl der quantitativen Bewertungskriterien der j-ten Konstruktionsvariante bzw. -alternative
$w_{Z_{max}}$ Artwertungszahl der quantitativen Bewertungskriterien der Idealkonstruktion
w_α α-winsorisiertes Mittel der Maßzahlen bzw. Gewichtungsfaktoren aller Bewerter bzw. Experten einer Bewertergruppe
W quantitativer Wert oder qualitative Eigenschaft einer Konstruktionsvariante bzw. -alternative bezüglich eines Bewertungskriteriums (nur in Kapitel 4.3.2.2 verwendet)
W_{ij} quantitativer Wert oder qualitative Eigenschaft des i-ten Bewertungskriteriums der j-ten Konstruktionsvariante bzw. -alternativen
W_{ij} Wahrscheinlichkeit für das Eintreten eines möglichen i-ten Risikofalles bei Realisierung der j-ten Konstruktionsvariante bzw. -alternative
$W_{i_{max}}$ quantitativer Wert oder qualitative Eigenschaft des i-ten Bewertungskriteriums der Idealkonstruktion
x_{ik} statistisch verteilte Zufallsvariable bzw. -größe in Bezug auf das k-te Zufallsereignis des i-ten probabilistischen Kriteriums

α Stutzmaß zur Bildung robuster Mittelwerte
α unterer Randwert der Zugehörigkeitsfunktion einer unscharfen Bewertungsgröße
$\overline{\alpha}$ linke Spannweite einer triangulären Zugehörigkeitsfunktion
(α, ν, β) Notation der triangulären Zugehörigkeitsfunktion einer unscharfen Bewertungsgröße mit Bezug auf deren Randwerte
(α und β bilden die untere bzw. obere Grenze, ν ist die Modalgröße)
β oberer Randwert der Zugehörigkeitsfunktion einer unscharfen Bewertungsgröße
$\overline{\beta}$ rechte Spannweite einer triangulären Zugehörigkeitsfunktion
$\lambda(t)$ Ausfallrate
μ_{iq} Folge von Werten der Zugehörigkeitsfunktion $\mu_Q(q_x)$ nach der Abbildung einer Wahrscheinlichkeitsfunktion
$\mu_G(g_x)$ Mitgliedsgradwert sowie Zugehörigkeitsfunktion eines unscharf erfaßten Gewichtungsfaktors zum Wert g_x
$\mu_M(m_x)$ Mitgliedsgradwert sowie Zugehörigkeitsfunktion einer unscharf erfaßten Maßzahl zum Wert m_x
$\mu_P(p_x)$ Mitgliedsgradwert sowie Zugehörigkeitsfunktion einer unscharf erfaßten Wichtigkeit zum Wert p_x
$\mu_Q(q_x)$ Mitgliedsgradwert sowie Zugehörigkeitsfunktion einer unscharf erfaßten Wahrscheinlichkeit zum Wert q_x

$\mu_R(r_x)$	Mitgliedsgradwert sowie Zugehörigkeitsfunktion eines unscharf erfaßten Erfüllungsgrades zum Wert r_x
$\mu_S(s_x)$	Mitgliedsgradwert sowie Zugehörigkeitsfunktion einer unscharf erfaßten Wertigkeit zum Wert s_x
$\mu_U(u_x)$	Mitgliedsgradwert sowie Zugehörigkeitsfunktion einer unscharf erfaßten Bewertungsgröße zum Wert u_x
$\mu_W(w_x)$	Mitgliedsgradwert sowie Zugehörigkeitsfunktion einer unscharf erfaßten Wertungszahl zum Wert w_x
v	Modalgröße; Lage des Gipfelpunktes der triangulären Zugehörigkeitsfunktion einer unscharfen Bewertungsgröße
ρ_{kl}	Interaktionskennziffer der in Form der unscharfen Mengen S_k und S_l erfaßten Gesamtwertigkeiten der Varianten V_k und V_l
φ_{kl}	Identitätsgrad der in Form der unscharfen Mengen S_k und S_l erfaßten Gesamtwertigkeiten der Varianten V_k und V_l
Ψ	Präzisionskennziffer der Eingangsinformation

Indizes

$i = 1, 2, \ldots, n$	Laufindex für Entitäten, Bewertungskriterien und Vektorkoordinaten allgemeiner Ergebnisvektoren
i	Zeile einer Tafelmatrix oder einer Tabelle
ist	Istwert, tatsächlicher Wert
$j = 1, 2, \ldots, m$	Laufindex für Varianten
j	Spalte einer Tafelmatrix oder einer Tabelle
$k = 1, 2, \ldots, l$	Laufindex für Bewerter bzw. Experten einer Bewertergruppe
$k = 1, 2, \ldots, t$	Laufindex für die Wahrscheinlichkeitsfolge von Ereignissen
max	oberer Grenzwert
min	unterer Grenzwert
n	normierter Wert, bezogen auf „1" für den höchsten aller betrachteten Werte (vgl. auch den exponierten Index N)
norm	normierter Wert, bezogen auf „1" als die Summe aller betrachteten Werte
o	oberer Grenzwert oder obere Grenzeigenschaft
opt	optimaler Wert oder optimale Eigenschaft
soll	Sollwert oder Solleigenschaft
u	unterer Grenzwert oder untere Grenzeigenschaft
x	allgemeiner Wert der Zugehörigkeitsfunktion einer unscharfen Bewertungsgröße innerhalb eines Intervalls $[u_{min}, u_{max}]$

exponierter Index

N	normierter Wert, bezogen auf „1" für den höchsten aller betrachteten Werte

1 Einleitung -
Entscheiden erfordert vorausgehendes Bewerten

Die hier vorangestellte Erörterung der kausalen Bedeutung des Entscheidens diene dem Verständnis der wirtschaftlichen, sozialen, ökologischen und ethischen Rolle, die einer Entscheidung und den damit verbundenen *Folgen* auf allen Gebieten und in allen Ebenen menschlichen Handelns zukommt. Denn solange der Mensch als denkendes Wesen lebt und die Gestaltung der Erde beeinflußt, sind seine Gedanken und Handlungen von Entscheidungen gesteuert und in teilweise äußerst komplexen Denkprozessen geregelt.

Wenn auch der Fortschritt, ob sozial, wirtschaftlich, technologisch usw., und die damit eng verbundenen Leistungssteigerungen sich im Verlauf der Menschheitsgeschichte zunächst ausnahmslos aus Zufallsereignissen naturkundlicher und geografischer Entdeckungen und erst nach und nach aus den teilweise daraus initiierten Erkenntnissen ergab [47], wäre die fortschreitende Entwicklung des Menschen als das die Erde beherrschende Wesen ohne eine kontinuierliche Folge von Entscheidungen nicht denkbar.

Mit jeder Neuerung aber nimmt die Überschaubarkeit sozialer, politischer, wirtschaftlicher, technologischer usw. Zusammenhänge ab. Demgegenüber nimmt der Umfang der im Zusammenhang mit allen Neuerungen erforderlichen Entscheidungsprozesse zu und ist kaum mehr intuitiv zu bewältigen. Aus diesem Grunde müssen alle über den ganz privaten Verantwortungsbereich hinausgehenden Entscheidungen verständlich und von der zu entscheidenden Instanz, sei es eine Einzelperson oder ein Gremium, verantwortbar sein.

Neben den Entscheidungen, die dem sozialen Zusammenhalt und dessen Stabilität dienen, also den legislativen und exekutiven, den ökonomischen, kulturellen und ökologischen Entscheidungen, sind die unternehmerischen technischen Entscheidungen und insbesondere diejenigen, die vor und während der Entwicklung und/oder Beschaffung technischer Neuerungen stehen, in ganz besonderem Maße wichtig.

Die Entscheidungsräume innerhalb eines Unternehmens lassen sich entsprechend der Arbeitsbereiche und der damit verbundenen Fachkompetenzen wie folgt in mehreren Ebenen hierarchisch oder stabsmäßig gliedern:

— Konstrukteure entscheiden sich Detail für Detail für die nach ihrem Wissen und ihrer Erfahrung gestalteten Lösung einer Konstruktionsaufgabe hauptsächlich nach konstruktionswissenschaftlichen und praktischen Gesichtspunkten.

— Projektleiter oder Mitglieder eines Projektmanagementes entscheiden unter Beachtung des mit dem Konstruktionsauftrag geschlossenen Vertrages bezüglich technischem Gesamtkonzept, Kosten und Terminen.

— Programm- und Marketingverantwortliche entscheiden nach kundenspezifischen Gesichtspunkten.
— Die Unternehmensleitung schließlich entscheidet nach betriebswirtschaftlichen und firmenstrategischen Erfordernissen.

Aber auch außerhalb eines Unternehmens sind Entscheidungen zu treffen, deren Bedeutung oftmals sehr viel weitreichender sind als unternehmensinterne Entscheidungen. So müssen beispielsweise von privatrechtlichen oder öffentlichen Auftraggebern Entscheidungen nach privatwirtschaftlichen, volkswirtschaftlichen sowie ökologischen, psychologischen und anderen gesellschaftspolitischen Gesichtspunkten getroffen werden.

Vor jeder Entscheidung müssen die anfänglich gesteckten oder sich im Laufe einer Lösungsfindung festgeschriebenen Ziele, d. h. die Aufgabenstellung einschließlich der damit verbundenen Anforderungen, mit dem Gegenstand der Entwicklung verglichen und bezüglich ihrer Erfüllung geprüft werden.

Das Zeitwort *Entscheiden* läßt sich semantisch zurückführen auf die Bedeutung *scheiden von* ... als Synonym zu *trennen von* .... Damit ist Entscheiden gleichbedeutend mit dem sich trennen von möglichen, zu unterschiedlichen Zielen führenden, Wegen zugunsten eines einzigen, zu einem einzigen Ziel führenden, Weg.

Hier kommt der Bewertung als Entscheidungshilfe eine besondere Bedeutung zu, denn sie dient dem Zweck, aus einer bestimmten Menge von Lösungen diejenige auszuwählen, deren Weiterverfolgung - in welchem Stadium auch immer - dem optimalen Ziel eines Vorhabens am nächsten kommt.

Dies gilt sowohl für die Beschaffung als auch in ganz besonderem Maße für die Entwicklung bzw. der darin eingebetteten Konstruktion aller technischen Produkte, bei denen die Menge aller Auswahlkriterien eine rein intuitive Entscheidung nicht mehr zuläßt. Außerdem nimmt während der Suche nach den bestmöglichen Teil- oder Gesamtlösungen die Menge möglicher Varianten bzw. Alternativen, auf die zumindest ein Teil der Kriterien anzuwenden ist, in jeder Phase eines Konstruktionsprozesses zu. Dieser Umstand stellt insbesondere durch die grundsätzlich geforderte Einhaltung der ökonomischen Grundregeln, nämlich

— mit geringsten Mitteln das gegebene Ziel zu erreichen bzw.
— mit gegebenen Mitteln das äußerst Mögliche zu erreichen,

die Produktverantwortlichen - teilweise mehrmals im Verlauf des Konstruktionsprozesses - vor die Aufgabe, sich für die Weiterbearbeitung einer kleineren und damit besser überschaubaren Anzahl von Lösungen oder nur einer einzigen Lösung aus der eventuell großen Menge aller gefundenen Lösungen zu entscheiden.

Um die zu einer Entscheidung führenden Beweggründe transparent zu machen, wurden seit den Anfängen konstruktionswissenschaftlichen Denkens die Notwendigkeit, aber auch die damit verbundene Problematik, der Entscheidungsfindung erkannt und das intuitive und diskursive Verhalten des im Lösungsprozeß einer gestellten Konstruktionsaufgabe stehenden Konstrukteurs analysiert mit dem Ziel, aus diesem Verhalten ein systematisches und methodisches Vorgehen zur Entscheidungsfindung in Form von Bewertungsverfahren vorzuschlagen. Derartige Verfahren tragen erheblich dazu bei, die in Entscheidungsprozessen nicht zu unterschätzende, aber auch nicht zu vermeidende, Subjektivität auf ein Minimum zu reduzieren. So hat sich gegenüber der pauschalen, meist verbalen *Beurteilung* von Lösungen in Form *technischer Gutachten* im Laufe der letzten Jahrzehnte die durch vergleichbare Zahlen dargestellte, also an vorgegebenen Maßstäben orientierte, Bewertung mehr und mehr durchgesetzt.

Zusammenfassend gilt, daß Bewertungsverfahren wesentliche methodische Werkzeuge zur Unterstützung des menschlichen Urteilsvermögens und bei sorgfältiger und gewissenhafter Durchführung die wohl wichtigsten *Entscheidungshilfen* darstellen.

In den folgenden Kapiteln werden die wichtigsten Erkenntnisse aus vielen Analysen bekannter und bisher angewendeter Bewertungsverfahren zusammengefaßt. Die daraus resultierenden notwendigen Ergänzungen bzw. Korrekturen für zukünftige Bewertungen sowie neueste, jedoch bereits in der Praxis erprobte und theoretisch fundierte Methoden werden ausführlich erläutert. Die wichtigsten dort vorkommenden Begriffe sind im Glossar am Ende dieses Buches zusammengefaßt.

2 Allgemeine Gesichtspunkte zur Bewertungsdurchführung

2.1 Der grundsätzliche Bewertungsvorgang

Der grundsätzliche Bewertungsvorgang ist im Ansatz recht einfach und einleuchtend: Für eine endliche Menge von Lösungen beliebiger Art auf beliebigen Fachgebieten und in beliebigen Reifegraden, jedoch gleichen Informationsgehaltes, sind gemeinsame Bewertungskriterien aufzustellen, diese mit einheitlich erfaßbaren und vergleichbaren Werten zu versehen (*Wertungszahlen*) und deren Summen (*Wertigkeiten*) als Wertvergleich gegenüber zu stellen, um so durch den höchsten Wert die beste und durch den niedrigsten Wert die schlechteste Lösung zu ermitteln.

Die Gegenüberstellung der zu bewertenden Konstruktionsvarianten bzw. -alternativen erfordert eine vereinheitlichende Form aller normalerweise recht unterschiedlichen Wertdimensionen bzw. Eigenschaftsaussagen der jeweiligen *Bewertungskriterien*. Diese Vereinheitlichung erfolgt durch die Vergabe von Punkten oder Punktintervallen einer numerischen Werteskala, die vor Beginn einer Bewertung festgelegt wurden und zwar sinnvollerweise getrennt nach quantitativen (*deterministischen* oder *probabilistischen*) Werten und qualitativen (*linguistischen*) Aussagen. Die zu vergebenden Punkte werden auch *Maßzahlen* genannt.

In den meisten Fällen muß die Tatsache berücksichtigt werden, daß nicht alle in die Bewertung eingehenden Kriterien die gleiche Wichtigkeit besitzen. Deshalb muß ihnen im Rahmen der sogenannten *Gewichtung* das entsprechende *Gewicht* beigemessen werden, welches zusammen mit den Maßzahlen als Produkt die Wertungszahl einer jeden Konstruktionsvariante bzw. -alternative bezüglich eines jeden Bewertungskriteriums ergibt. Die Summe aller Wertungszahlen je Konstruktionsvariante bzw. -alternative spiegelt schließlich deren zu ihrer Beurteilung und Entscheidungsfindung heranzuziehende Wertigkeit wider und gibt durch ihre numerische Größe Auskunft über ihren Rang gegenüber allen anderen bewerteten Konstruktionslösungen.

Konstruktionsalternativen können bei einer Bewertung nur bedingt miteinander verglichen werden. Dies wird deutlich durch die folgenden Definitionen:

— *Konstruktionsvarianten*, im folgenden allgemein *Varianten* genannt, sind Konstruktionen, die sich unter Beibehaltung der geforderten Funktionalität und bei gleichem Lösungsprinzip lediglich in Geometrie, Lage, Werkstoff und Bauweise unterscheiden.

— *Konstruktionsalternativen*, im folgenden allgemein *Alternativen* genannt, sind Konstruktionen, die sich unter Beibehaltung der geforderten Funktionalität in ihrem Lösungsprinzip unterscheiden.

Varianten und Alternativen besitzen also wenige und nur in begrenztem Maße miteinander vergleichbare Kriterien. Da nur diese bei einer Bewertung herangezogen werden dürfen, werden damit die Alternativen sachgemäß zu miteinander vergleichbaren Varianten, weshalb im weiteren Verlauf der Ausführungen nur noch von diesen die Rede sein wird.

Die konstruktive Lösung, die alle Anforderungen hundertprozentig erfüllen würde, normalerweise also die theoretisch bestmögliche Lösung darstellt, wird *Idealkonstruktion* genannt und erhält den höchsten Rang bzw. den normierten Rang „1".

Die Fachliteratur ist reich an Veröffentlichungen zu den unterschiedlichsten Bewertungsverfahren. Allen gemeinsam ist jedoch der grundsätzliche Ablauf. Er läßt sich auf ein einfaches, in Bild 2.1 gezeigtes Modell zurückführen. Das Produkt erhält durch seine Bewertung, die sich entweder an einer Idealvorstellung oder an gegenübergestellten Varianten orientieren muß, einen relativen Wert. Damit entspricht die Bewertung einem Wertzuweisungsprozeß, der sich in folgende Arbeitsschritte gliedern läßt:

1. Zusammenstellen einer Bewertergruppe.
2. Zu bewertende Lösungen auf ein vergleichbares Aussageniveau bringen.
3. Bewertungskriterien aus den expliziten und impliziten Anforderungen herleiten.
4. Quantitativ erfaßbare Werte bzw. qualitativ vergleichbare Eigenschaften der zu bewertenden Varianten für jedes Bewertungskriterium ermitteln.
5. Maßzahlen den quantitativen Werten bzw. qualitativen Eigenschaften der Varianten entsprechend ihrer Charakteristik und Erfaßbarkeit für jedes Bewertungskriterium bestimmen.
6. Bewertungskriterien gewichten und Gewichtungsfaktoren ermitteln.
7. Wertungszahlen und Wertigkeiten für jede Variante aus Gewichtungsfaktoren und Maßzahlen berechnen.
8. Bewertungsergebnisse darstellen.

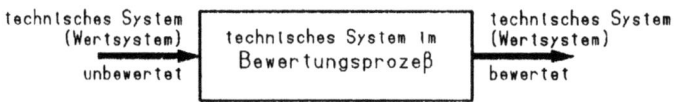

Bild 2.1. Prozeßdarstellung der Bewertung technischer Systeme

2.2 Die Anwendungsbereiche einer Bewertung

Überall dort, wo im Verlauf der Beschaffung, d. h. des Kaufes, der konstruktiven Erweiterung, Änderung, Anpassung oder der Entwicklung eines technischen Systems Entscheidungen zwischen zwei oder mehreren Lösungen getroffen werden müssen, ist zur Verringerung des damit verbundenen Risikos einer Fehlentscheidung eine Bewertung durchzuführen.

2.2 Die Anwendungsbereiche einer Bewertung

Dies ist insbesondere immer dann wichtig und auch wirtschaftlich vertretbar, wenn Entscheidungen von großer Tragweite getroffen werden müssen, wenn also eine Fehlentscheidung beispielsweise zu technischem Versagen, zu privat-, betriebs- oder volkswirtschaftlichen Verlusten oder gar zu Verlusten menschlicher Gesundheit führen würde oder wenn das Risiko lokaler oder globaler ökologischer Schäden bis hin zu Katastrophen bestünde.

Grundsätzlich kann eine Bewertung auch bei unterschiedlichen Lösungen nichtkonstruktionsorientierter Bereiche wie etwa bei kommerziellen Planungs- und Beschaffungsprojekten, technologischen, wirtschaftlichen oder gesellschaftlichen Auswahlproblemen, bei der Erstellung von Gutachten zur rechtlichen Urteilsfindung usw. angewendet werden. Die wichtigste Voraussetzung dafür sind auch hier einwandfrei erfaßbare und widerspruchsfreie Bewertungskriterien.

2.3 Die Häufigkeit einer Bewertung

Eine Bewertung kann praktisch nach jeder beliebigen Phase eines Konstruktionsprozesses stattfinden, sinnvollerweise immer dann, wenn eine Entscheidung zu treffen ist, und zwar unabhängig vom Reifegrad der Konstruktion, d. h. sie kann je nach Bedarf häufiger oder seltener, mit intensiver oder weniger intensiver Bearbeitungstiefe durchgeführt werden (vgl. Tabelle 2.1). Auch genügen unter Umständen für überschlägige Aussagen einfache Verfahren, um schnell zu einer Entscheidungshilfe zu gelangen.

Eine Bewertung kann auch bereits *innerhalb* der Konzeptphase unter den Prinzipskizzen erfolgen, die als Varianten aus der morphologischen Matrix hervorgegangen sind, ja sie kann sogar innerhalb der in dieser Matrix ausgewiesenen, den Teilfunktionen zugeordneten Wirkprinzipien und Funktionsträgern durchgeführt werden. Zu welchen Zeitpunkten eine Bewertung jedoch durchgeführt werden sollte, hängt in erster Linie ab von den geplanten Entscheidungsterminen und von der Notwendigkeit, parallel laufende Konstruktionsarbeiten einzuschränken.

Konstruktionsprozeßphase	anzuwendende Bewertungskriterien
Optimale Funktionsstrukturen ermitteln	explizite und implizite qualitative technische Bewertungskriterien
Wirkprinzipien und Funktionsträger suchen	explizite und implizite qualitative technische und wirtschaftliche Bewertungskriterien
Optimale Lösungskonzepte ermitteln	explizite und implizite qualitative technische und wirtschaftliche Bewertungskriterien
Optimalen Gesamtentwurf ermitteln	explizite und implizite quantitative und qualitative technische, wirtschaftliche und psychologische Bewertungskriterien

Tabelle 2.1. Anzuwendende Bewertungskriterien innerhalb des Konstruktionsprozesses

Selbstverständlich lassen sich nicht in jeder Phase sämtliche Bewertungskriterien verwenden. So lassen sich beispielsweise zur Bewertung von Prinzipkonzepten keine technisch quantitativen Bewertungskriterien heranziehen, da Prinzipskizzen sowohl massen- als auch dimensionslos sind und deshalb nicht quantitativ beschrieben werden können.

2.4 Der erforderliche Bewertungsaufwand

Der erforderliche Aufwand einer Bewertung ist jeweils sehr stark von der Komplexität des technischen Systems bzw. von der Art seiner Beschaffung bzw. der Komplexität seiner Entwicklung abhängig. Eine grob gegliederte Übersicht über den diesbezüglichen sinnvollen Bewertungsaufwand ist in Tabelle 2.2 dargestellt.

Unter Aufwand sind das gewählte Bewertungsverfahren, die Anzahl der zugrundegelegten Bewertungskriterien und die Maßnahmen zur Stabilisierung der Bewertungsergebnisse zu verstehen. Häufig genügen unter Umständen für überschlägige Aussagen einfache Verfahren, wie sie in [26], [57] oder [65] veröffentlicht wurden und in Kapitel 7 ausführlich genug beschrieben sind, um eine ausreichende Unterstützung für eine zu treffende Entscheidung zu erhalten.

Beschaffungsart	Bewertungsaufwand	
	komplexe technische Systeme (z. B. Personenkraftwagen)	einfache technische Systeme (z. B. Wagenheber)
Kauf	hoch	mittel
Neukonstruktion	sehr hoch	hoch bis mittel
Anpassungs- bzw. Änderungskonstruktion	mittel	gering
Variantenkonstruktion	gering	sehr gering

Tabelle 2.2. Unterschiedliche Beschaffungs- bzw. Entwicklungsarten und zugehöriger Bewertungsaufwand

Welcher Bewertungsaufwand sinnvollerweise getrieben werden muß, ergibt sich aus der Komplexität des zu bewertenden technischen Systems und der einer Entscheidung zugrunde liegenden Art der Problemstellung. Tabelle 2.3 zeigt eine Auswahl unterschiedlicher Entscheidungskriterien und den davon abhängigen Bewertungsaufwand. Diese Tabelle korrespondiert mit Tabelle 7.2, die eine praxisorientierte Empfehlung der zum Bewertungsaufwand zugeordneten und in Kapitel 7 behandelten Bewertungsverfahren darstellt.

2.4 Der erforderliche Bewertungsaufwand

Entscheidungs-Kriterium	geringer Bewertungs-Aufwand erforderlich	hoher Bewertungs-Aufwand erforderlich
Wichtigkeit des Projektes für das Unternehmen	gering	hoch
Wichtigkeit der Entscheidung für das Projekt	gering	hoch
Korrekturmöglichkeit nach dem Entscheid *Point of No Return*	einfach	schwierig
Neuheitsgrad der Aufgabenstellung	gering	hoch
Komplexität der Aufgabenstellung	gering	hoch
Neuheitsgrad der Lösungen	gering	hoch
Komplexität der Lösungen	gering	hoch
Erkennbarkeit der Produkteigenschaften	schlecht	gut
Meßbarkeit der Produkteigenschaften	schlecht	gut
Präferenzmeinungen der Entscheidungsträger	ähnlich	sehr verschieden
Technisches Risiko der Lösung	gering	hoch
Kosten der Lösung		
- Entwicklungskosten	gering	hoch
- Beschaffungskosten	gering	hoch
- Betriebskosten	gering	hoch
- Entsorgungskosten	gering	hoch
Wirtschaftliches Risiko der Lösung	gering	hoch
Geforderte Entwicklungszeit (*time to market*)	kurz	lang
Erwartete negative Spätfolgen durch die Lösung	nein	ja
Erwartete Akzeptanz		
- Gesellschaftliche Akzeptanz	gering	hoch
- Politische Akzeptanz	gering	hoch
- Akzeptanz des Marktes	gering	hoch
- Akzeptanz des Betreibers	gering	hoch
Dringlichkeit des Entscheides	groß	gering jedoch muß genügend Zeit vorhanden sein, wenn auch nur eines der Kriterien einen hohen Bewertungsaufwand erfordert

Tabelle 2.3. Komplexität des Entscheidungskriteriums und dessen Zuordnung zum erforderlichen Bewertungsaufwand

3 Die Voraussetzungen zur Durchführung einer Bewertung

3.1 Grundvoraussetzungen

Um eine Bewertung im Rahmen des Konstruktionsprozesses durchführen zu können, sind folgende Grundvoraussetzungen unerläßlich:

— Klar definierte, auf den jeweils letzten Informations- und Wissensstand gebrachte Anforderungen, zusammengefaßt in Anforderungslisten.

— Klar definierte Aufstellung der für die Bewertung wichtigen, aus den expliziten und impliziten Anforderungen hergeleiteten, Kriterien.
Sind Kriterien nicht klar definierbar, müssen die ihnen zugrundeliegenden Anforderungen überarbeitet werden.

— Beschaffen *aller* für eine Bewertung wichtigen, sich in *allen* Details sowie in der Darstellungsreife auf gleichem Informations- und Wissensstand befindlichen Dokumente der zu bewertenden Varianten (Zeichnungen und Stücklisten, Berechnungen, Tabellen und Diagramme, Beschreibungen).
In keinem Fall dürfen unterschiedlich ausgearbeitete Lösungen miteinander verglichen werden. Noch nicht erhärtete Kriterien sind zurückzustellen.

— Sofern keine Neukonstruktion vorliegt und die zu bewertenden Varianten an Vorbildern gemessen werden sollen, sind ausreichende Informationen bezüglich

  – Vorläuferprodukte,
  – Konkurrenzprodukte,
  – Patente und Gebrauchsmuster sowie
  – eventuelle Ergebnisse aus einer vorausgegangenen Marktanalyse

  zu beschaffen.

— Bestimmen der die Bewertung durchführenden Personen und Bildung von Bewertergruppen, sofern dies entsprechend den in Kapitel 3.5 beschriebenen Gesichtspunkten erforderlich wird.

Damit die Durchführung einer Bewertung vom ersten bis zum letzten Arbeitsschritt dokumentiert werden kann, sollten gleich zu Beginn die dem gewählten Verfahren und deren Komplexität entsprechenden *Bewertungstabellen* angelegt werden. Die Bilder 3.1 und 3.2 zeigen beispielhaft Tabellensätze für Bewertungskriterien mit scharf erfaßten Werten bzw. Eigenschaften, welche die empfohlene Einteilung in Kriterienarten und -gruppen berücksichtigen. In diese sollten bereits vor der eigentlichen Bewertungsdurchführung die Kriterien sowie die ihnen zugeordneten quantitativen Werte bzw. qualitativen Eigenschaften je Variante eingetragen werden (vgl. Bilder 3.1 und 3.2, Spalten 2 und 4).

Im Falle unscharf erfaßbarer Kriterien können dies die Modalgrößen v und unter Umständen auch bereits die unteren und oberen Grenzen α und β der unscharf modellierten Zahlen bzw. Mengen sein, durch welche die Unschärfe dieser Kriterien erfaßt wird. Dies bedeutet eine Erweiterung der Tabellen um bis zu zwei Spalten je Variante. In die Spalten 5 kann die Rangfolge der Werte bzw. Eigenschaften in Form numerischer Größen je Kriterium eingetragen werden, um diese - insbesondere im Falle linguistisch ausgedrückter Eigenschaften - visuell besser erfassen zu können. Diese Größen sind jedoch für die weiteren Arbeitsschritte nicht verwendbar. In die Spalten 6 werden die Maßzahlen entsprechend ihrer in Kapitel 4.3 behandelten Charakteristik und Erfaßbarkeit eingetragen, während in die Spalten 7 die als Produkte der Maßzahlen und Gewichtungsfaktoren sich ergebenden Wertungszahlen eingetragen werden. Sofern der Bewertung eine Idealkonstruktion zugrundegelegt wird, werden für jedes Kriterium die entsprechenden, sogenannten *Ziel*werte bzw. -eigenschaften, Maßzahlen und Wertungszahlen in die Spalten 8 bis 10 eingetragen. Die Summen der Wertungszahlen ergeben für jede Variante und gegebenenfalls auch für die Idealkonstruktion deren Wertigkeiten. Diese werden in die entsprechende Zeile eingetragen, unter der noch je nach Zweckmäßigkeit die normierten Wertigkeiten sowie die Rangfolgen der Varianten zueinander hinzugefügt werden können.

Werden bei der Behandlung der Werte bzw. Eigenschaften als unscharfe Zahlen bzw. Mengen die Kriterien anstatt in die Gruppen der qualitativen und quantitativen Kriterien in die Untergruppen der deterministischen, linguistischen und probabilistischen Kriterien eingeteilt, so wird eine Erweiterung der Tabellensätze für jede dieser Untergruppen empfohlen.

Der Erfolg einer Bewertung, d. h. die Glaubwürdigkeit der Bewertungsergebnisse und die Richtigkeit der darauf beruhenden Entscheidungen, ist abhängig

1. vom Präzisionsgrad der Aufgabenstellung und der ihr zugeordneten Anforderungen,
2. vom Wissens- bzw. Erkenntnisstand der jeweiligen, mit einer Bewertung abzuschließenden Entwicklungs- bzw. Konstruktionsprozeßphase,
3. vom Bewertungsaufwand,
4. von der Erfaßbarkeit der Merkmale bzw. Eigenschaften der in der jeweiligen Bewertung zu berücksichtigenden Kriterien und
5. von der richtigen Einschätzung der Wichtigkeit der jeweils herangezogenen Kriterien.

Da Bewertungsverfahren grundsätzlich subjektiven Einflüssen unterliegen, erfordern sie immer dort, wo sie logisch begründbar und in ihren Zusammenhängen beweisbar sind, die größtmögliche mathematische Unterstützung. Die aus diesem Grunde in Kapitel 4 behandelten theoretischen Grundlagen gelten grundsätzlich für alle Bewertungsverfahren, bei denen die Rangfolge der Varianten durch vorherige Bestimmung numerisch scharfer oder unscharf modellierter Wertungszahlen und deren anschließende Zusammenfassung zu Wertigkeiten ermittelt wird. Ausnahmen

3.1 Grundvoraussetzungen

bilden die durch Vereinfachungen oder andere Verfahrensweisen gekennzeichneten Bewertungsverfahren, die sich auf die Ermittlung der Rangfolge durch Pauschalurteile [26], [65] oder auf den Vergleich der Wichtigkeiten durch die Häufigkeit der Präferenz eines Kriteriums gegenüber jedem anderen Kriterium [57] beschränken (vgl. Kapitel 7).

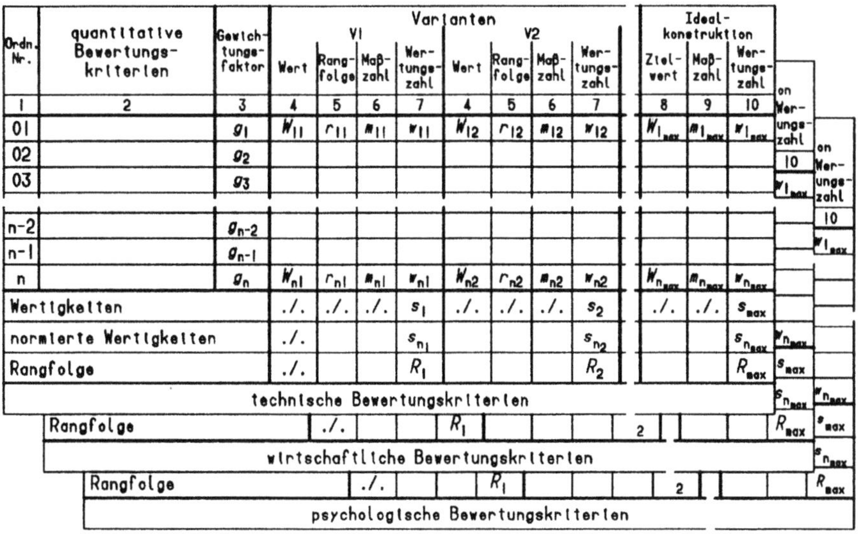

Bild 3.1. Tabellensatz zur Erfassung und Auswertung der quantitativen Kriterien

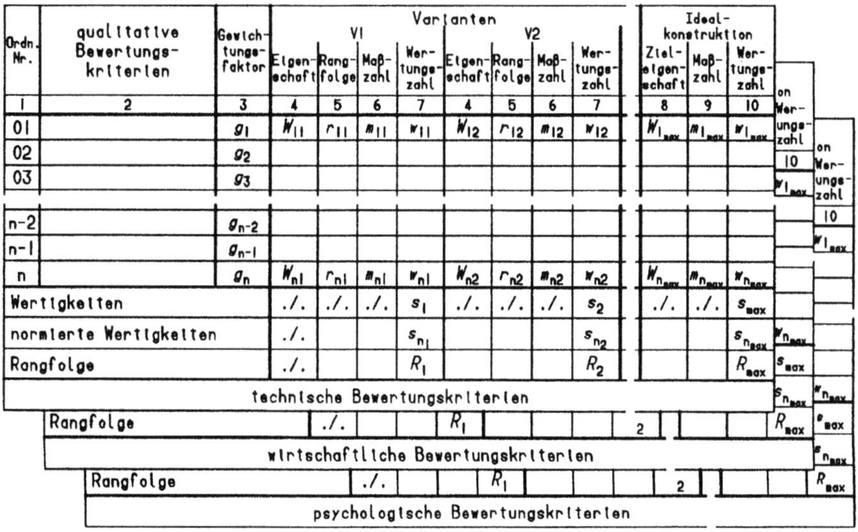

Bild 3.2. Tabellensatz zur Erfassung und Auswertung der qualitativen Kriterien

3.2 Die Anforderungen als Grundlage der Bewertungskriterien

3.2.1 Übersicht

Die Qualität einer Bewertung hängt in entscheidendem Maße von der Auswahl der ihr zugrunde gelegten Bewertungskriterien ab. Da diese unter anderem aus den innerhalb eines Konstruktionsauftrages als Randbedingungen beigefügten *Anforderungen* hergeleitet werden sollen, werden letztere hier zunächst eingehend behandelt.

Da der Begriff *Anforderungen* in der konstruktionstechnischen und -wissenschaftlichen Literatur sowie in der industriellen Praxis nicht immer eindeutig verwendet wird, wird hier zunächst eine Klärung des Umfeldes, in denen von Anforderungen die Rede ist, vorangestellt.

Bekanntlich besteht ein korrekter Entwicklungs- bzw. Konstruktionsauftrag aus einer verbal und formlos beschriebenen Aufgabenstellung, in der die zu erfüllenden Funktionen beschrieben sind, einer Auflistung aller ausdrücklich einzuhaltender Anfangs-, Rand- und Endbedingungen, die das zu entwickelnde bzw. zu konstruierende technische System, also die gefundene Lösung, über die gesamte Lebensdauer hinweg, also von der Inbetriebnahme bis hin zur Entsorgung, erfüllen muß, sowie die kostenmäßigen und terminlichen Vorgaben, innerhalb denen die gestellte Konstruktionsaufgabe zu lösen ist. Mit diesen Angaben sind die Entwicklungs- bzw. Konstruktionsziele definiert (vgl. [16]).

Die Anforderungen werden häufig in einem als Vertragsbestandteil zum Konstruktionsauftrag erklärten *Pflichtenheft*, oftmals auch *Lastenheft* genannt, zusammengefaßt. Pflichten- bzw. Lastenheft beinhalten somit die von dem zu entwickelnden bzw. zu konstruierenden Produkt erwarteten Leistungen und beziehen sich nicht selten nur auf pauschale und nicht auf das spezielle Produkt abgestimmte *Bauvorschriften*, *Richtlinien* (z. B. VDI-Richtlinien), *Handbücher* (z. B. Ergonomie-Handbücher) oder *Spezifikationen* (z. B. MIL-Specifications).

Für den Konstrukteur reichen diese Angaben in der Regel nicht aus, da sie einerseits nur die Zielvorstellungen des Kunden - häufig mangels detailliertem Konstruktionssachwissen nicht ausreichend präzisiert - beschreiben und andererseits nicht in der Fachsprache abgefaßt sind. Deshalb ist für Entwicklung bzw. Konstruktion eine sogenannte *Anforderungsliste* zu erstellen.

Innerhalb dieser Anforderungsliste darf nichts außer acht gelassen werden, was die Funktionalität gewährleistet und die Gestalt des Produktes unter allen technischen, wirtschaftlichen und psychologischen Gesichtspunkten positiv beeinflußt. Es darf aber auch keine Anforderung gestellt werden, durch die sich Wirtschaftlichkeit und Verkaufbarkeit mindern.

In gleichem Maße, mit dem die Aufgabenstellung auf ihre Erfüllbarkeit und die Akzeptanz ihrer Lösung analysiert und überprüft werden muß, ist auch die Anforderungsliste zu analysieren, zu prüfen, zu ergänzen oder auch in unbestimmt ausgedrückten Bereichen in Frage zu stellen. Denn einerseits ist sie nicht immer sprachlich einwandfrei formuliert, andererseits liegen häufig nur unvollständige Anforderungen vor. Dieser Fall tritt immer dann auf, wenn der Auftraggeber noch kein endgültiges Bild vom Entwicklungsumfang bzw. den dazu führenden notwendigen Einzelheiten hat, wie das bei komplexen Entwicklungsvorhaben durchaus der Fall sein

3.2 Die Anforderungen als Grundlage der Bewertungskriterien

kann, oder wenn der Auftraggeber, wie bereits erwähnt, fachlich nicht in der Lage ist, die vielschichtigen Anforderungen zu präzisieren.

Nach sorgfältiger Prüfung aller in einem Konstruktionsauftrag enthaltenen Informationen und der Abklärung aller anfänglich offenen Fragen liegt eine *bereinigte* Aufgabenstellung einschließlich einer für die Konstruktion und alle übrigen zuarbeitenden Disziplinen gültige und verbindliche, ebenfalls also *bereinigte*, Anforderungsliste vor. Selbstverständlich muß die Anforderungsliste im Verlauf einer Entwicklung an den jeweiligen Stand der Erkenntnisse angepaßt, d. h. ergänzt oder geändert werden.

Die somit als Entscheidungsgrundlagen heranziehbaren Anforderungen dienen als Randbedingungen für die im Ablauf eines Konstruktionsprozesses immer wieder zu treffenden Teilentscheidungen. Außerdem werden sie bei den durch Bewertungsmethoden unterstützten Entscheidungen in sogenannte *Bewertungskriterien* umgewandelt und als Maßstab für die Erfüllung der Anforderungen durch die vorliegenden Varianten zugrunde gelegt.

3.2.2 Gliederung und Ordnung der Anforderungen

Um dem fortschreitenden Konkretisierungsgrad, den unterschiedlichen Fachbereichen und deren verschiedenartigen Verantwortungs- und Entscheidungsebenen im Verlaufe eines Entwicklungs- bzw. Konstruktionsprozesses gerecht zu werden, wird bei umfangreichen technischen Systemen eine Gliederung und Ordnung der Anforderungen dringend empfohlen.

Zunächst ist zu unterscheiden zwischen zwei Anforderungs*klassen*, nämlich den ausdrücklich an ein technisches System gestellten Anforderungen, den sogenannten *expliziten Anforderungen*, und den aus den naturwissenschaftlichen Gesetzen und ihren Randbedingungen (Gültigkeitsbereiche, Einschränkungen usw.) herleitbaren Anforderungen, den sogenannten *impliziten Anforderungen*.

Die expliziten Anforderungen werden vom Auftraggeber vorgegeben oder gemeinsam von ihm und den Konstruktionsverantwortlichen erarbeitet. Sie beschreiben also unmittelbar die Zielvorstellung von dem zu entwickelnden bzw. zu konstruierenden technischen System. Sie lassen sich grundsätzlich einteilen in zwei Anforderungs*typen*, von denen der eine bei seiner Nichterfüllung zum Ausschluß der betroffenen Lösungsvariante führt, während der andere aufgrund seiner mehr oder weniger guten Erfüllung zur rangmäßigen Beurteilung der Lösungsvarianten dienen kann. Deshalb ist es zweckmäßig, diesen Umstand bereits bei der Aufstellung oder Bereinigung von Anforderungslisten zu berücksichtigen.

Die Meinungen zur sinnvolle Gliederung dieser Anforderungstypen gehen in der konstruktionswissenschaftlichen Literatur auseinander (vgl. [12], [13]). So veröffentlichte *F. Kesselring* im Jahre 1951 eine Einteilung der Anforderungen nach *Bedingungen*, *Mindestforderungen* und *Wünschen* [31], die er 1954 in [32] übernahm. Im Jahre 1970 veröffentlichte *G. Pahl* einen Vorschlag, in dem lediglich der Begriff *Bedingungen* durch den vielleicht treffenderen Ausdruck *Festforderungen* ersetzt wurde [48], während er seit dem Jahre 1977 in [49] die von einer Konstruktion zu erfüllenden Ziele und Bedingungen nur noch einteilt in „*Forderungen, die unter allen Umständen erfüllt werden müssen, d. h. ohne deren Erfüllung die vorgesehene Lösung keineswegs akzeptabel ist"*, wobei er die Kategorie *Mindestforderungen* in Form *relational* beschriebener Eingrenzungen mit einschließt, und *Wünsche* mit dem Zugeständnis, daß ein gewisser Mehraufwand zulässig ist. Im Jahre 1982 veröffentlichte *K. Roth* eine dem Sinne nach der ersten Veröffentlichung von *G. Pahl* gleichkommende Gliederung in *Festforderungen*, *Zielforderungen* und *Wunschforderungen*, die er jedoch weiter in insgesamt 18 mögliche Fälle unterteilte [53]. Diese Unterteilung ist ähnlich derjenigen in nachfolgender Tabelle 3.1.

Der langjährige Umgang mit Anforderungen und Bewertungen hat gezeigt, daß *Wünsche* im Sinne des Wortes innerhalb innerhalb einer zur Entwicklung bzw. Konstruktion freigegebenen Anforderungsliste nicht vorkommen dürfen. Sie würden der Forderung der in Arbeitskreisen des *Vereins Deutscher Ingenieure* (VDI) definierten systematischen Arbeitsmethode der *Wertanalyse* [64] widersprechen, die darin besteht, daß die Erfüllung einer Funktion durch ein technisches System mit minimalem Aufwand zu erreichen ist und deren Leitsatz lautet:

Nicht so gut als möglich, sondern so gut wie nötig!

Vor diesem Hintergrund führt die von *F. Kesselring* in [31], [32] gemachte Aussage „*Neben den feststehenden Bedingungen und evtl. Mindestforderungen können mit der Aufgabenstellung auch noch Wünsche verknüpft sein, deren Erfüllung die Lösung zwar hochwertiger macht, ohne daß aber bei Nichterfüllung die betreffende Konstruktion ausscheidet*" spätestens bei der Umwandlung von Anforderungen in Bewertungskriterien und deren Gewichtung zu Konfliktsituationen. Dies gilt auch für das oben von *G. Pahl* zitierte Zugeständnis, während die Berücksichtigung von *Wunschforderungen* sowohl als Bestandteil der Anforderungen als auch als Bewertungskriterien bei *K. Roth* als *Kann-Forderung* einen Ausweg aus möglichen Konflikten offen läßt [53].

Grundsätzlich stellt sich die Frage, ob ein Kunde die *gewünschte* Leistung bezahlen soll oder nicht. Bezahlt er sie, so *muß* die Leistung erbracht werden. Damit aber ist der Wunsch zur echten Anforderung geworden. Bezahlt er sie nicht, besteht keine Veranlassung, auf firmeneigene Kosten und eventuellem eigenen Risiko eine nicht ausdrücklich geforderte Leistung zu erbringen. Auftraggeberwünsche haben deshalb nur im Vorfeld eines Entwicklungs- bzw. Konstruktionsvorhabens bis zum Abschluß einer Angebotsphase ihre Berechtigung. Kommt es zu einem Auftrag, *müssen* diese Wünsche auf ihre Wertbeeinflussung hin geprüft und gegebenenfalls in Anforderungen umgewandelt werden.

In den weiteren Ausführungen wird aus all diesen Gründen analog [16] nur noch unterschieden in *Festforderungen*, deren Einhaltung unabdingbar ist, und den *tolerierten Anforderungen*, die einen gewissen Toleranzbereich, innerhalb dem die jeweilige Anforderung zu erfüllen ist, zulassen.

Zu den Festforderungen gehören alle Anforderungen, deren Nichterfüllung die geforderte Gesamtfunktion in Frage stellt. Tolerierte Anforderungen müssen entweder einen nach oben *und* unten begrenzten oder einen nach oben *oder* nach unten *un*begrenzten Wertbereich besitzen, innerhalb dem sie als erfüllt gelten. In den meisten Fällen müssen die nach oben oder nach unten begrenzten Wertbereiche durch eine entsprechende Gegenforderungen eingegrenzt werden.

3.2 Die Anforderungen als Grundlage der Bewertungskriterien

Beispiel 3.1: Bei der Entwicklung eines Lastkranes muß die Anforderung „*Sinkgeschwindigkeit* > 6 m/s" durch die Gegenforderung „*Bremsverzögerung* ≤ 2 g" eingegrenzt werden.

In Tabelle 3.1 sind in Anlehnung an [53] die möglichen Wertbereiche für quantitativ erfaßbare Anforderungen zusammengestellt und durch Beispiele erklärt.

Anf.typ	Nr.	Anf.untertyp	Bedingung; Ziel	Beispiel
Fest-forderung	1	einfache Punktforderung	$W = W_{soll}$	Antennenfläche A: 3 m²
	2	mehrfache Punktforderung	$W = W_{soll_1}, W_{soll_2}, \ldots$	Teilung t: 30, 36 und 50 mm
	3	nach unten begrenzte Festf.	$W \geq W_u$	Leistung N: $\geq$ 30 kW (Gegenforderung erforderlich)
	4	nach oben begrenzte Festf.	$W \leq W_o$	spez. Kraftstoffverbrauch: b_{spez}: $\leq$ 60 [g/kWh]
	5	bereichseinschliessende Festfordg.	$W_u \leq W \leq W_o$	zul. Lärmbelästigung Λ_{zul}: 30 - 50 phon
	6	bereichsausschliessende Festfordg.	$W \leq W_u$; $W_o \leq W$	Betriebsdrehzahlen nicht im Resonanzbereich
tolerierte Anfordg.	7	nach oben unbegrenzte Mindestforderung	$W \geq W_u$; $W \to \infty$	Fördervolumen V_F: $\geq$ 10 t/h
	8	Mindestforderung mit Optimum	$W \geq W_u$; $W \to W_{opt}$	Schwerpunktlage S_x: QE 4350 $\pm$ 150 mm
	9	nach unten unbegrenzte Mindestforderung	$W \geq W_u$; $W \to W_u$	Sicherheitsfaktor gegen Bruch: $\geq$ 1.5 (Flugzeugbau)
	10	nach oben begrenzte Bereichsforderung	$W_u \leq W \leq W_o$; $W \to W_o$	Schwerpunktwanderung ΔS: $\leq$ 3 000 mm
	11	Bereichsforderung mit Optimum	$W_u \leq W \leq W_o$; $W \to W_{opt}$	Anstellwinkelbereich α: 0 $\pm$ 0.5°
	12	nach unten begrenzte Bereichsforderung	$W_u \leq W \leq W_o$; $W \to W_u$	Lebensdauer L_h: $\geq$ 3 000 h
	13	nach oben begrenzte Höchstforderung	$W \leq W_o$; $W \to W_o$	Nutzlast m_{max}: $\leq$ 5 000 kg (Grenze = Achslast)
	14	Höchstforderung mit Optimum	$W \leq W_o$; $W \to W_{opt}$	Kesseldruck p_K: $\leq$ 10 bar
	15	nach unten begrenzte Höchstforderung	$W \leq W_o$; $W \to -\infty$	Leckrate: m_L: $\leq$ 0.5 g/h (evtl. Gegenfordg. erforderlich)
	16	nicht begrenzte Forderung mit Maximalziel	$W \to \infty$	Zeitfestigkeit
	17	nicht begrenzte Forderung mit Optimum	$W \to W_{opt}$	Verschleiß im Hinblick auf das Ersatzteilgeschäft
	18	nicht begrenzte Forderung mit Minimalziel	$-\infty \leq W \leq W_o$	Ausfallrate nach Inbetriebnahme

Tabelle 3.1. Mögliche Anforderungstypen und -untertypen

Alle Anforderungen lassen sich abhängig davon, ob es sich um wert- und dimensionsbehaftete oder um rangmäßig verbal beurteilbare Anforderungen handelt, einteilen in die drei Anforderungs*unterarten* (Beispiele siehe Tabelle 3.2)

— quantitativ erfaßbare, d. h. zähl-, meß-, wäg-, berechen- und schätzbare und damit als *deterministisch* zu bezeichnende Anforderungen,
— quantitativ berechen-, beobacht- und schätzbare *probabilistische* Anforderungen sowie
— qualitativ erfaßbare, d. h. mit Mustern vergleichbare und damit rangmäßig beurteilbare, als *linguistisch* zu bezeichnende oder aber beobacht- und schätzbare *probabilistische* Anforderungen.

Anforderungsunterart	Wertekategorie	Beispiel
deterministisch	gezählt gemessen gewogen berechnet geschätzt	Anzahl der Gestaltelemente Druckabfall Gesamtgewicht maximal übertragbares Drehmoment Herstellkosten
linguistisch	verglichen beobachtet geschätzt	Komfort Zuverlässigkeit Sicherheit
probabilistisch	berechnet beobachtet geschätzt	Wahrscheinlichkeitsverteilung, Erwartungswert Ausfallhäufigkeit subjektive Wahrscheinlichkeit

Tabelle 3.2. Beispiele zu den Wertekategorien der drei Anforderungsunterarten

Jede dieser Anforderungsunterarten läßt sich entsprechend der vorrangigen Gesichtspunkte der jeweiligen Anforderungen in eine oder mehrere der folgenden Anforderungs*gruppen* aufteilen (selbstverständlich sind auch andere Gliederungen denkbar):

— Technische Anforderungen
— Wirtschaftliche Anforderungen
— Psychologische Anforderungen

Der Begriff *psychologische Anforderungen* steht hier als erweiterter Begriff für die in der Literatur häufig anzutreffende Gruppe der *geltungswertigen* Anforderungen. Gemeint sind alle sich aus einer *Mensch-Produkt-Beziehung* ergebenden, meistens auch die menschliche Psyche betreffenden und in der Regel nicht mit technischen oder wirtschaftlichen Gesichtspunkten begründbaren, Anforderungen.

Selbstverständlich lassen sich derartige Gliederungen insbesondere auf der Ebene der Anforderungsgruppen entsprechend ihres Anwendungsbereiches und der daraus begründbaren Prioritäten beliebig erweitern oder verändern. Somit ist eine weitere Unterteilung in Anforderungs*untergruppen* möglich wie beispielsweise in

— funktionsorientierte Anforderungen,
— gestaltorientierte Anforderungen (Anforderungen an das *technische Design*) und
— ökologische Anforderungen.

3.2 Die Anforderungen als Grundlage der Bewertungskriterien

Nicht selten sind diese Gliederungen produktabhängig oder abhängig von besonderen Kompetenzverteilungen bzw. Interessensbereichen. So findet sich sehr häufig die Erweiterung um die Untergruppe der „Anforderungen an das *technische Design*". im Bereich der Konsumgüter- und der Investitionsgüter-Industrie.

Üblicherweise werden die einzelnen Anforderungen (*Einzelanforderungen*) jeweils innerhalb der Anforderungsgruppen und -arten aus Gründen der Übersichtlichkeit in Anforderungs*familien* zusammengefaßt (vgl. Bilder 3.3 und 3.4) und dort nach den Gesichtspunkten der zu erfüllenden Funktionen im geforderten *betrieblichen Umfeld* unter Berücksichtigung entwicklungstechnischer Kundenwünsche und gesetzlicher Bestimmungen bei definierten *Umweltbedingungen* eingeteilt.

Die impliziten Anforderungen beinhalten das gesamte sogenannte *Konstruktionssachwissen* zur eigentlichen Gestaltungslehre, welche die Kenntnis sowohl über die Maschinenelemente als auch über die Richtlinien für das freie Gestalten durch Urform-, Umform- und Fügeverfahren oder spanende Bearbeitung und das Behandeln zur Verbesserung der Eigenschaften gestalteter Werkstücke beinhaltet. Sie können sachgemäß nur qualitativ erfaßbare Eigenschaften beschreiben und werden sofort zu expliziten Anforderungen, wenn ihnen quantifizierte Merkmale, Eigenschaften oder Zustandsbereiche zugeordnet werden.

Die wichtigsten impliziten Anforderungen werden im Fach*jargon* als *Gerechtheiten* bezeichnet. Fachjargon deshalb, weil dieses Wort nicht zum Wortschatz der deutschen Sprache gehört. In der angelsächsischen Fachliteratur werden die Gerechtheiten unter dem Begriff *Design for X* zusammengefaßt, wobei das *X* für die jeweiligen Inhalte steht.

Übergeordnet lassen sich diese umschreiben als die Forderungen nach sicherer und zuverlässiger Funktionalität, leichter, sicherer und bequemer Nutzung im Betrieb, robuster und gegen Umwelteinflüsse geschützter Bauweise, ansprechendem und den Zweck und die Handhabung erkennbarem Äußeren, unkomplizierter Entsorgung am Ende der Nutzungsphase und, diesen Forderungen immer gegenübergestellt, angemessenen Kosten in allen Phasen des Produkt-Lebenszyklus. Damit lassen sich die impliziten Anforderungen beispielhaft und nach Anforderungsgruppen geordnet unterteilen in

Technische Anforderungen

— funktionsgerecht
  – beanspruchungsgerecht
    • festigkeitsgerecht
      – zeitfestigkeitsgerecht
      – dauerfestigkeitsgerecht
    • formänderungsgerecht
      – verformungsgerecht
      – stabilitätsgerecht
      – ausdehnungsgerecht
      usw.
    • temperaturbelastungsgerecht
    • resonanzarm
    • verschleißarm
    • korrosionsarm

usw.
  – materialgerecht
  – toleranzgerecht
  usw.
— betriebsgerecht
  – benutzungsgerecht
    • gebrauchsgerecht
    • *demografie*gerecht
    • *ergonomie*gerecht
    • *geografie*gerecht
  – betriebssicherheitsgerecht
  – wartungsgerecht
  – instandsetzungsgerecht
  usw.

usw.

Wirtschaftliche Anforderungen
- fertigungsgerecht
  - bauweisengerecht
    • gießgerecht
    • umformgerecht
    • schweißgerecht
    • zerspanungsgerecht
    usw.
  - montagegerecht
  - kontrollgerecht
  usw.
- wartungsgerecht
- instandsetzungsgerecht
- energieverbrauchsgerecht
- materialverbrauchsgerecht
- betriebsmittelverbrauchsgerecht
- entsorgungsgerecht
  - wiederverwertungsgerecht
  - *recycling*gerecht
  - endlagerungsgerecht
  usw.
usw.

Psychologische Anforderungen
- benutzungsgerecht
  - gebrauchsgerecht
  - *demografie*gerecht
  - *ergonomie*gerecht
  - *geografie*gerecht
- umweltgerecht
  - energieverbrauchsgerecht
  - materialverbrauchsgerecht
  - betriebsmittelverbrauchsgerecht
  - umweltentastungsgerecht
  - entsorgungsgerecht
    • wiederverwertungsgerecht
    • *recycling*gerecht
    • endlagerungsgerecht
    usw.
- *design*gerecht
  - gestaltungsgerecht
  - wahrnehmungsgerecht
  - erkennbarkeitsgerecht
  - *psychografie*gerecht
  - *soziografie*gerecht
  - zeitgerecht
  - stilgerecht
- sicherheitsgerecht

Einige Anforderungen lassen sich mehreren Anforderungsgruppen zuordnen. So gehören beispielsweise *wartungs-* und *instandsetzungsgerecht* sowohl zu den technischen als auch zu den wirtschaftlichen Anforderungen oder *entsorgungsgerecht* sowohl zu den wirtschaftlichen als auch zu den psychologischen Anforderungen.

Selbstverständlich darf keine der diesbezüglichen Regeln isoliert betrachtet werden, zumal sich einige der Gerechtheiten alternativ gegenüber stehen. Ferner läßt sich bei ihrer Anwendung häufig erkennen, daß sich nicht alle Regeln einander ergänzen, sondern bei gleichzeitiger Berücksichtigung im Widerspruch zueinander stehen können, sofern gegenseitige physikalische, chemische oder auch biologische Einflüsse nicht beachtet werden.

Beispiel 3.2: Wenn eine Getriebewelle trotz enormer Wechselbelastung dauerfest und zugleich korrosionsfest sein soll, so würde ein korrosions*fester* und deshalb hochlegierter Werkstoff die Forderung nach Dauerfestigkeit weniger gut erfüllen als ein korrosions*unbeständiger* niedrig legierter Baustahl. Beide Gerechtheiten stehen also scheinbar im Widerspruch. Abhilfe bietet sich hier durch eine Welle aus niedrig legiertem Baustahl an, die im fertig bearbeiteten Zustand galvanisch kadmiert wird.

Den als *implizite* Anforderungen zu behandelten Gerechtheiten stehen zu ihrer Erfüllung eine große Anzahl physikalischer, werkstoffkundlicher, ergonomischer, sicherheitstechnischer, ökologischer usw. Konstruktionsregeln zur Verfügung.

Außer den beispielhaft aufgelisteten Anforderungen beinhaltet die Klasse der impliziten Anforderungen alle Gesichtspunkte, die zwar nicht ausdrücklich vom

3.2 Die Anforderungen als Grundlage der Bewertungskriterien

Auftraggeber oder durch unmittelbar anwendbare Gesetze vorgegeben sind, sich jedoch auf alle *Folgen* beziehen, die sich aus Herstellung, Verteilung, Betrieb und Entsorgung eines technischen Systems ergeben.

Die impliziten Anforderungen gehören nicht in eine Anforderungsliste, es sei denn, daß aus ökonomischen oder ökologischen Erwägungen heraus bestimmte physikalische, chemische oder biologische Auswirkungen wie etwa Schall, explosive Atmosphäre oder Gerüche zwar nicht erwünscht sind, sich aber technologisch nicht ganz vermeiden lassen. In solchen Fällen sind die gesetzmäßigen, d. h. von politischen und damit gesellschaftlichen Standpunkten heraus festgelegten Grenzwerte in die explizite Anforderungsliste aufzunehmen.

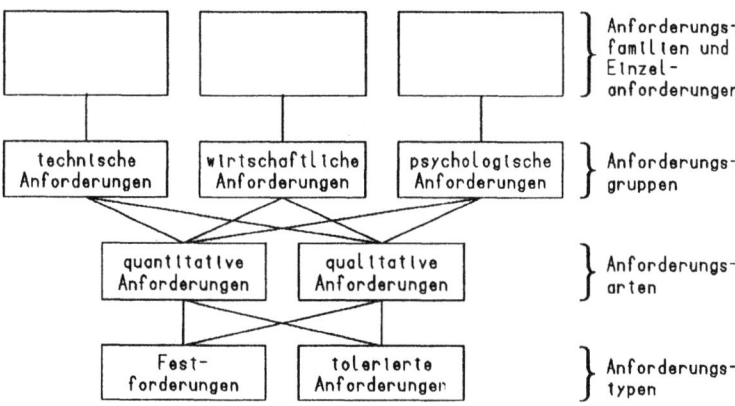

Bild 3.3. Gliederung der Klasse der expliziten Anforderungen

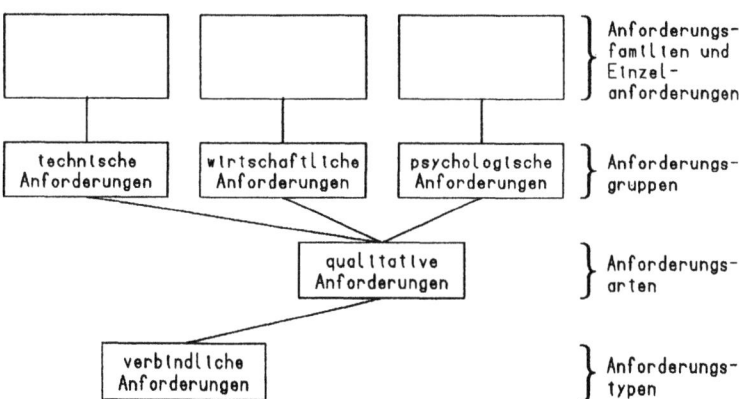

Bild 3.4. Gliederung der Klasse der impliziten Anforderungen

Sachgemäß sind implizite Anforderungen nicht quantifizierbar und damit auch nicht tolerierbar. Also lassen sie sich analog der expliziten Festforderungen als *verbindliche* Anforderungen verstehen, deren Einhaltung ebenfalls unabdingbar ist. Allerdings ist es sehr schwer, bei der Entwicklung neuer technischer Systeme alle impliziten Festforderungen zu erfassen und während der Entwicklung einzuhalten.

Implizite Anforderungen können also aufgrund der vorangegangenen Feststellungen nur als qualitative Anforderungen behandelt werden. Ihre Einteilung in Anforderungsgruppen, -untergruppen, -familien und Einzelanforderungen entspricht jedoch derjenigen der expliziten Anforderungen.

3.2.3 Anforderungsfamilien und Einzelanforderungen

In der einschlägigen Literatur finden sich viele Beispiele von Anforderungen und zwar sowohl in Form geordneter Aufzählungen als auch geordnet in Musterlisten. Einige dieser Beispiele sind allgemeingültig, andere branchenspezifisch (beispielsweise „Anforderungen aus dem Apparatebau" oder „... aus der Feinwerktechnik"). In Tabelle 3.3 sind Literaturangaben zu einigen empfehlenswerten Anforderungslisten zusammengestellt.

vorwiegendes Anwendungsgebiet	Literatur
- Checkliste zum Klären von Aufgabenstellungen	[24]
- Anforderungsleitlinie	[62]
- Leitlinie mit Hauptmerkmalen zum Aufstellen von Anforderungen	[5], [49]
- formale Beispiele von Anforderungslisten innerhalb der einzelnen Konstruktionsprozeßphasen	[49]
- Verzeichnis technischer Eigenschaften	[63]
- Anforderungen an das *Design* technischer Produkte	[56]
- Anforderungsliste für Geräte der Elektromechanik und -optik	[25]
- Merkmallisten	[52]
- Umweltschutzanforderungen für Kernkraftwerke	[51]

Tabelle 3.3. Literatur zu Anforderungslisten und deren Grundlagen (Auszug)

Es folgt eine allgemeingültige, nach Anforderungsfamilien gegliederte und beschriebene Musterliste mit beispielhaft aufgeführten Einzelanforderungen. Sie ist selbstverständlich an jede Aufgabenstellung anpaß- und gegebenenfalls erweiterbar.

3.2 Die Anforderungen als Grundlage der Bewertungskriterien

1. Funktionsanforderungen

Funktionsanforderungen beinhalten sämtliche Anforderungen, die die geforderte Funktion eines technischen Systems gewährleisten, also *nur* zur Funktionserfüllung erforderlich sind. Im einzelnen handelt es sich beispielsweise um folgende Anforderungen:

- Funktionsablauf in Abhängigkeit von Zeit, Weg, Belastungen oder Leistung
- Belastungsdaten
- Bewegungsdaten
- Leistungsdaten
- Freiheitsgrade
- Wirkungsgrade
- funktionelle Nahtstellen

  Hierbei handelt es sich um Anforderungen an die Nahtstellen zu benachbarten technischen Systemen, deren Nichteinhaltung die Erfüllung der geforderten Funktionen gefährdet.

- funktionelle Grenzdaten

  Hierbei handelt es sich um Anforderungen, deren Überschreitung die Erfüllung der geforderten Funktionen gefährdet. Es sind dies beispielsweise:
  - Maximalgewicht
  - zul. Schwerpunktlagenbereich
  - Standsicherheit
  - maximale Feldstärke

2. Betriebsanforderungen

Betriebsanforderungen beinhalten sämtliche Anforderungen, die die geforderte Funktion eines technischen Systems von der Inbetriebnahme bis zur endgültigen Stillsetzung aufrechterhalten, also *nur* zur Betriebserfüllung erforderlich sind. Im einzelnen handelt es sich beispielsweise um folgende Anforderungen:

- Gebrauchsdauer
- Betriebszeit
- Einsatzdauer
- Einschaltdauer
- Verfügbarkeit
- Zuverlässigkeit
- Handhabbarkeit
- Bedienbarkeit
- Wartbarkeit
- Instandsetzbarkeit
- Sicherheit
  - gegen Verletzungsgefahr
  - gegen Fehlbedienung
  - gegen physikalische Störfälle
  - gegen chemische Störfälle
  - gegen biologische Störfälle
  - gegen nukleare Störfälle
  - gegen Beschädigung und Ausfall
    - durch Gleichgültigkeit
    - durch Unvorsichtigkeit
    - durch Vandalismus
    - durch Terrorismus
    usw.
- Verpackbarkeit
- Transportierbarkeit
- Lagerbarkeit
- Kennzeichnung

3. Anforderungen an die konstruktive Gestaltung

Anforderungen an die Gestaltung beinhalten sämtliche Anforderungen, die der optischen Wahrnehmung des Produktes, seines Zweckes, seiner Benutzbarkeit, seiner Bedienbarkeit und seiner Sicherheit dienen. Es handelt sich somit um Anforderungen an die sogenannten *Mensch-Produkt-* und *Produkt-Mensch-Beziehungen*. Damit läßt sich diese Anforderungsfamilie auch als die der „Anforderungen an das *technische Design*" verstehen.

Darunter sind auch die Anforderungen zu verstehen, die unmittelbar die Psyche des Menschen beeinflussen und dessen Wohlbefinden steigern. Im einzelnen handelt es sich beispielsweise um folgende Anforderungen:

- Optische Anforderungen (Anforderungen an die Produktgestalt) also Anforderungen an die Wahrnehmbarkeit eines Produktes und das Wahrnehmungsempfinden gegenüber einem Produkt wie z. B.
  - Art der Gestaltelemente
  - Anzahl der Gestaltelemente
  - Art der Gestaltanordnung
  - Anzahl der Gestaltanordnungen
  - Reinheit der Gestalt
  - Harmonie der Gestalt
    * Anzahl der Flächen
    * Verlauf von Kanten
    * Lage des optischen Flächenschwerpunktes
    * Proportionalität (Einhaltung des *Goldenen Schnittes*)
    * Symmetrie
    * Vermeidung von *optischem Kippen* (Asymmetrie)
  - Gleichgewicht der Gestaltelemente
  - Mannigfaltigkeit der Gestalt
  - Gestaltoberflächen
    * Farbton
    * Farbintensität
    * Farbkontrast
    * Farbharmonie
    * Farbenschwerpunkt
    * Farbhelligkeit
    * Farbleuchtkraft
    * Farbsättigung
  - Erkennbarkeit
    * des Zweckes
    * der Leistungsfähigkeit
    * der Funktionalität
    * der Benutzbarkeit
    * der Bedienbarkeit
    * der Sicherheit
    * der Zuverlässigkeit
    * der Wartbarkeit
    * der Instandsetzbarkeit
    * der Festigkeit
    * der Steifigkeit
    * der Stabilität
    * der Robustheit
- akustische Anforderungen
  - Lautstärke
  - Klangfarbe
  - Klangkontrast (Klangschärfe)
- olfaktorische Anforderungen
  - Geruchsstärke
  - Geruchsintensität
  - Geruchsidentifikation
  - Geruchsharmonie
- demografische und geografische Anforderungen (Anforderungen an die ergonomisch einwandfreie Benutz- und Bedienbarkeit) wie z. B.
  - größenbezogene Zuordnung (Perzentilität)
  - kraft- bzw. leistungsbezogene Zuordnung
  - typenbezogene Zuordnung
  - rassenbezogene Zuordnung
  - geschlechtsbezogene Zuordnung
  - altersbezogene Zuordnung
  - einschränkungsbezogene Zuordnung (z. B. Einschränkungen durch spezielle Behinderungen)
- sicherheitstechnische Anforderungen wie beispielsweise
  - gefahrlose Bedienbarkeit
  - gesundheitsunschädliche Bedienbarkeit
  - umweltsichere Bedienbarkeit
  - betriebssichere Bedienbarkeit
  - produktsichere Bedienbarkeit
- psychografische Anforderungen einschließlich der Anforderungen zur Zufriedenstellung beispielsweise
  - des Imagebewußtseins
  - des Stilbewußtseins
  - des Modebewußtseins
  - des Wohlbefindens
  - der Geborgenheit
  - der Gemütlichkeit
  - der Freude am Besitz

3.2 Die Anforderungen als Grundlage der Bewertungskriterien

4. Anforderungen an Konstruktion und Herstellung

Anforderungen an Konstruktion und Herstellung beinhalten sämtliche Anforderungen einschließlich Vorschriften, die zur rechnerischen Auslegung und zur konstruktiven Gestaltung in Bezug auf die Herstellbarkeit und die Lebensdauer von der Beschaffung bis zur Entsorgung erforderlich sind, also *nur* abhängig von zu erfüllenden Funktionen und technologischen Prinzipien.

Da die *Herstellung* entsprechend den Vorgaben der Konstruktion zu erfolgen hat, bestehen in der Regel keine ausdrücklichen, also expliziten Anforderungen an die Herstellung. Vielmehr müssen die Anforderungen an energiesparende und umweltschonende Fertigungsverfahren vom Konstrukteur berücksichtigt werden. Im einzelnen handelt es sich beispielsweise um folgende Anforderungen:

- Auslegung (z. B. Beachtung von Gesetzen und Vorschriften)
- energiesparende Nutzung
- Ausführung (z. B. Bauweisen)
- Schweißbarkeit
- Verfahren (z. B. geforderte Schweißverfahren)
- Gefügestruktur (z. B. von Guß- und Schmiedeteilen)
- Lärmdämpfung
- Schwingungsdämpfung
- Materialauswahl
- Konstruktionselemente (Festlegungen bzw. Einschränkungen)
- Normteile (Einschränkungen oder Festlegungen)
- Handelsteile (Einschränkungen oder Festlegungen)
- gestaltungstechnische Nahtstellenanforderungen (als Datensatz oder geometrische Darstellungen)
  - mechanisch
    - Wirklinien
    - Wirkflächen
    - Wirkräume
  - hydraulisch
  - pneumatisch
  - magnetisch
- thermisch
- optisch
- akustisch
- elektrisch
- elektromagnetisch
- elektronisch
- Austauschbarkeit
- Ersetzbarkeit
- Verschleiß
- Dichtigkeit
- Magnetisierbarkeit
- Absorbierverhalten
- Bearbeitungsgüte
- mechanisch bedingte Längentoleranzen
- thermisch bedingte Längentoleranzen
- mechanisch bedingte Formtoleranzen
- thermisch bedingte Formtoleranzen
- mechanisch bedingte Lagetoleranzen
- thermisch bedingte Lagetoleranzen
- Oberflächenschutz
- Schutz gegen korrosionsfördernde Kontakte
- Schutzanstrich
- Schmuckanstrich
- Kennzeichnung (z. B. Typenschilder, Wartungshinweise usw.)
- Markierung (z. B. Gefahrenzonen, Aufbockpunkte usw.)

5. Umweltbedingte Anforderungen

Umweltbedingte Anforderungen beinhalten sämtliche Umwelteinflüsse, denen das technische System während der gesamten Lebensdauer von der Beschaffung bis zur Stillsetzung standhalten muß, die also sowohl zur Betriebserfüllung als auch während Transport und Lagerung (Beschaffung und Verlegung von Einsatzorten) zu berücksichtigen sind. Im einzelnen handelt es sich beispielsweise um folgende Anforderungen:

a. Klimatische Belastungen

- Definition des Klimaraumes
  (z. B. mitteleuropäischer Einsatzraum,
  Atmosphäre nach DIN 5450)
- Kälte (Tieftemperatur)
- trockene Wärme (Höchsttemperatur)
- Temperaturschock (Gradient)
- Temperatur bei Langzeitlagerung
- Sonnenschein (Strahlungsleistung und -dauer)
- Feuchtigkeit
- Feuchtigkeit bei Langzeitlagerung
- Temperatur-Feuchte-Kombination
- atmosphärischer Druck
- Sand und Staub (Korngrößenbereich)
- Regen (mittlere Niederschlagsmenge)
- Hagel (mittlere Niederschlagsmenge, Korngrößenbereich)
- Schnee (mittlere Niederschlagsmenge)
- Eis (maximal zu erwartender Eisansatz)
- Wind (maximal zu erwartende konstante Windstärke)
- Böen (maximale Böengeschwindigkeit)
- korrosionsfördernde Atmosphäre

b. Mechanische Belastungen

- Beschleunigung
- mechanischer Schock
- Vibration
- freier Fall (maximal zulässige Fallhöhe)
- Beschallung
- Blitzschlag
- Abrieb
- Erosion

c. Chemische Belastungen

- Säuren
- Laugen
- Lösungsmittel
- Schmiermittel
- Benzin
- Benzol

d. Thermische Belastungen

- Betriebstemperaturbereich
- Betriebstemperaturzyklen
- Temperatur-Sicherheitsgrenze
- Schweltemperatur
- Zündtemperatur
- Siedetemperatur

e. Biologische Belastungen

- Pilzbefall
- Termiten
- Nagetiere

f. Elektrische und elektronische Belastungen

- elektrische Störbeeinflussung
  - Induktion
  - Funken
  usw.
- elektronische Störbeeinflussung
- elektromagnetischer Puls
- nuklearer elektromagnetischer Puls

6. Anforderungen zur Umweltentlastung

Anforderungen zur Umweltentlastung beinhalten sämtliche Anforderungen, die einer Entlastung der ökologischen und gesellschaftlichen Umwelt im übergeordneten Sinne dienen. Es handelt sich um sogenannte *Umwelt-Produkt-Beziehungen*. Darunter sind auch die Anforderungen zur Erhaltung der Ethik sowie technologisch bedingter ökologischer, ökonomischer und humanitärer Spätfolgen zu verstehen. Im einzelnen handelt es sich beispielsweise um folgende Anforderungen:

- rohstoffsparende Werkstoffe (Versorgung)
- umweltschonende Werkstoffe (Betrieb)
- umweltschonende Werkstoffe (Entsorgung)
  - Sorteneinschränkung bei der Werkstoffauswahl
  - Trennbarkeit verschiedenartiger Werkstoffe
  - entgasungsfreie Werkstoffe
  - wiederverwendbare Werkstoffe
  - langzeit-unschädliche Werkstoffe

3.2 Die Anforderungen als Grundlage der Bewertungskriterien

- rohstoffsparende Hilfsstoffe (Versorgung)
- umweltschonende Hilfsstoffe (Betrieb)
- umweltschonende Hilfsstoffe (Entsorgung)
- rohstoffsparende Betriebsstoffe (Versorgung)
- umweltschonende Betriebsstoffe (Betrieb)
- umweltschonende Betriebsstoffe (Entsorgung)

7. Anforderungen an Prüfverfahren und -mittel

Anforderungen an Prüfverfahren und -mittel beinhalten alle Anforderungen, die den abschließenden Funktions- und Leistungsnachweisen unter den geforderten Betriebsanforderungen und Anforderungen durch Umwelteinflüsse dienen. Im einzelnen handelt es sich beispielsweise um folgende Anforderungen:

- anzuwendende Prüfverfahren
- anzuwendende Prüfmittel

8. Anforderungen an die Markteinführung

Anforderungen an die Markteinführung beinhalten alle Anforderungen, die ein technisches System neben allen anderen Anforderungen leisten muß, um einen erfolgreichen Einzug in den Markt zu gewährleisten.

Außer den bereits unter der 3. Anforderungsfamilie genannten *design*-orientierten Anforderungen handelt es sich beispielsweise um folgende zusätzliche Anforderungen: Anforderungen:

- Aufwand bei der Inbetriebnahme
- Aufwand zur Aufrechterhaltung des Betriebes
  - Aufwand bei der Betriebsmittelbeschaffung
  - Aufwand bei der Betriebsmittelentsorgung
  - Wartungsaufwand
  - Anzahl und Austauschintervalle für Verschleißteile
  - Instandsetzungsaufwand
  - Aufwand für die Beschaffung von Ersatzteilen
- Service-Angebot

3.2.4 Kosten und Termine als Entscheidungskriterien

Zu den wichtigsten Entscheidungskriterien gehören die im Konstruktionsauftrag verbindlich festgesetzten Kosten und Termine. Sie stecken den Rahmen ab für den finanziellen und zeitlichen Aufwand, der einer Entwicklung bzw. Konstruktion eines technischen Systems bei dessen Planung als angemessen zugrundegelegt wurde.

Die vorgegebenen Kosten müssen in jedem Fall auf ihre Aktualität hin überprüft bzw. mit den angebotenen Kosten verglichen werden. Geschieht das nicht, besteht die Gefahr finanzieller Verluste, insbesondere dann, wenn in der Aufgabenstellung zusätzliche, nicht angebotene Leistungen verlangt werden. Dieses muß unmittelbar nach der Analyse und Bereinigung der Aufgabenstellung einschließlich der impliziten Anforderungen erfolgen.

Die Folgen dieser Überprüfung können in einer Änderung der Auftragssumme (evtl. unter Einreichung eines Zusatzangebotes an den Auftraggeber) und der Mittelabflußplanung bestehen.

Ebenso wie die Kosten müssen auch die vorgegebenen Termine in jedem Fall auf ihre Aktualität hin überprüft bzw. mit den angebotenen Terminen verglichen werden. Geschieht dies nicht, besteht die Gefahr, in terminliche Engpässe zu geraten, insbesondere dann, wenn in der Aufgabenstellung zusätzliche, nicht angebotene Leistungen verlangt werden. Dieses muß unmittelbar nach der Analyse und Bereinigung der Aufgabenstellung einschließlich der impliziten Anforderungen erfolgen.

Die Folgen dieser Überprüfung können in einer Änderung des Entwicklungs- bzw. Konstruktionsvertrages mit dem Auftraggeber bestehen.

Vor Beginn der eigentlichen Konstruktionstätigkeit muß, insbesondere bei umfangreichen Konstruktionsaufgaben, eine möglichst detaillierte Planung des Konstruktionsablaufes einschließlich der wichtigsten *Entscheidungstermine* erstellt werden. Diese Termine entsprechen in der Regel den sogenannten *Meilensteinen*.

Sowohl Kosten als auch Termine müssen im Vorfeld einer beabsichtigten Entwicklung als Entscheidungskriterien gegenüber anderen Entwicklungsvarianten oder -alternativen bzw. gegenüber einer Idealvorstellung bewertet und hinsichtlich der möglichen Risiken überprüft werden.

Erst nach Vorlage diesbezüglicher Ergebnisse aus einer Bewertung oder einer Risikoanalyse dürfte eine endgültige Entscheidung dahingehend getroffen werden, ob ein Entwicklungs- bzw. Konstruktionsauftrag abgewickelt werden soll oder nicht. Von derartigen Entscheidungen hängt in vielen Fällen ab, wie hoch die Vorleistungen, die aufzunehmenden Kredite, die Investitionen sein werden und wie umfangreich eventuell notwendige Änderungen bzw. Erweiterungen der bestehenden Infrastruktur, der Energieversorgung oder der Verkehrswege werden können.

3.2.5 Aufstellen von Anforderungen und Erstellen von Anforderungslisten

Wie bereits in Kapitel 3.2.1 beschrieben, sind die Anforderungen zunächst aus dem vom Auftraggeber vorgegebenen Pflichten- oder Lastenheft sowie den darin aufgeführten Vorschriften und Richtlinien herzuleiten. Diese beziehen sich in der Regel nur auf die Funktionserfüllung, die Produktgestalt, die wichtigsten äußeren Nahtstellen und die Sicherstellung der äußeren Prozesse (vgl. [16]). Eine Anforderungsliste sollte ein phasenweise wachsendes Dokument der gesamten Produktabbildung sein und damit auch während der Entwicklungs- bzw. Konstruktionsdauer dem Änderungswesen (vgl. [16]) unterliegen. Während das Pflichten- bzw. Lastenheft häufig vertraglicher und damit statischer Bestandteil des Konstruktionsauftrages ist, muß die Anforderungsliste im Sinne inventiver oder innovativer Flexibilität vom Vertrag losgelöst sein.

Zum Aufstellen der für Konstruktion, Produktion, Qualitätssicherung und Vertrieb sinnvollen Anforderungen eignen sich sowohl Musteranforderungslisten als auch die Anwendung der *Fragebogentechnik*.

Letztere dient der Beschaffung von Informationen bei gleichzeitiger Dokumentation der Fragen und Antworten. Sie ist eine bewährte Technik zum Ermitteln von

3.2 Die Anforderungen als Grundlage der Bewertungskriterien

Entscheidungskriterien aller Art und hat sich in der Praxis insbesondere immer dort bewährt, wo ein Kunde keine oder nur vage Vorstellungen von den Einzelheiten des gewünschten Produktes hat wie beispielsweise Einsatzgrenzen, Umgebungsbedingungen, Kosteneinflüsse usw..

Ein Vorteil der Fragebogentechnik besteht auch darin, daß Äußerungen von Personen zu gleichen oder unterschiedlichen Sachverhalten zu statistischen Zwecken und insbesondere zur Bewertung von Vorstellungen herangezogen werden können.

Fragebögen können beispielsweise auf der Basis von Musteranforderungslisten erstellt werden, wie sie in Kapitel 3.2.3 vorgestellt bzw. in Tabelle 3.3 empfohlen sind.

Bild 3.5 zeigt ein Musterformular für die wert- bzw. eigenschaftsmäßige Erfassung der Anforderungen, deren Zuordnung zu den Anforderungsarten bzw. -unterarten und den Anforderungstypen sowie weiterer Informationen wie beispielsweise der Quellenangaben.

Firma:		Anforderungsliste						Blatt: von
Produkt:								Datum:
Bereich, Gruppe	Lfd. Nr.	Anforderung	Wert, Wertbereich, Eigenschaft	Einheit	Art	Typ	vorläufige Gewichtung	Quelle

Bild 3.5. Musterformular einer Anforderungsliste

Beispiel 3.3: Gegeben sei folgender Konstruktionsauftrag:

Für einen Personenkraftwagen (Pkw) bestimmter Bauart ist ein Wagenheber zu konstruieren, der die in folgender Tabelle zusammengefaßten Anforderungen und Randbedingungen erfüllen muß (vgl. Bild 3.6).

Firma: VW		**Anforderungsliste** Produkt: Wagenheber „*Golf*"					Blatt: 1 von 1 Datum: 31. 08. 1996	
Bereich, Gruppe	Lfd. Nr.	Anforderung	Wert, Wertbereich, Eigenschaft		Einheit	Art	Typ	Quelle
TA	001	Hublast	$W_u = 3\,000$		[N]	qt	F	Pflichtenheft
TA	002	Bedienungskraft	$W_u = 10$ $W_{opt} = 50$ $W_o = 100$		[N]	qt	T	Ergonomie-Handbuch
TA	003	Höhe der niedrigsten Hubposition	$W_{soll} = 100$		[mm]	qt	F	Pflichtenheft
TA	004	Höhenverstellung	$W_{soll} = 180$		[mm]	qt	F	Pflichtenheft
TA	005	Selbsthemmung in jeder Hubposition				ql	F	Pflichtenheft
TA	006	bei Sand- und Wiesenboden benutzbar				ql	F	H. Müller
TA	007	max. Staulänge (bei Transport)	$W_o = 300$		[mm]	qt	F	Pflichtenheft
TA	008	sicher gegen selbständiges Rutschen auch bei nassem Boden				ql	F	H. Müller
TA	009	Schutz gegen Lackbeschädigung				ql	T	H. Kunz
TA	010	keine Änderung am Pkw erlaubt				ql	F	Pflichtenheft
TA	011	Nahtstellengeometrie				qt	F	vgl. Bild 3.7
WA	012	Vorgesehene Stückzahl	20 000		[Stück]	qt	F	Vertrag

Bild 3.6. Unbereinigte Anforderungsliste eines Wagenhebers für einen Pkw (ohne die Spalte „vorläufige Gewichtung")

TA: Technische Anforderungen   WA: Wirtschaftliche Anforderungen
qt: quantitative Anforderung   ql: qualitative Anforderung
F: Festforderung   T: Tolerierte Anforderung

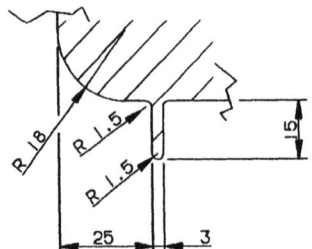

Bild 3.7. Nahtstellengeometrie

3.2 Die Anforderungen als Grundlage der Bewertungskriterien

Für das Aufstellen von Anforderungen ergeben sich folgende zehn

Richtlinien für das Aufstellen bzw. Bereinigen von Anforderungen:

1. Die Anforderungen müssen naturwissenschaftlich erfüllbar sein.
2. Die Anforderungen müssen gesellschaftlich und gesetzlich vertretbar sein.
3. Die Anforderungen müssen präzise und widerspruchsfrei formuliert sein.
4. Die Anforderungen müssen im Einklang mit der verbal formulierten Aufgabenstellung stehen. Wenn möglich, muß eine verbal beschriebene Aufgabenstellung in präzisierte Anforderungen umgewandelt werden.
5. Eine Anforderungsliste soll möglichst quantitativ erfaßbare, d. h. zähl-, meß-, wäg-, berechen- oder vergleichbare Anforderungen beinhalten.
   Vergleichbar bedeutet z. B. optisch vergleichbar (Formen, Farbtöne, Farbhelligkeit, Farbintensität ...), akustisch vergleichbar (Tonstufen, Lautstärke ...) usw..
6. Zähl-, meß-, wäg-, berechen- oder vergleichbare Anforderungen müssen prüfbar, d. h. nachweisbar sein.
7. Qualitativ erfaßte Anforderungen sollen im Laufe der Entwicklungen in quantitativ erfaßbare, d. h. zähl-, meß-, wäg-, berechen- oder vergleichbare Anforderungen umwandelbar sein.
   Diese Umwandlung geht einher mit der Konkretisierung der Lösung.
8. Qualitativ erfaßte Anforderungen, die sich nicht in quantitativ erfaßbare Anforderungen umwandeln lassen, sollen rangmäßig beurteilbar sein (gut, ausreichend, ungenügend).
9. Quantitativ und, wenn möglich, auch qualitativ erfaßbare Anforderungen sollen mit Toleranzen versehen oder relational (z. B. „gleich wie", „größer als", „kleiner als" ...) bzw. mit mathematisch-logischen Aussagen (z. B. „ja/nein", „und", „oder" ... bzw. im Intervall $[1, 0]$) ausgewiesen sein.
10. Tolerierte Anforderungen müssen entweder einen oberen *und* einen unteren Grenzwert besitzen oder im Falle relationaler Angaben durch ausreichende Gegenforderungen eingegrenzt sein.

Für die Eintragung der Werte, Wertbereiche bzw. Eigenschaften in eine Anforderungsliste, beispielsweise gemäß Bild 3.5, gilt zusammenfassend:

1. Die quantitativ erfaßbaren, also *deterministischen* und *probabilistischen* Anforderungen sind durch *kardinale*, dimensionsbehaftete (z. B. $N = 30$ kW) oder durch Verhältnisbildung dimensionslos gewordene (z. B. $\eta = 0.89$) Werte bzw. Wertbereiche einschließlich Toleranzen oder relationaler Angaben auszuweisen.

2. Die qualitativ erfaßbaren, also *linguistischen* oder ebenfalls *probabilistischen* Anforderungen sind durch *ordinale* (z. B. *schnell, hoch, elastisch*) oder *nominale* (z. B.

— *Auswechselbarkeit:* NEIN,
— *Vorwärts-* UND *Rückwärtsgang,*
— *Fasermaterial: HT-Fasern* ODER *HM-Fasern*),

d. h. mathematisch logische, Aussagen auszuweisen.

Anforderungen haben also nur dann einen Sinn, wenn sie in ihrer Erfüllung auch nachweisbar und/oder prüfbar und spätestens zur Bewertung vor der endgültigen Ausscheidung von Varianten - als Bewertungsgrundlagen definiert - auch bewertbar sind. Anforderungen sollten deshalb auch keine allzu großen Nachweisbarkeits-Zeiträume beinhalten.

Beispiel 3.4: Die Anforderung „*Lebensdauer* ≥ 30 Jahre" ist kurzfristig nicht nachweisbar und muß durch die Anforderung „*Dauerfest*" ersetzt werden. Diese Anforderung deutet darauf hin, daß bei dem zu konstruierenden technischen System alle dynamisch beanspruchten Teile auf Dauerfestigkeit, alle kinematisch sich berührenden Wirkflächen verschleißfest und die gesamte Struktur korrosionsfest ausgelegt werden müssen.

3.2.6 Prüfen der Anforderungen und ihrer Relationen

Begleitend zur Bereinigung der Anforderungsliste ist jede Anforderung zu prüfen auf ihre

— Vollständigkeit,
— naturwissenschaftliche Erfüllbarkeit,
— gesetzliche Vertretbarkeit,
— soziale Vertretbarkeit,
— ethische Vertretbarkeit,
— ergonomische Vertretbarkeit und
— ökologische Vertretbarkeit.

In ganz besonderem Maße sind auch die Abhängigkeitsverhältnisse der Anforderungen, die sogenannten Anforderungs*relationen*, untereinander zu prüfen. Dabei wird in

— unabhängige,
— unterstützende,
— gegenläufige oder
— widersprüchliche

Anforderungen unterschieden. Während die unabhängigen und die sich gegenseitig unterstützenden Anforderungen bedenkenlos in die Anforderungsliste aufgenommen werden können, ist bei gegenläufigen und widersprüchlichen Anforderungen eine der folgenden Maßnahmen zu ergreifen:

3.2 Die Anforderungen als Grundlage der Bewertungskriterien

1. Bei gegenläufigen Anforderungen:
   — Aufteilung in je eine Festforderung und eine tolerierte Anforderung;
   — Vergabe von je einem Mindest- und einem Höchstwert (diese Maßnahme ist allerdings nur bei quantitativen Anforderungen möglich);
   — gegeneinander gewichten und die geringer gewichtete Anforderung streichen.

2. Bei widersprüchlichen Anforderungen sind diese gegeneinander zu gewichten, um die geringer gewichtete Anforderung zu streichen.

Ein einfach zu handhabendes Mittel zur Überprüfung der Relationen der einzelnen Anforderungen zueinander ist die *Relationenprüfmatrix* (vgl. Bild 3.8), auch bekannt unter der Bezeichnung *Zielrelationenmatrix*, da die Erfüllung einer Anforderung auch der Erreichung eines Zieles gleichkommt. Zur Prüfung der Relationen wird jede Anforderung mit jeder anderen verglichen. Entsprechend der gefundenen Relation wird einer der folgenden Kennbuchstaben in das jeweils gemeinsame Feld eingetragen. Dabei bedeutet

i = unabhängig (*indifferent*)
u = unterstützend
g = gegenläufig
w = widersprüchlich

Beispiel 3.5: Bild 3.8 zeigt einige Anforderungen und die ihr zugewiesenen geforderten qualitativen Eigenschaften zur Bewertung von Personenkraftwagen, eingetragen in eine Relationenprüfmatrix. Aus ihr geht hervor, daß die geforderte hohe Sicherheit gegenüber den Forderungen nach großem Komfort, niedrigem Kaufpreis, niedrigen Betriebskosten usw. keinen Einfluß hat, also unabhängig ist. Die geforderte hohe Leistung hingegen unterstützt die Sicherheit und den Komfort, wirkt jedoch gegenläufig gegenüber dem geforderten niedrigen Kaufpreis und ist sogar widersprüchlich gegenüber der Forderung nach niedrigen Betriebskosten, während sie auf die geforderte Entsorgbarkeit ebenfalls keinen Einfluß hat. Der geforderte Komfort ist gegenüber einem niedrigen Kaufpreis gegenläufig, jedoch unabhängig von den Betriebskosten und der Entsorgbarkeit. Der Kaufpreis ist ebenfalls von den Betriebskosten unabhängig, könnte jedoch angesichts der Entsorgungsverpflichtungen seitens des Herstellers und der damit möglichen Kaufpreiserhöhung leicht gegenläufig sein. Betriebskosten und Entsorgbarkeit sind voneinander unabhängig.

Ordn. Nr.	Bewertungskriterium	Eigenschaft
01	Sicherheit	hoch
02	Leistung	groß
03	Komfort	groß
04	Kaufpreis	niedrig
05	Betriebskosten	niedrig
06	Entsorgbarkeit	gut

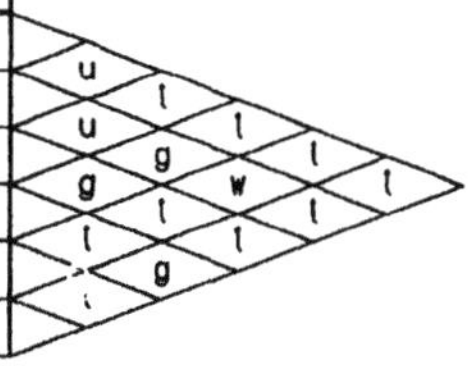

Bild 3.8. Relationenprüfmatrix nach [27]

3.2.7 Die Anwendbarkeit der Anforderungen im Konstruktionsprozeß

Die anwendbaren impliziten und die innerhalb eines Entwicklungs- bzw. Konstruktionsauftrages gestellten expliziten Anforderungen werden im Verlaufe des Entwicklungs- bzw. Konstruktionsprozesses teils parallel, teils nacheinander durch entsprechende Detaillösungen der Gesamtaufgabe erfüllt. Da die Aufgabe zunächst prinzipiell funktionell zu lösen ist, können während dieser Phase selbstverständlich nur qualitative Anforderungen berücksichtigt werden. Mit zunehmendem Übergang von der prinzipiellen, rein konzeptionellen Lösung zur materiellen, d. h. gestalteten und dimensionsbehafteten Lösung, müssen mehr und mehr auch die quantitativen Anforderungen berücksichtigt und damit erfüllt werden. Tabelle 3.4 gibt einen Überblick über die Berücksichtigung der jeweils anzuwendenden Anforderungsklassen und -arten in den einzelnen Konstruktionsprozeßphasen. Dementsprechend sind auch die aus den Anforderungen herzuleitenden Bewertungskriterien für die einzelnen Bewertungsphasen zu berücksichtigen.

Eine eindeutige Zuordnung der Anforderungen zu den Anforderungsgruppen und -arten ist oftmals schwierig. So wirkt sich jeder technische Vorzug auch meistens wirtschaftlich positiv aus, während die Berücksichtigung vieler psychologisch geprägter Anforderungen wirtschaftlich negative Einflüsse zur Folge haben können. Es müssen also jeweils Entscheidungen getroffen werden, welcher Zuordnung das größte Gewicht beigemessen werden soll. Häufig sind Änderungen in der Zuordnung der Anforderungen zu den Anforderungsgruppen auch dadurch bedingt, daß sich die Interessen der Bewertungsteilnehmer in späteren Bewertungsrunden ändern. Außerdem sind Festlegungen in Bezug auf die Anforderungsarten in der Phase der Erstellung bzw. Bereinigung von Anforderungslisten häufig noch nicht möglich, da zunächst qualitative Anforderungen im Verlaufe der Entwicklung und Konstruktion quantifizierbar werden. Deshalb sind Änderungen zwischen den Anforderungsgruppen und insbesondere zwischen den Anforderungsarten im Verlauf von Entwicklung und Konstruktion möglich.

Ebenso wie die Ausführlichkeit des Konstruktionsprozesses von der sachgemäß vorliegenden Konstruktionsart [16] abhängt, ist auch der Umfang der zugrundegelegten Anforderungen und der daraus herzuleitenden Bewertungskriterien von dieser abhängig.

Der vollständige Konstruktionsprozeß ist bekanntlich nur für *Neukonstruktionen* notwendig und in der Regel Teil eines komplexen Entwicklungsprozesses, während bei *Anpassungs-* bzw. *Änderungskonstruktionen* sowie *Variantenkonstruktionen* einzelne Prozeßschritte entfallen können.

Bei allen Teillösungen einer Neukonstruktion sollten die Anforderungen weitgehend lösungsneutral formuliert werden, damit der Konstrukteur nicht von vornherein in seiner Lösungsfindung eingeschränkt wird. Bei Anpassungs- bzw. Änderungskonstruktionen sowie bei Variantenkonstruktionen sollten die Anforderungen bzw. die Bewertungskriterien, soweit sinnvoll, soviel wie mögliche bereits bewährte und erprobte quantitativ erfaßbare Werte bzw. qualitativ beschreibbare Eigenschaften vorschreiben.

3.2 Die Anforderungen als Grundlage der Bewertungskriterien

Phasen des Konstruktionsprozesses	Anforderungs-klassen	Anforderungs-arten
Konstruktionsauftrag klären	-	-
Entwerfen		
Konzepte erstellen		
Funktionsstrukturen bestimmen		
Zu erfüllende Funktionen ermitteln	explizit	qualitativ
Technologische Prinzipien bestimmen	explizit	qualitativ
Technische Prozesse festlegen	explizit	qualitativ
Funktionsstrukturen aufstellen	explizit	qualitativ
Entwurfskonzepte bestimmen		
Wirkprinzipien und Funktionsträger suchen	explizit	qualitativ
Prinzipkonzepte bilden	explizit und implizit	qualitativ
Entwürfe erstellen		
Gestalten	explizit und implizit	quantitativ und qualitativ
Strukturieren	explizit und implizit	quantitativ und qualitativ
Vordimensionieren	explizit	quantitativ
Gesamtentwürfe erstellen	explizit und implizit	quantitativ und qualitativ
Ausarbeiten		
Konstruktionsentwurf erstellen	explizit und implizit	quantitativ und qualitativ
Dimensionieren	explizit	quantitativ
Fertigungsunterlagen erstellen	explizit und implizit	quantitativ und qualitativ

Tabelle 3.4. Anzuwendende Anforderungsklassen und -arten während eines Konstruktionsprozesses

Die Anforderungen lassen sich auch ordnen nach Lebenslaufphasen, in denen sie erfüllt werden müssen. Sie sind dann nicht nur Grundlage für die Entwicklung bzw. Konstruktion, sondern darüber hinaus verbindlich für Verpackung, Lagerung, Transport und die Erstellung aller Produktdokumente wie Benutzerhandbücher, Wartungs- und Instandsetzungshandbücher, Ersatzteilkataloge, Lebenslaufdokumente usw..

3.3 Die Bewertungskriterien

3.3.1 Übersicht

Ausgangspunkt für die Durchführung einer Bewertung sind sowohl die in der Anforderungsliste enthaltenen expliziten als auch die impliziten, für das zu entwickelnde bzw. zu konstruierende technische System zutreffenden Anforderungen, sofern diese besonders kennzeichnend sind oder in Form wertmäßiger Vorgaben erfaßt werden können. Sie werden im Rahmen einer Bewertungsdurchführung in der

Regel unter Beibehaltung ihrer Formulierung zu Bewertungskriterien erklärt. Damit ergibt sich auch eine der Anforderungshierarchie (vgl. Bilder 3.3 und 3.4) analoge Hierarchie der Bewertungskriterien. Die Beibehaltung der Formulierung erleichtert die Kontrolle der Kriterienlisten auf Vollständigkeit gegenüber der Anforderungslisten. In seltenen Fällen kann es notwendig werden, die Anforderungen zum besseren Verständnis des zu bewertenden Kriteriums umzuformulieren.

In der Regel sind nicht alle an ein technisches System gestellten Anforderungen gleich wichtig, weshalb die aus ihnen hergeleiteten Kriterien in ihrer Wichtigkeit unterschieden, also gewichtet werden müssen. Ferner müssen jedem Kriterium die Werte bzw. Eigenschaften je Variante zugeordnet werden, durch die diese die Anforderungen mehr oder weniger gut erfüllen. Diese Zuordnung erfolgt in Tabellen, wie sie beispielsweise in den Bildern 3.1 und 3.2 dargestellt sind.

Die den Kriterien zugeordneten Werte bzw. Eigenschaften müssen möglichst objektiv erfaßt werden. Objektiv erfaßbare Kriterien sind jedoch streng genommen nur solche mit quantitativ erfaßbaren, also zähl-, meß-, wäg- oder berechenbaren oder mit bestimmten Mustern vergleichbaren Werten oder Eigenschaften.

Beispiele für objektive Werte sind Zahlenwerte (z. B. Meßwerte von Schadstoffen, Wasserstand, Temperaturen ...), Meßwertdiagramme (z. B. Verbrauchskurven, Aufzeichnungen von Versuchsmessungen ...) oder Entscheidungspunkte bzw. -marken (vgl. Bild 3.9).

Daneben besteht eine große Menge nur subjektiv erfaßbarer Kriterien. Zu diesen zählen im engeren Sinne all diejenigen mit qualitativ erfaßbaren, also in freier Meinung geäußerten, beobachteten und geschätzten und damit lediglich rangmäßig beurteilbaren (*sehr gut, gut, mäßig gut, ausreichend, nicht brauchbar*) oder alle mit unscharf modellierbaren Eigenschaften bzw. alle mit geschätzten und damit ebenfalls unscharf modellierten Zahlenwerten.

Beispiele für subjektiv erfaßte Kriterien sind Trendanalysen, Umfrageergebnisse (jeder Gefragte entscheidet entweder bewußt, in welchem Maße er die Wahrheit sagt, oder er sagt unbewußt nicht die volle Wahrheit).

Zwischen rein objektiven und rein subjektiven Entscheidungskriterien liegen die einem Ermessensbereich zuzuordnenden Entscheidungskriterien. Je enger dieser Ermessensbereich abgesteckt wird, um so größer wird die Objektivität von Entschei-

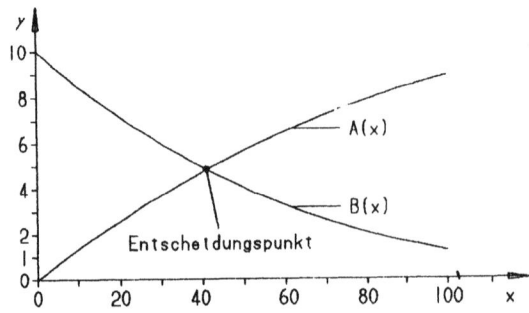

Bild 3.9. Entscheidungspunkt in einem Meßwertdiagramm

3.3 Die Bewertungskriterien

dungskriterien, vorausgesetzt, der Ermessensbereich ist nicht durch willkürliche Entscheidung festgelegt worden, sondern hat Grenzen, die aufgrund objektiver Entscheidungskriterien festgesetzt wurden. Ermessensbereiche liegen also in einem Intervall, das die Werte $[a, b]$, $[0, b]$ oder $[a, +\infty]$ sowohl in aufsteigendem als auch in absteigendem Sinne annehmen kann.

Streng genommen sind innerhalb des ganzen Konstruktionsprozesses keine ausreichend präzisen Daten verfügbar, um sie als *exakte* quantitative dimensionsbehaftete oder dimensionslose Zahlenwerte in eine - für weitere Entscheidungen heranziehbare - Bewertung einfließen zu lassen. Dieser Vorbehalt gilt insbesondere dann, wenn die Werte zweier Varianten sehr nah beieinander liegen und keine absolute Gewißheit darüber besteht, wie groß ihre wahre Streuung ist

— aufgrund ungenauer Berechnungsansätze und Randbedingungen oder
— aufgrund grob geschätzter Faktoren (z. B. Reibungskoeffizienten, Bearbeitungsfaktoren, Formzahlen für Kerben, aerodynamische Widerstandsbeiwerte . . .).

Selbst in Entwicklungsversuchen oder bei Produktherstellern gemessene Werte können aufgrund von Meßungenauigkeiten nur dann als *wahre* Werte quantitativ erfaßt werden, wenn sie durch mehrere Messungen erhärtet sind oder wenn aufgrund von Meßabweichungen stochastische, und als solche geprüfte, Aussagen, beispielsweise in Form von *Erwartungswerten*, vorliegen.

Bei der Umwandlung der Anforderungen in Kriterien ist aufgrund der vorausgegangenen Überlegungen also außer der bisher in der einschlägigen Literatur (vgl. Tabelle 7.1) beschriebenen Klassifizierung eine zusätzliche Ordnung einzuführen, da die Erfüllung der Anforderungen einerseits, wie bereits erwähnt, im Laufe des Konstruktionsprozesses von ersten vagen Aussagen bis hin zu konkret berechneten oder gemessenen Werten bzw. sichtbar gewordenen Eigenschaften zunimmt, andererseits jedoch auch diese Werte bzw. Eigenschaften selbst bei bereits hergestellten Erzeugnissen toleranzbehaftet sind bzw. subjektiv gesehen werden. Weitere Gründe für ungenaue quantitative Werte sind deren nur oberflächliche Erfassung infolge Zeitmangel oder fehlender finanzieller Mittel. Die zusätzliche Ordnung berücksichtigt diese sogenannten Unsicherheiten, indem sie den Begriff *Unschärfe* aufnimmt.

Demgemäß muß dieser Umstand durch die gültigen mengentheoretischen Gesetzmäßigkeiten der *Fuzzy-Logik* berücksichtigt werden.

Diese stellt eine Erweiterung des sogenannten binärlogischen Kalküls dar, nach dem die in der klassischen binären Logik möglichen Wahrheitswerte *wahr* und *falsch* (bzw. 1 und 0) um weitere Zwischenzustände (z. B. *halb wahr, ziemlich wahr* . . . bzw. 1/2, 7/8 . . .) ergänzt werden.

Die „Theorie unscharfer Mengen", in der die unscharfen Zahlen aufgrund ihrer speziellen Eigenschaften eine eigene Behandlung erfahren, wurde durch *L. A. Zadeh* erstmalig im Jahre 1965 unter dem Begriff *Fuzzy* veröffentlicht, als er die gewöhnliche *Cantor*'sche Mengenlehre um die Beschreibung unscharfer Mengen erweiterte und die theoretischen Grundlagen dazu maßgebend schuf [66].

Zu den unscharfen Mengen gehören alle ansonsten als *deterministisch* und damit *scharf* einzuordnenden meß-, wäg-, berechen- oder vergleichbaren Werte, deren Ermittlungsgrundlagen vage sind. Insbesondere gehören dazu alle *linguistisch* ausdrückbaren Aussagen zu vergleich-, beobacht- oder schätzbaren Eigenschaften (wie z. B. *sehr wichtig, wichtig, weniger wichtig* . . .) sowie alle *probabilistisch* berechneten, beobachteten und geschätzten Werte (z. B. Zuverlässigkeiten, Ausfallwahrscheinlichkeiten, Ausfallraten . . .), die in Form von Verteilungsfunktionen ihrer Wahrscheinlichkeitsverteilung bzw. -dichte sowie den daraus ermittelten Erwartungswerten darstellbar sind. Diesem Umstand wird in den folgenden Ausführungen Rechnung getragen.

3.3.2 Gliederung und Ordnung der Bewertungskriterien

Es empfiehlt sich, die Kriterien entsprechend den Anforderungsgruppen in Kriterien*gruppen* zu unterteilen, also beispielsweise in

— technische Kriterien,
— wirtschaftliche Kriterien,
— psychologische Kriterien.

Dadurch ergeben sich zwei Vorteile:

1. Die Unterteilung in Kriteriengruppen erlaubt es, den marktstrategischen Schwerpunkten einer gestellten Konstruktionsaufgabe durch unterschiedliche Gewichtung der Kriteriengruppen gerecht zu werden. So sind bei wissenschaftlich oder industriell angewendeten technischen Systemen oder bei in Gehäusen oder Zellen eingebauten Teilsystemen nur technische und wirtschaftliche Kriterien von Interesse. Bei Gebrauchsgütern oder Verkehrsmitteln werden psychologisch wirkende Kriterien wie z. B. ökologische und meistens auch ästhetische hinzukommen, bei Luxusartikeln werden die Ansprüche an Ästhetik, Exklusivität und Image gegenüber den technischen und erst recht gegenüber den wirtschaftlichen Kriterien überwiegen.

2. Die je Kriteriengruppe getrennt vorliegenden Ergebnisse ermöglichen ihre grafische Darstellung und vermitteln so ein optisches Bild von dem Verhältnis der Ergebnisse untereinander und insbesondere auch gegenüber einer Idealkonstruktion, sofern diese - was zu empfehlen ist - den zu bewertenden Varianten gegenübergestellt wird. Dies gilt aus darstellungstechnischen Gründen allerdings nur bis zu drei Kriteriengruppen (vgl. Kapitel 4.6.8).

Aus den gleichen Gründen ist es oft sinnvoll, weitere Kriterien*untergruppen* analog den Anforderungsuntergruppen einzuführen wie z. B.

— funktionsorientierte Kriterien,
— ökologische Kriterien,
— gestaltorientierte Kriterien (Kriterien des *technischen Design*)
  usw.

(vgl. Bild 3.10).

3.3 Die Bewertungskriterien

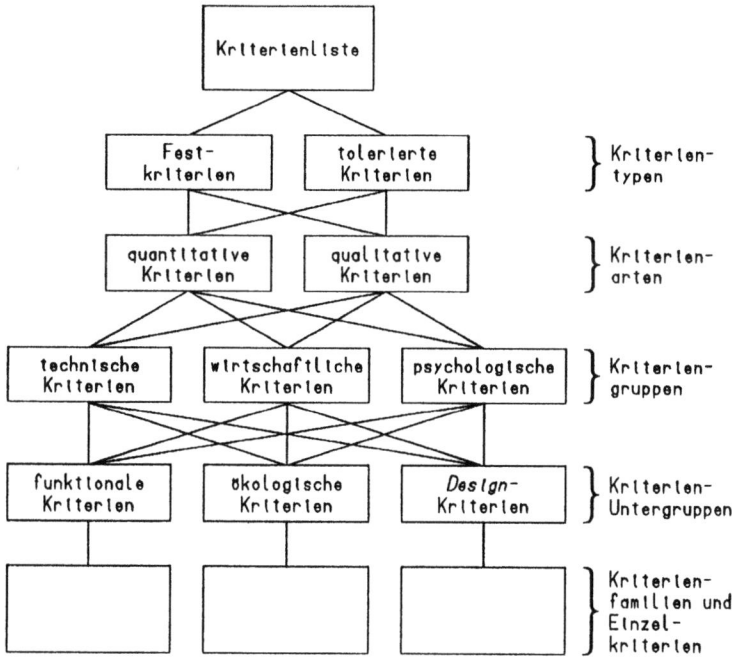

Bild 3.10. Hierarchie der Bewertungskriterien; implizite und explizite Kriterien sind innerhalb der Kriteriengruppen zusammengefaßt

Nach den klassischen Bewertungsverfahren erfolgt die weitere Unterteilung je Kriteriengruppe bzw. -untergruppe in die zwei Kriterien*arten*

— quantitativ erfaßbare, kurz quantitative Kriterien,
— qualitativ erfaßbare, kurz qualitative Kriterien.

Der Vorteil liegt in der unterschiedlichen Erfaßbarkeit von dimensionsbehafteten Werten und rangmäßig beurteilbaren Eigenschaften bzw. mathematisch-logischen Aussagen. Außerdem hat diese Unterteilung den Vorteil, den in einer frühen Konstruktionsphase überwiegenden und noch nicht erhärteten qualitativ erfaßbaren Kriterien eine geringere Gewichtung zuzuweisen als den bereits in der Anforderungsliste festgelegten quantitativ erfaßten Kriterien.

Sofern eine Bewertung zur Vorbereitung von Entscheidungen großer Tragweite und mit möglichen Risiken herangezogen wird, ist eine Unterteilung der Kriterienarten nach scharf und unscharf erfaßbaren Werten bzw. Aussagen sinnvoll. Deshalb wird bei komplexen Bewertungs- und Entscheidungsprozessen empfohlen, die zwei Kriterienarten in die drei Kriterien*unterarten*

— deterministisch erfaßbare, kurz deterministische Kriterien,
— linguistisch erfaßbare, kurz linguistische Kriterien und
— probabilistisch erfaßbare, kurz probabilistische Kriterien

zu unterteilen und diesen insgesamt sieben Wertekategorien zuzuordnen (vgl. Bild 3.11). Von diesen Wertekategorien sind lediglich ein Teil der deterministischen Kriterien scharf erfaßbar, während die meisten deterministischen, linguistischen und probabilistischen Wertekategorien nur unscharf erfaßbar sind und als solche im weiteren Verlauf der Ausführungen auch als *unscharfe* Kriterien bezeichnet werden.

Die Aufteilung gemäß Bild 3.11 widerspricht nicht den unter den Punkten 5 und 7 der in Kapitel 3.2.5 zusammengefaßten *Richtlinien für das Aufstellen bzw. Bereinigen von Anforderungen* aufgeführten Empfehlungen. Beispiele zu den charakteristischen Werten wurden bereits in Tabelle 3.2 gezeigt.

Analog den Anforderungen ist eine weitere Unterteilung aller Kriteriengruppen bzw. -untergruppen in Kriterien*familien* möglich. Beispielsweise lassen sich die technischen Kriterien folgendermaßen gliedern:

— Funktionskriterien
— Betriebskriterien
— Kriterien zur konstruktiven Gestaltung
— Kriterien zu Konstruktion und Herstellung
— Kriterien der Umwelteinflüsse
— Kriterien zur Umweltentlastung
— Kriterien zur Auswahl der Prüfverfahren und -mittel
— Kriterien zur Markteinführung

Diese Unterteilung würde aufgrund der im Laufe einer Produktentwicklung, der anschließenden Nutzung und der Entsorgung wechselnden Fachkompetenzen den Einsatz unterschiedlicher Bewertergruppen erfordern und auch rechtfertigen. Die fachlichen Zuständigkeiten könnten beispielsweise nach den in Tabelle 3.5 vorgeschlagenen Kriteriengruppen bzw. -familien unterteilt werden.

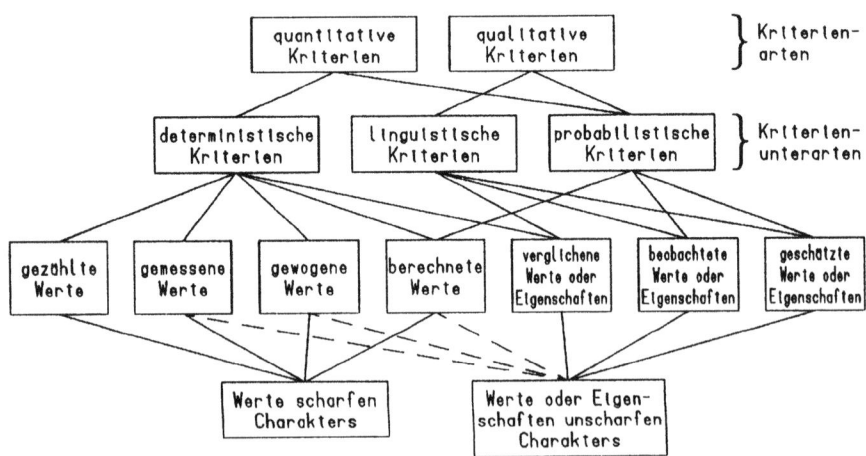

Bild 3.11. Kriterienarten und -unterarten und ihre charakteristischen Werte

3.3 Die Bewertungskriterien

Bewertergruppe	Kriteriengruppe bzw. -familie
Konstrukteure	Funktionskriterien Betriebskriterien Kriterien der Umwelteinflüsse Kriterien zur Umweltentlastung usw.
Projektmanager	Funktionskriterien wirtschaftliche (Kosten-) Kriterien Zeitkriterien (Termine) usw.
Marketing-Manager	psychologische Kriterien wirtschaftliche Kriterien Kriterien zur Markteinführung usw.
Unternehmensleitung	Gesamtkonzept Vereinbarkeit mit Unternehmenszielen erforderliche Investitionen Kriterien zur Markteinführung Kriterien zur Umweltentlastung

Tabelle 3.5. Kriteriengruppen und -familien und personalhierarchische Zuständigkeiten

Da die Gruppen generell aus Personen unterschiedlicher Fachgebiete zusammengesetzt sein sollten, wird auf der Ebene der Kriterienfamilien die Bildung einer einzigen Bewertergruppe empfohlen, deren Zusammensetzung den Fachkompetenzen entsprechen sollte, die sich aus den Kriterienfamilien ergeben.

Die Erfassung der Kriterien ist eine vorerst letzte Kontrolle der Anforderungen auf ihre

— Vollständigkeit,
— naturwissenschaftliche Erfüllbarkeit,
— gesetzliche Vertretbarkeit,
— soziale Vertretbarkeit,
— ethische Vertretbarkeit,
— ergonomische Vertretbarkeit,
— ökologische Vertretbarkeit,
— betriebswirtschaftliche Vertretbarkeit,
— volkswirtschaftliche Vertretbarkeit,
— Aktualität entsprechend dem jeweiligen Entwicklungsstand.

Deshalb bedeutet eine Bereinigung der Kriterien gleichzeitig eine Bereinigung der Anforderungen und muß auch dort im Hinblick auf deren weitere Verwendbarkeit parallel mitvollzogen werden.

3.3.3 Erfassen und Aufbereiten der Bewertungskriterien

Für das Erfassen und möglichst gleichzeitige Gruppieren der sich aus den expliziten und impliziten Anforderungen ergebenden Bewertungskriterien eignen sich insbesondere die bereits vorgestellten Tabellen (vgl. Bilder 3.1 und 3.2). Bei diesen Tätigkeiten sollten permanent die folgenden Maßnahmen getroffen bzw. die dazugehörenden Richtlinien beachtet werden:

1. Die Kriterien müssen auf ihre manchmal durch unterschiedliche Benennung zunächst nicht erkennbaren Dopplungen hin überprüft und auf ein eindeutig benanntes Kriterium reduziert werden.

2. Die Kriterien müssen auf ihre *Widersprüchlichkeit* hin überprüft werden, sofern dies nicht bereits bei der Überprüfung und Bereinigung der Anforderungen stattfand. Eine derartige Überprüfung kann mit Hilfe der in Kapitel 3.2.6 beschriebenen Relationenprüfmatrix durchgeführt werden. Widersprüchlichkeiten sind nicht immer sofort erkennbar, da sie sich unter Umständen erst im Laufe der Konstruktion durch die Wahl von Lösungsmöglichkeiten ergeben.

    Beispiel 3.6: Häufig wird die Anzahl der Bauteile als ein wirtschaftliches Kriterium betrachtet. Eine Reduzierung der Einzelteile muß jedoch nicht unbedingt zu einer Kostenreduktion führen, da unter Umständen mit der Reduktion der Teilezahl die Komplexität der Bauteile mit allen berechnungs- und fertigungstechnischen Folgen sehr stark zunehmen kann.

3. Die Kriterien müssen auf ihre *Gegenläufigkeit* hin überprüft werden, sofern dies nicht bereits bei der Überprüfung und Bereinigung der Anforderungen erfolgte. Diese Überprüfung kann ebenfalls mit Hilfe der in Kapitel 3.2.6 beschriebenen Relationenprüfmatrix erfolgen.

    Beispiel 3.7: Sind für zu vergleichende Kraftfahrzeuge u. a. die Daten

    DIN-Kraftstoffverbrauch,
    Reichweite,
    Kraftstofftank-Inhalt

    vorgegeben, so sind DIN-Kraftstoffverbrauch und Reichweite bei festgelegtem Kraftstofftank-Inhalt gegenläufig. Das bedeutet, daß bei Aufstellung der Kriterien entweder nur der Kraftstofftank-Inhalt oder aber nur die Reichweite als Kriterium herangezogen werden darf.

    Beispiel 3.8: Eine häufige Gegenläufigkeit ergibt sich aus der Anforderung, daß die absoluten Materialkosten ein Minimum werden müssen, d. h., daß die Gewichtsminderung nur so weit zu treiben sei, wie sich die Materialkosten senken. Diese Forderung ist nicht bei allen technischen Systemen haltbar und trifft z. B. bei verkehrstechnischen Systemen, insbesondere aber bei Luft- und Raumfahrtprojekten nur in begrenztem Maße zu. Außerdem sind in jedem Fall die Fertigungskosten den während der Nutzungsphase anfallenden Energiekosten gegenüberzustellen.

3.3 Die Bewertungskriterien

4. In vielen Fällen ist es günstig, mehrere quantitative Kriterien zu einem mehrdimensionalen Wert zusammenzufassen, um die Gefahr einer Dopplung von Kriterien zu vermeiden.

   Beispiel 3.9: Für die Bewertung einer Werkstattbeleuchtung sind folgende quantitativen Anforderungen vorgegeben:

   Beleuchtungsstärke je Arbeitsplatz E [Lx]
   spezifische Beleuchtungsstärke je Lampe E_W [Lx/Watt]
   Leistung je Lampe N_L [Watt]
   Preis je Lampe K_L [Fr.]
   Lebensdauer L_T [h]
   statistischer Ausschuß A [%]

   Diese auf den ersten Blick völlig unterschiedlichen Anforderungen lassen sich zwecks Vermeidung einer Überbewertung der besseren gegenüber den schlechteren Varianten zu einem einzigen Kriterium zusammenfassen, nämlich demjenigen der Beschaffungskosten K_T, bezogen auf die Betriebszeit T. Diese errechnen sich aus

   $$K_T = n_L \cdot \frac{T}{L_T} \cdot \left(1 + \frac{A}{100}\right) \cdot K_L,$$

   wobei sich die erforderliche Anzahl der Lampen aus

   $$n_L = \frac{E}{E_W N_L}$$

   ergibt.

5. Haben alle zu bewertenden Varianten bei einem Kriterium den exakt gleichen quantitativen Wert oder die exakt gleiche qualitative Eigenschaft, so kann dieses Kriterium gestrichen werden.

6. Bei komplexen technischen Systemen ist es ratsam, für jedes zu bewertende Teilsystem eine Tabelle oder einen Tabellensatz mit den entsprechend zutreffenden, aus der vollständigen Anforderungsliste erarbeiteten Kriterien aufzustellen, sofern nicht ohnehin für jede Komponente eine separate Anforderungsliste vorliegt.

7. Sofern innerhalb des Konstruktionsprozesses mehrere Bewertungsrunden durchgeführt werden, ist eine Kennzeichnung der für die jeweilige Bewertungsrunde maßgeblichen Kriterien in Kriterientabellen oder -listen sinnvoll, da unterschiedliche Bearbeitungstiefen und damit eine unterschiedliche Verwendbarkeit der Kriterien vorliegen. Eine sinnvolle Kennzeichnung ist das jeweilige Bewertungsdatum.

Für die unterschiedliche Behandlung der den einzelnen Kriterien zugeordneten quantitativen Daten bzw. qualitativen Eigenschaften folgen hier analog den *Richtlinien für das Aufstellen bzw. Bereinigen von Anforderungen* (vgl. Kapitel 3.2.5) die besonders zu beachtenden

Richtlinien für das Aufstellen von Bewertungskriterien:

1. Die Kriterienliste darf keine Festforderungen enthalten. Diese werden nur als Ausscheidungs-, jedoch nicht als Auswahlkriterien herangezogen.
   Erfüllt eine Variante eine unabdingbare Festforderung nicht, so ist sie zu streichen. Dies gilt auch für Varianten, die eine relationale (z. B. „gleich wie", „größer als", „kleiner als" ...) bzw. mathematisch logische Anforderung der Art „ja/nein" sowie „und", sofern sie unabdingbar ist, nicht erreicht.
2. Die Kriterien müssen gesellschaftlich und gesetzlich vertretbar sein.
3. Die Kriterien müssen verständlich formuliert sein.
4. Verbal beschriebene Anforderungen müssen in präzisierte Kriterien umgewandelt werden. Ist dies nicht möglich, müssen die ihnen zugrunde liegenden Anforderungen überarbeitet werden.
5. Eine Kriterienliste soll möglichst quantitativ erfaßbare, d. h. zähl-, meß-, wäg-, berechen- oder vergleichbare Kriterien beinhalten.
   Vergleichbar bedeutet z. B. optisch vergleichbar (Formen, Farbtöne, Farbhelligkeit, Farbintensität ...), akustisch vergleichbar (Tonstufen, Lautstärke ...) usw..
6. Zähl-, meß-, wäg-, berechen- oder vergleichbare Kriterien müssen prüfbar, d. h. nachweisbar sein.
7. Qualitativ erfaßte Kriterien sollen im Laufe der Entwicklungen möglichst in quantitativ erfaßbare, d. h. zähl-, meß-, wäg-, berechen- oder vergleichbare Kriterien umgewandelt werden.
   Diese Umwandlung geht einher mit der Umwandlung der qualitativen in quantitative Anforderungen.
8. Qualitative Kriterien, die sich nicht in quantitative Kriterien umwandeln lassen, sollen rangmäßig beurteilbar sein (*sehr gut, gut, mäßig gut, ausreichend, nicht brauchbar*).
9. Quantitativ und, wenn möglich, auch qualitativ erfaßbare Kriterien sollen toleriert oder relational (z. B. „gleich wie", „größer als", „kleiner als" ...) bzw. mit mathematisch-logischen Aussagen (z. B. „ja/nein", „und", „oder" ... bzw. im Intervall $[1, 0]$) definiert werden.
10. Tolerierte Kriterien müssen entweder einen oberen *und* einen unteren Grenzwert besitzen oder im Falle relationaler Angaben durch ausreichende Gegenforderungen eingegrenzt sein.

Aus den in Kapitel 3.2.5 beschriebenen, in eine Anforderungsliste einzutragenden Werte, Wertbereiche bzw. Eigenschaften

1. der quantitativ sowohl scharf als auch unscharf erfaßbaren *deterministischen* sowie unscharf erfaßbaren *probabilistischen* Anforderungen und
2. der qualitativ und damit nur unscharf erfaßbaren *linguistischen* sowie ebenfalls *probabilistischen* Anforderungen

3.3 Die Bewertungskriterien

ergeben sich die den Bewertungskriterien zuzuordnenden Werte bzw. Wertbereiche und Eigenschaften, die in die Bewertungstabellen (vgl. Bilder 3.1 und 3.2, Spalten 4) nach den ihrer Charakteristik entsprechenden Skalierungsmethoden einzutragen sind.

Beispiel 3.10: Für drei (fiktive) Lösungsvarianten V1 bis V3 und die Bewertungskriterien *Leistung*, *Sicherheit* und *ABS-System vorhanden* sind folgende, in entsprechende Bewertungstabellen einzutragende Aussagen ermittelt worden:

Kriterium	Kriterienart	Skalierungsmethode	Variante 1	Variante 2	Variante 3
Leistung	quantitativ	*kardinal*	75 kW	90 kW	80 kW
Sicherheit	qualitativ	*ordinal*	hoch	gering	ausreichend
ABS-System vorhanden	qualitativ	*nominal*	ja	nein	ja

Tabelle 3.6. Skalierungsmethoden von Kriterien unterschiedlicher Kriterienarten [39]

3.4 Die erforderlichen Informationen über die zu bewertenden Varianten

Jedem Kriterium ist je zu bewertender Variante eine bewertbare Information, in der Regel ein Wert oder eine Eigenschaft, zuzuordnen. Diese Informationen, bestehend aus Daten, Fakten, Zeichnungen, Berechnungen, Beschreibungen usw., müssen für alle Varianten in allen betroffenen Details sowie in der Reife ihrer Präsentation gleichwertig sein. In keinem Fall dürfen unterschiedlich ausgearbeitete Lösungen miteinander verglichen werden. Noch nicht erhärtete Kriterien sind zurückzustellen.

Es ist sinnvoll, den zu bewertenden Varianten so frühzeitig wie möglich die wichtigsten bereits aus der Literatur, aus vergangenen Entwicklungen oder vom Markt her bekannten Lösungen in der Bewertung gegenüberzustellen,

- um auf vorhandene Lösungen zurückgreifen zu können,
- um die Qualität eventueller Konkurrenzprodukte zu erkennen und dementsprechende eigene Verkaufsargumente zu formulieren,
- um frühzeitig eine Verletzung von Patent- oder Gebrauchsmusterrechten zu verhindern und
- um die der Produktplanung zugrundegelegte Marktanalyse kontrollieren und gegebenenfalls korrigieren zu können.

Dazu ist allerdings eine ausreichende Informationsbeschaffung über vorhandene Vorbilder erforderlich. Eine erste diesbezügliche Bewertung sollte bereits in der Planungsphase erfolgen.

3.5 Die Bewerter

Eine Bewertung soll möglichst in Gruppen von 3 bis max. 9 hierarchisch gleichgestellten Personen durchgeführt werden, die je nach Produkt oder angewendeter Technologie unterschiedlichen Fachgebieten angehören sollten; dies ist besonders wichtig für die Bewertung nach qualitativ erfaßbaren Gesichtspunkten. Eine Bewertergruppe sollte sich beispielsweise aus folgenden Personen zusammensetzen:

— Führender Experte
— Konstrukteur
— Hersteller
— Reparateur
— Nutzer

Für sehr einfache Entscheidungen genügt häufig schon die Beteiligung von einem oder zwei Experten.

Unterschiedliche Kriterien *gruppen* sollten von Bewertergruppen bearbeitet werden, die sich entsprechend dem erforderlichem Fachwissen aus unterschiedlich qualifizierten Personen zusammensetzen. Dies gilt insbesondere für die führenden Experten.

Eine Gruppenarbeit ist einerseits wichtig für die Bestimmung der Gewichtungsfaktoren, andererseits unerläßlich, um für qualitative Kriterien, die nicht in quantitative Kriterien umwandelbar sind, die Maßzahlen je Variante festzulegen.

Je intensiver sich Mitglieder der Entscheidungsinstanz an Bewertungen beteiligen, desto geringer werden ihre Schwierigkeiten in der Entscheidungsphase sein, da sie mit den Sachverhalten, die den Lösungsvorschlägen (Varianten) zugrunde liegen, besser vertraut werden. Außerdem haben sie dadurch die Möglichkeit, ihre Ansichten, Wertvorstellungen und Erwartungen in den Prozeß der Bewertung und der auf eine Bewertung folgenden Entscheidung öffentlich zur Diskussion zu stellen, um dadurch u. a. auch Schwachstellen in ihrer Meinungsbildung zu erkennen.

Subjektivität ist einzig und allein vom Bewerter, d. h. seinen Merkmalen, Eigenschaften und momentanen Zuständen abhängig, wie beispielsweise

a) variable Merkmale:
   — Lebenserfahrung als Funktion seines Lebensalters
   — Berufserfahrung als Funktion seiner Berufsjahre
   — Expertenerfahrung als Funktion seiner Expertenjahre
   usw.
b) permanente Eigenschaften:
   — impulsiv
   — phlegmatisch
   — träge
   — ängstlich
   — erfinderisch (kreativ)
   — einfallslos
   usw.

3.5 Die Bewerter

c) temporäre Zustände (Tagesverfassungen):
   — müde
   — unkonzentriert
   — verliebt
   — frustriert
   usw.

Die variablen Merkmale lassen sich auch grafisch durch sogenannte Erfahrungskurven (*Erfahrungsfunktionen*) darstellen. Bild 3.12 zeigt die qualitativen Verläufe der Zunahme des Wissens über die unterschiedlichen Erfahrungsjahre. Selbstverständlich ließen sich noch weitere spezielle Erfahrungskurven, beispielsweise die der Kindererziehung, der Sozialerfahrung, der politischen Erfahrung, der Reiseerfahrung usw. aufzeigen. All diese Erfahrungen haben schließlich einen nicht zu unterschätzenden Einfluß auf das Entscheidungsverhalten eines Menschen.

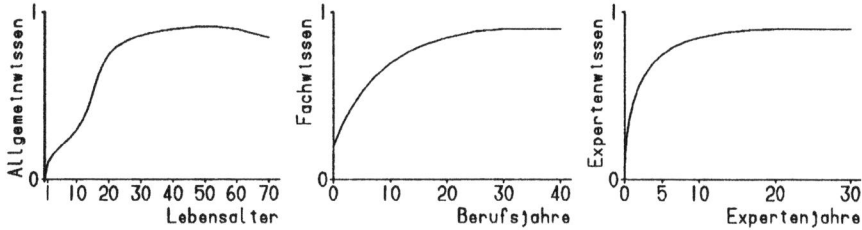

Bild 3.12. Qualitative Verläufe verschiedener *Erfahrungsfunktionen*

Während die permanenten Eigenschaften und temporären Zustände einzelner Bewerter nicht ohne weiteres erfaßbar sind, lassen sich die variablen Merkmale zumindest statistisch erfassen. Experimente mit Personen unterschiedlichen Alters sowie unterschiedlicher Berufs- und Expertenjahre an der *Eidgenössischen Technischen Hochschule* in angenommen werden, daß mit zunehmendem Alter die Streuung der Werte subjektiver Schätzungen immer enger wird (vgl. Bild 3.13).

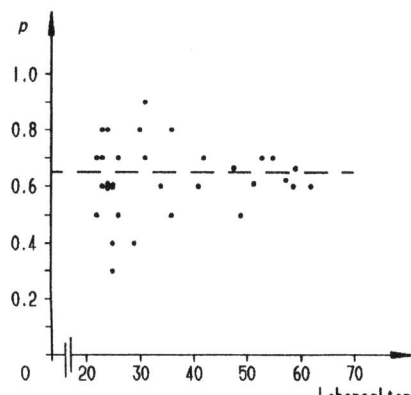

Bild 3.13. Streuung subjektiver Meinungen in Abhängigkeit vom Lebensalter (Auszug aus Testergebnissen; Quelle: ETH Zürich)

Es ist durchaus denkbar und möglich, für die Bewerter einen sogenannten *Bedeutungsgrad*, beispielsweise im Intervall [0, 1], einzuführen, der deren variable Merkmale erfaßt und als Gewichtungsfaktor von Einzelabschätzungen vor der Zusammenfassung zu einem Gesamtergebnis, beispielsweise in Form *empirischer Mittelwerte*, herangezogen wird.

3.6 Zusammenfassung zu Kapitel 3

Die Qualität einer Konstruktionslösung und der erforderliche zeit- und kostenmäßige Aufwand hängen zu einem nicht unerheblichen Maße ab von der Sorgfalt, mit der die Beschreibung des Konstruktionsziels zu Beginn der Konstruktion erfolgt. Je präziser die geforderte Funktionalität und die zugrundezulegenden Randbedingungen formuliert werden, desto klarer zeichnen sich mögliche Lösungen ab. Zu Beginn eines Entwicklungs- bzw. Konstruktionsprozesses entsprechen die Anforderungen den Zielvorstellungen über das Produkt und lassen sich deshalb auch als *Sollwerte* bezeichnen. Sie sind parallel zum Entwicklungs- bzw. Konstruktionsfortschritt ständig zu überprüfen, gegebenenfalls zu überarbeiten und unter Umständen durch neue, während Entwicklung bzw. Konstruktion gewonnene, Erkenntnisse zu erweitern.

Bei der Markteinführung bzw. Inbetriebnahme sind die Sollwerte der Anforderungen zu *Istwerten* geworden und beschreiben somit das Produkt vollständig, eventuell sogar im Sinne eines technischen Prospektes, weshalb sie gegebenenfalls auch als dessen Grundlage dienen sollten.

Überarbeitung und Erweiterung dürfen sich jedoch nicht auf die reine Aktualisierung der Anforderungsliste beschränken, sondern erfordern in jedem Fall eine erneute Überprüfung aller Anforderungen auf ihre gegenseitige Beeinflussung. Ein bewährtes Prüfverfahren ist mit der Relationenprüfmatrix gegeben.

Die Aussagequalität der Anforderungen ist unter anderem ausschlaggebend für die Aufbereitung der Bewertungskriterien und deren Qualität in Bezug auf ihre Relevanz als Entscheidungskriterien. Die Kriterien sollten außer aus den heranziehbaren impliziten Anforderungen möglichst aus den expliziten Anforderungen hergeleitet werden, da die zu bewertenden Lösungsvarianten bzw. -alternativen letztendlich nur nach diesen entwickelt bzw. konstruiert wurden.

4 Theoretische Grundlagen

4.1 Die Konsistenz paarweise verglichener Bewertungsgrößen

4.1.1 Übersicht

Ähnlich der Forderung nach Widerspruchsfreiheit der vorgegebenen Anforderungen (vgl. Kapitel 3.2.6) müssen auch die den Kriterien zuzuordnenden *Bewertungsgrößen*, also die durch paarweisen Vergleich ermittelten Maßzahlen quantitativ und qualitativ erfaßter Kriterien und deren Wichtigkeiten, untereinander widerspruchsfrei sein.

Erfahrungsgemäß bereitet die Einhaltung der Widerspruchsfreiheit, auch *Konsistenz* genannt, bereits große Mühe, sobald die Anzahl der gegeneinander abzuwägenden Bewertungsgrößen die Zahl „Vier" übersteigt. Gründe hierfür liegen

— in der Unüberschaubarkeit der voneinander abhängigen Bewertungsgrößen,
— in der bei Meinungsänderungen häufig vergessenen oder fehlerbehafteten Nachführung aller bereits festgelegten Bewertungsgrößen,
— in der allgemeinen oder von der augenblicklichen Verfassung abhängigen Unsicherheit, Inkonsequenz, Unkonzentriertheit usw..

Hinzu kommt, daß die Fähigkeit des Menschen stark und nicht-linear abhängig ist von der Anzahl der zu treffenden Entscheidungen und der Komplexität des zu entscheidenden Sachverhaltes. Nach *G. A. Miller* ist die menschliche Kapazität für die Verarbeitung von Informationen durch die *magische Zahl sieben plus oder minus zwei* begrenzt (vgl. [43], [44], [45], [46]).

4.1.2 Die Aufstellung konsistenter Entscheidungsmatrizen

4.1.2.1 Arten der Darstellung

Die Regeln zur Aufstellung allgemeiner konsistenter Matrizen und hier insbesondere diejenigen zur Ermittlung der Bewertungsgrößen, also der Maßzahlen m_{ij} (i = Kriterium, j = Variante) qualitativ erfaßter Kriterien und der Gewichtungsfaktoren g_i (i = Kriterium) quantitativ *und* qualitativ erfaßter Kriterien sind die gleichen. Deshalb werden für die *Erfüllungsgrade* r_{ij}, die ein Maß für die Bevorzugung der Variante V_i gegenüber der Variante V_j darstellen, und für die *Wichtigkeiten* p_{ij} der Kriterien K_i und K_j untereinander die gemeinsamen Bewertungsgrößen u_{ij} eingeführt. Die Bewertungskriterien und die zu bewertenden Varianten werden unter dem Begriff der sogenannten *Entitäten* e_i, $i = 1, \ldots, n$, zusammengefaßt.

Bei der Ermittlung der Bewertungsgrößen u_{ij} wird jedem miteinander verglichenen Entitätenpaar von Varianten e_i, e_j eine Anzahl von Punkten aus einer vorher festgelegten Bewertungsskala zugeschrieben, also gemäß Kapitel 4.1.1 aus einer 7 ± 2 Werteskala, die die relative Präferenz der i-ten Entität gegenüber der j-ten Entität widerspiegelt. Je mehr e_i gegenüber e_j vorgezogen wird, desto höher wird deren Punktezahl. Im Grenzfall, wenn e_i gegenüber e_j ganz und gar vorgezogen wird, ist die vergebene Punktezahl gleich dem höchsten Grad in der festgelegten Bewertungsskala. Die Bewertungsgrößen u_{ij} werden in einer Matrix gemäß

$$U = (u_{ij}) = \begin{bmatrix} u_{11} & u_{12} & \cdots & u_{1n} \\ u_{21} & u_{22} & \cdots & u_{2n} \\ \vdots & \vdots & & \vdots \\ u_{n1} & u_{n2} & \cdots & u_{nn} \end{bmatrix} \tag{4.1}$$

oder aber in Form einer Tafelmatrix gemäß Bild 4.1 abgebildet.

Ordn. Nr.	e_1	e_2	e_3	e_4	e_5	e_n
e_1	u_{11}	u_{12}	u_{13}	u_{14}	u_{15}	u_{1n}
e_2	u_{21}	u_{22}	u_{23}	u_{24}	u_{25}	u_{2n}
e_3	u_{31}	u_{32}	u_{33}	u_{34}	u_{35}	u_{3n}
e_4	u_{41}	u_{42}	u_{43}	u_{44}	u_{45}	u_{4n}
e_5	u_{51}	u_{52}	u_{53}	u_{54}	u_{55}	u_{5n}
e_n	u_{n1}	u_{n2}	u_{n3}	u_{n4}	u_{n5}	u_{nn}

Bild 4.1. Tafelmatrix mit relativen Präferenzen

4.1.2.2 Die Bestimmung der Bewertungsgrößen

Die zur Ermittlung der Bewertungsgrößen erforderliche Frage lautet:

„Um wieviel wird die Entität e_i der Entität e_j vorgezogen?"

Die mathematische Interpretation des in ingenieurmäßiger Entscheidung geschätzten Ergebnisses und deren formale Eintragung in die in Form einer Tafelmatrix zu erstellende Entscheidungsmatrix ist auf zwei unterschiedlichen Arten möglich, die jeweils zu unterschiedlichen Zusammenhängen der Bewertungsgrößen u_{ij} untereinander und damit zu unterschiedlichen Ergebnisvektoren, deren Koordinaten also den Entitäten e_i, d. h. den Maßzahlen m_{ij} bzw. den Gewichtungsfaktoren g_i entsprechen, führen. Die Rangfolge der Vektorkoordinaten bleibt jedoch bei beiden Interpretationsarten erhalten.

1. Paarweise normierte Bewertungsgrößen

In diesem Fall wird die Summe der Bewertungsgrößen zweier Entitäten zueinander zu 100% festgesetzt und deren prozentual aufgeteiltes Verhältnis auf „1" normiert. Dabei gelten für die Abschätzung der Bewertungsgrößen der ersten Entität gegenüber allen anderen Entitäten folgende Überlegungen:

4.1 Die Konsistenz paarweise verglichener Bewertungsgrößen

Wird beispielsweise die Entität e_1 höher eingeschätzt als die Entität e_2, so wird innerhalb der Zeile e_1 unter e_2 ein Wert $0.5 < u_{12} \leq 1.0$ eingesetzt.

Wird weiterhin die Entität e_1 geringer als die Entität e_3 eingeschätzt, so wird innerhalb der Zeile e_1 unter e_3 ein Wert $0 \leq u_{13} < 0.5$ eingesetzt.

Sind die Entitäten e_1 und e_4 gleichwertig, so erscheint in Zeile e_1 unter e_4 der Wert $u_{14} = 0.5$.

Selbstverständlich können anstelle von Dezimalzahlen auch echte Brüche eingesetzt werden.

Die Eintragung dieser Entscheidungen erfolgt oberhalb der Hauptdiagonalen. Diese selbst besteht sachgemäß aus *Nullen*, also

$$u_{kk} = 0, \qquad (4.2)$$

wobei die Indizes k für alle beliebigen Werte zwischen $i, j = 1$ und $i, j = n$ stehen.

Unterhalb der Hauptdiagonalen werden aufgrund des prozentual aufgeteilten und auf „1" normierten Verhältnisses die Bewertungsgrößen gemäß

$$u_{lk} = 1 - u_{kl} \qquad (4.3)$$

eingetragen.

2. Verhältnismäßige Bewertungsgrößen

In diesem Fall werden die Bewertungsgrößen zweier Entitäten zueinander ins Verhältnis gesetzt. Dabei gelten für die Abschätzung der Bewertungsgrößen der ersten Entität gegenüber allen anderen Entitäten folgende Überlegungen:

Wird beispielsweise die Entität e_1 höher eingeschätzt als die Entität e_2, so wird innerhalb der Zeile e_1 unter e_2 ein Wert $u_{12} > 1.0$ eingesetzt.

Wird weiterhin die Entität e_1 geringer als die Entität e_3 eingeschätzt, so wird innerhalb der Zeile e_1 unter e_3 ein Wert $0 < u_{13} < 1.0$ eingesetzt.

Sind die Entitäten e_1 und e_4 gleichwertig, so erscheint in Zeile e_1 unter e_4 der Wert $u_{14} = 1.0$.

Die Eintragung dieser Entscheidungen erfolgt oberhalb der Hauptdiagonalen. Diese besteht aus *Einsern*, da das Verhältnis einer Entität zu sich selbst „1" beträgt, also

$$u_{kk} = 1. \qquad (4.4)$$

Unterhalb der Hauptdiagonalen werden logischerweise die Kehrwerte der oberhalb der Hauptdiagonalen bestimmten Bewertungsgrößen eingetragen, also

$$u_{lk} = \frac{1}{u_{kl}}. \qquad (4.5)$$

Es ist zweckmäßig, die in erster Abschätzung als wichtigste angenommene oder erkannte Entität der obersten Zeile zuzuordnen und alle relativen Präferenzen der übrigen Entitäten in diese Zeile einzutragen.

4.1.2.3 Zusammenhänge der Bewertungsgrößen untereinander

Die eingangs beschriebene Fragestellung und die damit verbundene Bestimmung der Bewertungsgrößen ist jedoch nur für die Festlegung der ersten oder *einer* beliebigen anderen Zeile und deren an der Hauptdiagonalen der Tafelmatrix gespiegelten Spalte zulässig.

Sind diese Bewertungsgrößen bestimmt, so sind alle weiteren Bewertungsgrößen nach der sogenannten *Transitivitätsregel* und den dazu analogen Gesetzmäßigkeiten ebenfalls bestimmt.

Die Transitivitätsregel lautet mit den hier eingeführten Größen bekanntlich:

Wenn die Entität e_1 gleichwertig ist der Entität e_2 und ebenso gleichwertig der Entität e_3, dann *muß* die Entität e_2 der Entität e_3 gleichwertig sein.

Mathematisch formuliert, ergibt sich (u_{12} bedeutet: Bewertungsgröße der Entität e_1 gegenüber der Bewertungsgröße der Entität e_2):

Wenn $u_{12} = 1$
und $u_{13} = 1$,
dann $u_{23} = 1$.

Insgesamt lassen sich zwölf weitere Gesetzmäßigkeiten zusätzlich zur Transitivitätsregel feststellen, aus denen sich die beschriebenen Abhängigkeiten der Bewertungsgrößen der jeweils dritten Variante gegenüber der zweiten und ersten Variante bei deren vorher bestimmter Bewertungsgröße herleiten läßt. Mathematisch formuliert lauten diese Gesetzmäßigkeiten:

2. Wenn $u_{12} = 1$
und $u_{13} > 1$,
dann $u_{23} = u_{13}$.

3. Wenn $u_{12} = 1$
und $u_{13} < 1$,
dann $u_{23} = u_{13}$.

4. Wenn $u_{13} > 1$
und $u_{13} = 1$,
dann $u_{23} < 1$.

5. Wenn $u_{12} > 1$
und $u_{13} > 1$
und $u_{13} = u_{12}$,
dann $u_{23} = 1$.

6. Wenn $u_{12} > 1$
und $u_{13} > 1$
und $u_{13} > u_{12}$,
dann $u_{23} > 1$.

7. Wenn $u_{12} > 1$
und $u_{13} > 1$
und $u_{13} < u_{12}$,
dann $u_{23} < 1$.

8. Wenn $u_{12} > 1$
und $u_{13} < 1$,
dann $u_{23} < u_{13}$.

9. Wenn $u_{12} < 1$
und $u_{13} = 1$,
dann $u_{23} > 1$.

10. Wenn $u_{12} < 1$
und $u_{13} > 1$,
dann $u_{23} > u_{13}$.

11. Wenn $u_{12} < 1$
und $u_{13} < 1$
und $u_{13} = u_{12}$,
dann $u_{23} = 1$.

12. Wenn $u_{12} < 1$
und $u_{13} < 1$
und $u_{13} > u_{12}$,
dann $u_{23} > 1$.

13. Wenn $u_{12} < 1$
und $u_{13} < 1$
und $u_{13} < u_{12}$,
dann $u_{23} < 1$.

Bei der Ermittlung einer Bewertungsgröße wird also immer eine unbekannte dritte Größe bzw. deren Komplement oder Reziprokwert aus zwei bekannten Größen bestimmt. So ergibt sich beispielsweise in Bild 4.1 die unbekannte Bewertungsgröße u_{34} aus den subjektiv geschätzten und damit bekannten Bewertungsgrößen u_{13} und u_{14} (durch Rahmen hervorgehoben).

4.1 Die Konsistenz paarweise verglichener Bewertungsgrößen

Um absolut oder annähernd konsistente Entscheidungsmatrizen zu erhalten, genügt offenbar die bisher beschriebene Transitivitätsregel einschließlich ihrer Erweiterungen nicht. Diese geben lediglich die *Tendenz* für den Vorzug der 2. bis n-ten Entität gegenüber der 1. bis $(n-1)$-ten Entität an. Erst die exakte Berechnung der Beziehungen der Bewertungsgrößen u_{ij} untereinander führt zu völlig widerspruchsfreien Entscheidungsmatrizen. Denn sind die Entscheidungen zugunsten *einer* Entität gegenüber allen übrigen Entitäten gefallen, beispielsweise in der ersten Zeile und damit auch in der ersten Spalte, so sind auch die Bewertungsgrößen der übrigen Zeilen- und Spaltenelemente *entschieden*.

Bei der Aufstellung von absolut oder annähernd konsistenten Entscheidungsmatrizen bzw. deren Prüfung hinsichtlich des Grades ihrer Widerspruchsfreiheit lassen sich folgende drei Wege beschreiben:

1. Bestimmung der Folgepräferenzen paarweise normierter Bewertungsgrößen unter Beachtung ihrer absoluten Konsistenz,
2. Bestimmung der Folgepräferenzen verhältnismäßiger Bewertungsgrößen unter Beachtung ihrer absoluten Konsistenz und
3. Bestimmung der Folgepräferenzen verhältnismäßiger Bewertungsgrößen in freier Entscheidung und anschließender Überprüfung auf ihre Konsistenznähe.

Während die ersten beiden Methoden die subjektive Festlegung der Präferenz entweder nur der ersten oder aber einer einzigen beliebigen Entität gegenüber allen anderen Entitäten gestattet und die Präferenzen der übrigen Entitäten zueinander mathematisch-logisch festschreibt und damit die unmittelbare Aufstellung einer vollständig konsistenten Matrix erlaubt, kommt die dritte Methode dem wünschenswerten Freiraum subjektiver Empfindungen und Meinungen in einem gewissen Toleranzbereich aufgrund der zuvor von mathematischen Zwängen weitgehend frei abgeschätzten Präferenzen entgegen und dient lediglich der abschließenden Prüfung auf die Einhaltung einer geforderten Konsistenznähe (vgl. Abschnitt 3 dieses Kapitels). Wird diese nicht erreicht, so müssen die Bewertungsgrößen neu geschätzt oder aber die Koordinaten des Ergebnisvektors mittels geeigneter Iterations- bzw. Approximationsverfahren berechnet werden (vgl. Kapitel 4.1.3, Abschnitt 4). Entsprechende Methoden für paarweise normierte Bewertungsgrößen wurden bereits 1970 von *C. Zangemeister* unter Bezugnahme auf *W. S. Torgerson* [60] in [69] gezeigt. Methoden für verhältnismäßige Bewertungsgrößen wurden von *T. L. Saaty* erstmals im Jahre 1980 unter dem Begriff *Analytic Hierarchy Process*, kurz AHP genannt, in [55] veröffentlicht.

Allerdings können auch die in den Jahren 1992 in [15] bzw. 1993 in [17] veröffentlichten Methoden zur Aufstellung absolut konsistenter Entscheidungsmatrizen ebenfalls dazu benutzt werden, eine zunächst nach subjektiver Empfindung und Meinung erstellte Matrix auf die Einhaltung ihrer Konsistenz zu prüfen, um diese erst im Falle zu großer Abweichungen zu überarbeiten.

Sofern jedoch von vornherein auf absolut konsistente Matrizen Wert gelegt wird, kann gemäß *E. Kalhöfer* [18] auf deren Aufstellung, wie sie in den folgenden Abschnitten 1 und 2 behandelt wird, sogar letztendlich ganz verzichtet werden. Die entsprechenden Ansätze werden in Kapitel 4.1.3, Abschnitt 3, gezeigt.

1. Die Bestimmung der Folgepräferenzen paarweise normierter Bewertungsgrößen

Die Bestimmung der Folgepräferenzen paarweise normierter Bewertungsgrößen ergibt sich aus folgenden Überlegungen:

Wenn sich die Bewertungsgröße der Entität e_2 gegenüber derjenigen der Entität e_1 wie $\frac{u_{21}}{u_{12}}$ und sich die Bewertungsgröße der Entität e_3 gegenüber derjenigen der Entität e_1 wie $\frac{u_{31}}{u_{13}}$ verhält, dann *muß* sich die Bewertungsgröße der Entität e_3 gegenüber derjenigen der Entität e_2 verhalten wie

$$\frac{u_{32}}{u_{23}} = \frac{\frac{u_{31}}{u_{13}}}{\frac{u_{21}}{u_{12}}}. \tag{4.6}$$

Da die Summe der Bewertungsgrößen der Entität e_2 gegenüber der Entität e_3, also u_{23}, und der Entität e_3 gegenüber der Entität e_2, also u_{32}, entsprechend dem Normierungsansatz gemäß Gl. (4.3) gleich „1" beträgt, ergibt sich

$$u_{23} = 1 - u_{32}. \tag{4.7}$$

Mit u_{32} aus Gl. (4.6) ergibt sich

$$u_{23} = 1 - \left(\frac{\frac{u_{31}}{u_{13}}}{\frac{u_{21}}{u_{12}}} \right) u_{23}, \tag{4.8}$$

$$u_{23} = \frac{1}{1 + \left(\frac{\frac{u_{31}}{u_{13}}}{\frac{u_{21}}{u_{12}}} \right)}. \tag{4.9}$$

Für eine Entscheidungsmatrix mit n Entitäten und den Indizes i = *i*-te Zeile und j = *j*-te Spalte ergeben sich somit folgende allgemeingültigen Gleichungen:

$$u_{ij} = \frac{1}{1 + \left(\frac{\frac{u_{j1}}{u_{1j}}}{\frac{u_{i1}}{u_{1i}}} \right)} = \frac{1}{1 + \left(\frac{u_{j1}}{u_{1j}} \frac{u_{1i}}{u_{i1}} \right)}, \quad i,j = 1,\ldots,n \tag{4.10}$$

$$u_{ji} = 1 - u_{ij}, \quad i,j = 1,\ldots,n \tag{4.11}$$

Beispiel 4.1: Für die Beschaffung eines Pkw aus einem Angebot von vier konkurrierenden Varianten V1 bis V4 wird hier für die Erklärung des praktischen Vorgehens nur das Kriterium *Sicherheit* betrachtet.

4.1 Die Konsistenz paarweise verglichener Bewertungsgrößen

Für dieses Kriterium werden nur die erste Zeile und damit auch die erste Spalte entsprechend der Frage nach der Erfüllung des betrachteten Kriteriums durch die jeweiligen Varianten ausgefüllt. Diese zunächst in freier Entscheidung festgelegten und anschließend durch Berechnung ergänzten sogenannten *Erfüllungsgrade* werden in einer Tafelmatrix nach folgenden Überlegungen eingetragen (vgl. Bild 4.2):

	VI	V2	V3	V4
VI	0	0.80	0.67	0.57
V2	0.20			
V3	0.33			
V4	0.43			

Bild 4.2. Entscheidungsmatrix eines Bewerters zum Kriterium *Sicherheit*

Wenn durch paarweisen Vergleich die Variante V1 viermal sicherer ist als die Variante V2, sich also die Sicherheiten entsprechend des Normierungsansatzes gemäß Gl. (4.3) verhalten wie

$$\frac{V1}{V2} = \frac{0.80}{0.20} \text{ bzw. } V2 = \frac{0.20}{0.80} V1,$$

und V1 zweimal sicherer ist als V3, sich die Sicherheiten also verhalten wie

$$\frac{V1}{V3} = \frac{0.67}{0.33} \text{ bzw. } V3 = \frac{0.33}{0.67} V1,$$

dann verhalten sich die Sicherheiten von V2 gegenüber V3 logischerweise wie

$$\frac{V2}{V3} = \frac{(0.20 \, V1)/0.80}{(0.33 \, V1)/0.67} = \frac{0.50}{1.00},$$

was einer auf „1" normierten Aufteilung entspricht von

$$V2 = \frac{V2}{V2 + V3} = \frac{0.50}{0.50 + 1.00} = 0.33 \text{ zu}$$
$$V3 = 1 - V2 = \frac{V3}{V2 + V3} = \frac{1.00}{0.50 + 1.00} = 0.67$$

Und wenn V1 viermal sicherer ist als V2, sich die Sicherheiten also verhalten wie

$$\frac{V1}{V2} = \frac{0.80}{0.20} \text{ bzw. } V2 = \frac{0.20}{0.80} V1,$$

und V1 1.33 mal sicherer ist als V4, sich die Sicherheiten also verhalten wie

$$\frac{V1}{V4} = \frac{1.33}{1.00} = \frac{0.57}{0.43} \text{ bzw. } V4 = \frac{0.43}{0.57} V1,$$

dann verhalten sich die Sicherheiten von V2 gegenüber V4 logischerweise wie

$$\frac{V2}{V4} = \frac{(0.20 \, V1)/0.80}{(0.43 \, V1)/0.57} = 0.33,$$

was einer auf „1" normierten Aufteilung entspricht von

$$\frac{V2}{V4} = \frac{0.75}{0.25}.$$

Und wenn V1 schließlich zweimal mal sicherer ist als V3, sich die Sicherheiten also verhalten wie

$$\frac{V1}{V3} = \frac{0.67}{0.33} \text{ bzw. } V3 = \frac{0.33}{0.67} V1,$$

und V1 1.33 mal sicherer ist als V4, sich die Sicherheiten also verhalten wie

$$\frac{V1}{V4} = \frac{1.33}{1.00} = \frac{0.57}{0.43} \text{ bzw. } V4 = \frac{0.43}{0.57} V1,$$

dann verhalten sich die Sicherheiten von V3 gegenüber V4 logischerweise wie

$$\frac{V3}{V4} = \frac{(0.33\, V1)/0.67}{(0.43\, V1)/0.57} = \frac{0.67}{1.00},$$

was einer auf „1" normierten Aufteilung entspricht von

$$\frac{V3}{V4} = \frac{0.60}{0.40}.$$

Es ist offensichtlich, daß sich die Abhängigkeiten der übrigen Matrixelemente bei Festlegung des 1. bis n-ten Elementes der 1. Zeile, also des Zeilenvektors $p_{1j} = [V1\ V2\ V3\ V4] = [0\ 0.8\ 0.67\ 0.57]$, gemäß

$$\frac{V_i}{V_j} = \frac{\left(\dfrac{V_i}{V_1}\right)}{\left(\dfrac{V_j}{V_1}\right)}, \quad i = 2,\ldots,n-1,\ j = 3,\ldots,n$$

und in auf „1" normierter Form gemäß

$$\left(\frac{V_i}{V_j}\right)_{norm} = \frac{\left(\dfrac{V_i}{V_i + V_j}\right)}{\left(\dfrac{V_j}{V_i + V_j}\right)}, \quad i = 2,\ldots,n-1,\ j = 3,\ldots,n.$$

ausdrücken lassen. Diese aber entsprechen den Aussagen der Gleichungen (4.10) und (4.11) und liefern die selben Ergebnisse.

Die ermittelten Erfüllungsgrade werden in die entsprechenden Zeilen bzw. Spalten eingetragen und ergeben eine absolut konsistente Tafelmatrix (vgl. Bild 4.3).

	V1	V2	V3	V4
V1	0	0.80	0.67	0.57
V2	0.20	0	0.33	0.75
V3	0.33	0.67	0	0.60
V4	0.43	0.25	0.40	0

Bild 4.3. Ausgefüllte Entscheidungsmatrix eines Bewerters zum Kriterium *Sicherheit*

2. Bestimmung der Folgepräferenzen verhältnismäßiger Bewertungsgrößen

Die Bestimmung der Folgepräferenzen verhältnismäßiger Bewertungsgrößen ergibt sich aus folgenden Überlegungen:

Wenn sich die Bewertungsgröße der Entität e_2 gegenüber derjenigen der Entität e_1 wie $\frac{u_{21}}{u_{12}} = \frac{1/u_{12}}{u_{12}}$ und sich die Bewertungsgröße der Entität e_3 gegenüber derjenigen der Entität e_1 wie $\frac{u_{31}}{u_{13}} = \frac{1/u_{13}}{u_{13}}$ verhält, dann *muß* sich die Bewertungsgröße der Entität e_3 gegenüber derjenigen der Entität e_2 verhalten wie

4.1 Die Konsistenz paarweise verglichener Bewertungsgrößen

$$\frac{u_{32}}{u_{23}} = \frac{\frac{1}{u_{13}}}{\frac{1}{u_{12}}}. \tag{4.12}$$

Da das Produkt der Bewertungsgrößen der Entität e_2 gegenüber der Entität e_3, also u_{23}, und der Entität e_3 gegenüber der Entität e_2, also u_{32}, gemäß dem Ansatz der Verhältnismäßigkeit gemäß Gl. (4.5) gleich „1" beträgt, ergibt sich

$$u_{23} = \frac{1}{u_{32}}. \tag{4.13}$$

Mit u_{32} aus Gl. (4.12) ergibt sich

$$u_{23} = \frac{1}{\left(\frac{\frac{1}{u_{13}}}{\frac{u_{13}}{u_{12}}}\right) u_{23}}, \tag{4.14}$$

$$u_{23} = \sqrt{\frac{1}{\left(\frac{\frac{1}{u_{13}}}{\frac{u_{13}}{u_{12}}}\right)}}. \tag{4.15}$$

Für eine Entscheidungsmatrix mit n Kriterien und den Indizes i = i-te Zeile und j = j-te Spalte ergeben sich somit die allgemeingültigen Gleichungen

$$u_{ij} = \sqrt{\frac{1}{\left(\frac{\frac{1}{u_{1j}}}{\frac{u_{1j}}{u_{1i}}}\right)}} = \frac{u_{1j}}{u_{1i}}, i,j = 1,\ldots,n, \tag{4.16}$$

$$u_{ji} = \frac{1}{u_{ij}}, i,j = 1,\ldots,n, \tag{4.17}$$

wobei jedoch auf die Verwendung von Gl. (4.17) verzichtet werden kann.

Für den Fall, daß nicht die erste, sondern eine beliebige andere, beispielsweise die k-te, Zeile festgelegt wurde (vgl. Bild 4.4), ergeben sich die Gleichungen (4.16) bzw. (4.17) zu

$$u_{ij} = \frac{u_{kj}}{u_{ki}}, \tag{4.18}$$

$$u_{ji} = \frac{1}{u_{ij}} = \frac{u_{ki}}{u_{kj}}. \tag{4.19}$$

Ordn. Nr.	e_l	e_k	e_n	Ergebnis-faktoren
e_l	u_{ll}	u_{lk}	u_{ln}	r_l
e_k	u_{kl}	u_{kk}	u_{kn}	r_k
e_n	u_{nl}	u_{nk}	u_{nn}	r_n

Bild 4.4. Entscheidungsmatrix mit n Kriterien

Beispiel 4.2: Für die Beschaffung eines Pkw aus einem Angebot von vier konkurrierenden Varianten V1 bis V4 wird wiederum nur das Kriterium *Sicherheit* betrachtet.

Auch bei dieser Methode werden nur die in freier Entscheidung festgelegten Erfüllungsgrade des betrachteten Kriteriums durch die jeweiligen Varianten in die erste Zeile und damit auch in die erste Spalte eingetragen. Die übrigen Elemente der Tafelmatrix werden nach folgenden Überlegungen ermittelt (vgl. Bild 4.5):

	V1	V2	V3	V4
V1	1	4	2	1.33
V2	0.25			
V3	0.50			
V4	0.75			

Bild 4.5. Entscheidungsmatrix eines Bewerters zum Kriterium *Sicherheit*

Wenn V1 viermal sicherer ist als V2, also

$$\frac{V1}{V2} = 4 \text{ bzw. } V2 = \frac{1}{4} V1,$$

und zweimal sicherer als V3, also

$$\frac{V1}{V3} = 2 \text{ bzw. } V3 = \frac{1}{2} V1,$$

dann ergibt sich logischerweise die Sicherheit von V2 gegenüber V3 aus

$$\frac{V2}{V3} = \frac{V1/4}{V1/2} = \frac{1}{2} \text{ bzw. } \frac{V3}{V2} = 2.$$

Und wenn V1 viermal sicherer ist als V2, also

$$\frac{V1}{V2} = 4 \text{ bzw. } V2 = \frac{1}{4} V1,$$

und 1.33 mal sicherer ist als V4, also

$$\frac{V1}{V4} = 1.33 \text{ bzw. } V4 = \frac{V1}{1.33},$$

4.1 Die Konsistenz paarweise verglichener Bewertungsgrößen

dann ergibt sich die Sicherheit von V2 gegenüber V4 aus

$$\frac{V2}{V4} = \frac{V1/4}{V1/1.33} = 0.33 \text{ bzw. } \frac{V4}{V2} = 3.$$

Und wenn V1 schließlich zweimal sicherer ist als V3, also

$$\frac{V1}{V3} = 2 \text{ bzw. } V3 = \frac{1}{2} V1,$$

und 1.33 mal sicherer ist als V4, also

$$\frac{V1}{V4} = 1.33 \text{ bzw. } V4 = \frac{V1}{1.33},$$

dann ergibt sich die Sicherheit von V3 gegenüber V4 aus

$$\frac{V3}{V4} = \frac{V1/2}{V1/1.33} = 0.67 \text{ bzw. } \frac{V4}{V3} = 1.5.$$

Auch hier wird deutlich, daß sich die Abhängigkeiten der übrigen Matrixelemente bei Festlegung des 1. bis n-ten Elementes der 1. Zeile, also des Zeilenvektors $p_{1j} = [V1 \ V2 \ V3 \ V4] = [1 \ 4 \ 2 \ 1.33]$, gemäß

$$\frac{V_i}{V_j} = \frac{\dfrac{1}{\left(\dfrac{V_1}{V_i}\right)}}{\dfrac{1}{\left(\dfrac{V_1}{V_j}\right)}} = \frac{\left(\dfrac{V_1}{V_j}\right)}{\left(\dfrac{V_1}{V_i}\right)}, \ i = 2, \ldots, n-1, j = 3, \ldots, n$$

und

$$\frac{V_j}{V_i} = \frac{1}{\left(\dfrac{V_i}{V_j}\right)}, \ i = 2, \ldots, n-1, j = 3, \ldots n.$$

ausdrücken lassen. Diese aber entsprechen den Aussagen der Gleichungen (4.16) und (4.17) und liefern somit die selben Ergebnisse.

Die ermittelten Erfüllungsgrade werden in die entsprechenden Zeilen bzw. Spalten eingetragen und ergeben ebenfalls eine absolut konsistente Tafelmatrix (vgl. Bild 4.6).

	V1	V2	V3	V4
V1	1	4	2	1.33
V2	0.25	1	0.50	0.33
V3	0.50	2	1	0.67
V4	0.75	3	1.50	1

Bild 4.6. Ausgefüllte Entscheidungsmatrix eines Bewerters zum Kriterium *Sicherheit*

3. Bestimmung der Bewertungsgrößen in freier Abschätzung

Bisher wurde gezeigt, wie sich Entscheidungsmatrizen nach der Abschätzung der Präferenzen der wichtigsten oder einer beliebigen Entität gegenüber allen anderen Entitäten in absolut konsistenter Form aufstellen lassen. Es wurde ferner gezeigt, daß die Aufstellung der Matrizen für die Berechnung der Ergebnisvektoren aufgrund der mathematisch-logischen Verknüpfung der Bewertungsgrößen letztendlich unnötig ist.

Beobachtungen haben allerdings ergeben, daß Bewerter ohne das visuelle Bild ihrer Einzelentscheidungen sehr verunsicherbar sind. Dies ist ein psychologisches Moment, welches nicht wegdiskutiert werden darf.

Denn einerseits vermindert oder verhindert diese Vorgehensweise die bewußte Auseinandersetzung mit bzw. die Entscheidung über die zu vergebende Bewertungsgröße und es könnte beispielsweise die anschließende Gegenüberstellung einer Entität gegenüber einer anderen zu Erkenntnissen führen, die eine vollständige Überarbeitung der Matrix erforderlich machen würden. Andererseits wird sich bei manchen Entscheidungsträgern ein gewisses Unbehagen bei dem Gedanken einstellen, die paarweisen Vergleiche der 2. bis n-ten Entität mathematisch-logischen Gesetzmäßigkeiten zu überlassen. Dies ist verständlich, weshalb die in freier Abschätzung erstellten Entscheidungsmatrizen auch weiterhin ihre - jedoch wohl hauptsächlich psychologisch begründbare - Berechtigung haben.

In der Regel sind in freier Abschätzung entstandene Entscheidungsmatrizen mehr oder weniger inkonsistent und dürfen innerhalb eines Bewertungsverfahrens ab einem gewissen Grad ihrer Inkonsistenz nicht weiterverwendet werden. Ihre diesbezügliche Überprüfung sowie die zu weiterverwendbaren Matrizen führenden Verfahren werden in Kapitel 4.1.3, Abschnitte 4 und 5, behandelt.

4.1.3 Die Ermittlung des Ergebnisvektors

Die Entscheidungsmatrizen lassen noch keine Aussage über das absolute Ergebnis aus den paarweisen Vergleichen der Entitäten e_i, $i = 1, \ldots, n$ zu. Dieses muß aus den vorliegenden Bewertungsgrößen u_{ij} als sogenannter *Ergebnisvektor* $\vec{v}$ ermittelt werden.

Die gesuchten, dem eigentlichen Vergleich dienenden Vektorkoordinaten v_i, $i = 1, \ldots, n$, des Ergebnisvektors $\vec{v}$, also im jeweiligen Fall die Maßzahlen m_{ij} bzw. die Gewichtungsfaktoren g_i, werden entsprechend der in Kapitel 4.1.2.3 beschriebenen unterschiedlichen Betrachtungs- und Vorgehensweisen ebenfalls unterschiedlich ermittelt.

Die Wahl des Verfahrens hat allerdings trotz unterschiedlicher Koordinaten der Ergebnisvektoren keinen Einfluß auf deren Rangfolge und ist deshalb mit keinem Risiko hinsichtlich einer sich auf die Bewertung abstützenden Entscheidung verbunden.

4.1 Die Konsistenz paarweise verglichener Bewertungsgrößen

1. Ergebnisvektoren paarweise normierter Bewertungsgrößen

In diesem Fall ergeben sich die Vektorelemente der einzelnen Entitäten e_i durch *Addition* aller Bewertungsgrößen, die in den jeweiligen Zeilen eingetragen bzw. berechnet wurden, also aus

$$v_i = \sum_{j=1}^{n} u_{ij} \tag{4.20}$$

und damit für die einzelnen Zeilen aus

$$v_1 = u_{12} + u_{13} + \ldots$$
$$v_2 = u_{21} + u_{23} + \ldots \tag{4.21}$$

usw..

Falls für die weitere Verwendung innerhalb einer Bewertung erforderlich, können sie anschließend auf $\sum v_i = 1$ normiert werden. Hierunter wird die Division einer jeden Zeilensumme durch die Gesamtsumme aus allen Zeilensummen verstanden, also gemäß der allgemeingültigen Bedingung einer Normierung

$$v_{i_{norm}} = \frac{v_i}{\sum_{i=1}^{n} v_i} = 1 \;, \quad \sum_{i=1}^{n} v_{i_{norm}} = 1. \tag{4.22}$$

Zur Kontrolle einer Entscheidungsmatrix mit paarweise normierten Bewertungsgrößen muß die Summe aller Bewertungsgrößen *gleich* der Anzahl der ausgefüllten Felder oberhalb der Hauptdiagonalen sein, da bei der Gegenüberstellung der Entitäten insgesamt immer *ein* Punkt vergeben wird, also

$$\sum v_i = 0.5\, n\,(n-1). \tag{4.23}$$

2. Ergebnisvektoren verhältnismäßiger Bewertungsgrößen

In diesem Fall lassen sich die Vektorelemente der einzelnen Entitäten aufgrund folgender Überlegungen ermitteln, die zu vier unterschiedlichen Verfahren führen und u. a. von *T. L. Saaty* in [55] ausführlich beschrieben und anhand vieler Beispiele analysiert wurden.

Die der Erklärung dienenden Beispiele 4.3 bis 4.6 (vgl. Bilder 4.7 bis 4.10) beziehen sich auf Beispiel 4.2. Da die dort aufgestellte Tafelmatrix konsistent ist, sind die Ergebnisse der folgenden Beispiele identisch.

1. Die einfachste Ermittlung der Ergebnisse erfolgt durch Addition aller Elemente u_{ij} je Matrixzeile entsprechend den Gleichungen (4.20) bzw. (4.21). und - falls erforderlich - anschließender *Normierung* gemäß Gl. (4.22) (vgl. Bild 4.7).

Sicherheit

	V1	V2	V3	V4	Zeilensummen	normierte Zeilensummen	Rangfolge
V1	1	4	2	1.33	8.33	0.40	1
V2	0.25	1	0.50	0.33	2.08	0.10	4
V3	0.50	2	1	0.67	4.17	0.20	3
V4	0.75	3	1.50	1	6.25	0.30	2

$\Sigma v_{i_{norm}} = 1.00$

Bild 4.7. Ermittlung der Rangfolge durch Addition der Zeilenelemente (Beispiel 4.3)

2. Ein sichereres Ergebnis wird erzielt durch Addition aller Elemente u_{ij} je Matrixspalte, also gemäß

$$v_j = \sum_{i=1}^{n} u_{ij} \tag{4.24}$$

und damit für die einzelnen Spalten gemäß

$$\begin{aligned} v_1 &= u_{11} + u_{21} + \ldots \\ v_2 &= u_{12} + u_{22} + \ldots \end{aligned} \tag{4.25}$$

usw.

sowie der anschließenden Berechnung der Summenkehrwerte und - falls erforderlich - ihrer Normierung (vgl. Bild 4.8), also

Sicherheit

	V1	V2	V3	V4
V1	1	4	2	1.33
V2	0.25	1	0.50	0.33
V3	0.50	2	1	0.67
V4	0.75	3	1.50	1
Σ	2.50	10.0	5.00	3.33
$\frac{1}{\Sigma}$	0.40	0.10	0.20	0.30
Rangfolge	1	4	3	2

$\Sigma v_{i_{norm}} = 1.00$

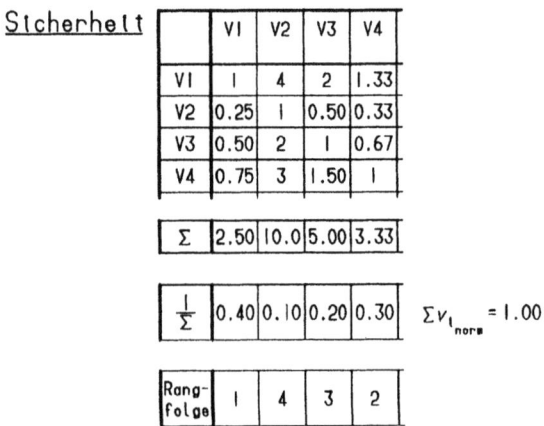

Bild 4.8. Ermittlung der Rangfolge durch Addition der Spaltenelemente (Beispiel 4.4)

4.1 Die Konsistenz paarweise verglichener Bewertungsgrößen 63

$$v_{j\,\text{norm}} = \frac{v_j}{\sum_{j=1}^{n} v_j} = 1, \quad \sum_{j=1}^{n} v_{j\,\text{norm}} = 1. \quad (4.26)$$

3. Ein noch sichereres Ergebnis wird erzielt infolge Division eines jeden Matrixelementes durch die zugehörige Spaltensumme, die anschließende Addition der damit als normierte Matrixelemente vorliegenden Zeilenelemente und die anschließende Division dieser Elemente durch die Anzahl n der sich gegenüberstehenden Entitäten (vgl. Bild 4.9). Die damit sich ergebenden Werte sind die Durchschnittswerte der normalisierten Spalten.

Sicherheit

	V1	V2	V3	V4
V1	1	4	2	1.33
V2	0.25	1	0.50	0.33
V3	0.50	2	1	0.67
V4	0.75	3	1.50	1
Σ	2.50	10.0	5.00	3.33

	V1	V2	V3	V4	Zeilensummen	Zeilensummen-durchschnitt	Rangfolge
V1	0.40	0.40	0.40	0.40	1.60	0.40	1
V2	0.10	0.10	0.10	0.10	0.40	0.10	4
V3	0.20	0.20	0.20	0.20	0.80	0.20	3
V4	0.30	0.30	0.30	0.30	1.20	0.30	2

$\sum v_{i\,\text{norm}} = 1.00$

Bild 4.9. Ermittlung der Rangfolge durch Normierung der Matrixelemente und Durchschnittsbildung der Zeilensummen (Beispiel 4.5)

4. Ein ebenso sicheres Ergebnis wie das bei Verfahren Nr. 3 ergibt sich durch Multiplikation der n Elemente einer jeden Matrixzeile, der Ziehung der n-ten Wurzel aus diesen Produkten („erweitertes" geometrisches Mittel), also gemäß

$$v_i = \sqrt[n]{\prod_{j=1}^{n} u_{ij}}, \quad (4.27)$$

und damit für die einzelnen Zeilen gemäß

$$v_1 = \sqrt[n]{u_{11} \cdot u_{12} \cdot \ldots}$$
$$v_2 = \sqrt[n]{u_{21} \cdot u_{22} \cdot \ldots} \quad (4.28)$$

usw.

und - falls erforderlich - der anschließenden Normierung gemäß Gl. (4.22) (vgl. Bild 4.10).

Sicherheit

	V1	V2	V3	V4	Wurzeln	normierte Wurzeln	Rangfolge
V1	1	4	2	1.33	1.8072	0.40	1
V2	0.25	1	0.50	0.33	0.4518	0.10	4
V3	0.50	2	1	0.67	0.9036	0.20	3
V4	0.75	3	1.50	1	1.3554	0.30	2

$\sum v_{i_{norm}} = 1.00$

Bild 4.10. Ermittlung der Rangfolge durch Radizieren der Zeilenprodukte (Beispiel 4.6)

Auch bei Entscheidungsmatrizen mit verhältnismäßigen Bewertungsgrößen ist eine Kontrolle möglich. Dabei muß das Produkt der über der Hauptdiagonalen liegenden Wichtigkeiten gleich dem Reziprokwert des Produktes der unter der Hauptdiagonalen liegenden Wichtigkeiten sein. Mathematisch formuliert muß unter Verwendung der Indizes i = *i*-te Zeile und j = *j*-te Spalte gelten:

$$\prod_{i=1, j=2}^{i=n-1, j=n} u_{ij} = \frac{1}{\prod_{i=2, j=1}^{i=n, j=n-1} u_{ij}} \tag{4.29}$$

3. Die Berechnung des Ergebnisvektors aus der ersten Zeile einer Tafelmatrix

Bei konsistenten Entscheidungsmatrizen verhältnismäßiger Bewertungsgrößen ist das vollständige Ausfüllen aller Zeilen und Spalten grundsätzlich unnötig, da durch die Festlegung der ersten oder einer beliebigen anderen Zeile alle mathematischen Zusammenhänge durch die Gleichungen (4.16) bzw. (4.17) eindeutig festgelegt sind.

Obwohl bei konsistenten Entscheidungsmatrizen paarweise normierter Bewertungsgrößen diese Zusammenhänge ebenfalls vorliegen, lassen sich die Vektorelemente wegen des Normierungsansatzes gemäß Gl. (4.7) nicht durch ein geschlossenes Gleichungssystem berechnen.

Ausgehend von Gl. (4.27) bzw. Gl. (4.28) errechnet sich jedes Vektorelement einer beliebigen Zeile *i* bei Anwendung des Verfahrens Nr. 4 gemäß Abschnitt 2 dieses Kapitels aus dem Produkt aller *n* Zeilenelemente und anschließender Ziehung der *n*-ten Wurzel aus diesem Produkt, also aus

$$v_i = \sqrt[n]{u_{i1} \cdot \ldots \cdot u_{in}} = \sqrt[n]{\prod_{j=1}^{n} u_{ij}}. \tag{4.30}$$

Da gemäß Gl. (4.16) $u_{i1} = \frac{u_{11}}{u_{1i}}$, ergibt sich für jede Zeile *i*

$$v_i = \sqrt[n]{\frac{u_{11}}{u_{1i}} \cdot \ldots \cdot \frac{u_{1n}}{u_{1i}}} = \frac{1}{u_{1i}} \sqrt[n]{\prod_{j=1}^{n} u_{1j}} \tag{4.31}$$

4.1 Die Konsistenz paarweise verglichener Bewertungsgrößen

bzw. für den Ergebnisvektor

$$\vec{v} = \begin{bmatrix} v_1 \\ v_2 \\ \vdots \\ v_n \end{bmatrix} = \begin{bmatrix} \dfrac{1}{u_{11}} \\ \dfrac{1}{u_{12}} \\ \vdots \\ \dfrac{1}{u_{1n}} \end{bmatrix} \cdot \sqrt[n]{\prod_{j=1}^{n} u_{1j}} \; . \tag{4.32}$$

Da Gl. (4.31) gleichzeitig das Ergebnis der ersten Zeile liefert, gilt somit für die Summe aller Bewertungsgrößen

$$v_{ges} = \sum_{i=1}^{n} v_i = \left(\sum_{i=1}^{n} \frac{1}{u_{1i}} \right) \cdot \sqrt[n]{\prod_{j=1}^{n} u_{1j}} \; . \tag{4.33}$$

Durch Einführung der gegen v_{ges} normierten Vektorelemente

$$v_{i_{norm}} = \frac{v_i}{v_{ges}} \tag{4.34}$$

läßt sich Gl. (4.34) unter Verwendung von Gl. (4.31) und Gl. (4.33) erweitern auf

$$v_{i_{norm}} = \frac{\dfrac{1}{u_{1i}} \sqrt[n]{\prod_{j=1}^{n} u_{1j}}}{\left(\sum_{i=1}^{n} \dfrac{1}{u_{1i}} \right) \cdot \sqrt[n]{\prod_{j=1}^{n} u_{1j}}} = \frac{1}{u_{1i}} \cdot \frac{1}{\sum_{i=1}^{n} \dfrac{1}{u_{1i}}} \; . \tag{4.35}$$

Der normierte Ergebnisvektor ergibt sich somit aus

$$\vec{v}_{norm} = \begin{bmatrix} v_{1_{norm}} \\ v_{2_{norm}} \\ \vdots \\ v_{n_{norm}} \end{bmatrix} = \begin{bmatrix} \dfrac{1}{u_{11}} \\ \dfrac{1}{u_{12}} \\ \vdots \\ \dfrac{1}{u_{1n}} \end{bmatrix} \cdot \frac{1}{\sum_{i=1}^{n} \dfrac{1}{u_{1i}}} \; . \tag{4.36}$$

Beispiel 4.7: Für die Beschaffung eines Pkw aus einem Angebot mehrerer konkurrierender Varianten seien hier als Auszug aus einer normalerweise sehr umfangreichen Anforderungsliste folgende Kriterien betrachtet:
A   Verkehrssicherheit
B   Fahrkomfort
C   technische Zuverlässigkeit
D   Entsorgbarkeit

Die entsprechenden Wichtigkeiten p_{ij} wurden von dem Mitglied einer Bewertergruppe in paarweisem Vergleich geschätzt und mit $p_{1j} = [1 \ 3 \ 2/3 \ 1/2]$ festgelegt. Die übrigen Wichtigkeiten wurden mittels Gl. (4.16) und Gl. (4.17) berechnet und in eine Tafelmatrix, einer sogenannten *Gewichtungsmatrix*, eingetragen (vgl. Bild 4.11). Anschließend wurden die Gewichtungsfaktoren mittels Gl. (4.27) berechnet und in eine weitere Spalte eintragen. Eine abschließende Normierung mittels Gl. (4.34) ergab die ebenfalls in Bild 4.11 eingetragenen normierten Gewichtungsfaktoren.

Ordn. Nr.	Bew.-Kriterium	A	B	C	D	Gewichtungsfaktoren	normierte Gew.faktoren
A	Sicherheit	1	3	2/3	1/2	1.00000	0.207
B	Komfort	1/3	1	0.22	1/6	0.33333	0.069
C	Zuverlässigkeit	3/2	4.5	1	3/4	1.50000	0.310
D	Entsorgbarkeit	2	6	4/3	1	2.00000	0.414

$\Sigma g_{norm} = 1.000$

Bild 4.11. Beispiel einer Gewichtungsmatrix; Ermittlung aller Wichtigkeiten und der Gewichtungsfaktoren

Die gleichen normierten Gewichtungsfaktoren ergeben sich auch durch entsprechendes Einsetzen der in subjektiver Entscheidung festgelegten Wichtigkeiten der ersten Matrixzeile in Gl. (4.35). Die Ergebnisse lauten:

<u>Sicherheit</u>

$$g_{A_{norm}} = 1 \cdot \frac{1}{1 + 1/3 + 3/2 + 2} = 0.207$$

<u>Komfort</u>

$$g_{B_{norm}} = \frac{1}{3} \cdot \frac{1}{1 + 1/3 + 3/2 + 2} = 0.069$$

<u>Zuverlässigkeit</u>

$$g_{C_{norm}} = \frac{3}{2} \cdot \frac{1}{1 + 1/3 + 3/2 + 2} = 0.310$$

<u>Entsorgbarkeit</u>

$$g_{D_{norm}} = 2 \cdot \frac{1}{1 + 1/3 + 3/2 + 2} = 0.414$$

Diese Ergebnisse aber entsprechen exakt den normierten Gewichtungsfaktoren gemäß Bild 4.11.

Auch das Verfahren Nr. 1 gemäß Abschnitt 2 dieses Kapitels liefert aufgrund der mathematischen Zusammenhänge innerhalb einer konsistenten Entscheidungsmatrix die normierten Vektorelemente eines Ergebnisvektors nach Festlegung der ersten oder einer beliebigen anderen Zeile ohne weitere Ausfüllung der 2. bis n–ten Zeilen.

4.1 Die Konsistenz paarweise verglichener Bewertungsgrößen

Bei diesem Verfahren errechnet sich bekanntlich die Vektorkoordinate einer beliebigen Zeile i gemäß Gl. (4.20) bzw. Gl. (4.21) aus

$$v_i = u_{i1} + \ldots + u_{in} = \sum_{j=1}^{n} u_{ij}. \tag{4.37}$$

Da gemäß Gl. (4.16) $u_{i1} = \dfrac{u_{11}}{u_{1i}}$, ergibt sich für jede Zeile i

$$v_i = \frac{u_{11}}{u_{1i}} + \ldots + \frac{u_{1n}}{u_{1i}} = \sum_{j=1}^{n} \frac{u_{1j}}{u_{1i}} = \frac{1}{u_{1i}} \sum_{j=1}^{n} u_{1j} \tag{4.38}$$

bzw. für den Ergebnisvektor

$$\vec{v} = \begin{bmatrix} v_1 \\ v_2 \\ \vdots \\ v_n \end{bmatrix} = \begin{bmatrix} \dfrac{1}{u_{11}} \\ \dfrac{1}{u_{12}} \\ \vdots \\ \dfrac{1}{u_{1n}} \end{bmatrix} \cdot \sum_{j=1}^{n} u_{1j}. \tag{4.39}$$

Gleichzeitig ist

$$\sum_{j=1}^{n} u_{1j}$$

die Summe der ersten Zeile. Für die Summe aller Bewertungsgrößen und damit aller Vektorelemente gilt

$$v_{ges} = \sum_{i=1}^{n} v_i = \sum_{i=1}^{n} \left(\frac{1}{u_{1i}} \sum_{j=1}^{n} u_{1j} \right) = \sum_{i=1}^{n} \frac{1}{u_{1i}} \cdot \sum_{j=1}^{n} u_{1j}. \tag{4.40}$$

Durch Einführung der gegen v_{ges} normierten Vektorelemente analog Gl. (4.34), also

$$v_{i_{norm}} = \frac{v_i}{v_{ges}},$$

läßt sich diese Gleichung unter Verwendung von Gl. (4.38) und Gl. (4.40) erweitern auf

$$v_{i_{norm}} = \frac{\frac{1}{u_{1i}} \sum_{j=1}^{n} u_{1j}}{\sum_{i=1}^{n} \frac{1}{u_{1i}} \cdot \sum_{j=1}^{n} u_{1j}} = \frac{1}{u_{1i}} \cdot \frac{1}{\sum_{i=1}^{n} \frac{1}{u_{1i}}} . \tag{4.41}$$

Der zweite Ausdruck dieser Gleichung aber entspricht demjenigen der Gl. (4.35), d. h., daß beide Gleichungen die selben Ergebnisse liefern und es somit für die Berechnung der normierten Ergebnisfaktoren $v_{i_{norm}}$ keine Rolle spielt, ob diese auf der Basis der *erweiterten geometrischen Mittelwerte* gemäß Gl. (4.27), oder aber als Summen gemäß Gl. (4.20) berechnet wurden. Dies leuchtet ein, da sich die Produkt- bzw. Summenterme im ersten Ausdruck der Gleichungen (4.35) bzw. (4.41) in Zähler *und* Nenner befinden und daher wegkürzen lassen. Damit errechnet sich auch der normierte Ergebnisvektor exakt gemäß Gl. (4.36).

4. Überprüfung frei abgeschätzter verhältnismäßiger Bewertungsgrößen auf ihre Konsistenzabweichung

T. L. Saaty beschreibt in [55] ein Verfahren, mit dem im Falle frei abgeschätzter verhältnismäßiger Bewertungsgrößen die Abweichung von deren Konsistenz durch den sogenannten *Konsistenz-Index* C.I. ermittelt werden kann. Dieser Index wurde am *Oak Ridge National Laboratory* und an *The Wharton School - University of Pennsylvania*, USA, statistisch ermittelt und ist ein Maß dafür, inwieweit eine Matrix noch zu einer Entscheidung herangezogen werden darf. Bei einer absolut konsistenten Matrix muß der Konsistenz-Index den Wert *Null* betragen.

Berechnet wird dieser Wert über den maximalen Eigenwert λ_{max} der Matrix und der Anzahl n der paarweise verglichenen Entitäten $e_i, i = 1, 2, \ldots, n$ aus

$$\text{C.I.} = \frac{\lambda_{max} - n}{n - 1} . \tag{4.42}$$

Wird der Konsistenz-Index C.I. durch den sogenannten *Random-Index* R.I. dividiert, so ergibt sich das *Konsistenzverhältnis* C.R. aus

$$\text{C.R.} = \frac{\text{C.I.}}{\text{R.I.}} . \tag{4.43}$$

Die R.I.-Werte sind folgender empirischen Tabelle zu entnehmen.

n:	1	2	3	4	5	6	7	8	9	10	11	12	13	14	15
R.I.:	0.00	0.00	0.58	0.90	1.12	1.24	1.32	1.41	1.45	1.49	1.51	1.53	1.56	1.57	1.59

Tabelle 4.1. Werte des *Random-Index* R.I. (Quelle: [55])

Eine Matrix darf zur Entscheidung nur dann herangezogen werden, wenn das Konsistenzverhältnis sehr klein ist. Erfahrungsgemäß ist diese Bedingung bei C.R. $\leq$ 0.1 erfüllt.

4.1 Die Konsistenz paarweise verglichener Bewertungsgrößen

Eine quadratische Matrix $((n, n)$-Matrix$)$

$$U = \begin{bmatrix} u_{11} & \cdots & u_{1k} & \cdots & u_{1n} \\ \vdots & & \vdots & & \vdots \\ u_{k1} & \cdots & u_{kk} & \cdots & u_{kn} \\ \vdots & & \vdots & & \vdots \\ u_{n1} & \cdots & u_{nk} & \cdots & u_{nn} \end{bmatrix} \tag{4.44}$$

mit der Vereinbarung

$$u_{ji} = \frac{1}{u_{ij}}, \; i,j = 1,\ldots,n, \; u_{ij} \neq 0, \tag{4.45}$$

ist konsistent, wenn für alle i, j, k

$$u_{ik} = u_{ij} u_{jk}. \tag{4.46}$$

Wird das auf ein Kriterium bezogene Verhältnis der Bewertungsgrößen der miteinander verglichenen Entitäten e_i, e_j mit deren Verhältniswerten w_i, w_j, die gleichzeitig den Koordinaten v_i des Ergebnisvektors $\vec{v}$ entsprechen, durch

$$u_{ij} = \frac{w_i}{w_j}, \; i,j = 1,\ldots,n \tag{4.47}$$

ausgedrückt, so wird Gl. (4.44) zu

$$U = \begin{bmatrix} \frac{w_1}{w_1} & \cdots & \frac{w_1}{w_k} & \cdots & \frac{w_1}{w_n} \\ \vdots & & \vdots & & \vdots \\ \frac{w_k}{w_1} & \cdots & \frac{w_k}{w_k} & \cdots & \frac{w_k}{w_n} \\ \vdots & & \vdots & & \vdots \\ \frac{w_n}{w_1} & \cdots & \frac{w_n}{w_k} & \cdots & \frac{w_n}{w_n} \end{bmatrix}. \tag{4.48}$$

Aus Gl. (4.47) ergibt sich

$$u_{ij} \frac{w_j}{w_i} = 1, \; i,j = 1,\ldots,n, \tag{4.49}$$

also für jede Zeile i

$$u_{i1} w_1 = \ldots = u_{ik} w_k = \ldots = u_{in} w_n = w_i. \tag{4.50}$$

Damit ergibt sich konsequenterweise je Zeile i

$$\sum_{j=1}^{n} u_{ij} \frac{w_j}{w_i} = n, \; i,j = 1,\ldots,n, \tag{4.51}$$

bzw. in aufgelöster Form

$$\sum_{j=1}^{n} u_{ij} w_j = u_{i1} w_1 + \ldots + u_{ik} w_k + \ldots + u_{in} w_n = n\, w_i \tag{4.52}$$

und damit als vollständige Matrix

$$\begin{bmatrix} u_{11} & \cdots & u_{1k} & \cdots & u_{1n} \\ \vdots & & \vdots & & \vdots \\ u_{k1} & \cdots & u_{kk} & \cdots & u_{kn} \\ \vdots & & \vdots & & \vdots \\ u_{n1} & \cdots & u_{nk} & \cdots & u_{nn} \end{bmatrix} \cdot \begin{bmatrix} w_1 \\ \vdots \\ w_k \\ \vdots \\ w_n \end{bmatrix} = n \cdot \begin{bmatrix} w_1 \\ \vdots \\ w_k \\ \vdots \\ w_n \end{bmatrix} \tag{4.53}$$

bzw.

$$U w = n w. \tag{4.54}$$

Diese Gleichung aber entspricht der allgemeingültigen Ausgangsgleichung für die Bestimmung des *Eigenvektors* und des maximalen *Eigenwertes*. Deren Definitionen lauten:

Jeder Vektor $x \in V^n, x \neq 0$ einer Matrix U, für den

$$U x = \lambda x \tag{4.55}$$

mit einer geeigneten Zahl λ gilt, heißt *Eigenvektor* von U. λ heißt der zu diesem Eigenvektor gehörende *Eigenwert* zu U.

Demgemäß entspricht n in Gl. (4.54) dem Eigenwert λ und w dem Vektor x. Durch Erweiterung der rechten Seite von Gl. (4.54) mit $U U^{-1} = I$ ergibt sich

$$U w = U \lambda U^{-1} w$$

$$U w = \lambda I w$$

$$(U - \lambda I) w = 0. \tag{4.56}$$

Die nichttrivialen Lösungen dieses homogenen linearen Gleichungssystems liefern die gesuchten Eigenvektoren und zwar dann, wenn

$$\det (U - \lambda I) = 0, \tag{4.57}$$

also mit

$$\det \left(\begin{bmatrix} u_{11} & \cdots & u_{1k} & \cdots & u_{1n} \\ \vdots & & \vdots & & \vdots \\ u_{k1} & \cdots & u_{kk} & \cdots & u_{kn} \\ \vdots & & \vdots & & \vdots \\ u_{n1} & \cdots & u_{nk} & \cdots & u_{nn} \end{bmatrix} - \lambda \begin{bmatrix} 1 & \cdots & 0 & \cdots & 0 \\ \vdots & & \vdots & & \vdots \\ 0 & \cdots & 1 & \cdots & 0 \\ \vdots & & \vdots & & \vdots \\ 0 & \cdots & 0 & \cdots & 1 \end{bmatrix} \right) = 0, \tag{4.58}$$

4.1 Die Konsistenz paarweise verglichener Bewertungsgrößen

$$\det \begin{bmatrix} u_{11} - \lambda & \cdots & u_{1k} & \cdots & u_{1n} \\ \vdots & & \vdots & & \vdots \\ u_{k1} & \cdots & u_{kk} - \lambda & \cdots & u_{kn} \\ \vdots & & \vdots & & \vdots \\ u_{n1} & \cdots & u_{nk} & \cdots & u_{nn} - \lambda \end{bmatrix} = 0. \qquad (4.59)$$

Die Auflösung dieser Determinante ergibt, beispielsweise mit Hilfe des *Horner-Schemas*, den Wert $\lambda = \lambda_{max}$, der in Gl. (4.42) einzusetzen ist.

Da die Lösung derartiger Gleichungssysteme insbesondere bei umfangreichen Matrizen sehr aufwendig ist, schlägt *T. L. Saaty* in [55] folgenden, auf das gleiche Ergebnis führenden, Rechengang vor:

Ausgehend von einer vorgegebenen, auf ihre Konsistenzabweichung zu prüfenden allgemeinen Matrix A analog Gl. (4.1), also

$$A = (a_{ij}) = \begin{bmatrix} a_{11} & a_{12} & \cdots & a_{1n} \\ a_{21} & a_{22} & \cdots & a_{2n} \\ \vdots & \vdots & & \vdots \\ a_{n1} & a_{n2} & \cdots & a_{nn} \end{bmatrix}, \qquad (4.60)$$

bei der $A \equiv U$ und $a \equiv u$ gemäß Gl. (4.1), werden zunächst deren Spaltensummen gebildet und ergeben den Zeilenvektor

$$\vec{\sigma} = [\sigma_1 \; \sigma_2 \; \ldots \; \sigma_n]$$
$$= [(a_{11} + a_{21} + \ldots + a_{n1})(a_{12} + a_{22} + \ldots + a_{n2})$$
$$\ldots (a_{1n} + a_{2n} + \ldots + u_{nn})]. \qquad (4.61)$$

Anschließend wird jedes Matrixelement a_{ij} durch seine zugehörige Spaltensumme σ_j dividiert und es ergibt sich die Matrix

$$B = (b_{ij}) = \begin{bmatrix} \dfrac{a_{11}}{\sigma_1} & \dfrac{a_{12}}{\sigma_2} & \cdots & \dfrac{a_{1n}}{\sigma_n} \\ \dfrac{a_{21}}{\sigma_1} & \dfrac{a_{22}}{\sigma_2} & \cdots & \dfrac{a_{2n}}{\sigma_n} \\ \vdots & \vdots & & \vdots \\ \dfrac{a_{n1}}{\sigma_1} & \dfrac{a_{n2}}{\sigma_2} & \cdots & \dfrac{a_{nn}}{\sigma_n} \end{bmatrix} = \begin{bmatrix} b_{11} & b_{12} & \cdots & b_{1n} \\ b_{21} & b_{22} & \cdots & b_{2n} \\ \vdots & \vdots & & \vdots \\ b_{n1} & b_{n2} & \cdots & b_{nn} \end{bmatrix}. \qquad (4.62)$$

Vom zweiten Term dieser Matrix werden die Zeilensummen gebildet. Sie ergeben den Spaltenvektor

$$\vec{\tau} = \begin{bmatrix} \tau_1 \\ \tau_2 \\ \vdots \\ \tau_n \end{bmatrix} = \begin{bmatrix} b_{11} + b_{12} + \ldots + b_{1n} \\ b_{21} + b_{22} + \ldots + b_{2n} \\ \vdots & \vdots & \vdots & \vdots \\ b_{n1} + b_{n2} + \ldots + b_{nn} \end{bmatrix}. \tag{4.63}$$

Dieses Ergebnis wird auch dadurch erzielt, daß die aus der Spaltensumme gemäß Gl. (4.61) berechneten Kehrwerte zu einem Zeilenvektor

$$\vec{b} = \begin{bmatrix} \dfrac{1}{\sigma_1} & \dfrac{1}{\sigma_1} & \ldots & \dfrac{1}{\sigma_n} \end{bmatrix} \tag{4.64}$$

zusammengefaßt werden und die Matrix A mit dem aus $\vec{b}$ transponierten Vektor

$$\vec{b}^{\mathrm{T}} = \begin{bmatrix} \dfrac{1}{\sigma_1} \\ \dfrac{1}{\sigma_1} \\ \vdots \\ \dfrac{1}{\sigma_n} \end{bmatrix} \tag{4.65}$$

multipliziert wird, also

$$\vec{\tau} = A\vec{b}^{\mathrm{T}}. \tag{4.66}$$

Wird der Spaltenvektor $\vec{\tau}$ durch die Anzahl n der paarweise verglichenen Entitäten $e_i, i = 1, 2, \ldots, n$ dividiert, so ergibt sich der Spaltenvektor

$$\vec{c} = \frac{1}{n}\left(A\vec{b}^{\mathrm{T}}\right) \equiv \frac{1}{n}\vec{\tau} = \frac{1}{n}\begin{bmatrix} \tau_1 \\ \tau_2 \\ \vdots \\ \tau_n \end{bmatrix} = \begin{bmatrix} c_1 \\ c_2 \\ \vdots \\ c_n \end{bmatrix}. \tag{4.67}$$

Der nächste Schritt dient der Bestimmung des maximalen Eigenvektors $\lambda_{\max}$, der bei einer vollständig konsistenten Matrix dem Wert n, also der Anzahl der paarweise verglichenen Entitäten e_i, entsprechen muß. Um diesen zu erhalten, wird zunächst das Produkt aus der Matrix A und dem Spaltenvektor $\vec{c}$ gebildet. Dies ergibt den Spaltenvektor

$$\vec{d} = A\vec{c} = \begin{bmatrix} a_{11} & a_{12} & \ldots & a_{1n} \\ a_{21} & a_{22} & \ldots & a_{2n} \\ \vdots & \vdots & \vdots & \vdots \\ a_{n1} & a_{n2} & \ldots & a_{nn} \end{bmatrix} \cdot \begin{bmatrix} c_1 \\ c_2 \\ \vdots \\ c_n \end{bmatrix} = \begin{bmatrix} d_1 \\ d_2 \\ \vdots \\ d_n \end{bmatrix}. \tag{4.68}$$

4.1 Die Konsistenz paarweise verglichener Bewertungsgrößen

Anschließend wird von jeder Koordinate des Spaltenvektors $\vec{c}$ der Kehrwert gebildet und es ergibt sich der Spaltenvektor

$$\vec{e} = \begin{bmatrix} \frac{1}{c_1} \\ \frac{1}{c_2} \\ \vdots \\ \frac{1}{c_n} \end{bmatrix}, \tag{4.69}$$

der zusammen mit dem Spaltenvektor $\vec{d}$ infolge Division der jeweils zugeordneten Vektorkoordinaten d_i durch e_i den Ergebnisvektor das Produkt

$$\vec{f} = \begin{bmatrix} \frac{d_1}{c_1} \\ \frac{d_2}{c_2} \\ \vdots \\ \frac{d_n}{c_n} \end{bmatrix} = \begin{bmatrix} f_1 \\ f_2 \\ \vdots \\ f_n \end{bmatrix} \tag{4.70}$$

bildet. Die Koordinaten des Spaltenvektors $\vec{f}$ entsprechen den Eigenwerten λ_i der Entscheidungsmatrix, aus denen sich der gesuchte maximale Eigenwert λ_{max} durch Bildung des arithmetischen Mittels über die Anzahl n der sich gegenüberstehenden Entitäten e_i, $i = 1, 2, \ldots, n$ gemäß

$$\lambda_{max} = \frac{f_1 + \ldots + f_n}{n} \tag{4.71}$$

ergibt.

Die Prüfung der vorgegebenen Entscheidungsmatrix A erfolgt dann durch Einsetzen dieses maximalen Eigenwertes in Gl. (4.42) und anschließender Bestimmung des Konsistenzverhältnisses gemäß Gl. (4.43).

Aus den hier beschriebenen Zusammenhängen lassen sich zwei Vorgehensweisen zur Prüfung der Konsistenznähe von frei abgeschätzten Entscheidungsmatrizen herleiten, die nachfolgend zum besseren Verständnis anhand eines Beispiels erklärt werden.

Beispiel 4.8: Für die Beschaffung eines Pkw aus einem Angebot von vier konkurrierenden Varianten V1 bis V4 wird auch hier nur das Kriterium *Sicherheit* betrachtet. Im Gegensatz zu den Beispielen 4.1 und 4.2 werden jedoch jetzt von einem Experten *sämtliche* Erfüllungsgrade des betrachteten Kriteriums durch die jeweiligen Varianten in freier Entscheidung abgewogen und in eine Tafelmatrix eingetragen (vgl. Bild 4.12). Es ist zu beachten, daß die Bewertungsgrößen a_{23}, a_{24} und a_{34} und damit auch a_{32}, a_{42} und a_{43} nicht identisch sind mit denjenigen in Bild 4.6).

	V1	V2	V3	V4
V1	1	4	2	1.33
V2	0.25	1	0.40	0.40
V3	0.50	2.50	1	0.50
V4	0.75	2.50	2	1

Bild 4.12. Ausgefüllte Entscheidungsmatrix eines Bewerters zum Kriterium *Sicherheit*

In Matrizenschreibweise ergibt sich daraus

$$A = \begin{bmatrix} 1 & 4 & 2 & 1.33 \\ 0.25 & 1 & 0.4 & 0.4 \\ 0.5 & 2.5 & 1 & 0.5 \\ 0.75 & 2.5 & 2 & 1 \end{bmatrix}.$$

Die Ermittlung des maximalen Eigenvektors kann entsprechend der vorweg behandelten Theorien auf folgende zwei Arten erfolgen:

a. Geschlossene Lösung des linearen Gleichungssystems

Durch Einsetzen der vorgegebenen Matrix A in Gl. (4.57) ergibt sich

$$\det \left(\begin{bmatrix} 1 & 4 & 2 & 1.33 \\ 0.25 & 1 & 0.4 & 0.4 \\ 0.50 & 2.5 & 1 & 0.5 \\ 0.75 & 2.5 & 2 & 1 \end{bmatrix} - \lambda \begin{bmatrix} 1 & 0 & 0 & 0 \\ 0 & 1 & 0 & 0 \\ 0 & 0 & 1 & 0 \\ 0 & 0 & 0 & 1 \end{bmatrix} \right) = 0,$$

$$\det \begin{bmatrix} 1-\lambda & 4 & 2 & 1.33 \\ 0.25 & 1-\lambda & 0.4 & 0.4 \\ 0.50 & 2.5 & 1-\lambda & 0.5 \\ 0.75 & 2.5 & 2 & 1-\lambda \end{bmatrix} = 0.$$

Die Auflösung dieser *Determinante* ergibt mit Hilfe des *Horner*-Schemas in ausreichender Genauigkeit

$$\lambda = \lambda_{max} = 4.041.$$

Durch Einsetzen dieses Wertes in Gl. (4.42), also

$$\text{C.I.} = \frac{4.041 - 4}{3} = 0.014,$$

und R.I. = 0.90 gemäß Tabelle 4.1 ergibt sich gemäß Gl. (4.43)

$$\text{C.R.} = \frac{0.0136}{0.90} = 0.0151 < 0.1.$$

Dieses Ergebnis besagt, daß die vorgegebene Matrix A trotz ihrer Konsistenzabweichung zu einer Entscheidung herangezogen werden darf.

4.1 Die Konsistenz paarweise verglichener Bewertungsgrößen

b. Schrittweise Lösung nach T. L. Saaty

Die aus der vorgegebenen Matrix A mittels Gl. (4.61) gebildeten Spaltensummen ergeben sich zu [2.5 10.0 5.4 3.23]. Des Weiteren ergibt die Division eines jeden Matrixelementes a_{ij} durch seine zugehörige Spaltensumme

$$B = \begin{bmatrix} 0.4 & 0.4 & 0.37 & 0.412 \\ 0.1 & 0.1 & 0.074 & 0.124 \\ 0.2 & 0.25 & 0.185 & 0.155 \\ 0.3 & 0.25 & 0.37 & 0.31 \end{bmatrix}$$

Die aus dieser Matrix zu bildenden Zeilensummen ergeben den Spaltenvektor

$$\vec{\tau} = \begin{bmatrix} 1.582 \\ 0.398 \\ 0.790 \\ 1.230 \end{bmatrix}$$

Wird der Spaltenvektor $\vec{\tau}$ durch die Anzahl $n = 4$ der paarweise verglichenen Varianten V1 bis V4 dividiert, so ergibt sich der neue Spaltenvektor gemäß Gl. (4.67) zu

$$\vec{c} = \frac{1}{n}\vec{\tau} = \begin{bmatrix} 0.396 \\ 0.099 \\ 0.198 \\ 0.308 \end{bmatrix},$$

der erwartungsgemäß dem Zeilensummendurchschnitt nach Verfahren Nr. 3 in Kapitel 4.1.3, Abschnitt 2, entspricht. Weiterhin ergibt sich gemäß Gl. (4.68) der Spaltenvektor

$$\vec{d} = \begin{bmatrix} 1 & 4 & 2 & 1.33 \\ 0.25 & 1 & 0.4 & 0.4 \\ 0.5 & 2.5 & 1 & 0.5 \\ 0.75 & 2.5 & 2 & 1 \end{bmatrix} \cdot \begin{bmatrix} 0.396 \\ 0.099 \\ 0.198 \\ 0.308 \end{bmatrix} = \begin{bmatrix} 1.598 \\ 0.400 \\ 0.798 \\ 1.248 \end{bmatrix}.$$

Anschließend wird von jeder Koordinate des Spaltenvektors $\vec{c}$ der Kehrwert gebildet und es ergibt sich der Spaltenvektor

$$\vec{e} = \begin{bmatrix} \dfrac{1}{0.396} \\ \dfrac{1}{0.099} \\ \dfrac{1}{0.198} \\ \dfrac{1}{0.308} \end{bmatrix},$$

der zusammen mit dem Spaltenvektor $\vec{d}$ den Ergebnisvektor gemäß Gl. (4.70), also

$$\vec{f} = \begin{bmatrix} \dfrac{1.598}{0.396} \\ \dfrac{0.400}{0.099} \\ \dfrac{0.798}{0.198} \\ \dfrac{1.248}{0.308} \end{bmatrix} = \begin{bmatrix} 4.035 \\ 4.040 \\ 4.030 \\ 4.052 \end{bmatrix},$$

bildet. Dieser neue Spaltenvektor $\vec{f}$ enthält aufgrund fehlender Konsistenz vier unterschiedliche Eigenwerte an, aus denen sich der gesuchte maximale Eigenwert durch Bildung des arithmetischen Mittels über die Anzahl $n = 4$ der sich gegenüberstehenden Varianten V1 bis V4 gemäß Gl. (4.71) zu

$$\lambda_{max} = \frac{4.035 + 4.040 + 4.030 + 4.052}{n} = 4.041.$$

errechnet. Dieses Ergebnis entspricht exakt demjenigen in Abschnitt a.

5. Die Ermittlung des Ergebnisvektors inkonsistenter Tafelmatrizen

Ist eine Entscheidungsmatrix in freier Abschätzung erstellt, gilt - Zufälle ausgenommen - in der Regel $u_{ij} \neq \frac{w_i}{w_j}$ bzw. $u_{ij} - \frac{w_i}{w_j} \neq 0$, was auf die Inkonsistenz der Matrix hinweist und nicht anders zu erwarten ist.

Falls sich eine Matrix zur Ermittlung *verhältnismäßiger* Bewertungsgrößen infolge frei abgeschätzter Präferenzen - beispielsweise nach ihrer Überprüfung mit dem in Kapitel 4.1.3, Abschnitt 4, beschriebenen Verfahren - als absolut inkonsistent erwiesen haben, müssen die Koordinaten der Ergebnisvektoren über entsprechende *Ausgleichsverfahren* bestimmt werden, d. h. es muß eine *Ausgleichsrechnung* durchgeführt werden, durch die der inkonsistente Ergebnisvektor und die dazu führenden Fehlschätzungen der Bewertungsgrößen ausgeglichen werden und der Konsistenz-Index C.I. = 0 bzw. das Problem Eigenwert - Eigenvektor gelöst ist.

Es existieren viele Verfahren zur Lösung der in diesen Fällen erforderlichen Ausgleichsrechnungen. *T. L. Saaty* schlägt in [55] für die Annäherung des Ergebnisses an die gewünschte Konsistenz den Approximationsansatz

$$\max_i \sum_{j=1}^{n} \left| u_{ij} - \frac{w_i}{w_j} \right|$$

und die sich jeweils wiederholende Prüfung der Entscheidungsmatrizen durch die Berechnung der Eigenwerte und der anschließenden Berechnung des Konsistenzverhältnisses C.R. vor.

Sofern die in freier Entscheidung abgeschätzten Präferenzen in Form *paarweise normierter* Bewertungsgrößen erfaßt wurden, ist ebenfalls eine Ausgleichsrechnung zur Erzielung eines ausgewogenen Ergebnisvektors erforderlich. Zur Lösung dieser Aufgabe hat *C. Zangemeister* in [69] mehrere Verfahren in Abhängigkeit von der Art der Matrizenbildung aufgezeigt.

Aufgrund praktischer Erfahrungen [37] wird hier folgendes Lösungsverfahren vorgeschlagen:

Unter der Annahme, daß die Ausgleichsrechnung zur Bestimmung des Eigenwertes λ einer (n, n)-Matrix entsprechend Gl. (4.55) infolge freier Abschätzung der Bewertungsgrößen nicht die Bedingung $\lambda = \lambda_{max} = n$ mit n als Anzahl der paarweise verglichenen Entitäten e_i erfüllt und somit Abweichungen von der Größe

4.1 Die Konsistenz paarweise verglichener Bewertungsgrößen

$$u_{ij} - \frac{v_i}{v_j} = r \qquad (4.72)$$

auftreten, wird der Ergebnisvektor $\vec{v}$ durch Lösen des Ansatzes

$$\min_{\substack{v_i, v_j \\ i,j = 1, 2, \ldots, n}} \sum_{i=1}^{n} \sum_{j=1}^{n} \left(u_{ij} - \frac{v_i}{v_j} \right)^2$$

unter der Normierungsbedingung

$$\sum_{i=1}^{n} v_i = 1$$

ermittelt.

Hierzu sind die Koeffizienten des Gleichungssystems so zu bestimmen, daß die Summe der Quadrate der als *Residuen* bezeichneten scheinbaren Fehler r ein Minimum wird. Dieser Ansatz ist ein Sonderfall der *Approximationstheorie* (vgl. [10], [19] u. a.), dessen allgemeine Ausgangsform

$$\int_a^b [f(x) - g(x, a_0, a_1, \ldots)]^2 \, dx \to \min$$

lautet und im hier behandelten Spezialfall als

$$\sum_{i=1}^{n} [F(x_i) - y_i]^2 \to \min$$

mit F als gegebene Funktionsgleichung beschrieben werden kann.

Im vorliegenden Fall lautet die Ausgangsgleichung analog Gl. (4.55)

$$U\vec{v} = \lambda \vec{v}. \qquad (4.73)$$

Die Bestimmung der gesuchten Koeffizienten und die partiellen Ableitungen zur Extremwertbildung, also dem Minimum der Fehlerquadrate, auf dessen umfangreiche Herleitung hier verzichtet wird, ergeben ein lineares Gleichungssystem mit $(n + 1)$ Gleichungen, wobei n die Anzahl der paarweise miteinander verglichenen Entitäten e_i ist. Dieses Gleichungssystem hat die Form

$$B\underline{w} = \underline{m} \qquad (4.74)$$

mit der Matrix bzw. den Vektoren

$$B = \begin{array}{c} i\downarrow \\ \\ \\ n+1 \end{array}\begin{bmatrix} & \overset{\rightarrow j}{} & & n+1 \\ & & & 1 \\ & & & 1 \\ & & & \vdots \\ & & & 1 \\ 1 & 1 & \ldots & 1 & 0 \end{bmatrix}, \quad \underline{w} = \begin{bmatrix} v_1 \\ v_2 \\ \vdots \\ v_n \\ \xi \end{bmatrix} \quad \text{und} \quad \underline{m} = \begin{bmatrix} 0 \\ 0 \\ \vdots \\ 0 \\ 1 \end{bmatrix}$$

(der Parameter ξ ist ein Ergänzungsparameter nach *Lagrange*).
Die Elemente der Matrix B errechnen sich mit den Bewertungsgrößen u_{ij} aus

$$b_{ii} = (n-1) + \sum_{\substack{j=1 \\ j \neq i}}^{n} u_{ij}^2, \quad i = 1, 2, \ldots, n, \tag{4.75}$$

$$b_{ij} = -u_{ij} - u_{ji}, \quad i, j = 1, 2, \ldots, n, \tag{4.76}$$

$$b_{k(n+1)} = b_{(n+1)k} = 1, \quad k = 1, 2, \ldots, n, \tag{4.77}$$

$$b_{(n+1)(n+1)} = 0. \tag{4.78}$$

Die Koordinaten des Vektors $\underline{w}$ ergeben sich durch Umstellen von Gl. (4.74) gemäß

$$\underline{w} = B^{-1}\underline{m} \tag{4.79}$$

und der damit erforderlichen Berechnung der invertierten Matrix B^{-1}. Von den sich somit ergebenden $n+1$ Elementen dieses Vektors sind die ersten n Elemente die gesuchten Koordinaten des Ergebnisvektors $\vec{v}$.
Dieser muß folgende drei Bedingungen erfüllen:

1. $\sum_{i=1}^{n} \vec{v} = 1$

2. $u_{ij} - \dfrac{v_i}{v_j} \cong 0$

3. Für die Eigenwerte λ_i der Matrix U muß $\lambda_i \cong \lambda_{max} = n$ gelten, d. h., die Überprüfung der Matrix auf ihre Konsistenznähe gemäß Kapitel 4.1.3, Abschnitt 4, muß ein Konsistenzverhältnis von C.R. ≤ 0.1 ergeben.

Die Anwendung der hier beschriebenen Methode wird sowohl in Kapitel 4.4.3.3, Abschnitt 2, als auch anhand der Beispiele Kapitel 8.3, 8.4 und 8.5 gezeigt. Bezüglich der grundsätzlichen Lösung von Ausgleichsproblemen wird auf den weitaus unkomplexeren Ansatz in Kapitel 4.3.6.4 hingewiesen.

4.2 Die Begriffe Schärfe und Unschärfe

4.2.1 Übersicht

Jede *wahre* Bewertungsgröße u_x kann gegenüber einer geschätzten oder theoretisch ermittelten Bewertungsgröße u aus einer Menge

$$U = \{u_{min}, \ldots, u_{max}\} = \{u_x \mid 0, \leq u_{max}\} \tag{4.80}$$

aller einem festgelegten Bereich entsprechenden Bewertungsgrößen zu einem gewissen Prozentsatz größer oder kleiner sein. Sie ist zu einem gewissen Grad Mitglied der *wahren* Bewertungsgröße. Die Abhängigkeit ihres sogenannten *Mitgliedsgradwertes* $\mu_U(u_x)$ zu demjenigen der geschätzten oder theoretisch ermittelten Bewertungsgrößen u, also $\mu_U(u) = 1$, läßt sich in Form einer sogenannten *Zugehörigkeitsfunktion*

$$\mu_U(u_x) = f(u_x), \quad u_{min} \leq u_x \leq u_{max} \tag{4.81}$$

über dem Intervall $[u_{min}, u_{max}]$ darstellen.

4.2.2 Die Zugehörigkeitsfunktionen

Die Zugehörigkeitsfunktionen sind das grafische Abbild des Bereiches, in dem ein deterministischer Zahlenwert oder eine linguistische Aussage über die Eigenschaft einer Entität e_i zu einem abzuschätzenden Grad *wahr* sind.
Bei deterministischen Schätzwerten wird die Zunahme des Mitgliedsgrades zwischen den Mitgliedsgradwerten $\mu_U(u_x) = 0$ und $\mu_U(u_x) = 1$ ($= 100\%$) als stückweise linear und im Bereich $\mu_U(u_x) < 0$ linear ansteigend und anschließend wieder linear abfallend angenommen (vgl. Bild 4.13). Damit liegen *trianguläre* Zugehörigkeitsfunktionen *konvexer*, normalisierter unscharfer Mengen M aus der Menge $\mathbb{R}$ der reellen Zahlen vor (vgl. [7], [9], [66], [68], [70] u. v. a.).
Die allgemeingültige Notation dieser Mengen, bezogen auf einen festgelegten Bewertungsgrößenbereich im Intervall $[u_{min}, u_{max}]$, lautet

$$\mu_U(u_x) = \begin{cases} \max\left(0, \dfrac{u_x - a}{u - a}\right) & \text{für } u_x \in [u_{min}, u] \\ \max\left(0, \dfrac{b - u_x}{b - u}\right) & \text{für } u_x \in [u, u_{max}] \end{cases}. \tag{4.82}$$

Innerhalb dieser Menge interessiert jedoch nicht die Zugehörigkeit vor bzw. hinter 0%, sondern erst diejenige des Intervalls $[a, b]$, also nur der Bereich des ansteigenden und des absteigenden Astes.
Da bei den triangulären Zugehörigkeitsfunktionen genau *eine* reelle Zahl u mit $\mu_U(u) = 1$ existiert und $\mu_U(u_x) = f(u_x)$ stetig ist, repräsentiert deren unscharfe Menge U eine unscharfe Zahl und ist entsprechend ihrer speziellen Arithmetik zu erfassen. Die reelle Zahl u entspricht der Lage des Gipfelpunktes, also $\mu_U(u) = 1$, auf der Abszisse.

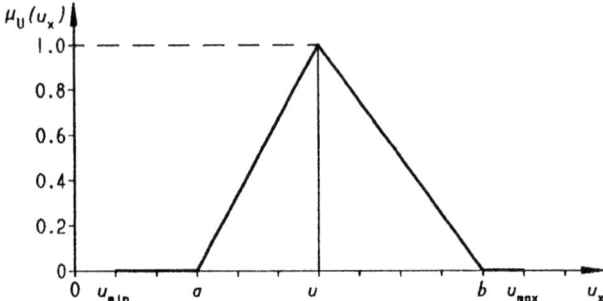

Bild 4.13. Trianguläre *Fuzzy-Menge* auf dem Intervall $[u_{min}, u_{max}]$

Jeder Ast entspricht einer Grundfunktion, der sogenannten *Referenzfunktion* $L, R: \mathbb{R} \to [0,1]$. Diese sind in vorliegendem Fall gleich und lauten

$$L(u_x) = R(u_x) = \max(0, 1 - u_x), \quad u_x \geq 0, \tag{4.83}$$

womit per Definition unscharfe Zahlen vom *links-rechts-Typ*, kurz *LR*-Typ genannt, vorliegen. Durch Anpassung an die Ausprägung der Dreiecksform gemäß Gl. (4.83) ergeben sich damit die Geradengleichungen für den linken bzw. rechten Ast zu

$$L(u_x) = \frac{u - u_x}{u - a}, \quad u_x \in [a, u] \tag{4.84}$$

$$R(u_x) = \frac{u_x - u}{b - u}, \quad u_x \in [u, b]. \tag{4.85}$$

Die links und rechts der geschätzten Bewertungsgröße u liegenden Mitgliedsgradbereiche erstrecken sich über die sogenannte *linke* bzw. *rechte Spannweite*

$$\bar{\alpha} = u - a, \tag{4.86}$$

$$\bar{\beta} = b - u. \tag{4.87}$$

Somit ergibt sich für die *LR*-Darstellung einer unscharfen Bewertungsgröße die Zugehörigkeitsfunktion zu

$$\mu_U(u_x) = \begin{cases} L\left(\dfrac{u - u_x}{\bar{\alpha}}\right) & \text{für } u_x \in [a, u],\ u_x \leq u,\ \bar{\alpha} > 0 \\ R\left(\dfrac{u_x - u}{\bar{\beta}}\right) & \text{für } u_x \in [u, b],\ u_x \geq u,\ \bar{\beta} > 0 \end{cases} \tag{4.88}$$

(vgl. Bild 4.14). Die abkürzende und in den nachfolgenden Operationen verwendete Notation einer *LR*-Zahl A mit u als Gipfelpunkt über der Abszisse und den Spannweiten $\bar{\alpha}$ und $\bar{\beta}$ lautet

$$A = (u, \bar{\alpha}, \bar{\beta})_{LR}. \tag{4.89}$$

4.2 Die Begriffe Schärfe und Unschärfe

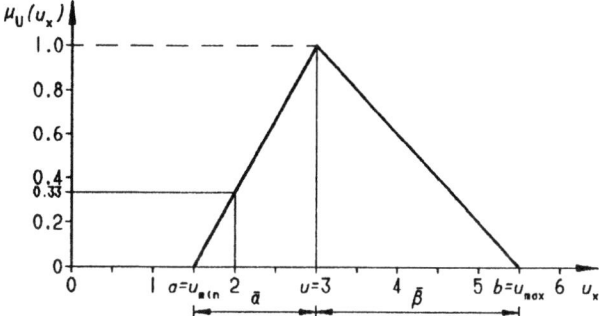

Bild 4.14. Trianguläre *LR-Fuzzy-Zahl* auf dem Intervall $[a, b]$ mit $\mu_U(u_x) = 1$

Die Notation einer unscharf modellierten Maßzahl m_{ij} lautet beispielsweise $(m_{ij}, \bar{\alpha}, \bar{\beta})_{LR}$, wobei auf die entsprechenden Indizes der Spannweiten $\bar{\alpha}$ und $\bar{\beta}$ generell verzichtet wird, da die Klammern sie unmittelbar an die unscharf notierte Zahl, hier also m_{ij}, bindet.

In einer gegenüber Gl. (4.89) anderen Schreibweise können statt der Lage des Gipfelpunktes u und der Spannweiten $\bar{\alpha}$ und $\bar{\beta}$ deren Randwerte $\alpha \triangleq a (= u_{min})$ und $\beta \triangleq b (= u_{max})$ sowie die Lage des Gipfelpunktes $v \triangleq u$ zur Beschreibung der *LR*-Zahlen verwendet werden. Deren Notation lautet dann

$$A = (\alpha, v, \beta). \tag{4.90}$$

Für einen unscharf modellierten Gewichtungsfaktor g_i lautet in dieser Schreibweise dessen Notation (α, g_i, β), wobei hier auf die entsprechenden Indizes der Randwerte α und β ebenfalls generell verzichtet wird, da die Klammern sie unmittelbar an die unscharf notierte Zahl, hier also an g_i, binden. Diese Notation wird bis auf eine Ausnahme (vgl. Beispiel 4.44.) in den Kapiteln 4.3 bis 4.5 verwendet.

Zu den linearen Zugehörigkeitsfunktionen gehören auch die trapezförmigen (vgl. Bild 4.15). Ihre analog Gl. (4.82) allgemeingültige Notation, bezogen auf einen festgelegten Bewertungsgrößenbereich im Intervall $[u_{min}, u_{max}]$, lautet

$$\mu_U(u_x) = \begin{cases} \max\left(0, \dfrac{u_x - a}{u_1 - a}\right) & \text{für } u_x \in [u_{min}, u_1] \\ 1 & \text{für } u_x \in [u_1, u_2] \\ \max\left(0, \dfrac{b - u_x}{b - u_2}\right) & \text{für } u_x \in [u_2, u_{max}] \end{cases}. \tag{4.91}$$

Die Zugehörigkeitsfunktionen derjenigen Bewertungsgrößen, die linguistische Aussagen repräsentieren, sind in der Regel nicht-linear. Ihre Modellierung mittels sogenannter *linguistischer Modifikationsoperatoren* führt in den meisten Fällen zu Exponentialfunktionen. Da diese stark von den linguistischen Ausdrücken abhängen, lassen sie sich nur schwer allgemeingültig erklären und werden deshalb ihrem Zusammenhang entsprechend in den jeweiligen Kapiteln behandelt.

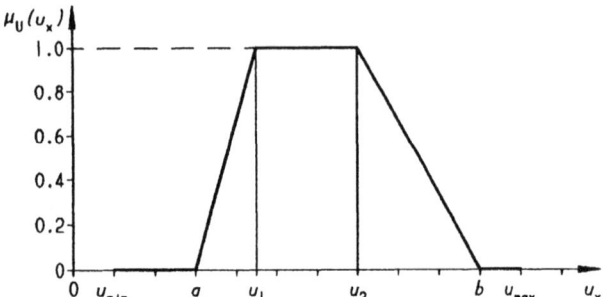

Bild 4.15. Trapezförmige *Fuzzy-Menge* auf dem Intervall $[u_{min}, u_{max}]$

Die Ermittlung der Mitgliedsgradwerte $\mu_U(u_x)$ wird aufgrund von persönlichen Einschätzungen, Erfahrungen usw. nach sachinhaltlichen Gegebenheiten vorgenommen. In der Regel werden die Zugehörigkeitsfunktionen von einem Experten modelliert.

Beispiel 4.9: Für die unscharfe Zahl *ungefähr gleich vier* lassen sich mit verschiedenen Spannweiten $\bar{\alpha}$ und $\bar{\beta}$ die in Bild 4.16 dargestellten Zugehörigkeitsfunktionen modellieren.

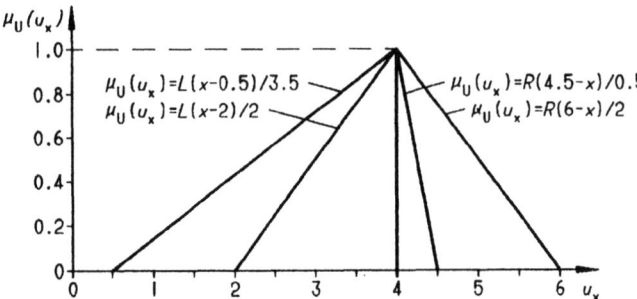

Bild 4.16. Zugehörigkeitsfunktionen bei verschiedenen Spannweiten $\bar{\alpha}$ und $\bar{\beta}$

Bild 4.17 zeigt die vier grundsätzlich möglichen Formen der Zugehörigkeitsfunktionen unscharfer Zahlen. Je kleiner die Spannweiten sind, desto schärfer sind diese Zahlen erfaßt. Bei $\bar{\alpha} = \bar{\beta} = 0$ liegt eine sogenannte *degenerierte* unscharfe Menge vor (vgl. Bild 4.17 d). Diese repräsentiert die deterministische scharfe Zahl.

Bestehen keine weiteren Vereinbarungen, so besitzen die geschätzten Intervallgrenzen den Mitgliedsgradwert $\mu_U(a) = \mu_U(b) = 0$. Aber auch andere Vereinbarungen wie beispielsweise die Festlegung einer α-*Niveaumenge* mit $\alpha \in [0, 1]$ sind, wie in Beispiel 4.27 gezeigt, möglich [7].

4.2 Die Begriffe Schärfe und Unschärfe

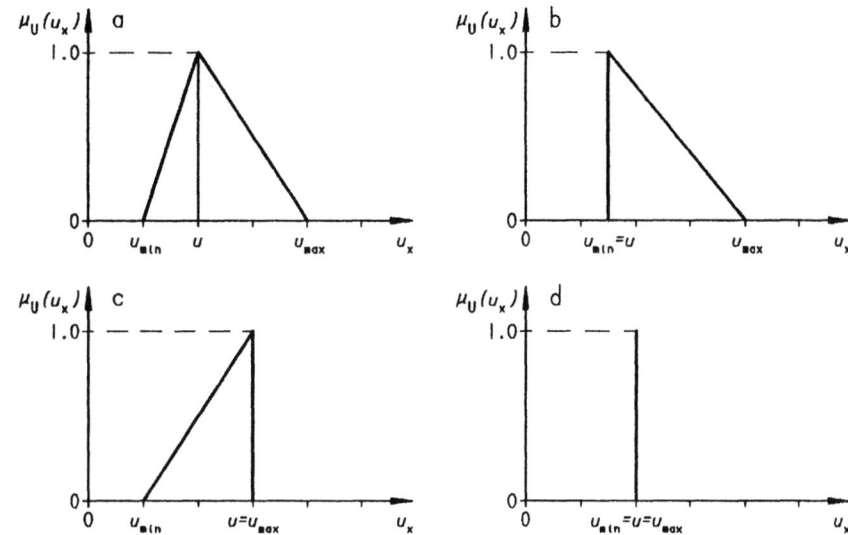

Bild 4.17. Mögliche Formen der Zugehörigkeitsfunktionen unscharfer Zahlen
Form a: $\bar{\alpha} \neq \bar{\beta}$; $\bar{\alpha} \neq 0$; $\bar{\beta} \neq 0$
Form b: $\bar{\alpha} = 0$; $\bar{\beta} \neq 0$
Form c: $\bar{\alpha} \neq 0$; $\bar{\beta} = 0$
Form d: $\bar{\alpha} = \bar{\beta} = 0$

Werden unscharf modellierte Bewertungsgrößen innerhalb des Bewertungsablaufes weiterverwendet, so muß dies in Form ihrer Zugehörigkeitsfunktionen geschehen, was unter Umständen zu einem sehr großen Berechnungsaufwand führen kann. Dies gilt erstens dann, wenn auch die Mitgliedsgradwerte $\mu_U(u_x)$ selbst wieder als unscharf angesetzt werden. In diesem Fall liegen *Fuzzy*-Zahlen 2. Ordnung vor, die rekursiv auf solche 1. Ordnung zurückgeführt werden müssen (vgl. [9]). Dieser Ansatz wird hier nicht gemacht.

Zweitens gilt dies auch dann, wenn alle Bewertungsgrößen unscharf modelliert und anschließend zu Bewertungsergebnissen zusammengefaßt werden. Diese Ergebnisse sind dann ungewichtete oder gewichtete unscharfe Wertigkeiten, deren Normierung unscharfe normierte Wertigkeiten ergeben.

Die unscharfen Bewertungsgrößen können sowohl die zur Ermittlung der Maßzahlen m_{ij} geschätzten Erfüllungsgrade r_{ij}, die Maßzahlen selbst, die zur Ermittlung der Gewichtungsfaktoren g_i geschätzten Wichtigkeiten p_{ij} und die Gewichtungsfaktoren selbst sein. Die Verknüpfung der Bewertungsgrößen zu Wertigkeiten s_j je Variante V_j kann sowohl durch Addition als auch durch Multiplikation erfolgen.

Die für Bewertungsaufgaben auf der Basis unscharfer Zahlen bzw. Mengen wichtigsten Verknüpfungsfunktionen, auch *Aggregationsfunktionen* genannt, sind nachfolgend beschrieben.

4.2.3 Die Addition unscharfer Zahlen bzw. Mengen

Wenn unscharf modellierte Zahlen oder Mengen miteinander oder mit degenerierten unscharfen Zahlen addiert werden müssen, wie dies beispielsweise bei der Bestimmung der Vektorkoordinaten v_i aus den Bewertungsgrößen u_{ij} oder bei der Berechnung der Wertigkeiten s_j als Summe der Wertungszahlen d_{ij} der Fall ist, so sind diese Summen ebenfalls unscharf. Zu unterscheiden sind zwei grundsätzliche Fälle.

1. Die Addition unscharfer Zahlen in Form linearer Zugehörigkeitsfunktionen

Die Addition zweier oder mehrerer unscharfer *Zahlen*, hier insbesondere *LR*-Zahlen, beispielsweise definiert in ihrer Notation analog Gl. (4.89) mit $x \equiv u$, also $A_1 = (x_1, \bar{\alpha}_1, \bar{\beta}_1)_{LR}$, $A_2 = (x_2, \bar{\alpha}_2, \bar{\beta}_2)_{LR} \ldots$, und gekennzeichnet durch $\oplus$, verlangt, daß die Summe der Werte $x_1, x_2 \ldots$ mit gleichem Mitgliedsgradwert $\mu_{A_1}(x_1) = \mu_{A_2}(x_2) = \ldots$ auch den gleichen Mitgliedsgradwert $\mu_B(x)$ erhält, also

$$B = A_1 \oplus \ldots \oplus A_n = (x_1, \bar{\alpha}_1, \bar{\beta}_1)_{LR} \oplus \ldots \oplus (x_n, \bar{\alpha}_n, \bar{\beta}_n)_{LR}$$

$$= (x_1 + \ldots + x_n, \bar{\alpha}_1 + \ldots + \bar{\alpha}_n, \bar{\beta}_1 + \ldots + \bar{\beta}_n)_{LR}. \quad (4.92)$$

Beispiel 4.10: Die Addition der beiden gemäß Gl. (4.89) notierten Bewertungsgrößen vom Typ *LR*, $u_{21} = (3, 2, 2.5)_{LR}$ und $u_{31} = (5, 3, 1)_{LR}$, ergibt die unscharfe *LR*-Zahl $f_1 = (8, 5, 3.5)_{LR}$. Werden sie gemäß Gl. (4.90) notiert, also $u_{21} = (1, 3, 5.5)$ und $u_{31} = (2, 5, 6)$, so ergibt ihre Addition $f_1 = (3, 8, 11.5)$. Beide Ergebnisse sind unmittelbar aus Bild 4.18 ersichtlich.

2. Die Bildung des Durchschnitts unscharfer Mengen in Form nicht-linearer Zugehörigkeitsfunktionen

Die Verknüpfung von zwei oder mehreren nicht-linearen Zugehörigkeitsfunktionen unscharfer *Mengen* zu einer neuen Zugehörigkeitsfunktion kann auf zwei Arten erfolgen.

Liegen gleichartige Mengen vor, ergibt sich die neue Menge durch die Bildung des Mengen*durchschnitts* analog der Durchschnittsbildung der klassischen Mengenlehre. Es gilt also allgemein für die Teilmengen A_i der Menge B mit $x \equiv u$

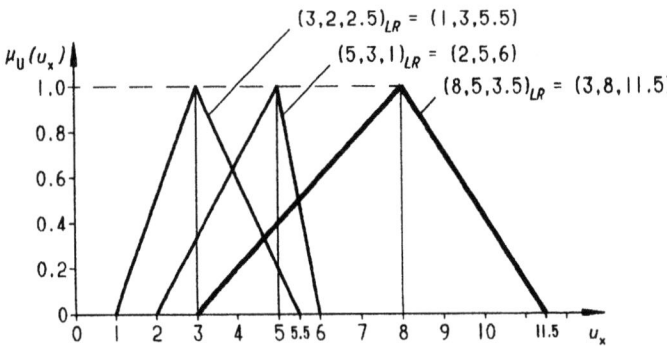

Bild 4.18. Addition zweier *LR*-Zahlen

4.2 Die Begriffe Schärfe und Unschärfe

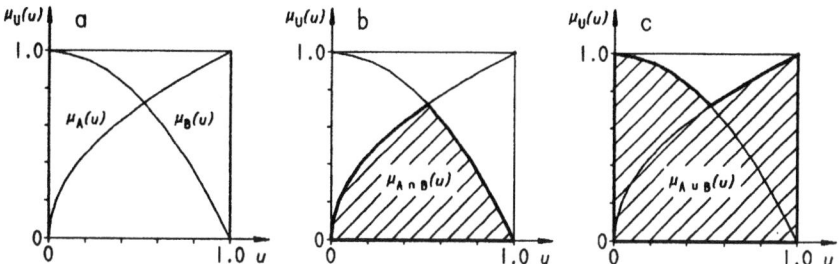

Bild 4.19. Mengentheoretische Operationen von Zugehörigkeitsfunktionen
a: Gegebene *Fuzzy*-Mengen $\mu_A(a)$ und $\mu_B(b)$
b: Durchschnitt $\mu_{A \cap B}(x)$
c: Vereinigung $\mu_{A \cup B}(x)$

$$B = A_1 \cap A_2 \cap \ldots : \mu_{A_1 \cap A_2 \cap \ldots}(x) = \min\{\mu_{A_1}(x), \mu_{A_2}(x)\ldots\} \quad (4.93)$$

(vgl. Bild 4.19 b).

Die Durchschnittsbildung aus mehreren unscharfen, durch *nicht*trianguläre Zugehörigkeitsfunktionen modellierte Mengen zeigen die Beispiele 4.35 und 4.40.

Werden nicht-lineare Funktionen unscharfer *Mengen* zu stückweise stetigen Funktionen vereinfacht, so lassen sie sich nach dem von *L. A. Zadeh* [66] definierten sogenannten *Erweiterungsprinzip* mit linearen Funktionen zusammenfassen.

Eine diesbezügliche Möglichkeit bietet die Addition zweier endlicher *Fuzzy*-Mengen A_1 und A_2 von der Form

$$A_1 = \sum_{i=1}^{n} \mu_{A_1}(x_i) / x_i, \quad (4.94)$$

und

$$A_2 = \sum_{j=1}^{n} \mu_{A_2}(y_j) / y_j \quad (4.95)$$

durch die Bildung des kartesischen Produktes zur unscharfen Menge B gemäß

$$B = A_1 \times A_2 = \sum_{i,j=1}^{n,m} \min\{\mu_{A_1}(x_i); \mu_{A_2}(y_j)\} / (x_i, y_j). \quad (4.96)$$

Bei mehreren Mengen A_i, $i = 1, \ldots, n$, wird diese Addition auf alle Mengen erweitert. Die praktische Durchführung dieser sogenannten *erweiterten Addition* erfordert die Diskretisierung der Zugehörigkeitsfunktionen auf beliebig wählbare Grundwerte und deren Zugehörigkeitswerte, beispielsweise in der Schreibweise nach *L. A. Zadeh* gemäß

$$A = \frac{\mu_{A_i}(x_1)}{x_1} + \frac{\mu_{A_i}(x_2)}{x_2} + \ldots + \frac{\mu_{A_i}(x_n)}{x_n}. \tag{4.97}$$

Die Bildung des kartesischen Produktes erfolgt in Form von Tafelmatrizen und wird in Beispiel 4.43 gezeigt.

4.2.4 Die Multiplikation unscharfer Zahlen bzw. Mengen

Wenn unscharf modellierte Zahlen oder Mengen miteinander oder mit degenerierten unscharfen Zahlen multipliziert werden müssen, wie dies beispielsweise bei der Berechnung der Wertungszahlen w_{ij} als Produkt aus den Maßzahlen m_{ij} und den Gewichtungsfaktoren g_i der Fall ist, so sind diese Produkte ebenfalls unscharf. Zu unterscheiden sind drei grundsätzliche Fälle.

1. Die Multiplikation unscharfer Zahlen in Form triangulärer Zugehörigkeitsfunktionen

Die Multiplikation zweier LR-Zahlen in der Notation analog Gl. (4.89) mit $x \equiv u$, beispielsweise $A_1 = (x_1, \bar{\alpha}_1, \bar{\beta}_1)_{LR}$, $A_2 = (x_2, \bar{\alpha}_2, \bar{\beta}_2)_{LR}$, gekennzeichnet durch $\odot$, ergibt als Produkt eine quadratische Gleichung für jeden Ast, womit das Ergebnis keine LR-Zahl triangulärer Form mehr ist. In [22] wird jedoch eine Näherungslösung vorgeschlagen, durch deren Ansatz wiederum eine trianguläre Zugehörigkeitsfunktion vorliegt, die für die hier erwarteten Anwendungsfälle ausreichend ist. Diese Näherung lautet allgemein für $A_1, A_2 > 0$

$$B = A_1 \odot A_2 = (x_1, \bar{\alpha}_1, \bar{\beta}_1)_{LR} \odot (x_2, \bar{\alpha}_2, \bar{\beta}_2)_{LR}$$
$$= (x_1 x_2, x_1 \bar{\alpha}_2 + x_2 \bar{\alpha}_1 - \bar{\alpha}_1 \bar{\alpha}_2, x_1 \bar{\beta}_2 + x_2 \bar{\beta}_1 + \bar{\beta}_1 \bar{\beta}_2)_{LR}. \tag{4.98}$$

Beispiel 4.11: Die Multiplikation zweier gemäß Gl. (4.89) notierten Bewertungsgrößen vom Typ LR, $u_{21} = (3, 2, 2.5)_{LR}$ und $u_{31} = (5, 3, 1)_{LR}$, ergibt die unscharfe LR-Zahl $f_1 = (15, 13, 18)_{LR}$ (vgl. Bild 4.20). Dieses Ergebnis liefert auch die direkte Multiplikation der Randwerte α, β und der Lagen der Gipfelpunkte v.

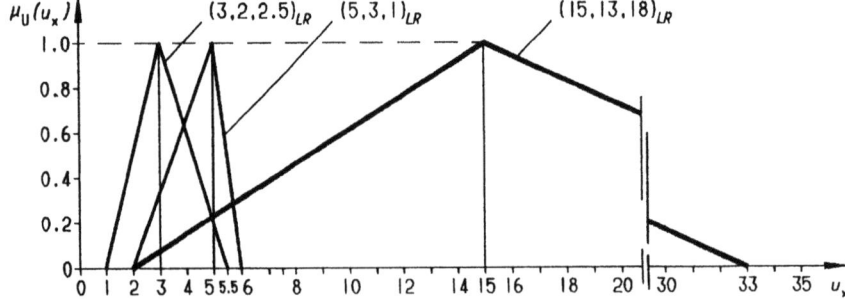

Bild 4.20. Multiplikation zweier LR-Zahlen

4.2 Die Begriffe Schärfe und Unschärfe

2. Die Multiplikation unscharfer Mengen nach dem Erweiterungsprinzip

Sofern unscharfe Mengen in Form nicht-linearer Zugehörigkeitsfunktionen vorliegen, können diese zu unscharfen Ergebnismengen vereinigt werden. Für die *Vereinigung* zweier unscharfer Mengen A_1 und A_2 zur Menge B gilt allgemein mit $x \equiv u$ analog Gl. (4.89)

$$B = A_1 \cup A_2 = \max\{\mu_{A_1}(x_1), \mu_{A_2}(x_2)\} \tag{4.99}$$

(vgl. Bild 4.19 c).

Diese Vereinigung bewirkt eine Verschiebung des Flächenschwerpunktes der von der Zugehörigkeitsfunktion umschlossenen Fläche, dessen Lage auf der Abszisse der Basiszahl der unscharfen Menge entspricht. Die neue Schwerpunktlage ist somit ein Maß für die aus der Vereinigung unscharfer Mengen entstandenen Ergebnisse.

3. Die Multiplikation scharfer Zahlen mit unscharfen Mengen

Die Ermittlung der Bewertungsergebnisse als das unscharfe Produkt B aus einer degenerierten und einer analog Gl. (4.89) mit $x \equiv u$ unscharf modellierten Bewertungsgröße entspricht der erweiterten Multiplikation einer unscharfen Zahl x, modelliert als $A = (x,\overline{\alpha},\overline{\beta})_{LR}$, mit einem Skalaren $\lambda > 0$ und es gilt allgemein

$$B = \lambda \odot (x,\overline{\alpha},\overline{\beta})_{LR} = (\lambda x, \lambda\overline{\alpha}, \lambda\overline{\beta})_{LR}. \tag{4.100}$$

4.2.5 Das Supremum

Bei der Durchschnittsbildung von zwei oder mehreren Zugehörigkeitsfunktionen ergibt sich häufig ein maximaler Zugehörigkeitswert $\mu_U(u_x) < 1$ als obere Schranke. Diese entspricht dann dem *Supremum*, geschrieben „sup", welches auf die Höhe

$$\sup \mu_U(u_x) = \max \mu_U(u_x) = 1 \tag{4.101}$$

normalisiert werden muß, sofern die Zugehörigkeitsfunktionen im weiteren Verlauf einer Bewertung mit anderen Zugehörigkeitsfunktionen zusammenzufassen sind. Die Normalisierung erfolgt durch Multiplikation aller $\mu_U(u_x)$-Werte mit dem reziproken Wert des Supremums, also

$$\mu_U(u_x)_{\text{norm}} = \frac{\mu_U(u_x)}{\sup \mu_U(u_x)}. \tag{4.102}$$

Die Normalisierung ändert an der Lage des Gipfelpunktes auf der Abszisse, der sogenannten *Modalgröße* u, nichts, da die Streckung des zugehörigen Wertes nur in Richtung der Ordinate erfolgt (vgl. Bild 4.21).

Die praktische Anwendung des Supremums zeigen die Beispiele 4.35 und 4.40.

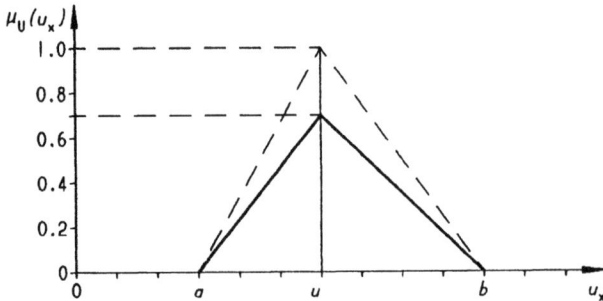

Bild 4.21. Normalisierung einer Zugehörigkeitsfunktion $\mu_U(u_x) < 1$

4.2.6 Die Auflösung unscharfer Zahlen bzw. Mengen in scharfe Zahlen - Defuzzifikation

Die Auflösung unscharfer Zahlen oder Mengen ist immer dann sinnvoll, wenn zur Entscheidung die Ergebnisse in Form scharfer Zahlen gewünscht werden (vgl. Kapitel 4.6.2.2 und 4.6.3.2). Von den verschiedenen Möglichkeiten der sogenannten *Defuzzifikation* eignet sich für die hier beschriebenen Aufgaben besonders die als *Centroiden*-Methode bekannte Schwerpunktsmethode (vgl. [9]). Bei dieser Methode entspricht der Abszissenwert des Schwerpunktes der von der Abszisse und der Zugehörigkeitsfunktion einer *Fuzzy*-Operation eingeschlossenen Fläche dem gesuchten Wert scharfer Ausprägung.

Liegen beispielsweise nicht-lineare Zugehörigkeitsfunktionen $\mu_A(a_x) = f(a)$ einer unscharfen Menge A vor, so ergibt sich der defuzzifizierte Wert a aus

$$a = \frac{\int_A a_x \, \mu_A(a_x) \, da_x}{\int_A \mu_A(a_x) \, da_x}. \tag{4.103}$$

Im Falle linearer, stetiger oder teilweise stetiger Zugehörigkeitsfunktionen ergibt sich der Abszissenwert a aus der allgemeingültigen Schwerpunktsregel für Flächen, also mit den Flächen A_i und deren Schwerpunktlagen a_i auf der Abszisse aus

$$a = \frac{\sum_A A_i \, a_i}{\sum_A A_i}. \tag{4.104}$$

Die Anwendung der Schwerpunktsmethode bei der Rückführung unscharfer Wertungszahlen bzw. Wertigkeiten zu scharfen Zahlen zeigen die Beispiele 4.27, 4.43 und 4.44.

4.3 Die Bestimmung der Maßzahlen

4.3.1 Übersicht

Die Anforderungen an ein zu entwickelndes Produkt werden durch die quantitativen Werte bzw. qualitativen Eigenschaften der Lösungsvarianten unterschiedlich erfüllt. Um die Erfüllung der Anforderungen je Variante quantitativ sichtbar machen und ihre *Rangfolge* bezüglich ihres sogenannten *Erfüllungsgrades* ermitteln zu können, werden den zu jedem Kriterium zugehörigen Werten bzw. Eigenschaften Punkte oder Punktintervalle zugeordnet. Diese werden *Maßzahlen* bzw. *Maßzahlintervalle* genannt.

Durch unterschiedliche Gesichtspunkte, nach denen die oberen und unteren Bereichsgrenzen festgelegt werden, ergeben sich zwei unterschiedliche Maßzahlkategorien:

— *Relative Maßzahlen* liegen vor, wenn sich der Punktebereich von der höchsten festgelegten Maßzahl für die Variante, die das jeweilige Kriterium am besten erfüllt, bis zu einer als untere Grenze festgelegten Maßzahl, beispielsweise „1", für die Variante, die das Kriterium gerade noch erfüllt, erstreckt. Bei Nichterfüllung eines Kriteriums wird die Maßzahl „0" vergeben.

— *Absolute Maßzahlen* liegen vor, wenn eine *Idealkonstruktion*, also eine theoretische Lösung, die sämtliche Anforderungen zu 100% erfüllt, definiert wurde. Diese erhält die höchste Maßzahl, während die das jeweilige Kriterium gerade noch erfüllende Variante eine als untere Grenze festgelegte Maßzahl, beispielsweise „1", erhält. Diese sogenannte *Minimallösung* kann ebenso wie die Idealkonstruktion theoretischer Art sein. Auch hier wird bei Nichterfüllung eines Kriteriums die Maßzahl „0" vergeben.

Die Maßzahlen bzw. Maßzahlintervalle lassen sich entsprechend ihrer charakteristischen Werte gemäß Bild 3.11 in folgende Kategorien gliedern:

— Maßzahlen deterministischer Kriterien in Form scharfer Zahlen
  (vgl. Kapitel 4.3.2)
— Maßzahlen deterministischer Kriterien in Form unscharfer Mengen
  (vgl. Kapitel 4.3.3)
— Maßzahlen linguistischer Kriterien in Form scharfer Zahlen
  (vgl. Kapitel 4.3.4)
— Maßzahlen unscharfer Kriterien in Form unscharfer Mengen
  (vgl. Kapitel 4.3.5)
— Maßzahlen probabilistischer Kriterien in Form scharfer Zahlen
  (vgl. Kapitel 4.3.6.2)
— Maßzahlen probabilistischer Kriterien in Form unscharfer Zahlen
  (vgl. Kapitel 4.3.6.3)
— Maßzahlen probabilistischer Kriterien in Form unscharfer Mengen
  (vgl. Kapitel 4.3.6.4)

4.3.2 Die Maßzahlen deterministischer Kriterien in Form scharfer Zahlen

4.3.2.1 Übersicht

Zu den *deterministischen Kriterien* gehören vereinbarungsgemäß alle Kriterien mit zähl-, meß-, wäg-, berechenbaren und zahlenmäßig vergleichbaren Werten in Form scharfer Zahlen. Diese sind in der Regel dimensionsbehaftet wie beispielsweise physikalische Größen. Als solche sind auch diejenigen Werte zu betrachten, die durch Verhältnisbildung dimensionslos werden wie beispielsweise dimensionslose Kennzahlen oder Koeffizienten.

Beispiel 4.12: Zu den durch Verhältnisbildung dimensionslos gewordenen deterministischen Werten gehören *Wirkungsgrade* ($\eta = N_{\text{eff}} / N_{\text{ind}} = 0.89$, *aerodynamische Beiwerte* $c_W = W / (q\,F_W) = 0.12$ und andere.

Da die Dimensionen unterschiedlich sind (z. B. Leistung in [kW], Beleuchtungsstärke in [lx], Lebensdauer in [h], Kosten in [sFr.], Anteile in [%]), kann die Wertigkeit je Variante nicht durch einfache Addition der Werte ermittelt werden. Aus diesem Grund sind den einzelnen Varianten für jedes Kriterium Maßzahlen zuzuordnen, die den gegenseitigen Relationen der dimensionsbehafteten Werte entsprechen. Sie können als *Werteskala* in einem beliebigen Intervall, beispielsweise [0, 4], oder in einem prozentualen Bezug, also im Intervall [0, 1], vergeben werden.

Die Werte sind in der Regel als scharfe Zahlen anzusehen. Im Falle von Schätzungen oder Berechnungsergebnissen, die auf geschätzten Faktoren beruhen, gehören sie bzw. die ihnen zugeordneten Maßzahlen jedoch in das Gebiet unscharfer Zahlen und müssen demgemäß erfaßt und ausgewertet werden (vgl. Kapitel 4.3.3).

Bandbreite und Zuordnung der Maßzahlen zu den Varianten, d. h. die Einstufung des vorliegenden Istzustandes gegenüber der bestehenden Anforderungen, geschieht mit Hilfe sogenannter *Wertfunktionen* [61], auch bekannt unter den Begriffen *Zielwertfunktionen* [4], [69] oder *Bewertungsfunktionen* [38], [49].

4.3.2.2 Die Wertfunktionen

Die Festlegung der Bandbreite der den Kriterien je Variante zugeordneten Werte und die Zuordnung der Maßzahlen, d. h. die Einstufung des vorliegenden Istzustandes gegenüber den bestehenden Anforderungen, muß zur Verbesserung der Objektivität mit Hilfe der Wertfunktionen erfolgen. Diese sind mit Ausnahme der sogenannten *Bewertungstafeln* (vgl. Abschnitt 8 dieses Kapitels) dadurch charakterisiert, daß auf der Ordinate eines kartesischen Koordinatensystems die Maßzahlen und auf der Abszisse die von den Varianten erreichten deterministischen Werte bzw. durch Punkte in Relation gebrachte, ansonsten linguistisch beschriebene Eigenschaften aufgetragen werden.

Wertfunktionen haben den Vorteil, daß mit ihrer Hilfe die sonst nur gefühlsmäßige Vergabe der Maßzahlen durch den Bewerter auf eine definierte und reproduzierbare Basis gestellt wird und somit von ihm und all seinen zeitlich variablen Einflüssen unabhängig ist. Ein weiterer Vorteil ist ihre Anschaulichkeit [28].

4.3 Die Bestimmung der Maßzahlen

Die Anwendung von Wertfunktionen für die Bestimmung von Maßzahlen linguistischer Kriterien ist nur dann sinnvoll, wenn statistische oder durch Erfahrung erhärtete Wertvorstellungen *(sehr gut, gut ...)* mit nichtproportionaler Verteilung bekannt sind. In solchen Fällen läßt sich die Anwendung auf Wertfunktionen des Typs *steigende S-Funktion* beschränken (vgl. Beispiel 4.20).

Die Transformation der Werte auf die gewählte Wertfunktion kann entweder im originalen Zahlenraum [0, >1] oder aber im Intervall [0, 1] erfolgen.

Ebenso können die den Werten zugeordneten Maßzahlbereiche, wie bereits in Kapitel 4.3.2.1 erwähnt, entweder als Werteskala im beliebig gewählten Zahlenraum, also [<1, >1], oder aber im Intervall [0, 1] festgelegt werden. Innerhalb einer Kriteriengruppe ist für jedes Kriterium das einmal gewählte Maßzahl-Intervall beizubehalten.

Beispiel 4.13: Bild 4.22 zeigt die Darstellung einschließlich der wichtigsten Parameter sowohl einer Wertfunktion mit den im Intervall [0, 1] normierten Werten und zugeordneten im Intervall [0, 1] normierten Maßzahlen (Bild 4.22 a) als auch der gleichen Wertfunktion mit in den originalen Zahlenraum [0, 50] transformierten (hier fiktiven) Werten und den im notenartigen Intervall [0, 4] festgelegten Maßzahlen (Bild 4.22 b).

Wird eine notenartige Werteskala in einem beliebig gewählten Zahlenraum festgelegt, so sollte sich diese nach der Anzahl der zu bewertenden Varianten und der breitbandigsten Stufung der Werte richten. In allen Fällen, in denen mehrere Kriteriengruppen und/oder -untergruppen getrennt bewertet und/oder wenn die Kriterien gewichtet werden, ist, zumindest für die Maßzahlen, ein normiertes Intervall [0, 1] ebenso zu bevorzugen wie bei allen unscharf modellierten Maßzahlen (vgl. Kapitel 4.3.3, 4.3.5, 4.3.6.3 und 4.3.6.4).

Die in der Entwicklungs- bzw. Konstruktionspraxis generell möglichen Wertfunktionen sind nachfolgend ausführlich beschrieben. In einigen Fällen sind diese Beschreibungen zum besseren Verständnis durch Beispiele im originalen, also zumeist dimensionsbehafteten, Zahlenraum ergänzt.

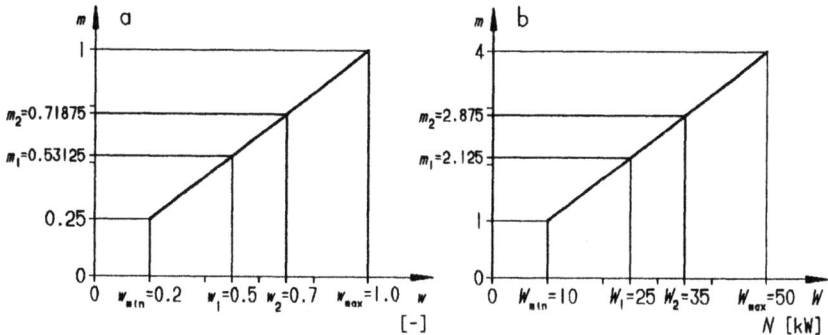

Bild 4.18. Gleiche Wertfunktion mit unterschiedlicher Skalierung
 a: Werte und Maßzahlen auf „1" normiert (Grundform)
 b: Werte im originalen Zahlenraum, notenartige Maßzahlen (Kardinalform)

Im einzelnen handelt es sich um folgende Wertfunktionen:
1. Lineare Wachstumsfunktionen
    - Grundform (vgl. Bild 4.23)
    - Lineare Wachstumsfunktion mit relativen Maßzahlen (vgl. Bild 4.24)
    - Lineare Wachstumsfunktion mit absoluten Maßzahlen (vgl. Bild 4.25)
2. Lineare Straffungsfunktion
    - Grundform (vgl. Bild 4.26)
    - Lineare Straffungsfunktion mit absoluten Maßzahlen (vgl. Bild 4.27)
3. Nichtlineare Wachstumsfunktionen
    a. Nichtlineare Wachstumsfunktion mit degressivem Verlauf (vgl. Bild 4.28)
    b. Logarithmusfunktion (vgl. Bild 4.29)
    c. Nichtlineare Wachstumsfunktionen mit progressivem Verlauf
        - Grundform (vgl. Bild 4.30)
        I. Nichtlineare Wachstumsfunktionen auf der Basis W mit dem Exponenten $b > 1$ (vgl. Bild 4.31)
        II. Nichtlineare Wachstumsfunktionen auf der Basis e mit dem Exponenten W (vgl. Bild 4.32)
        III. Nichtlineare Wachstumsfunktionen auf der Basis b mit dem Exponenten W (vgl. Bild 4.32)
    d. Steigende Sättigungsfunktionen
        I. Steigende Sättigungsfunktionen mit degressivem Verlauf
            - Grundform (vgl. Bild 4.33)
            i. Steigende Sättigungsfunktion auf der Basis e (vgl. Bild 4.35 a)
            ii. Steigende Sättigungsfunktion auf der Basis b (vgl. Bild 4.34)
            iii. Steigende Sättigungsfunktion mit degressiv kreisförmigem Verlauf (vgl. Bild 4.35 b)
        II. Steigende Sättigungsfunktion mit progressivem Verlauf (vgl. Bild 4.36)
        III. Steigende -S-Funktion
            - Grundform (vgl. Bild 4.37)
            - Kardinalform (vgl. Bild 4.38)
4. Nichtlineare Straffungsfunktionen
    a. Nichtlineare Straffungsfunktion mit degressivem Verlauf (vgl. Bild 4.41)
    b. Nichtlineare Straffungsfunktion mit progressivem Verlauf
        - Grundform (vgl. Bild 4.42)
        - Kardinalform (vgl. Bild 4.43)
    c. Fallende Sättigungsfunktionen
        I. Fallende Sättigungsfunktion mit degressivem Verlauf
            - Grundform (vgl. Bild 4.44)
            i. Fallende Sättigungsfunktion auf der Basis e (vgl. Bild 4.46 a)
            ii. Fallende Sättigungsfunktion auf der Basis b (vgl. Bild 4.45)
            iii. Fallende Sättigungsfunktion mit degressiv kreisförmigem Verlauf (vgl. Bild 4.46 b)
        II. Fallende Sättigungsfunktion mit progressivem Verlauf (vgl. Bild 4.47)

4.3 Die Bestimmung der Maßzahlen

      III. Fallende -S-Funktionen
          - Grundform   (vgl. Bild 4.48)
          - Kardinalform   (vgl. Bild 4.49)
5. Lineare Wechselfunktionen
   a. Lineare Maximumfunktion   (vgl. Bild 4.51)
   b. Lineare Minimumfunktion   (vgl. Bild 4.52)
6. Nichtlineare Wechselfunktionen
   a. Nichtlineare Maximumfunktionen
      I. Standard-Maximumfunktion   (vgl. Bild 4.53)
      II. Verschobene Maximumfunktion   (vgl. Bild 4.54)
      III. Beliebige nichtlineare Maximumfunktion
          - Grundform   (vgl. Bild 4.55)
          - Kardinalform   (vgl. Bild 4.56)
      IV. Ellipsenfunktion   (vgl. Bild 4.57 a)
      V. Gespiegelte Ellipsenfunktion   (vgl. Bild 4.57 b)
      VI. Kreisfunktion   (vgl. Bild 4.58 a)
      VII. Gespiegelte Kreisfunktion   (vgl. Bild 4.58 b)
   b. Nichtlineare Minimumfunktionen
      I. Standard-Minimumfunktion   (vgl. Bild 4.59)
      II. Beliebige nichtlineare Minimumfunktion
          - Grundform   (vgl. Bild 4.60)
          - Kardinalform   (vgl. Bild 4.61)
      III. Ellipsenfunktion   (vgl. Bild 4.62 a)
      IV. Gespiegelte Ellipsenfunktion   (vgl. Bild 4.62 b)
      V. Kreisfunktion   (vgl. Bild 4.63 a)
      VI. Gespiegelte Kreisfunktion   (vgl. Bild 4.63 b)
7. Problemangepaßte Wertfunktionen   (vgl. Bild 4.64)
8. Bewertungstafeln   (vgl. Tabelle 4.2)

Die am häufigsten in der Praxis vorkommenden und deshalb aufgrund dieser Erfahrungen in [38], [61] und [69] besonders empfohlenen Wertfunktionen sind

— lineare Wachstumsfunktion,
— lineare Straffungsfunktion,
— nichtlineare Wachstumsfunktion
— steigende Sättigungsfunktion,
— steigende S-Sunktion,
— nichtlineare Straffungsfunktion,
— fallende Sättigungsfunktion,
— fallende S-Funktion,
— nichtlineare Maximumfunktion,
— nichtlineare Minimumfunktion und
— Trapezfunktion (problemangepaßte Wertfunktion).

Diese sind in ihren Grundformen einschließlich ihrer parametrischen Zusammenhänge und den im Intervall [0, 1] begrenzten Maßzahlbereichen den jeweils betroffenen Abschnitten vorangestellt.

Die Wahl der Wertfunktionen und die Festlegung der Maßzahlbereiche sind Aufgabe der Bewertergruppe. Es gibt keine allgemein geltenden Regeln zur Bestimmung der Wertfunktionen, da diese sehr stark vom betrachteten Problem abhängen. Sie werden von den Experten aufgrund eigener (Berufs-) Erfahrungen oder aufgrund von Literaturangaben festgelegt. Das bedeutet, daß diese Funktionen nicht völlig objektiv bestimmt werden können. Bei *exakt* ermittelten Werten und der Kenntnis ihrer funktionellen Zusammenhänge genügt jedoch *ein* Experte.

1. Lineare Wachstumsfunktionen

Eine *lineare Wachstumsfunktion* ist zu wählen, wenn ein niedriger Wert schlecht und ein hoher Wert gut zu bewerten ist und die Werteverteilung linear angenommen werden kann. Ihre Grundform folgt der Gleichung

$$m = aw \quad (4.105)$$

mit der Steigung

$$a = \frac{1}{w_{max}} \quad (4.106)$$

(vgl. Bild 4.23). Da der Wertebereich in der Regel nicht im Koordinatenursprung beginnt, ergibt sich ihm gegenüber eine Verschiebung und es gilt, hier in Kardinalform,

$$m = aW + c \quad (4.107)$$

mit dem Steigungsfaktor

$$a = \frac{m_{max} - m_{min}}{W_{max} - W_{min}} = \frac{\text{Maßzahlbereich}}{\text{Wertebereich}} \quad (4.108)$$

und der Verschiebung auf der Ordinate (Verschiebungsfaktor)

$$c = -aW_{min} + m_{min}. \quad (4.109)$$

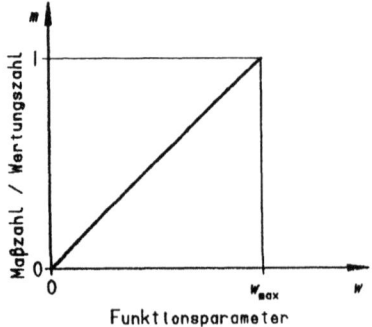

Bild 4.23. Grundform der linearen Wachstumsfunktion

4.3 Die Bestimmung der Maßzahlen

Beispiel 4.14: Liegen für eine geforderte Leistung (quantitatives technisches Kriterium) die vier Werte W_j = 52, 55, 60 und 65 kW vor, und sollen der Differenz zwischen dem niedrigsten und dem höchsten Wert die Maßzahlen von 1 bis 4 zugeordnet werden, so dürfen diese in keinem Fall 1, 2, 3 und 4 betragen (Bild 4.24 a), sondern müssen zu den Werten durch Berechnung oder graphische Ermittlung in ein relatives Verhältnis gesetzt werden (*relative* Maßzahlen; Bild 4.24 b oder c). Die graphische Ermittlung hat den Vorteil, daß die Wertvorstellungen des jeweiligen Bewerters für ihn selbst und andere transparent und damit diskutierbar gemacht werden.

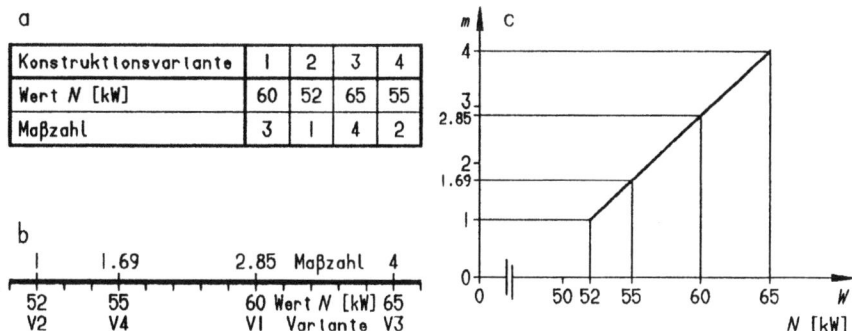

Bild 4.24. Relative Maßzahlen; vorhandene Leistung zwischen 52 und 65 kW

Sofern eine Idealvorstellung von W_{ideal} = 70 kW und ein unterer, gerade noch zulässiger Grenzwert von W_{min} = 50 kW festgelegt werden, ergeben sich die in Bild 4.25 ermittelten *absoluten* Maßzahlen.

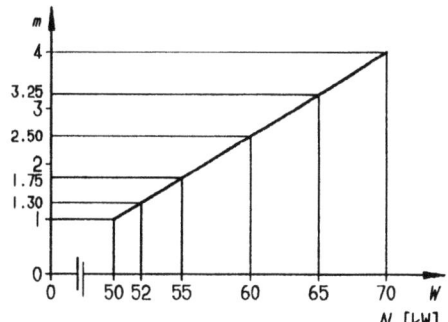

Bild 4.25. Lineare Wachstumsfunktion, absolute Maßzahlen; geforderte Leistung zwischen 50 und 70 kW

2. Lineare Straffungsfunktion

Eine *lineare Straffungsfunktion* ist zu wählen, wenn ein hoher Wert schlechter als ein niedriger zu bewerten ist und die Werteverteilung linear angenommen werden kann. Die zugehörige Grundform folgt der Gleichung

$$m = 1 - aw \qquad (4.110)$$

mit der Steigung entsprechend Gl. (4.106) (vgl. Bild 4.26). Da der Wertebereich in der Regel nicht bei $w = 0$ und $m = 1$ beginnt, gilt, hier in Kardinalform,

$$m = -aW + c \qquad (4.111)$$

mit dem Steigungsfaktor a entsprechend Gl. (4.108) und der Verschiebung auf der Ordinate (Verschiebungsfaktor)

$$c = a W_{max} + m_{min}. \qquad (4.112)$$

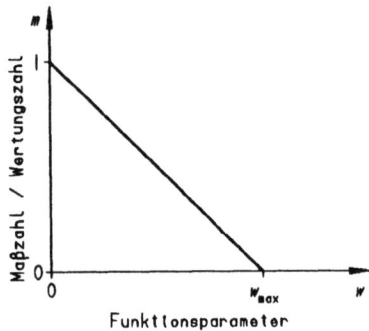

Bild 4.26. Grundform der linearen Straffungsfunktion

Beispiel 4.15: Betragen bei vier zu bewertenden Personenkraftwagen die ermittelten DIN-Kraftstoffverbräuche bei 90 km h^{-1} W_j = 5.2, 5.3, 5.5 und 5.8 l/100 km gegenüber einer Idealvorstellung W_{ideal} von 5.0 bis maximal 5.5 l/100 km, so ergeben sich bei einem Maßzahlbereich von 1 (unterer Grenzwert) bis 4 (Idealvorstellung) die in Bild 4.27 ermittelten Maßzahlen. Der Wert 5.8 l/100 km wird nicht mehr erfaßt und führt zur Streichung des entsprechenden Personenkraftwagens aus der Bewertung.

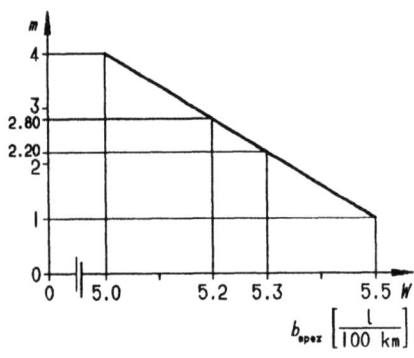

Bild 4.27. Lineare Straffungsfunktion, absolute Maßzahlen; geforderter Verbrauchsbereich von 5.0 bis 5.5 l/100 km

3. Nichtlineare Wachstumsfunktionen

Eine *nichtlineare Wachstumsfunktion* ist zu wählen, wenn eine Wertzunahme im mittleren oder oberen Wertebereich von anderer Bedeutung ist als im unteren Wertebereich, also im oberen und mittleren Wertebereich einen anderen Punkte*zuwachs* erhalten soll als im unteren Wertebereich.

Nichtlineare Wachstumsfunktionen sind mit Ausnahme von Kreis- oder Ellipsensegmenten in der Regel *Exponentialfunktionen*.

4.3 Die Bestimmung der Maßzahlen

a. Nichtlineare Wachstumsfunktion mit degressivem Verlauf

Eine nichtlineare Wachstumsfunktion mit *degressivem* Verlauf, d. h. einem Verlauf mit abnehmender Steigung, ist eine Exponentialfunktion mit der Basis W und dem positiven Exponenten $b < 1$. Sie ist zu wählen, wenn die Zunahme der Maßzahlen im unteren Wertebereich größer sein soll als im oberen Wertebereich. Sie folgt der Gleichung

$$m = aW^b, \ b < 1, \tag{4.113}$$

mit dem Maßstabsfaktor a, der angibt, wie groß die anfängliche Steigung und damit die anschließende Degression sein sollen, also wie groß die Maßzahl m beim Wert $W = 1$ sein soll, und dem Exponenten b, der ein Maß für die Degression, insbesondere im unteren Wertebereich, darstellt (vgl. Bild 4.28) und sich bei vorgegebenen Werten von a, W_{max} und m_{max} errechnet aus

$$b = \frac{\ln m_{max} - \ln a}{\ln W_{max}}. \tag{4.114}$$

Beispiel 4.16: Für die Bewertung von Flüssigkeitspumpen gleicher Leistungsklasse mit unterschiedlicher, auf die Förderleistung bezogener Pumpenmasse G/N [kg/kW] sind die Maßzahlen im Bereich 1 bis 4 bei einem absoluten Wertebereich von 0.05 bis 0.45 zu bestimmen. Dieser Wertebereich wird auf den Bereich 4 bis 9 skaliert und es ergibt sich mit $a = 1$, $b = 0.631$, $w_{max} = 9$ und $m_{max} = 4$ die in Bild 4.28 eingetragene, fett dargestellte Kurve.

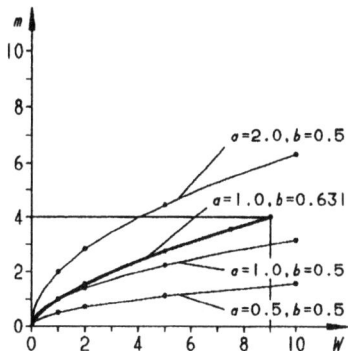

Bild 4.28. Nichtlineare Wachstumsfunktionen mit degressivem Verlauf bei verschiedenen Werten von a und b

b. Logarithmusfunktion

Eine *Logarithmusfunktion* ist ebenfalls eine nichtlineare Wachstumsfunktion mit degressivem Verlauf und folgt der Gleichung

$$m = a \log_{10} W \tag{4.115}$$

mit dem Maßstabsfaktor a. Dieser ergibt sich bei Berücksichtigung sowohl des vorgegebenen Wertebereiches als auch des gewählten Maßzahlbereiches, d. h. durch

Einsetzen der Werte W_{max} und m_{max} in Gl. (4.115) und Auflösung dieser Gleichung nach a, aus

$$a = \frac{m_{max}}{\log_{10} W_{max}} \tag{4.116}$$

(vgl. Bild 4.29).
Bei dieser Wertfunktion ist zu beachten, daß $W_{min} \geq 1$ betragen muß.

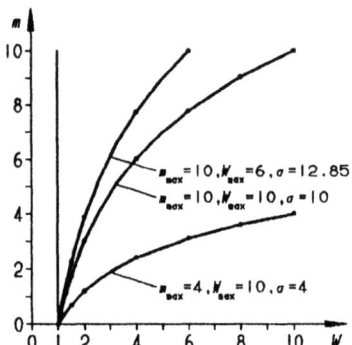

Bild 4.29. Logarithmusfunktionen

Beispiel 4.17: Logarithmusfunktionen eignen sich besonders für die Bewertung logarithmisch abhängiger Leistungs- oder Frequenzkriterien akustischer oder regelungstechnischer Werte (z. B. Frequenzgang).

c. Nichtlineare Wachstumsfunktionen mit progressivem Verlauf

Eine nichtlineare Wachstumsfunktion mit *progressivem* Verlauf, d. h. einem Verlauf mit zunehmender Steigung, ist zu wählen, wenn die Zunahme der Maßzahlen im unteren Wertebereich geringer sein soll als im oberen Wertebereich. Es existiert keine Grundfunktion, aber alle Varianten sind Exponentialfunktionen.

Die am häufigsten in der Praxis vorkommende Wertfunktion dieses Typs hat einen quadratischen Verlauf und folgt der als Grundform anzusehenden Gleichung

$$m = \left(\frac{w - w_{min}}{w_{max} - w_{min}} \right)^2 \tag{4.117}$$

(vgl. Bild 4.30).
Ferner läßt sie sich entweder als Exponentialfunktion mit der Basis W und dem positiven Exponenten $b > 1$ darstellen und folgt der Gleichung

$$m = aW^b, \; b > 1, \tag{4.118}$$

mit dem Maßstabsfaktor a, der angibt, wie groß die anfängliche Steigung und damit die anschließende Progression sein sollen, also wie groß die Maßzahl m beim Wert $W = 1$ sein soll, und dem Exponenten b, der ein Maß für die Progression, insbesondere im oberen Wertebereich, darstellt (vgl. Bild 4.31) und sich gemäß Gl. (4.114) errechnet,

4.3 Die Bestimmung der Maßzahlen

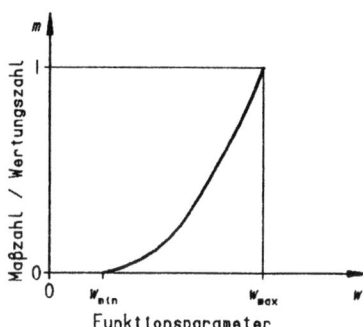

Bild 4.30. Grundform der nichtlinearen quadratischen Wachstumsfunktion

oder sie läßt sich als Exponentialfunktion mit dem Wert W als Exponent darstellen, ist also zu wählen, wenn die Maßzahlen mit steigendem Wert exponentiell wachsen sollen. Als Basis kann entweder „e" gewählt werden und die Funktion folgt der Gleichung

$$m = e^{\frac{W}{a}} - 1 \tag{4.119}$$

mit dem den Maßzahlbereich berücksichtigenden, hier als *Streckungsfaktor* a zu verstehender Maßstabsfaktor, der einer Vergrößerung der Auflösung der Abszissenwerte dient und sich sowohl bei einem vorgegebenem Wertebereich als auch bei einem gewähltem Maßzahlbereich, d. h. durch Einsetzen der Werte W_{max} und m_{max} in Gl. (4.119) und Auflösung dieser Gleichung nach a, aus

$$m_{max} = e^{\frac{W_{max}}{a}} - 1, \tag{4.120}$$

$$\ln(m_{max} + 1) = \frac{W_{max}}{a} \ln e, \ln e = 1,$$

$$a = \frac{W_{max}}{\ln(m_{max} + 1)} \tag{4.121}$$

errechnet (vgl. Bild 4.32, Kurve I),

oder es kann eine beliebige Basis $b > 1$ gewählt werden und die Funktion folgt der Gleichung

$$m = b^W, b > 1, \tag{4.122}$$

wenn die kleinste Maßzahl $m_{min} = 1$ betragen soll (vgl. Bild 4.32, Kurven II und IV) bzw.

$$m = b^W - 1, b > 1, \tag{4.123}$$

wenn der Maßzahlbereich bei „0" beginnen soll (vgl. Bild 4.32, Kurven III und V).

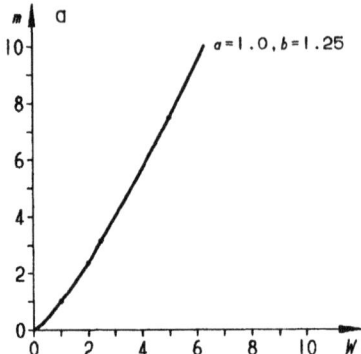 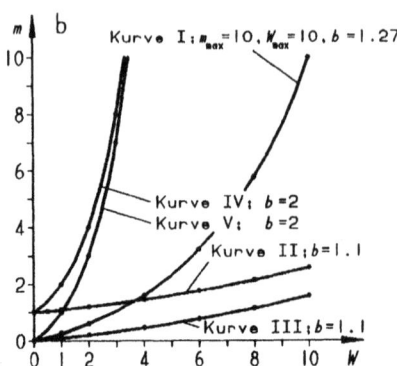

Bild 4.31. Nichtlineare Wachstumsfunktion mit progressivem Verlauf mit der Basis W und dem Exponenten b

Bild 4.32. Nichtlineare Wachstumsfunktionen mit progressivem Verlauf mit den Basen e und b und dem Exponenten W.

Die zuletzt beschriebene nichtlineare Wachstumsfunktion ist für die Bewertung technischer Systeme allerdings nicht von Bedeutung.

Alle bisher behandelten nichtlinearen Wachstumsfunktionen konvergieren nach $m = \infty$, weshalb W_{max} und m_{max} sorgfältig aufeinander abgestimmt werden müssen.

d. Steigende Sättigungsfunktionen

Steigende Sättigungsfunktionen sind Funktionen mit einem absoluten oberen Grenzwert oder einer asymptotischen Annäherung an einen oberen Grenzwert.

Eine steigende Sättigungsfunktion ist zu wählen, wenn eine Wert*zunahme* im oberen Bereich von anderer Bedeutung ist als im mittleren und/oder unteren Bereich, also im oberen Bereich einen anderen Punkte*zuwachs* erhalten soll als im mittleren und/oder unteren Bereich.

I. Steigende Sättigungsfunktionen mit degressivem Verlauf

Eine steigende Sättigungsfunktion mit *degressivem* Verlauf läßt sich in den meisten Fällen als Exponentialfunktion darstellen. Ihre Grundform folgt der Gleichung

$$m = 1 - e^{-\left(\frac{w - w_{min}}{a}\right)} \qquad (4.124)$$

mit w_{min} als mögliche Verschiebung des Koordinatenursprungs auf der Abszisse (vgl. Bild 4.33) und dem den Wertebereich berücksichtigenden Maßstabfaktor analog Gl. (4.126).

Ferner läßt sie sich entweder als Exponentialfunktion mit der Basis „e" und dem Exponenten W darstellen und folgt mit $W_{min} = 0$ der Gleichung

$$m = m_{max}\left(1 - e^{-\frac{W}{a}}\right) \qquad (4.125)$$

4.3 Die Bestimmung der Maßzahlen

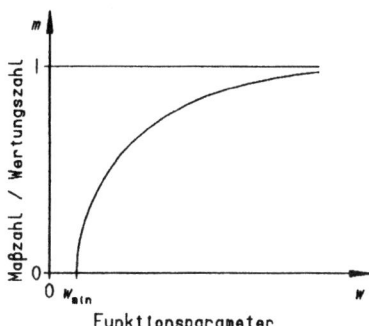

Bild 4.33. Grundform der steigenden Sättigungsfunktion mit degressivem Verlauf

(vgl. Bild 4.35 a, Kurve II) mit m_{max} als Maß für die Streckung des Maßzahlbereiches der ansonsten von $m = 0$ gegen $m = 1$ asymptotisch verlaufenden Kurve und dem Maßstabsfaktor (Streckungsfaktor)

$$a = \frac{W_{max}}{m'} \tag{4.126}$$

mit $m' \leq m_{max}$ zur Streckung des Wertebereiches, da die Maßzahlen normalerweise ab $W \sim 5$ über $m = 0.99$ liegen und asymptotisch gegen $m_{max} = 1.0$ verlaufen würden (vgl. Bild 4.35 a, Kurve I) - in folgendem Beispiel 4.18 wurde $m' = 5$ gewählt,

oder es können eine beliebige Basis b und der Exponent W gewählt werden und die Funktion folgt der Gleichung

$$m = m_{max}\left(1 - b^{-\frac{W}{a}}\right) \tag{4.127}$$

mit m_{max} als Maß für die Streckung des Maßzahlbereiches der ansonsten ebenfalls von $m = 0$ gegen $m = 1$ asymptotisch verlaufenden Kurve (vgl. Bild 4.34, Kurve I) und dem eine bessere Auflösung des Wertebereiches berücksichtigenden Maßstabsfaktor a gemäß Gl. (4.126) (vgl. Bild 4.34, Kurven II und III).

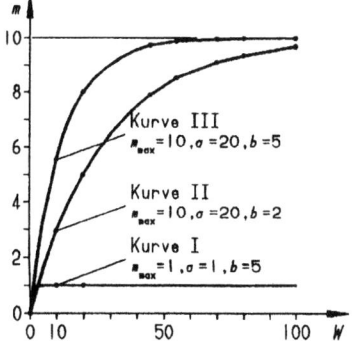

Bild 4.34. Steigende Sättigungsfunktionen mit degressivem Verlauf bei verschiedenen Basen b

Eine steigende Sättigungsfunktion läßt sich auch in Form eines Viertelkreises im 2. Quadranten (vgl. Bild 4.35 b) darstellen und folgt der entsprechenden, aus der *Kreisgleichung* für den um W_{max} aus dem Koordinatenursprung verschobenen Kreismittelpunkt hergeleiteten Funktionsgleichung

$$m = a\sqrt{r^2 - (W_{max} - W)^2} + m_{min} \tag{4.128}$$

mit dem den Wertebereich ΔW berücksichtigenden Radius

$$r = \Delta W = W_{max} - W_{min} \tag{4.129}$$

und dem Maßstabsfaktor a, der die von der Ordinate abweichende Skalierung der Abszisse berücksichtigt, also

$$a = \frac{\Delta m}{\Delta W} = \frac{m_{max} - m_{min}}{W_{max} - W_{min}}. \tag{4.130}$$

Beispiel 4.18: Werden bei vier zu bewertenden, direkt durch Sonnenenergie angetriebenen und für den Stadtverkehr konzipierten, Solarautos gleicher Leistungsklasse die Maximalgeschwindigkeiten mit 45, 55, 70 und 80 kmh^{-1} gemessen, so bietet sich die Verwendung einer degressiv steigenden Sättigungskurve an, da eine Geschwindigkeitszunahme im oberen Bereich aufgrund des Einsatzbereiches nicht genutzt werden kann und damit wenig honoriert wird.

Sofern ein großer Maßzahlbereich, z. B. 0 bis 10, gewählt wird, und wenn auch Alternativen von weniger als 40 kmh^{-1} in die Bewertung mit einbezogen werden sollen, ist eine Exponentialfunktion gemäß Bild 4.35 a, Kurve II, anzusetzen. Allerdings muß hierbei eine obere Grenzgeschwindigkeit festgelegt werden, deren Überschreitung keinen nennenswerten Zuwachs der Maßzahl ergeben soll.

Wird hingegen ein Maßzahlbereich von 1 für 40 kmh^{-1} bis 4 für 90 kmh^{-1} und darüber angesetzt, so ist die Verwendung des um $m_{min} = 1$ verschobenen Viertelkreises gemäß Bild 4.35 b sinnvoller, wie die dort ermittelten Maßzahlen zeigen.

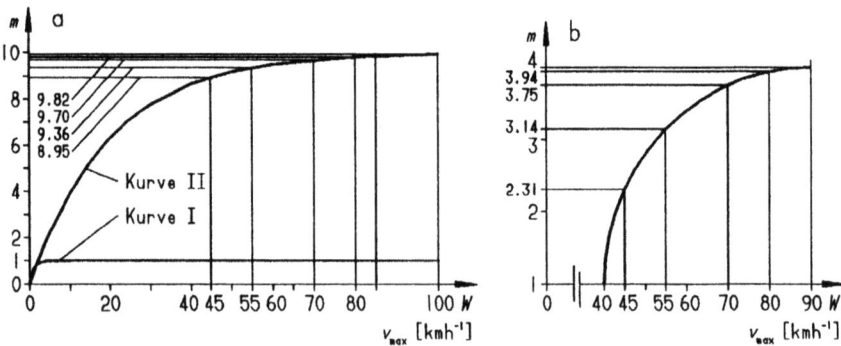

Bild 4.35. Steigende Sättigungsfunktionen mit degressivem Verlauf; Maximalgeschwindigkeiten von Stadtautos mit Solarantrieb

4.3 Die Bestimmung der Maßzahlen

II. Steigende Sättigungsfunktion mit progressivem Verlauf

Eine steigende Sättigungsfunktion kann auch einen progressiven Verlauf, d. h. einen Verlauf mit zunehmender Steigung, haben. In diesem Fall läßt sie sich in Form eines Viertelkreises im 4. Quadranten darstellen (vgl. Bild 4.36) und folgt der entsprechenden, aus der *Kreisgleichung* hergeleiteten Funktionsgleichung

$$m = m_{max} - a\sqrt{r^2 - (W - W_{min})^2} \qquad (4.131)$$

mit dem den Wertebereich ΔW berücksichtigenden Radius r entsprechend Gl. (4.129) und dem Maßstabsfaktor a analog Gl. (4.130), der die von der Ordinate abweichende Skalierung der Abszisse $\frac{\Delta m}{\Delta W}$ berücksichtigt.

Beispiel 4.19: Soll das Beschleunigungsvermögen von Rennwagen einer bestimmten Leistungsklasse in eine Bewertung eingehen, ist eine steigende Sättigungsfunktion gemäß Bild 4.36 anzusetzen. Dem Beschleunigungsbereich von 4 bis 6 ms^{-2} wurde der Maßzahlbereich von 1 bis 4 zugeordnet. Die Sättigung ist erreicht durch den festgesetzten Grenzwert $m = 4$ Punkte bei $W = 6$ ms^{-1}.

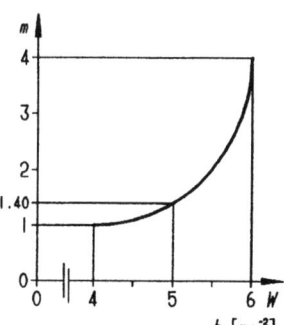

Bild 4.36. Steigende Sättigungsfunktion mit progressivem Verlauf; Beschleunigung von Rennwagen

III. Steigende S-Funktion

Eine *steigende S-Funktion* ist zu wählen, wenn eine Wert*zunahme* im unteren und oberen Bereich von anderer Bedeutung ist als im mittleren Bereich, also im unteren und oberen Bereich einen mäßigeren Punkte*zuwachs* erhalten soll als im mittleren Bereich. Ihre Grundform folgt der Gleichung

$$m = 1 - e^{(-a(w - w_{min}))^3} \qquad (4.132)$$

mit W_{min} als mögliche Verschiebung des Koordinatenursprungs auf der Abszisse (vgl. Bild 4.37) und dem den Wertebereich berücksichtigenden Maßstabsfaktor a. Dieser ergibt sich bei gewünschter Lage des Wendepunktes WP in w' und m' durch Einsetzen dieser Werte in Gl. (4.132) und Auflösung nach a, also

$$m' = 1 - e^{(-a(w' - w_{min}))^3}, \qquad (4.133)$$

$$e^{(-a(w' - w_{min}))^3} = 1 - m',$$

$$(-a(w' - w_{min})) \ln e = \ln(1 - m'), \ln e = 1,$$

aus

$$a = -\frac{1}{w' - w_{min}} \sqrt[3]{\ln(1 - m')}. \quad (4.134)$$

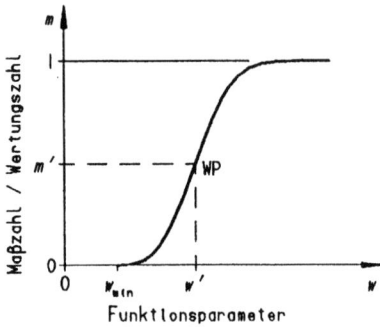

Bild 4.37. Grundform der steigenden S-Funktion

Ein der Grundformen ähnlicher, im Koordinatenursprung beginnender Verlauf ergibt sich mit dem - hier die Kardinalform berücksichtigenden - Ansatz

$$m = m_{max}\left[1 - e^{(-aW)^3}\right] \quad (4.135)$$

(vgl. Bild 4.38, Kurven II und III) mit m_{max} als Maß für die Streckung des Maßzahlbereiches der ansonsten von $m = 0$ gegen $m = 1$ asymptotisch verlaufenden Kurve (vgl. Bild 4.38, Kurve I) und dem den Wertebereich berücksichtigenden Maßstabsfaktor a. Dieser ergibt sich bei gewünschter Lage des Wendepunktes WP, beispielsweise in $W' = \frac{W_{min} + W_{max}}{2}$ und $m' = \frac{m_{min} + m_{max}}{2}$ durch Einsetzen dieser Koordinaten in Gl. (4.135) und deren Auflösung nach a, also

$$m' = m_{max}\left[1 - e^{(-aW')^3}\right], \quad (4.136)$$

$$e^{(-aW')^3} = 1 - \frac{m'}{m_{max}},$$

$$(-aW')^3 \ln e = \ln\left(1 - \frac{m'}{m_{max}}\right), \ln e = 1,$$

aus

$$a = -\frac{1}{W'} \sqrt[3]{\ln\left(1 - \frac{m'}{m_{max}}\right)}, \quad (4.137)$$

bzw. mit $W_{min} = 0$ und $m_{min} = 0$, also $W' = \frac{W_{max}}{2}$ und $m' = \frac{m_{max}}{2}$, aus

$$a = -\frac{2}{W_{max}} \sqrt[3]{\ln 0.5}. \quad (4.138)$$

4.3 Die Bestimmung der Maßzahlen 105

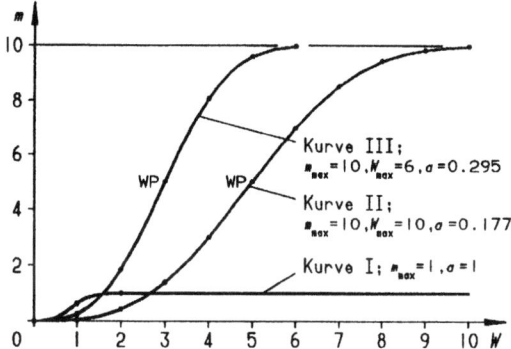

Bild 4.38. Steigende S-Funktionen bei verschiedenen Parametern W_{max} und m_{max}

Durch Einsetzen des so berechneten Wertes von a in Gl. (4.135) wird eine bessere Streckung des Wertebereiches erreicht, da die Maßzahlen normalerweise ab $W \sim 1.7$ über $m = 0.99$ liegen und asymptotisch gegen „1" verlaufen würden (vgl. Bild 4.38, Kurve I).

Beispiel 4.20: Um einen ausgewogenen Notenbereich bei einem Schul*aufsatz* zu erreichen, werden die extrem guten und die extrem schlechten Arbeiten weniger differenziert benotet als die mäßigen Arbeiten. Der subjektiv festgelegte Notenschlüssel wird als steigende S-Funktion modelliert (vgl. Bild 4.39).

Beispiel 4.21: Um einen ausgewogenen Notenbereich bei einem Schul*diktat* zu erreichen, werden wiederum die extrem guten und die extrem schlechten Arbeiten weniger differenziert benotet als die mäßigen Arbeiten. Der sich auf die Anzahl der Fehler beziehende Notenschlüssel wird als steigende S-Funktion modelliert (vgl. Bild 4.40).

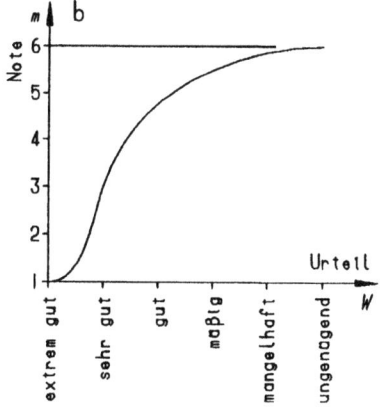

Bild 4.39. Notenschlüssel über der Beurteilung als steigende S-Funktion eines qualitativen Kriteriums

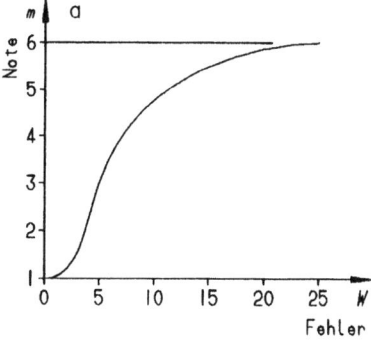

Bild 4.40. Notenschlüssel über der Fehlerzahl als steigende S-Funktion eines quantitativen Kriteriums

4. Nichtlineare Straffungsfunktionen

Eine *nichtlineare Straffungsfunktion* ist zu wählen, wenn eine Wert*abnahme* im mittleren oder oberen Wertebereich von anderer Bedeutung ist als im unteren Wertebereich, also im oberen oder mittleren Wertebereich eine andere, nichtlineare Punkte*abnahme* erhalten soll als im unteren Wertebereich.

Nichtlineare Straffungsfunktionen sind mit Ausnahme von Kreis- oder Ellipsensegmenten in der Regel Exponentialfunktionen.

a. Nichtlineare Straffungsfunktion mit degressivem Verlauf

Eine nichtlineare Straffungsfunktion mit *degressivem* Verlauf ist eine Exponentialfunktion mit der Basis W und dem positiven Exponenten $b < 1$. Sie ist zu wählen, wenn die Abnahme der Maßzahlen im unteren Wertebereich größer sein soll als im oberen Wertebereich. Sie folgt der Gleichung

$$m = m_{max} - aW^b, \quad b < 1, \tag{4.139}$$

mit m_{max} als Maß für die Streckung des Maßzahlbereiches und dem den Wertebereich berücksichtigenden Maßstabsfaktor a, der sich bei vorgegebenem maximalen Wert W_{max} und gewählter maximaler Maßzahl m_{max} errechnet aus

$$a = \frac{m_{max}}{W_{max}^b}. \tag{4.140}$$

Der positive Exponent b ist ein Maß für die Degression bzw. Straffung der Kurve zwischen $W = 0$ und W_{max} (vgl. Bild 4.41).

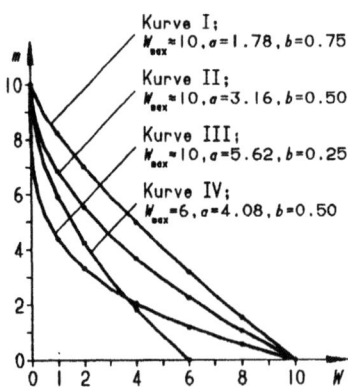

Bild 4.41. Nichtlineare Straffungsfunktion mit degressivem Verlauf und dem Exponenten $0 < b < 1$

b. Nichtlineare Straffungsfunktion mit progressivem Verlauf

Eine nichtlineare Straffungsfunktion mit progressivem Verlauf ist zu wählen, wenn die Abnahme der Maßzahlen im unteren Wertebereich geringer soll als im oberen Wertebereich. Es existiert keine Grundfunktion, aber alle Varianten sind Exponentialfunktionen.

4.3 Die Bestimmung der Maßzahlen

Die am häufigsten in der Praxis vorkommende Wertfunktion dieses Typs hat einen quadratischen Verlauf und folgt der als Grundform anzusehenden Gleichung

$$m = \left(1 - \frac{w - w_{\min}}{w_{\max} - w_{\min}}\right)^2 \qquad (4.141)$$

(vgl. Bild 4.42).

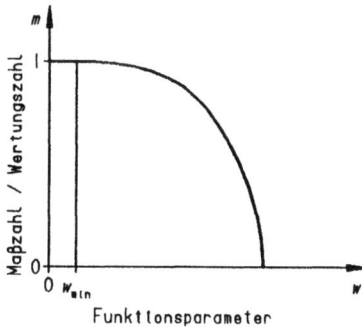

Bild 4.42. Grundform der nichtlinearen quadratischen Straffungsfunktion

Ferner läßt sie sich entweder als Exponentialfunktion mit der Basis W und dem positiven Exponenten $b > 1$ darstellen und entspricht Gl. (4.139) mit den dort beschriebenen Eigenschaften des Maßstabsfaktors a und des Exponenten b, der hier jedoch ein Maß für die Progression, insbesondere im oberen Wertebereich, darstellt (vgl. Bild 4.43).

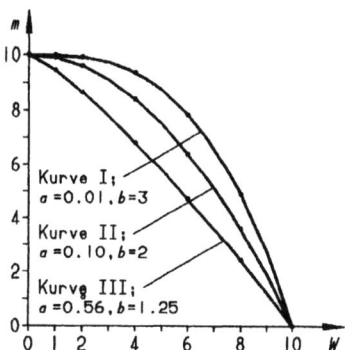

Bild 4.43. Nichtlineare Straffungsfunktion mit progressivem Verlauf und dem Exponenten $b > 1$

c. Fallende Sättigungsfunktionen

Fallende Sättigungsfunktionen sind Funktionen mit einem absoluten unteren Endwert oder einer asymptotischen Annäherung an einen unteren Endwert.

Eine fallende Sättigungsfunktion ist zu wählen, wenn eine Wert*abnahme* im oberen Bereich eine andere Bedeutung hat als im mittleren und/oder unteren Bereich, also im oberen Bereich einen anderen Punkte*abfall* erhalten soll als im mittleren und/oder unteren Bereich.

I. Fallende Sättigungsfunktionen mit degressivem Verlauf

Eine fallende Sättigungsfunktion mit *degressivem* Verlauf läßt sich in den meisten Fällen als Exponentialfunktion darstellen. Ihre Grundform folgt der Gleichung

$$m = e^{-(\frac{w - w_{min}}{a})} \tag{4.142}$$

und dem den Wertebereich berücksichtigenden Maßstabsfaktor a analog Gl. (4.126) (vgl. Bild 4.44).

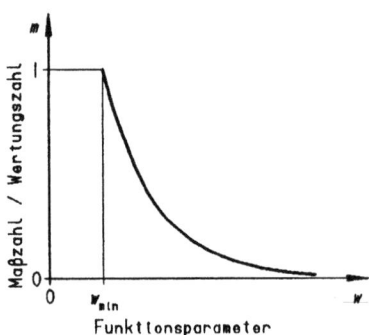

Bild 4.44. Grundform der fallenden Sättigungsfunktion mit degressivem Verlauf

Ferner läßt sie sich entweder als Exponentialfunktion mit der Basis e und dem Exponenten W darstellen und folgt mit $W_{min} = 0$ der Gleichung

$$m = m_{max}\, e^{-\frac{W}{a}} \tag{4.143}$$

(vgl. Bild 4.42 a, Kurve II) mit m_{max} als Maß für die Streckung des Maßzahlbereiches der ansonsten von $m = 1$ gegen $m = 0$ asymptotisch verlaufenden Kurve und dem der Gl. (4.126) analogen Maßstabsfaktor a, der zur besseren Auflösung des Wertebereiches dient, da die Maßzahlen normalerweise bis $w \sim 5$ unter $m = 0.01$ liegen und asymptotisch gegen $m_{min} = 0$ verlaufen würden (vgl. Bild 4.46 a, Kurve I),

oder es können eine beliebige Basis b und der Exponent W gewählt werden und die Funktion folgt der Gleichung

$$m = m_{max}\, b^{-\frac{W}{a}} \tag{4.144}$$

mit m_{max} als Maß für die Streckung des Maßzahlbereiches der ansonsten ebenfalls von $m = 1$ gegen $m = 0$ asymptotisch verlaufenden Kurve (vgl. Bild 4.45, Kurve I) und dem der Gl. (4.126) analogen Maßstabsfaktor a zur besseren Auflösung des Wertebereiches (vgl. Bild 4.45, Kurve II),

Eine fallende Sättigungsfunktion läßt sich auch in Form eines Viertelkreises im 3. Quadranten (vgl. Bild 4.46 b) darstellen und folgt der entsprechenden, aus der *Kreisgleichung* hergeleiteten Funktionsgleichung

4.3 Die Bestimmung der Maßzahlen

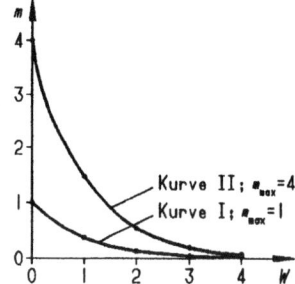

Bild 4.45. Fallende Sättigungsfunktion mit degressivem Verlauf und dem Exponenten W

$$m = m_{max} - a\sqrt{r^2 - (W_{max} - W)^2} \qquad (4.145)$$

mit dem den Wertebereich ΔW berücksichtigenden Radius r entsprechend Gl. (4.129) und dem Maßstabsfaktor a analog Gl. (4.130), der die von der Ordinate abweichende Skalierung der Abszisse $\frac{\Delta m}{\Delta W}$ berücksichtigt.

Beispiel 4.22: Wird die Resonanzfrequenz von Stoßdämpfern gleicher Belastbarkeit in eine Bewertung mit einbezogen, so ist die Verwendung einer degressiv fallenden Sättigungskurve sinnvoll, da mit steigender Frequenz die Amplitude kleiner wird. In Bild 4.46 a, Kurve II, wurde $a = \frac{W_{max}}{5}$ gesetzt.

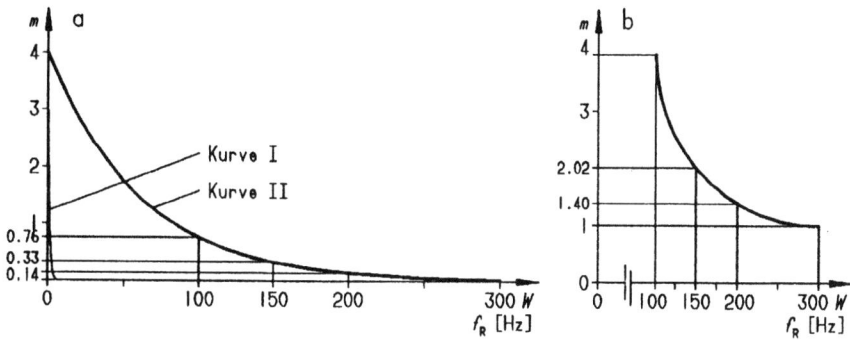

Bild 4.46. Fallende Sättigungsfunktionen mit degressivem Verlauf; Resonanzfrequenz von Stoßdämpfern

II. Fallende Sättigungsfunktion mit progressivem Verlauf

Eine fallende Sättigungsfunktion hat auch häufig einen progressiven Verlauf, dessen Darstellung üblicherweise in Form eines Kreissegmentes im 1. Quadranten (vgl. Bild 4.47) gemäß der Funktionsgleichung

$$m = m_{min} + a\sqrt{r^2 - (W - W_{min})^2} \qquad (4.146)$$

110   4 Theoretische Grundlagen

erfolgt. Die Berechnung des den Wertebereich Δw berücksichtigenden Radius' r erfolgt gemäß Gl. (4.129) und der die von der Ordinate abweichende Skalierung der Abszisse $\frac{\Delta m}{\Delta W}$ berücksichtigende Maßstabsfaktor a errechnet sich gemäß Gl. (4.130).

Beispiel 4.23: Wird bei drei zu bewertenden Preßluftkompressoren die Lautstärke Λ bei einer Frequenz von 1 kHz mit 90, 95 und 120 phon gemessen, und liegt der gesetzlich und damit absolut zulässige Grenzwert bei 130 phon (Maßzahl 1) sowie die Idealvorstellung bei 50 phon (Maßzahl 4), so ergibt sich durch Anwendung der Kreissegmentkurve für den oberen, bereits unerträglichen Lautstärkebereich eine schnellere Abnahme der Maßzahlen als im unteren, erträglichen Bereich (vgl. Bild 4.47).

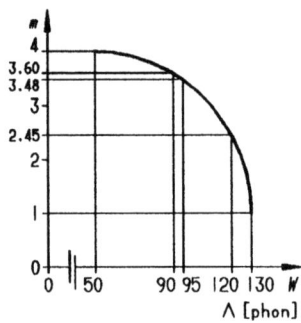

Bild 4.47. Fallende Sättigungsfunktion mit progressivem Verlauf; Lärmpegel

III. Fallende S-Funktion

Eine *fallende S-Funktion* ist zu wählen, wenn eine Wert*abnahme* im oberen und unteren Bereich eine andere Bedeutung hat als im mittleren Bereich, also im oberen und unteren Bereich einen mäßigeren Punkt*abfall* erhalten soll als im mittleren Bereich. Ihre Grundform folgt der Gleichung

$$m = e^{(-a(w - w_{\min}))^3} \qquad (4.147)$$

mit $w_{\min}$ als mögliche Verschiebung des Koordinatenursprungs auf der Abszisse (vgl. Bild 4.48) und dem den Wertebereich berücksichtigenden Maßstabsfaktor a analog Gl. (4.134), bezogen auf die gewünschte Lage des Wendepunktes WP in w' und m'.

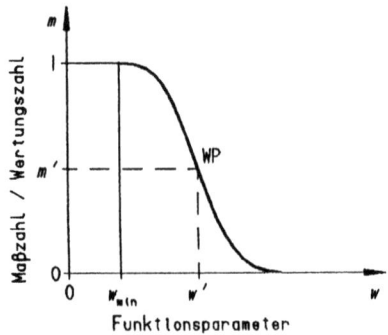

Bild 4.48. Grundform der fallenden S-Funktion

4.3 Die Bestimmung der Maßzahlen

Ein der Grundform ähnlicher Verlauf ergibt sich mit dem - hier die Kardinalform berücksichtigenden - Ansatz

$$m = m_{max} e^{(-a(W - W_{min}))^3} \qquad (4.148)$$

(vgl. Bild 4.49, Kurve II), mit m_{max} als Maß für die Streckung des Maßzahlbereiches der ansonsten von $m = 1$ gegen $m = 0$ asymptotisch verlaufenden Kurve (vgl. Bild 4.49, Kurve I) und dem den Wertebereich berücksichtigenden Maßstabsfaktor a. Dieser ergibt sich bei gewünschter Lage des Wendepunktes WP, beispielsweise in $W' = \dfrac{W_{max}}{2}$ und $m' = \dfrac{m_{max}}{2}$, $W_{min} = 0$, durch Einsetzen dieser Koordinaten in Gl. (4.148) und deren Auflösung nach a, also

$$m' = m_{max} e^{(-aW')^3}, \qquad (4.149)$$

$$e^{(-aW')^3} = \frac{m'}{m_{max}},$$

$$(-aW')^3 \ln e = \ln\left(\frac{m'}{m_{max}}\right), \ln e = 1,$$

aus

$$a = -\frac{1}{W'} \sqrt[3]{\ln\left(\frac{m'}{m_{max}}\right)}, \qquad (4.150)$$

bzw. mit den oben genannten Ansätzen für W' und m', aus

$$a = -\frac{2}{W_{max}} \sqrt[3]{\ln 0.5}. \qquad (4.151)$$

Durch Einsetzen des so berechneten Wertes von a in Gl. (4.148) wird eine bessere Streckung des Wertebereiches erreicht, da die Maßzahlen normalerweise ab $w \sim 1.7$ bereits unter $m = 0.01$ liegen und asymptotisch gegen „0" verlaufen würden (vgl. Bild 4.49, Kurve I).

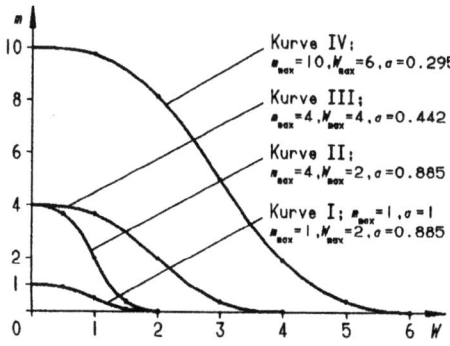

Bild 4.49. Fallende S-Funktionen mit unterschiedlichen Parametern

5. Lineare Wechselfunktionen

Sollen sowohl Über- als auch Unterschreitungen eines optimalen oder eines ungünstigsten Wertes zwar möglich sein, aber schlechter bewertet werden, und sind die Maßzahlen *linear* von den Werten abhängig, so läßt sich dies durch *lineare Wechselfunktionen* darstellen. Diese haben die Form von Dreiecksfunktionen.

a. Lineare Maximumfunktion

Eine *lineare Maximumfunktion* hat bis zur höchsten Maßzahl einen aufsteigenden Ast entsprechend Gl. (4.107) und einen ab der höchsten Maßzahl absteigenden Ast entsprechend Gl. (4.111) (vgl. Bild 4.51).

Beispiel 4.24: Wenn in Bezug auf die optimale Schwerpunktlage eines Flugzeugs (vgl. Bild 4.50) im Reiseflug sowohl eine positive als auch eine negative Verschiebung der Querebene QE in den flugmechanisch zulässigen Bereich akzeptiert werden, aber eine Verminderung der Maßzahl erfordern, weil sie eine Trimmung des Flugzeugs und damit einen Flugleistungsverlust bedeuten, ist bei der Gegenüberstellung verschiedener Flugzeugvarianten der Ansatz einer linearen Maximumfunktion sinnvoll (vgl. Bild 4.51).

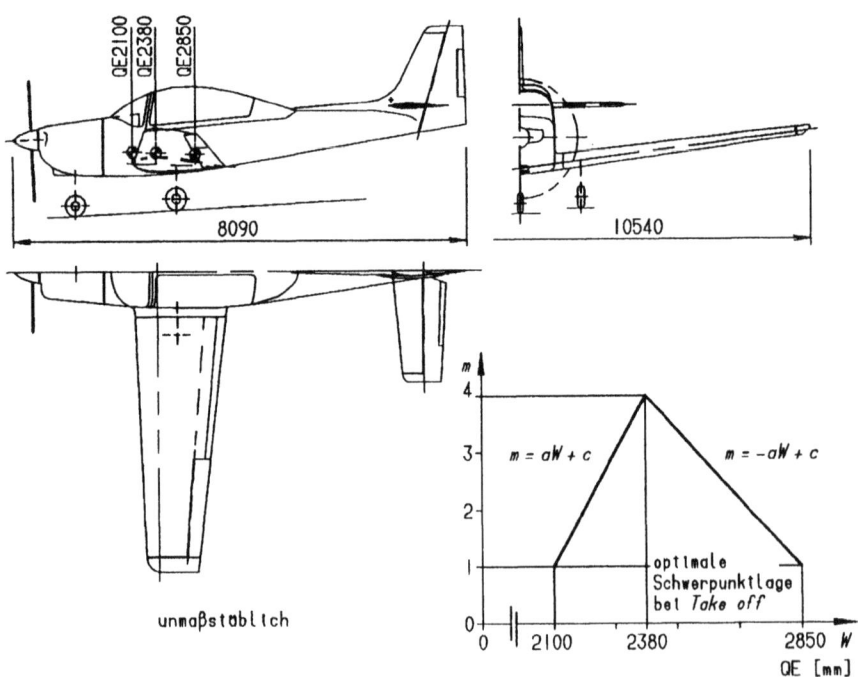

Bild 4.50. Schwerpunktlagenbereich eines Flugzeuges (Quelle: Gyro-Flug)

Bild 4.51. Lineare Maximumfunktion; zulässige Schwerpunktlagen bei Flugzeugvarianten

4.3 Die Bestimmung der Maßzahlen

b. Lineare Minimumfunktion

Eine *lineare Minimumfunktion* hat bis zur niedrigsten Maßzahl einen *linear* absteigenden Ast entsprechend Gl. (4.111) und einen ab der niedrigsten Maßzahl linear aufsteigenden Ast entsprechend Gl. (4.107). Das bedeutet, daß die Werte vor und hinter dem Minimum höhere Maßzahlen ergeben (vgl. Bild 4.52).

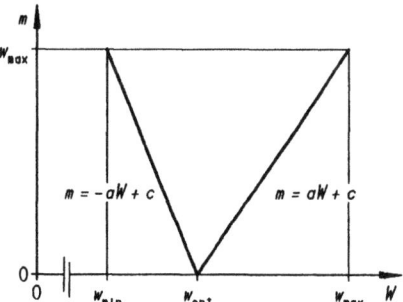

Bild 4.52. Lineare Minimumfunktion

6. Nichtlineare Wechselfunktionen

Sollen sowohl Über- als auch Unterschreitungen eines optimalen oder eines ungünstigsten Wertes zwar möglich sein, aber schlechter bewertet werden, und sind die Maßzahlen *nichtlinear* von den Werten abhängig, so läßt sich dies durch *nichtlineare Wechselfunktionen* darstellen. Wie bei den linearen Wechselfunktionen weist die Bezeichnung darauf hin, daß diese Funktionen in ihrem Maximum bzw. Minimum ihr Vorzeichen wechseln.

a. Nichtlineare Maximumfunktionen

Eine *nichtlineare Maximumfunktion* ist zu wählen, wenn eine Wert*zu*- oder -*abnahme* im unteren *und* oberen Wertebereich eine andere Bedeutung hat als im mittleren Wertebereich und die Änderung der Maßzahl *nicht*linear verlaufen soll.

Eine nichtlineare Maximumfunktion hat somit bis zur höchsten Maßzahl einen aufsteigenden Ast und ab der höchsten Maßzahl einen absteigenden Ast.

Nichtlineare Maximumfunktionen werden auch *Optimumfunktionen* genannt.

I. Standard-Maximumfunktion

Steigt die gewünschte Wertfunktion im Maßzahlbereich von $m = 0$ bis $m = m_{max}$ degressiv an und fällt anschließend asymptotisch wieder auf $m = 0$ ab, so ist die *Standard-Maximumfunktion* zu wählen. Diese folgt der Gleichung

$$m = m_{max} \, aW \, e^{(1 - aW)} \qquad (4.152)$$

mit dem Maßstabsfaktor a, der ein Maß für die Lage des optimalen Wertes W_{opt} auf der Abszisse ist (vgl. Bild 4.53). Er ergibt sich bei gewünschter Lage des Wertes W_{opt} aus

$$a = \frac{1}{W_{opt}}. \qquad (4.153)$$

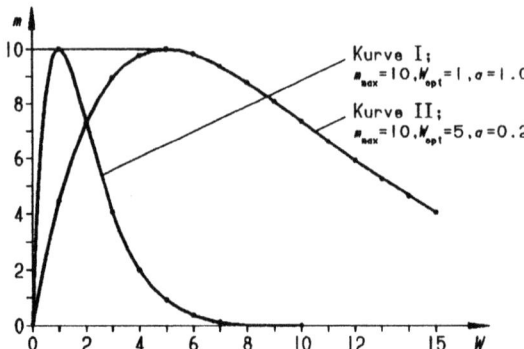

Bild 4.53. Standard-Maximumfunktion

II. Verschobene Maximumfunktion

Steigt die gewünschte Wertfunktion im Maßzahlbereich von $m > 0$ bis $m = m_{max}$ degressiv an und fällt anschließend asymptotisch wieder auf $m = 0$ ab, so ist die auf der Ordinate um $m = m_{min}$ *verschobene Maximumfunktion* zu wählen. Diese folgt der Gleichung

$$m = m_{max}\, a\,(W + c)\, e^{(1 - a(W + c))} \qquad (4.154)$$

mit dem Maßstabsfaktor a, der ein Maß für die Lage des optimalen Wertes W_{opt} auf der Abszisse ist (vgl. Bild 4.54). Er ergibt sich bei gewünschter Lage des Wertes W_{opt} aus

$$a = \frac{1}{W_{opt} + c}. \qquad (4.155)$$

Der Wert c gibt die Verschiebung des Kurvennullpunktes auf der Abszisse an. Bei vorgegebenen m_{min} und W_{opt} läßt sich c aufgrund der logarithmischen Verknüpfung nur iterativ berechnen.

Außer Gl. (4.154) werden in der Literatur noch weitere Ansätze empfohlen (vgl. [61]).

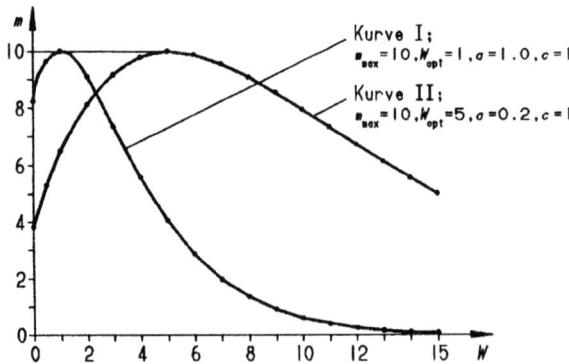

Bild 4.54. Verschobene Maximumfunktion

4.3 Die Bestimmung der Maßzahlen

III. Beliebige nichtlineare Maximumfunktionen

Eine *beliebige, nichtlineare Maximumfunktion*, gemäß [61] auch *nichtlineare Wechselfunktion* genannt, hat einen sich an ihrem Maximum spiegelnden und damit symmetrischen Verlauf. Ihre Grundform folgt der Gleichung

$$m = 1 - \left(\frac{w - a}{b}\right)^2 \qquad (4.156)$$

mit der Lage des Maximums (Optimums), d. h. des auf der Abszisse liegenden Mittelwertes des gewählten Intervalls $[w_{min}, w_{max}]$,

$$a = w_{opt} = \frac{w_{min} + w_{max}}{2}, \qquad (4.157)$$

und dem Faktor

$$b = \frac{w_{max} - w_{min}}{2}, \qquad (4.158)$$

der die halbe Spannweite der Kurve auf der Abszisse bestimmt (vgl. Bild 4.55).

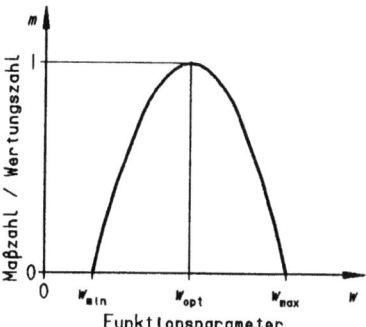

Bild 4.55. Grundform der beliebigen nichtlinearen Maximumfunktion

In ihrer Kardinalform lautet die Funktionsgleichung

$$m = m_{max}\left[1 - \left(\frac{W - a}{b}\right)^2\right] \qquad (4.159)$$

mit dem die Lage des Maximums (Optimums) auf der Abszisse angebenden Mittelwert $a = W_{opt}$ des Intervalls $[W_{min}, W_{max}]$ analog Gl. (4.157) und dem Faktor b analog Gl. (4.158) (vgl. Bild 4.56).

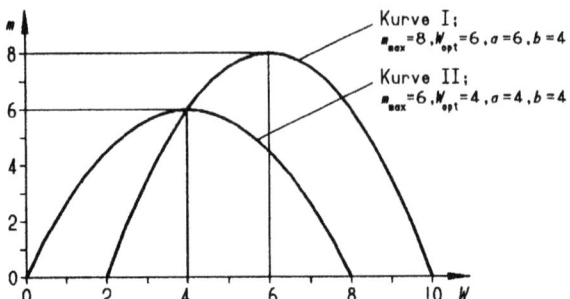

Bild 4.56. Beliebige nichtlineare Maximumfunktion

IV. Ellipsenfunktion

Die *Ellipsenfunktion* lautet unter Berücksichtigung ihrer Verschiebung aus dem Koordinatenursprung längs der Abszisse bei $m_{min} = 0$

$$m = m_{max} \sqrt{1 - \left(\frac{W - a}{c}\right)^2} \tag{4.160}$$

mit dem Verschiebungsfaktor

$$a = W_{opt} = \frac{W_{min} + W_{max}}{2} \tag{4.161}$$

und der auf der Abszisse liegenden Halbachse (vgl. Bild 4.57 a)

$$c = \frac{W_{max} - W_{min}}{2}. \tag{4.162}$$

V. Gespiegelte Ellipsenfunktion

Die Funktionen der gespiegelten Viertelellipsen (*gespiegelte Ellipsenfunktion*) lauten unter Berücksichtigung ihrer Verschiebung aus dem Koordinatenursprung längs der Abszisse bei $m_{min} = 0$ für ihren bis zur höchsten Maßzahl aufsteigenden Ast

$$m = m_{max} \left[1 - \sqrt{1 - \left(\frac{W - a}{c}\right)^2}\right] \tag{4.163}$$

mit dem Verschiebungsfaktor $a = W_{min}$ und ihrer linken Spannweite

$$c = W_{opt} - W_{min}, \tag{4.164}$$

sowie für ihren absteigenden Ast analog Gl. (4.163) mit dem Verschiebungsfaktor $a = W_{max}$ und ihrer rechten Spannweite (vgl. Bild 4.57 b)

$$c = W_{max} - W_{opt}. \tag{4.165}$$

4.3 Die Bestimmung der Maßzahlen

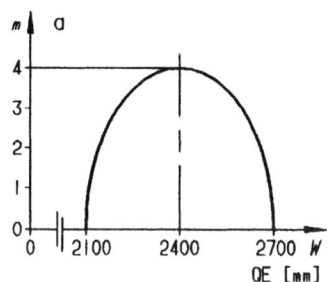

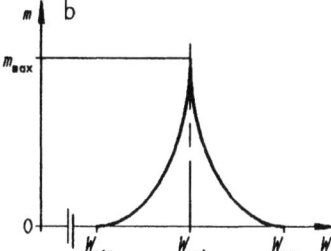

Bild 4.57. Elliptische Maximumfunktionen;
a) Ellipsenfunktion (vgl. Beispiel 4.25)
b) Gespiegelte Ellipsenfunktion

VI. Kreisfunktion

Die *Kreisfunktion* verläuft analog Gl. (4.128), jedoch erweitert auf den 1. Quadranten (vgl. Bild 4.58 a) und folgt der entsprechenden, aus der *Kreisgleichung* für den um w_{opt} aus dem Koordinatenursprung verschobenen Kreismittelpunkt hergeleiteten Funktionsgleichung

$$m = a\sqrt{r^2 - (W_{opt} - W)^2} + m_{min} \tag{4.166}$$

mit dem Maßstabsfaktor a, der die von der Ordinate abweichende Skalierung der Abszisse berücksichtigt, also

$$a = 2\frac{\Delta m}{\Delta W} = 2\frac{m_{max} - m_{min}}{W_{max} - W_{min}}, \tag{4.167}$$

und dem den Wertebereich ΔW berücksichtigenden Radius

$$r = \frac{W_{max} - W_{min}}{2}. \tag{4.168}$$

VII. Gespiegelte Kreisfunktion

Die Funktionen der gespiegelten Kreissegmente (*gespiegelte Kreisfunktion*) entsprechen Gl. (4.131) für ihren bis zur höchsten Maßzahl aufsteigenden Ast, jedoch mit dem Maßstabsfaktor

$$a = \frac{\Delta m}{\Delta W} = \frac{m_{max} - m_{min}}{W_{opt} - W_{min}}, \tag{4.169}$$

der die von der Ordinate abweichende Skalierung der Abszisse berücksichtigt, und dem den Wertebereich $\frac{\Delta W}{2}$ berücksichtigenden Radius

$$r = W_{opt} - W_{min}, \qquad (4.170)$$

sowie Gl. (4.145) für ihren absteigenden Ast, jedoch mit dem ebenfalls die von der Ordinate abweichende Skalierung berücksichtigenden Maßstabsfaktor

$$a = \frac{\Delta m}{\Delta W} = \frac{m_{max} - m_{min}}{W_{max} - W_{opt}} \qquad (4.171)$$

und dem den Wertebereich $\frac{\Delta W}{2}$ berücksichtigenden Radius (vgl. Bild 4.58 b)

$$r = W_{max} - W_{opt}. \qquad (4.172)$$

Beispiel 4.25: Sind in Beispiel 4.24 kleine Abweichungen vom Sollwert der Schwerpunktlage nur von geringem Einfluß, große Abweichungen einschließlich der Erreichung der Grenzwerte jedoch sehr bedeutend, so ist für die Ermittlung der Maßzahlen der einzelnen Flugzeugvarianten eine degressive verlaufende Optimumsfunktion entsprechend den Bildern 4.57 a oder 4.58 a anzusetzen.

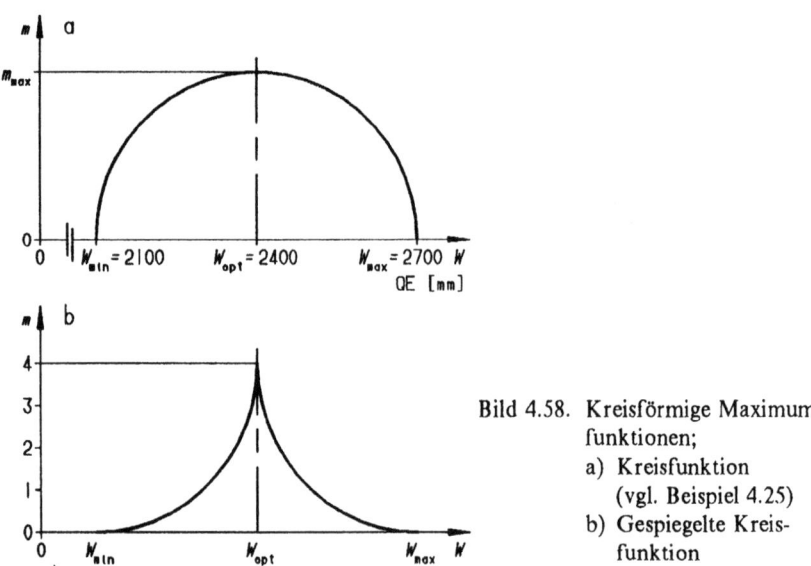

Bild 4.58. Kreisförmige Maximumfunktionen;
a) Kreisfunktion (vgl. Beispiel 4.25)
b) Gespiegelte Kreisfunktion

b. Nichtlineare Minimumfunktionen

Eine *nichtlineare Minimumfunktion* ist zu wählen, wenn eine Wert*ab*- oder -*zunahme* im unteren *und* oberen Wertebereich eine andere Bedeutung hat als im mittleren Wertebereich, also im unteren *und* oberen Wertebereich eine andere, dabei nichtlineare Punkte*änderung* erzeugen soll als im mittleren Wertebereich.

Eine nichtlineare Minimumfunktion hat somit bis zur niedrigsten Maßzahl einen absteigenden Ast und ab der niedrigsten Maßzahl einen aufsteigenden Ast.

4.3 Die Bestimmung der Maßzahlen

I. Standard-Minimumfunktion

Fällt der gewählte Maßzahlbereich von m_{max} bis m_{min} ab und steigt anschließend asymptotisch auf ein frei zu wählendes Niveau wieder an, so ist die *Standard-Minimumfunktion* zu wählen. Diese folgt der Gleichung

$$m = m_{max}\left[1 - aW\,e^{(1-aW)}\right] \qquad (4.173)$$

mit dem Maßstabsfaktor a gemäß Gl. (4.153), der ein Maß für die Lage des optimalen Minimums W_{opt} auf der Abszisse ist (vgl. Bild 4.59).

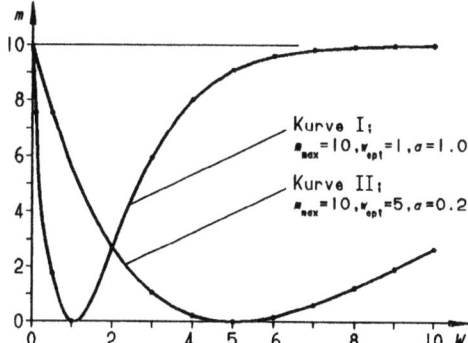

Bild 4.59. Standard-Minimumfunktion

II. Beliebige nichtlineare Minimumfunktion

Eine *beliebige, nichtlineare Minimumfunktion*, gemäß [61] auch einfach *Minimumfunktion* genannt, hat einen sich an ihrem Minimum spiegelnden und damit symmetrischen Verlauf. Ihre Grundform folgt der Gleichung

$$m = \left(\frac{w - a}{b}\right)^2 \qquad (4.174)$$

mit der Lage des Minimums, d. h. des auf der Abszisse liegenden Mittelwertes $a = w_{opt}$ des gewählten Intervalls $[w_{min}, w_{max}]$, gemäß Gl. (4.157) und dem Faktor b gemäß Gl. (4.158), der die halbe Spannweite der Kurve auf der Abszisse bestimmt (vgl. Bild 4.60).

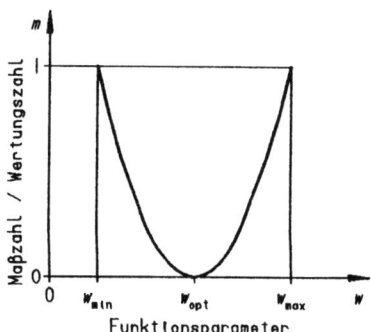

Bild 4.60 Grundform der beliebigen nichtlinearen Wechselfunktion

In ihrer Kardinalform lautet die Funktionsgleichung

$$m = m_{max} \left(\frac{W - a}{b} \right)^2 \qquad (4.175)$$

mit dem die Lage des Minimums auf der Abszisse angebenden Mittelwert des Intervalls $[W_{min}, W_{max}]$ analog Gl. (4.157) und dem Faktor b analog Gl. (4.158) (vgl. Bild 4.61).

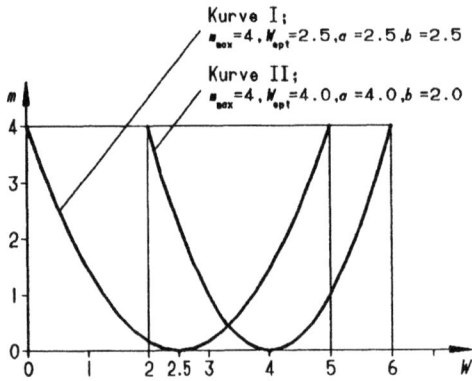

Bild 4.61. Beliebige nichtlineare Minimumfunktion

III. Ellipsenfunktion

Die *Ellipsenfunktion* (*elliptische Minimumfunktion*) lautet unter Berücksichtigung ihrer Verschiebung aus dem Koordinatenursprung längs der Abszisse bei $m_{min} = 0$

$$m = m_{max} \left[1 - \sqrt{1 - \left(\frac{w - a}{c} \right)^2} \right] \qquad (4.176)$$

mit dem Verschiebungsfaktor $a = W_{opt}$ gemäß Gl. (4.161) und der auf der Abszisse liegenden Halbachse gemäß Gl. (4.162) (vgl. Bild 4.62 a).

IV. Gespiegelte Ellipsenfunktion

Die Funktionen der gespiegelten Viertelellipsen (*gespiegelte elliptische Minimumfunktion*) lauten unter Berücksichtigung ihrer Verschiebung aus dem Koordinatenursprung längs der Abszisse bei $m_{min} = 0$ für ihren bis zur niedrigsten Maßzahl absteigenden mit dem Verschiebungsfaktor $a = W_{min}$ und der linken Spannweite c gemäß Gl. (4.164)

$$m = m_{max} \sqrt{1 - \left(\frac{w - w_{min}}{w_{opt} - w_{min}} \right)^2}, \qquad (4.177)$$

sowie für ihren aufsteigenden Ast mit dem Verschiebungsfaktor $a = W_{max}$ und der rechten Spannweite c gemäß Gl. (4.165) (vgl. Bild 4.62 b)

$$m = m_{max} \sqrt{1 - \left(\frac{w - w_{max}}{w_{max} - w_{opt}} \right)^2}. \qquad (4.178)$$

4.3 Die Bestimmung der Maßzahlen

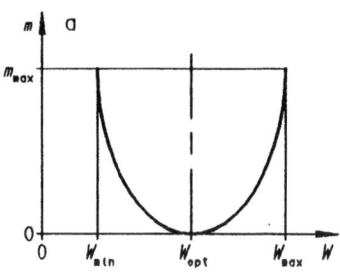

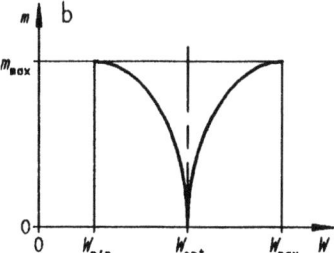

Bild 4.62. Elliptische Minimumfunktionen;
a) Ellipsenfunktion
b) Gespiegelte Ellipsenfunktion

V. Kreisfunktion

Die *Kreisfunktion* (*kreisförmige Minimumfunktion*) verläuft analog Gl. (4.145), jedoch erweitert auf den 4. Quadranten (vgl. Bild 4.63 a), und folgt der entsprechenden, aus der *Kreisgleichung* für den um w_{opt} aus dem Koordinatenursprung verschobenen Kreismittelpunkt hergeleiteten Funktionsgleichung

$$m = m_{max} - a\sqrt{r^2 - (W_{opt} - W)^2} \qquad (4.179)$$

mit dem Maßstabsfaktor a gemäß Gl. (4.167), der die von der Ordinate abweichende Skalierung der Abszisse berücksichtigt, und dem den Wertebereich ΔW berücksichtigenden Radius r gemäß Gl. (4.168).

VI. Gespiegelte Kreisfunktion

Die Funktionen der gespiegelten Kreissegmente (*gespiegelte kreisförmige Minimumfunktion*) entsprechen Gl. (4.146) für ihren bis zum Minimum absteigenden Ast, jedoch mit dem Maßstabsfaktor a gemäß Gl. (4.169), der die von der Ordinate abweichende Skalierung von der Abszisse berücksichtigt, und dem den Wertebereich $\frac{\Delta W}{2}$ berücksichtigenden Radius r gemäß Gl. (4.170) (vgl. Bild 4.63 b),

sowie Gl. (4.128) für ihren aufsteigenden Ast, jedoch mit dem ebenfalls die von der Ordinate abweichende Skalierung berücksichtigenden Maßstabsfaktor a gemäß Gl. (4.171) und dem den Wertebereich $\frac{\Delta W}{2}$ berücksichtigenden Radius r gemäß Gl. (4.172) (vgl. Bild 4.63 b).

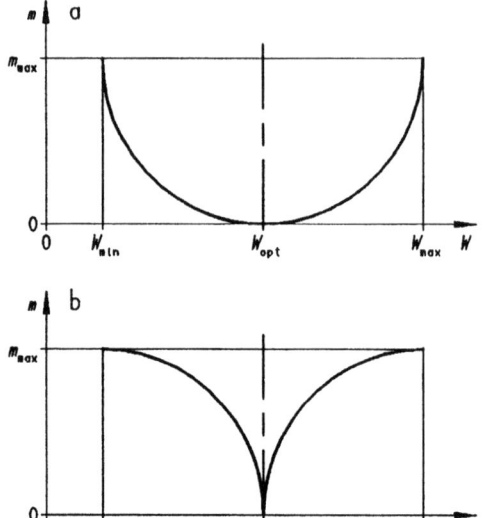

Bild 4.63. Kreisförmige Minimumfunktionen;
a) Kreisfunktion
b) Gespiegelte Kreisfunktion

7. Problemangepaßte Wertfunktionen

Sofern quantitative Werte in keinerlei linearem oder funktionell stetig verlaufendem Zusammenhang stehen, oder sofern qualitativen Eigenschaften nach individuellen und damit nach subjektiven Empfindungen oder Erfahrungen eingeschätzt werden sollen, sind die zugrundezulegenden Wertfunktionen dem jeweiligen Problem anzupassen. Ein Beispiel zeigt Bild 4.64 in Form einer Trapezfunktion.

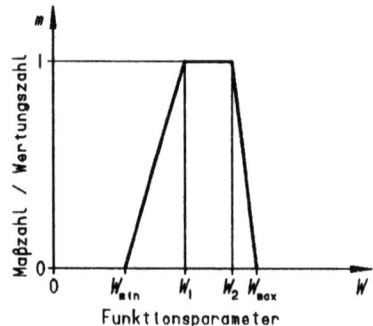

Bild 4.64. Problemangepaßte Wertfunktion

8. Bewertungstafeln

Die richtige Wahl der den Zusammenhang zwischen Werteverteilung und Maßzahl beschreibenden Wertfunktion ist häufig sehr schwierig oder aufgrund mathematisch nicht erfaßbarer Funktionsverläufe unmöglich. In einem solchen Fall bieten sich anstatt grafisch abgebildeter Wertfunktionen sogenannte *Bewertungstafeln* an, in denen die Eck- und Zwischenwerte der Kriterien tabellarisch erfaßt sind.

4.3 Die Bestimmung der Maßzahlen

Beispiel 4.26: Die Laufruhe einer Maschine läßt sich verbal beurteilen und punktemäßig bewerten (vgl. Tabelle 4.2).

maximaler Schwingweg $\hat{s}$ [μm]	verbale Beurteilung	Maßzahl
$\geq$ 100	absolut unbrauchbare Laufruhe	0
$\geq$ 50	praktisch unbrauchbare Laufruhe	0.1
$\geq$ 30	schwache Laufruhe	0.2
$\geq$ 20	notfalls ausreichende Laufruhe	0.3
$\geq$ 10	mittelmäßige Laufruhe	0.4
$\geq$ 8	befriedigende Laufruhe	0.5
$\geq$ 5	gute Laufruhe	0.6
$\geq$ 2	sehr gute Laufruhe	0.7
$\geq$ 1.5	über die Zielvorstellung hinausreichende Laufruhe	0.8
$\geq$ 1	weit über die Zielvorstellung hinausreichende Laufruhe	0.9
$\geq$ 0.5	Ideale Laufruhe (*Ideallösung*)	1.0

Tabelle 4.2. Bewertungstafel zum Kriterium *Laufruhe einer Maschine* (Quelle: [61])

4.3.3 Die Maßzahlen deterministischer Kriterien in Form unscharfer Mengen

4.3.3.1 Übersicht

Wie bereits in Kapitel 3.3.1. erwähnt, sind außer den exakt zählbaren Werten alle übrigen, also toleranzbehafteten und geschätzten, Werte weder *wahr* noch *falsch*, sondern mit einer gewissen Unschärfe *weniger wahr* bzw. *weniger falsch*.

Jedem toleranzbehafteten oder geschätzten Wert läßt sich also ein Bereich zuordnen, innerhalb dem sein wahrer - allerdings nicht bekannter - *Istwert* liegt. Damit ergibt sich eine gewisse Unsicherheit bei der Festlegung nur eines Wertes W_{ij} je Kriterium K_i und Variante V_j. Diese wird verringert, wenn ein Intervall $[W_{ij\text{min}}, W_{ij\text{max}}]$ bestimmt wird, in dem sich der Wert $W_{ij\text{ist}}$ mit Sicherheit befindet. Dieses Intervall kann im Falle tolerierter Kriterien zum besseren Vergleich, beispielsweise mit einer auf diesen Anforderungen basierenden Idealkonstruktion, der entsprechende Toleranzbereich $[0, a]$, $[a, b]$ oder $[b, <\infty]$ sein.

Auch die Bestimmung der charakteristischen Wertfunktion beinhaltet eine gewisse Unsicherheit. Dies gilt nicht nur für die Funktion selbst, sondern auch für die Festlegung der Funktionsparameter der Grundformen, beispielsweise w_{min}, w_{opt}, w_{max}, a, b und c, die den Funktionsverlauf bestimmen.

4.3.3.2 Die Zuordnung von Wertfunktionen zu Maßzahlintervallen

Wegen der großen Wahrscheinlichkeit, daß Fehler (Fehleinschätzungen) subjektiver Natur auftreten, wird angeraten, auch die Maßzahlen im Intervall $[m_{ij\text{min}}, m_{ij\text{max}}]$, innerhalb dem die *wahre* - allerdings ebenfalls unbekannte - Maßzahl $m_{ij\text{ist}} = m_x$ liegt, zu bestimmen und anschließend als unscharfe Zahlen in Form triangulärer Zugehörigkeitsfunktionen $(m, \bar{\alpha}, \bar{\beta})_{LR}$ zu modellieren. Das ist vor allem bei einer geringen Anzahl von Bewertern zu empfehlen, da in diesem Fall der Subjektivitätseinfluß insbesondere bei der Bestimmung von Verläufen der Wertfunktionen zunimmt.

Jeder Bewerter hat die Möglichkeit, die Wertfunktionen individuell zu wählen und den Wert eines jeden Kriteriums extra zu transformieren. Vorzugsweise sollten die in Kapitel 4.3.2.2 besonders empfohlenen Wertfunktionen in ihrer Grundform (vgl. Bild 4.22 a) angewendet werden (vgl. auch [38], [69]). Dies gilt insbesondere dann, wenn mehrere Kriteriengruppen und/oder -untergruppen getrennt bewertet und/oder die Kriterien gewichtet werden.

Zur Ermittlung des Maßzahlintervalls bieten sich folgende Möglichkeiten an:

1. Transformation eines Werteintervalls $[w_{ij_{min}}, w_{ij_{max}}]$ oder $[W_{ij_{min}}, W_{ij_{max}}]$ auf eine für das betreffende Kriterium charakteristische Wertfunktion (vgl. Bild 4.65 a);
2. Transformation eines einzigen oder eines bereits aus einem Intervall gemittelten Wertes w_{ij} oder $w_{ij_{mittel}}$ bzw. W_{ij} oder $W_{ij_{mittel}}$ auf zwei in ihrer Art zwar gleiche, jedoch in ihren Verläufen unterschiedliche, für das betreffende Kriterium charakteristische Wertfunktionen (vgl. Bild 4.65 b);
3. Transformation eines Werteintervalls $[w_{ij_{min}}, w_{ij_{max}}]$ oder $[W_{ij_{min}}, W_{ij_{max}}]$ auf zwei in ihrer Art zwar gleiche, jedoch in ihren Verläufen unterschiedliche, für das betreffende Kriterium charakteristische Wertfunktionen. Von den sich dadurch ergebenden vier Maßzahlen werden die höchste und die niedrigste als Intervallgrenzen weiterverwendet.

In jedem Fall erhält also jede zu bewertende Variante von jedem Bewerter E(k) für jedes Kriterium K_i eine Maßzahl $m_{ij}(k)$ in Form des Intervalls $[m_{ij}(k)_{min}, m_{ij}(k)_{max}]$ für $i = 1, \ldots, n, j = 1, \ldots, m$ und $k = 1, 2, \ldots, l$. Anstatt der Schreibweise $[x_{min}, x_{max}]$ wird auch häufig $[\underline{x}, \bar{x}]$ gewählt. Es ergibt sich also für jeden Bewerter je Kriterium und Variante die doppelte Anzahl von Maßzahlen.

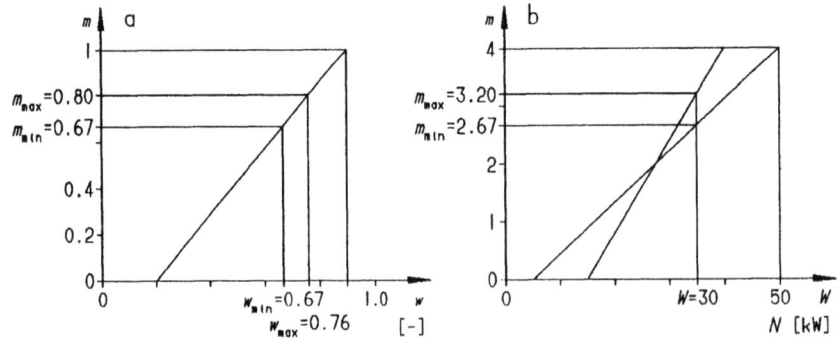

Bild 4.65. Wertfunktionen (lineare Wachstumsfunktionen) zur Ermittlung von Maßzahlintervallen für ein (hier fiktives) Kriterium
a: in ihrer Grundform   b: in ihrer Kardinalform

4.3 Die Bestimmung der Maßzahlen

Beispiel 4.27: Von vier verschiedenen Pkw-Typen (Varianten V1 bis V4) soll durch einen Experten die beste Variante ermittelt werden. Als quantitative Entscheidungskriterien werden

— Leistung N [kW]
— Kraftstoffverbrauch b_{spez} [l(100 km)$^{-1}$]

gewählt. Zu diesen Kriterien geben die Hersteller folgende Werte an:

	V1	V2	V3	V4
Leistung N [kW]	60.0	52.0	65.0	55.0
Kraftstoffverbrauch b_{spez} [l(100 km)$^{-1}$]	5.8	5.3	5.5	5.2

Tabelle 4.3. Werte quantitativer Entscheidungskriterien

Zur Bestimmung der Maßzahlen wählt dazu ein Experte eine lineare Wachstumsfunktion für das Kriterium *Leistung* (vgl. Bild 4.66) und eine linearen Straffungsfunktion für das Kriterium *Kraftstoffverbrauch* (vgl. Bild 4.67). Beide hier in ihrer Kardinalform gewählten Funktionen ergäben im zuvor beschriebenen Sonderfall mit $\bar{\alpha} = \bar{\beta} = 0$ folgende, den Werten zugeordnete, Maßzahlen:

	V1	V2	V3	V4
Leistung N	2.50	1.30	3.25	1.75
Kraftstoffverbrauch b_{spez}	1.6	3.1	2.5	3.4

Tabelle 4.4. Scharf erfaßte Maßzahlen der quantitativen Entscheidungskriterien

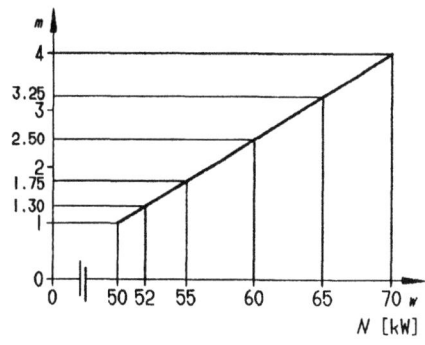

Bild 4.66. Lineare Wachstumsfunktion; geforderte Leistung zwischen 50 und 70 kW

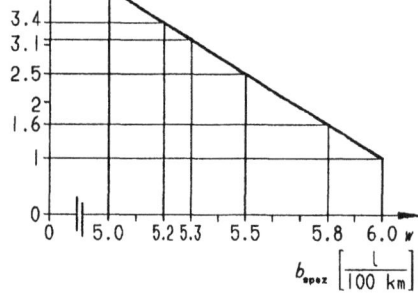

Bild 4.67. Lineare Straffungsfunktion; zugelassener Kraftstoffverbrauchsbereich von 5.0 bis 6.0 l/100 km

Da derartige Angaben erfahrungsgemäß eine Streuung aufweisen, legt der Experte unter Zugrundelegung der Wertfunktionen folgende Maßzahlintervalle fest:

	V1	V2	V3	V4
Leistung N	2.3 2.8	1.2 1.5	3.0 3.5	1.5 1.9
Kraftstoffverbrauch b_{spez}	1.8 1.3	3.1 3.1	2.8 2.4	3.5 3.3

Tabelle 4.5. Festgelegte Maßzahlintervalle;
die Umkehrung der Intervalle für den Kraftstoffverbrauch ergibt sich aus der linearen Straffungsfunktion

4.3.3.3 Die Ermittlung der Zugehörigkeitsfunktionen

Um die Objektivität der Bewertungsergebnisse zu erhöhen, wird außer der individuellen Abschätzung einer jeden Maßzahl nicht exakt zählbarer Werte auch deren Behandlung als unscharfe Zahlen empfohlen. Ihre entsprechende Modellierung erfolgt gemäß Kapitel 4.2.2.

Beispiel 4.27 (Fortsetzung): Unter Zugrundelegung der in Tabelle 4.5 festgelegten Maßzahlintervalle und unter Berücksichtigung einer α-*Niveaumenge*, $\alpha \in [0, 1]$, (vgl. Kapitel 4.2.2) bestimmt der Experte für die geschätzten Intervallgrenzen eine 20%-ige Mitgliedschaft zur Menge aller möglichen Maßzahlen im Intervall $[\underline{m}_{ij}, \overline{m}_{ij}]$, also einen Mitgliedsgradwert von $\mu_M(a') = \mu_M(b') = 0.2$, und modelliert die in den Bildern 4.68 und 4.69 dargestellten Zugehörigkeitsfunktionen. Es ist ersichtlich, daß der Experte die Abszissenwerte unter den Gipfelpunkten bei einigen Varianten gegenüber den Herstellerangaben verschiebt. Das läßt darauf schließen, daß er die von einigen Herstellern angegebenen Werte als Mittelwerte anzweifelt.

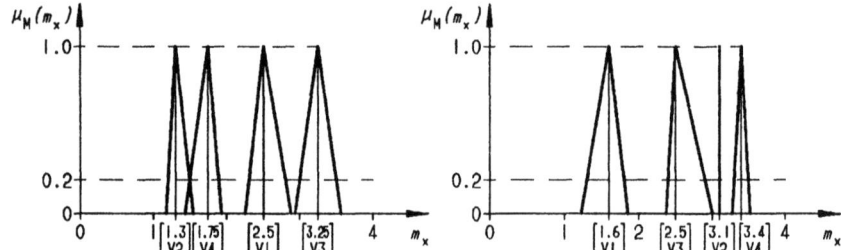

Bild 4.68. Zugehörigkeitsfunktionen für das Kriterium *Leistung*

Bild 4.69. Zugehörigkeitsfunktionen für das Kriterium *Kraftstoffverbrauch*

Werden die Maßzahlen $m_{ij}(k)$ bzw. die dementsprechenden Intervalle $[\underline{m}_{ij}(k), \overline{m}_{ij}(k)]$ der bereits ausgesprochenen Empfehlung gemäß durch mehrere Bewerter festgelegt, müssen sie anschließend normiert werden und zwar derart, daß für jedes betrachtete Kriterium K_i der maximale Wert von allen Maßzahlen aller Varianten V_j und aller Bewerter $E(k)$ den Wert „1" gemäß der Abhängigkeit

4.3 Die Bestimmung der Maßzahlen

$$m_{ij}^N(k) = \frac{m_{ij}(k)}{\max_{j,k} m_{ij}(k)}, \quad j = 1,\ldots,m, \; k = 1,\ldots,l, \quad (4.180)$$

annimmt.

Anschließend werden die Maßzahlen der zu bewertenden Varianten mittels der unscharfen Zahlen (α, v, β) in Form triangulärer Zugehörigkeitsfunktionen modelliert, wobei v die sogenannte *Modalgröße* ist und dem Mitgliedsgradwert $\mu_M(m_x) = 1$ entspricht, und α die untere und β die obere Grenze bilden [54].

Bei insgesamt l Bewertern werden für das i-te Kriterium und die j-te Variante diese Größen wie folgt definiert:

$$\alpha = \min_{1 \leq k \leq l} m_{ij}(k) \quad (4.181)$$

$$\beta = \max_{1 \leq k \leq l} m_{ij}(k) \quad (4.182)$$

$$v = \frac{1}{l} \sum_{k=1}^{l} m_{ij}(k) \quad (4.183)$$

wobei $k = 1, 2, \ldots, l$ den jeweiligem Bewerter kennzeichnet.

Beispiel 4.28: Im Gegensatz zu Beispiel 4.27 soll von den vier verschiedenen Pkw-Typen (Varianten V1 bis V4) die beste Variante von fünf Bewertern A bis E unter Beibehaltung der Kriterien *Leistung* und *Kraftstoffverbrauch* sowie bei gleichen Herstellerangaben ermittelt werden.

Zur Bestimmung der Maßzahlen wählen nun alle Bewerter wiederum eine lineare Wachstumsfunktion für das Kriterium *Leistung* (vgl. Bild 4.66) sowie eine lineare Straffungsfunktion für das Kriterium *Kraftstoffverbrauch* (vgl. Bild 4.67) und legen folgende Maßzahlintervalle fest:

		V1		V2		V3		V4	
Bewerter A	Leistung N	2.3	2.8	1.2	1.5	3.0	3.5	1.5	1.9
	Kraftstoffverbrauch b_{spez}	1.8	1.3	3.1	3.1	2.8	2.4	3.5	3.3
Bewerter B	Leistung N	2.4	2.6	1.2	1.4	3.0	3.5	1.6	1.8
	Kraftstoffverbrauch b_{spez}	1.7	1.5	3.2	3.0	2.6	2.4	3.5	3.3
Bewerter C	Leistung N	2.2	2.7	1.0	1.5	3.2	3.3	1.6	1.8
	Kraftstoffverbrauch b_{spez}	1.7	1.5	3.1	3.0	2.5	2.5	3.6	3.2
Bewerter D	Leistung N	2.4	2.5	1.1	1.5	3.0	3.5	1.4	1.8
	Kraftstoffverbrauch b_{spez}	1.7	1.5	3.2	3.0	2.7	2.3	3.6	3.3
Bewerter E	Leistung N	2.0	3.0	1.0	1.5	3.0	3.5	1.5	2.0
	Kraftstoffverbrauch b_{spez}	2.0	1.2	3.5	2.8	3.0	2.0	3.6	3.0

Tabelle 4.6. Festgelegte Maßzahlintervalle von fünf Bewertern

Die Normierung der Maßzahlen gemäß Gl. (4.180) ergibt

		V1	V2	V3	V4
Bewerter A	Leistung N Kraftstoffverbrauch b_{spez}	0.66 0.80 0.50 0.36	0.34 0.43 0.86 0.86	0.86 1.00 0.78 0.67	0.43 0.54 0.97 0.97
Bewerter B	Leistung N Kraftstoffverbrauch b_{spez}	0.69 0.74 0.47 0.42	0.34 0.40 0.89 0.83	0.86 1.00 0.72 0.67	0.46 0.51 0.97 0.92
Bewerter C	Leistung N Kraftstoffverbrauch b_{spez}	0.63 0.77 0.47 0.42	0.29 0.43 0.86 0.83	0.91 0.94 0.69 0.69	0.46 0.51 1.00 0.89
Bewerter D	Leistung N Kraftstoffverbrauch b_{spez}	0.69 0.71 0.47 0.42	0.31 0.43 0.89 0.83	0.86 1.00 0.75 0.64	0.40 0.51 1.00 0.83
Bewerter E	Leistung N Kraftstoffverbrauch b_{spez}	0.57 0.86 0.56 0.33	0.29 0.43 0.97 0.78	0.86 1.00 0.83 0.56	0.43 0.57 1.00 0.83

Tabelle 4.7. Normierte Maßzahlintervalle von fünf Bewertern

Diese normierten Maßzahlen werden unter Anwendung der Gleichungen (4.181) bis (4.183) zu unscharfen Zahlen (α, ν, β) je Kriterium modelliert. Damit ergeben sich mit den Indizes L für das Kriterium *Leistung* und K für das Kriterium *Kraftstoffverbrauch* folgende unscharfe Zahlen:

$m_{L1} = (0.570, 0.712, 0.860)$ $\qquad m_{K1} = (0.330, 0.422, 0.560)$

$m_{L2} = (0.290, 0.369, 0.430)$ $\qquad m_{K2} = (0.780, 0.860, 0.970)$

$m_{L3} = (0.860, 0.929, 1.000)$ $\qquad m_{K3} = (0.560, 0.700, 0.830)$

$m_{L4} = (0.400, 0.482, 0.570)$ $\qquad m_{K4} = (0.830, 0.938, 1.000)$

Die daraus modellierten Zugehörigkeitsfunktionen sind, diesmal ohne Berücksichtigung einer α-*Niveaumenge* $\alpha \in [0, 1]$, in den Bildern 4.70 und 4.71 dargestellt.
Um robuste Maßzahlen zu erhalten, wäre auch die Streichung der Randwerte, also der kleinsten und größten Schätzwerte, denkbar (vgl. Kapitel 5.4).

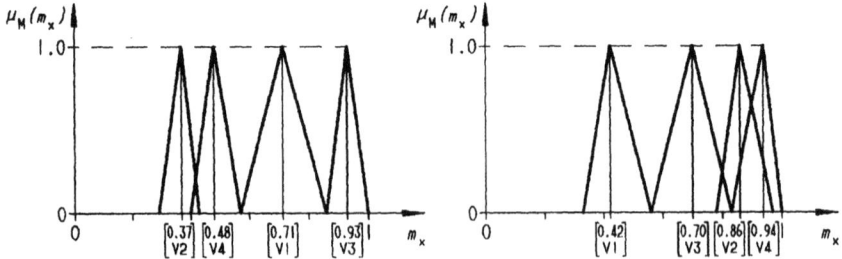

Bild 4.70. Zugehörigkeitsfunktionen für das Kriterium *Leistung* aus den gemittelten Maßzahlen von fünf Bewertern

Bild 4.71. Zugehörigkeitsfunktionen für das Kriterium *Kraftstoffverbrauch* aus den gemittelten Maßzahlen von fünf Bewertern

4.3 Die Bestimmung der Maßzahlen

Im Sonderfall, wenn ein Bewerter, der hier ein Experte sein sollte, anstatt eines Werteintervalls nur *einen* Wert festlegt und außerdem nur *eine* Wertfunktion wählt, ergeben sich für die entsprechenden Maßzahlen nur *degenerierte* unscharfe Mengen (vgl. Bild 4.17, Form d). Dieser Fall wird jedoch bei Bewertungen, die als Grundlage für Entscheidungen von großer Tragweite dienen, nicht empfohlen.

Degenerierte unscharfe Mengen können sich auch ergeben, wenn mehrere Bewerter zufällig für ein bestimmtes Kriterium die gleiche Wertfunktion und außerdem identische, den Verlauf der Wertfunktion bestimmende Parameter wählen.

Es gibt jedoch Situationen, in denen die Anwendung von Wertfunktionen unnötig ist. Dies ist immer dann der Fall, wenn die einem Kriterium zugeordneten Werte der zu bewertenden Varianten durch dimensionslose Zahlen aus dem Intervall $[0, 1]$ ausgedrückt werden, wie beispielsweise für das Kriterium *Wirkungsgrad*. In einem solchen Fall werden die von einem führenden Experten angegebenen Werte direkt mittels einer degenerierten unscharfen Menge gemäß Bild 4.17, Form d, modelliert. Die anderen Bewerter nehmen demzufolge in diesem Fall keinen Anteil an der Bewertung.

Die vom führenden Experten angegebenen Werte aus dem Intervall $[0, 1]$ werden vereinbarungsgemäß einer Normierung auf die Größe „1" unterzogen. Voraussetzung dafür ist, daß der Anstieg der Werte im Intervall $[0, 1]$ einen Anstieg der Präferenz der einander gegenübergestellten Varianten bedeutet, also einer Wachstumsfunktion entspricht.

4.3.4 Die Maßzahlen linguistischer Kriterien in Form scharfer Zahlen

4.3.4.1 Übersicht

Zu den *linguistischen* Kriterien werden vereinbarungsgemäß alle Kriterien gezählt, deren Eigenschaften lediglich durch vergleichende, beobachtete oder geschätzte Aussagen beschreibbar sind und keinen *probabilistischen* Charakter besitzen. Obwohl sie hier als scharfe Zahlen behandelt werden, gehören sie streng genommen zu den unscharfen Kriterien.

Bei überschlägigen Bewertungen und insbesondere bei solchen, die zu Entscheidungen geringerer Tragweite herangezogen werden, genügt es jedoch, für die Maßzahlbereiche dieser Kriterien zu Beginn einer Bewertung eine numerische Werteskala zu vereinbaren, die die Rangfolge in Bezug auf die Verwirklichung der jeweiligen qualitativen Anforderung widerspiegeln. Damit entspricht die weitere Behandlung derjenigen scharfer Kriterien.

Den Maßzahlen werden Notenbegriffe in Form sogenannter *linguistischer Variablen* zugeordnet, also beispielsweise:

sehr gut = 4
gut = 3
mäßig gut = 2
ausreichend = 1
völlig unbefriedigend = 0

Es sind auch größere Maßzahlbereiche wie beispielsweise 0 (*nicht brauchbar*) bis 9 (*sehr gut*) möglich und insbesondere bei einer größeren Anzahl von zu bewertenden Varianten zu bevorzugen. Ein zu groß gewählter Maßzahlbereich ist allerdings wenig sinnvoll, da dieser zu einer nicht mehr glaubwürdigen Differenzierung führt.

In vielen Fällen ist es zweckmäßig, die Maßzahlen der Varianten je Kriterium in prozentualen Bezug auf eine Idealkonstruktion zu bringen. Dies entspricht einer Normierung des Maßzahlbereiches auf „1", d. h. der zur Verfügung stehende Bereich erstreckt sich von „0" (*völlig unbefriedigend*) bis „1" (*sehr gut*).

Die Festlegung der Maßzahlen linguistischer Kriterien durch einen einzigen Experten birgt die Gefahr zu großer Subjektivität in sich. Zu ihrer Verringerung bieten sich folgende vier Möglichkeiten an:

1. Ermittlung der Maßzahlen durch Bildung des empirischen Mittelwertes einer Bewertergruppe (vgl. Kapitel 4.3.4.2);
2. Ermittlung der Maßzahlen durch die Abschätzung von Erfüllungsgraden durch eine Bewertergruppe (vgl. Kapitel 4.3.4.3);
3. Ermittlung unscharfer Maßzahlen auf der Basis *linguistischer Modifikationsoperatoren* (vgl. Kapitel 4.3.5);
4. Ermittlung der Maßzahlen durch Anwendung von Wertfunktionen (vgl. Kapitel 4.3.2).

Die Anwendung von Wertfunktionen bei der Bewertung linguistischer Kriterien macht bis auf die bereits in Kapitel 4.3.2.2 erwähnte Ausnahme jedoch wenig Sinn, da die Festlegung der Rangfolge nach den Wertvorstellungen *sehr gut, gut* . . . in der Regel direkt linear erfolgt.

Die wohl gebräuchlichste Vorgehensweise ist die Ermittlung sogenannter *Erfüllungsgrade*, wobei hier allerdings nur die Festlegung durch eine Bewertergruppe zu mehr oder weniger objektivierten Maßzahlen führt.

4.3.4.2 Die Erhöhung der Objektivität durch Bewertergruppen

Um sichere Entscheidungsgrundlagen zu erhalten, muß deren Subjektivität so weit wie möglich eingeschränkt und damit die Objektivität erhöht werden. Die Gefahr der Subjektivität ist erfahrungsgemäß bei der Ermittlung von Maßzahlen linguistischer Kriterien besonders hoch. Sie wird verringert durch die Abschätzung durch mehrere Bewerter.

Jeder Bewerter vergibt Punkte je Variante und je Kriterium aus einem vorher festgelegten Intervall diskreter Zahlen. Nach Addition der Punkte je Variante und Kriterium wird aus den Summen der *empirische Mittelwert* gebildet. Diese sind bereits als ungewichtete Wertungszahlen für die Erstellung von Entscheidungsgrundlagen verwendbar.

4.3 Die Bestimmung der Maßzahlen

Beispiel 4.29: In Erweiterung des Beispiels 4.28 soll von den vier Pkw-Typen (Varianten V1 bis V4) durch eine Gruppe von fünf Bewertern A bis E die beste Lösung unter Zugrundelegung der drei qualitativen Entscheidungskriterien

— *Sicherheit*
— *Komfort*
— *Entsorgbarkeit*

ermittelt werden. Dazu vergibt jeder Bewerter in subjektiver Entscheidung jeder Variante zu jedem Kriterium Punkte in einem vorgegebenen Bereich, hier von 1 bis 4. Die Ergebnisse je Bewerter werden in einem Tabellensatz zusammengestellt (vgl. Tabelle 4.8).

Bewerter A	V1	V2	V3	V4
Sicherheit	4	1	2	3
Komfort	1	4	1	2
Entsorgbarkeit	3	4	1	2
Bewerter B				
Sicherheit	2	1	4	3
Komfort	1	4	2	1
Entsorgbarkeit	4	2	1	3
Bewerter C				
Sicherheit	4	1	2	3
Komfort	1	4	1	1
Entsorgbarkeit	2	2	2	3
Bewerter D				
Sicherheit	4	1	3	2
Komfort	1	4	1	2
Entsorgbarkeit	3	2	1	4
Bewerter E				
Sicherheit	2	1	3	4
Komfort	1	4	2	1
Entsorgbarkeit	4	4	1	2

Tabelle 4.8. Entscheidungstabelle einer Gruppe von fünf Bewertern

Wird je Kriterium K_i und je Variante V_j der *empirische Mittelwert* über alle Bewerter $E(k)$ gebildet, so ergeben sich als Ergebnis die Wertungszahlen w_{ij} je Kriterium und Variante. Die als ungewichtete Entscheidungsgrundlage heranziehbaren Wertigkeiten s_j (vgl. Kapitel 4.6.2) der einzelnen Varianten ergeben sich schließlich aus der Addition dieser Mittelwerte und weisen in diesem Beispiel Variante V1 als die beste Lösung aus (vgl. Tabelle 4.9).

	V1	V2	V3	V4
Sicherheit	3.2	1.0	2.8	3.0
Komfort	1.0	3.2	1.4	1.4
Entsorgbarkeit	3.2	2.8	1.2	2.8
Wertigkeit s_j	7.4	7.0	5.4	7.2

Tabelle 4.9. Entscheidungstabelle; Wertungszahlen w_{ij} als *empirische Mittelwerte* aller Bewerter sowie Wertigkeiten s_j

4.3.4.3 Die Ermittlung der Maßzahlen durch die Abschätzung von Erfüllungsgraden

Eine weitaus objektivierendere Maßnahme zur Ermittlung der Maßzahlen linguistischer Kriterien beruht auf dem paarweisen Vergleich der zu bewertenden Varianten in Bezug auf die Erfüllung eines jeden Kriteriums. Die entsprechende Fragestellung zu der zu fällenden Entscheidung lautet:

„In welchem Verhältnis wird das betrachtete Kriterium von Variante V_j gegenüber Variante V_{j+1} erfüllt?"

Die Verhältnisse werden *Erfüllungsgrade* r_{ij} genannt und in Tafelmatrizen, den sogenannten Entscheidungsmatrizen, von jeder Person einer Bewertergruppe für jedes Kriterium zusammengefaßt. Die Eintragung dieser Entscheidungen erfolgt oberhalb der Hauptdiagonalen. Diese besteht aus *Einser*, da das Verhältnis einer Variante zu sich selber „1" beträgt. Unterhalb der Hauptdiagonalen werden logischerweise die Kehrwerte der oberhalb der Hauptdiagonalen bestimmten Erfüllungsgrade, also $1/r_{ij}$, eingetragen.

Es versteht sich von selbst, daß derartige Entscheidungsmatrizen in sich widerspruchsfrei sein müssen. Diese sogenannte *Konsistenz* wird erzielt durch die Berücksichtigung der *Transitivitätsregel* und der ihr analogen Gesetzmäßigkeiten, deren theoretischen Zusammenhänge und die sich daraus ergebenden Maßnahmen zur Erzielung der Konsistenz ausführlich in Kapitel 4.1.2 behandelt wurden.

Aus den je Bewerter vorliegenden individuellen Entscheidungsmatrizen werden anschließend die Maßzahlen je Kriterium und zu bewertender Variante berechnet. Diese Berechnung erfolgt durch eines der vier in Kapitel 4.1.3, Abschnitt 2, beschriebenen Verfahren. Schließlich ergeben sich die resultierenden, beispielsweise in die Bewertungstabellen gemäß Bild 3.2, einzutragenden, Maßzahlen je Kriterium und Variante als die *empirischen Mittelwerte* aus den Ergebnissen der einzelnen Bewerter.

Im Falle einer in mehrere Kriteriengruppen und/oder -untergruppen getrennten und außerdem gewichteten Bewertung wird empfohlen, die Maßzahlen anschließend im Intervall $[0, 1]$ zu normieren.

Beispiel 4.30: Auch hier werden für die Beschaffung eines Pkw aus einem Angebot von vier konkurrierenden Varianten V1 bis V4 nur die drei Kriterien

S *Sicherheit*
K *Komfort*
E *Entsorgbarkeit*

betrachtet und von fünf Bewertern A bis E bewertet.

Dazu werden zunächst von jedem Bewerter die in freier Entscheidung geschätzten sowie die durch die Konsistenzforderung berechneten Erfüllungsgrade $r_{ij}(k)$ in die 15 sich insgesamt ergebenden Entscheidungsmatrizen eingetragen (vgl. Bild 4.72). Aus diesen Matrizen ergeben sich nach Zusammenfassung der Erfüllungsgrade gemäß Verfahren Nr. 1 in Kapitel 4.1.3, Abschnitt 2, für jedes Kriterium K_i jeder Varianten V_j und jeden Bewerter $E(k)$ die entsprechenden Maßzahlen $m_{ij}(k)$ sowie deren auf alle l Bewerter gemäß

4.3 Die Bestimmung der Maßzahlen

$$m_{ij} = \frac{1}{l}\left(\begin{bmatrix} r_{11}(k) \\ \vdots \\ r_{1m}(k) \end{bmatrix} + \ldots + \begin{bmatrix} r_{n1}(k) \\ \vdots \\ r_{nm}(k) \end{bmatrix}\right) = \begin{bmatrix} r_{11} \\ \vdots \\ r_{nm} \end{bmatrix}, \quad k = 1, \ldots, l, \quad (4.184)$$

bezogenen, in diesem Beispiel allerdings nicht normierten, Mittelwerte.

Sicherheit

Bewerter A:

	V1	V2	V3	V4
V1	1	4	2	1.33
V2	0.25	1	0.50	0.33
V3	0.50	2	1	0.67
V4	0.75	3	1.50	1

Bewerter B:

	V1	V2	V3	V4
V1	1	2	0.50	0.67
V2	0.50	1	0.25	0.33
V3	2	4	1	1.33
V4	1.50	3	0.75	1

Bewerter C:

	V1	V2	V3	V4
V1	1	4	2	1.50
V2	0.25	1	0.50	0.38
V3	0.50	2	1	0.75
V4	0.67	2.67	1.33	1

Bewerter D:

	V1	V2	V3	V4
V1	1	4	1.33	2
V2	0.25	1	0.33	0.50
V3	0.75	3	1	1.50
V4	0.50	2	0.67	1

Bewerter E:

	V1	V2	V3	V4
V1	1	2	0.67	0.50
V2	0.50	1	0.33	0.25
V3	1.50	3	1	0.75
V4	2	4	1.33	1

Komfort

Bewerter A:

	V1	V2	V3	V4
V1	1	0.25	1	0.50
V2	4	1	4	2
V3	1	0.25	1	0.50
V4	2	0.50	2	1

Bewerter B:

	V1	V2	V3	V4
V1	1	0.25	0.50	1
V2	4	1	2	4
V3	2	0.50	1	2
V4	1	0.25	0.50	1

Bewerter C:

	V1	V2	V3	V4
V1	1	0.25	1	1
V2	4	1	4	4
V3	1	0.25	1	1
V4	1	0.25	1	1

Bewerter D:

	V1	V2	V3	V4
V1	1	0.25	1	0.50
V2	4	1	4	2
V3	1	0.25	1	0.50
V4	2	0.50	2	1

Bewerter E:

	V1	V2	V3	V4
V1	1	0.25	0.50	1
V2	4	1	2	4
V3	2	0.50	1	2
V4	1	0.25	0.50	1

Entsorgbarkeit

Bewerter A:

	V1	V2	V3	V4
V1	1	0.67	3	1.50
V2	1.50	1	4.50	2.25
V3	0.33	0.22	1	0.50
V4	0.67	0.44	2	1

Bewerter B:

	V1	V2	V3	V4
V1	1	2	4	1.50
V2	0.50	1	2	0.75
V3	0.25	0.50	1	0.38
V4	0.67	1.33	2.67	1

Bewerter C:

	V1	V2	V3	V4
V1	1	1	1	0.67
V2	1	1	1	0.67
V3	1	1	1	0.67
V4	1.50	1.50	1.50	1

Bewerter D:

	V1	V2	V3	V4
V1	1	1.50	3	0.75
V2	0.67	1	2	0.50
V3	0.33	0.50	1	0.25
V4	1.33	2	4	1

Bewerter E:

	V1	V2	V3	V4
V1	1	1	4	2
V2	1	1	4	2
V3	0.25	0.25	1	0.50
V4	0.50	0.50	2	1

Bild 4.72. Entscheidungsmatrizen von fünf Bewertern für drei Kriterien

Sicherheit

$$m_{Sj} = \frac{1}{5} \left(\begin{bmatrix} 8.33 \\ 2.08 \\ 4.17 \\ 6.25 \end{bmatrix} + \begin{bmatrix} 4.17 \\ 2.08 \\ 8.33 \\ 6.25 \end{bmatrix} + \begin{bmatrix} 8.50 \\ 2.13 \\ 4.25 \\ 5.67 \end{bmatrix} + \begin{bmatrix} 8.33 \\ 2.08 \\ 6.25 \\ 4.17 \end{bmatrix} + \begin{bmatrix} 4.17 \\ 2.08 \\ 6.25 \\ 8.33 \end{bmatrix} \right) = \begin{bmatrix} 6.70 \\ 2.09 \\ 5.85 \\ 6.13 \end{bmatrix}$$

Komfort

$$m_{Kj} = \frac{1}{5} \left(\begin{bmatrix} 2.75 \\ 11.0 \\ 2.75 \\ 5.50 \end{bmatrix} + \begin{bmatrix} 2.75 \\ 11.0 \\ 5.50 \\ 2.75 \end{bmatrix} + \begin{bmatrix} 3.25 \\ 13.0 \\ 3.25 \\ 3.25 \end{bmatrix} + \begin{bmatrix} 2.75 \\ 11.0 \\ 2.75 \\ 5.50 \end{bmatrix} + \begin{bmatrix} 2.75 \\ 11.0 \\ 5.50 \\ 2.75 \end{bmatrix} \right) = \begin{bmatrix} 2.85 \\ 11.4 \\ 5.50 \\ 3.95 \end{bmatrix}$$

Entsorgbarkeit

$$m_{Ej} = \frac{1}{5} \left(\begin{bmatrix} 6.17 \\ 9.25 \\ 2.05 \\ 4.11 \end{bmatrix} + \begin{bmatrix} 8.50 \\ 4.25 \\ 2.13 \\ 5.67 \end{bmatrix} + \begin{bmatrix} 3.67 \\ 3.67 \\ 3.67 \\ 5.50 \end{bmatrix} + \begin{bmatrix} 6.25 \\ 4.17 \\ 2.08 \\ 8.33 \end{bmatrix} + \begin{bmatrix} 8.00 \\ 8.00 \\ 2.00 \\ 4.00 \end{bmatrix} \right) = \begin{bmatrix} 6.52 \\ 5.87 \\ 2.39 \\ 5.52 \end{bmatrix}$$

4.3.5 Die Maßzahlen unscharfer Kriterien in Form unscharfer Mengen

4.3.5.1 Übersicht

Zu den *unscharfen* Kriterien gehören sowohl die deterministischen Kriterien, deren scharfe Erfassung - aus welchen Gründen auch immer - nicht möglich ist, als auch die linguistischen Kriterien zur Erfassung der Betreibbarkeit, der Ergonomie, der Umweltentlastung usw., deren Maßzahlen also nur aus beschreibenden Eigenschaften herleitbar sind.

Bei diesen Maßzahlen lassen sich drei Fälle unterscheiden:

1. Maßzahlen quasi-deterministischer Kriterien wie *Leistung*, *Kraftstoffverbrauch* usw., deren Werte jedoch zur Zeit einer im Konstruktionsprozeß frühzeitig erforderlichen Bewertung noch nicht scharf erfaßbar sind;
2. Maßzahlen quasi-deterministischer Kriterien, deren Werte generell nicht zur Verfügung stehen und nur durch linguistische Ausdrücke wie *hohe Leistung*, *mittlere Leistung* usw. beschrieben werden können;
3. Maßzahlen qualitativer Kriterien wie *Sicherheit*, *Komfort*, *Entsorgbarkeit* usw., deren Eigenschaften sich sachgemäß ebenfalls nur durch linguistische Ausdrücke beschreiben lassen.

Die Ermittlung der die Maßzahlen repräsentierenden Ergebnisvektoren erfolgt in allen drei Fällen über die Abschätzung der Erfüllungsgrade durch den paarweisen Vergleich der zu bewertenden Varianten. Das Aufstellen der Entscheidungsmatrizen kann auf der Basis

— absolut konsistente Erfüllungsgrade oder
— zunächst in freier Entscheidung abgeschätzter und anschließend auf ihre Konsistenznähe zu prüfender Erfüllungsgrade

4.3 Die Bestimmung der Maßzahlen

erfolgen. Welcher der beiden Möglichkeiten gewählt wird hängt im wesentlichen ab von der Einstellung der Bewerter zur mathematisch-logischen oder zur zunächst intuitiven und damit absolut subjektiven Entscheidungsfindung.

In jedem der oben genannten Fälle wird die Modellierung der sich aus den Entscheidungsmatrizen ergebenden Maßzahlen in Form unscharfer Mengen empfohlen. Alle Fälle erfordern aufgrund der unterschiedlichen, auf der Grundmenge M aller Maßzahlen aufgetragenen numerischen Elemente $m_x \in M$, $M \in \mathbb{R}$, unterschiedlich modellierte Zugehörigkeitsfunktionen $\mu_M(m_x) = f(m_x)$ und werden deshalb getrennt betrachtet.

4.3.5.2 Die Zugehörigkeitsfunktionen nicht scharf erfaßbarer Maßzahlen deterministischer Kriterien

Da die Maßzahlen nicht scharf erfaßbarer, jedoch punktemäßig und damit quasideterministisch zu beurteilender Kriterien sachgemäß nicht über Wertfunktionen bestimmt werden können, müssen sie über die Erfüllungsgrade der sich gegenüberstehenden Varianten ermittelt werden.

Sofern das Aufstellen der Entscheidungsmatrizen auf der Basis absolut konsistenter Erfüllungsgrade erfolgen soll, bietet sich die Vorgehensweise gemäß Kapitel 4.3.4.3 an.

Sollen die Erfüllungsgrade jedoch in freier Entscheidung abgeschätzt werden, so sind die Entscheidungsmatrizen auf ihre Konsistenznähe hin gemäß Kapitel 4.1.3, Abschnitt 4 zu prüfen und bei zu großen Konsistenzabweichungen zu korrigieren. Um aus den zunächst subjektiven Entscheidungen ein möglichst objektiviertes Ergebnis zu erhalten, wird folgende, von T. L. Saaty in [55] veröffentlichte Vorgehensweise vorgeschlagen:

Zunächst werden von jedem Bewerter E(k) einer Bewertergruppe in den bereits beschriebenen Vorgehensweisen je Kriterium K_i deren Erfüllungsgrade r_{ij} durch die zu bewertenden Varianten V_j im paarweisem Vergleich

— entweder unter Beachtung der mathematisch logischen Zusammenhänge absolut konsistenter Matrizen bestimmt
— oder frei abgeschätzt

und in einer Entscheidungsmatrix zusammengefaßt. Anschließend werden die Ergebnisvektoren durch eines der vier in Kapitel 4.1.3, Abschnitt 2, beschriebenen Verfahren berechnet.

Wegen der Unsicherheit, die mit einer jeden subjektiven Abschätzung verbunden ist und insbesondere im frühen Stadium eines Konstruktionsprozesses herrscht, wird vorgeschlagen, in beiden Fällen die Erfüllungsgrade im Intervall $[\underline{r}_{ij}, \overline{r}_{ij}]$, innerhalb dem sich der *wahre* Wert mit hoher Wahrscheinlichkeit befindet, zu bestimmen. Bei dieser Vorgehensweise ergeben sich somit zwei Ergebnisvektoren [41].

Diese Vorgehensweise ist insbesondere dann erforderlich, wenn die Bewertung nur von einem oder zwei Experten vorgenommen wird, was aber nicht zu empfehlen ist. Die Objektivität der Bewertungsergebnisse nimmt erheblich zu, wenn auch die Erfüllungsgrade bzw. deren Intervalle durch mehrere Bewerter einer Bewertergruppe in der in Kapitel 3.5 vorgeschlagenen optimalen Zusammensetzung abgeschätzt werden.

Je Bewerter ergeben sich also zwei nach $[\underline{r}_{ij}(k)]$ und $[\bar{r}_{ij}(k)]$ getrennte Entscheidungsmatrizen entsprechend

$$\underline{R} = (\underline{r}_{ij}(k)) = \begin{bmatrix} \underline{r}_{11} & \underline{r}_{12} & \cdots & \underline{r}_{1n} \\ \underline{r}_{21} & \underline{r}_{22} & \cdots & \underline{r}_{2n} \\ \vdots & \vdots & & \vdots \\ \underline{r}_{n1} & \underline{r}_{n2} & \cdots & \underline{r}_{nn} \end{bmatrix} \qquad (4.185)$$

und

$$\bar{R} = (\bar{r}_{ij}(k)) = \begin{bmatrix} \bar{r}_{11} & \bar{r}_{12} & \cdots & \bar{r}_{1n} \\ \bar{r}_{21} & \bar{r}_{22} & \cdots & \bar{r}_{2n} \\ \vdots & \vdots & & \vdots \\ \bar{r}_{n1} & \bar{r}_{n2} & \cdots & \bar{r}_{nn} \end{bmatrix} \qquad (4.186)$$

mit

$\underline{r}_{kk} = 1$ bzw. $\bar{r}_{kk} = 1$

gemäß Gl. (4.4) und

$\underline{r}_{lk} = \dfrac{1}{\underline{r}_{kl}}$ bzw. $\bar{r}_{lk} = \dfrac{1}{\bar{r}_{kl}}$

gemäß Gl. (4.5).

Aus diesen nunmehr je Bewerter vorliegenden Entscheidungsmatrizen ergeben sich zwei Ergebnisvektoren $\vec{m}_{min}(k)$ und $\vec{m}_{max}(k)$, deren Koordinaten den Maßzahlen entsprechen, also

$$\vec{m}_{min}(k) = \begin{bmatrix} \underline{m}_{11}(k) \\ \vdots \\ \underline{m}_{nm}(k) \end{bmatrix}, \qquad (4.187)$$

und

$$\vec{m}_{max}(k) = \begin{bmatrix} \bar{m}_{11}(k) \\ \vdots \\ \bar{m}_{nm}(k) \end{bmatrix}, \qquad (4.188)$$

und den Präferenzgrad der entsprechenden Variante bestimmen. Jeder dieser Vektoren ist ein Eigenvektor, der dem größten Wert der Eigenmatrix $\underline{R}$ bzw. $\bar{R}$ entspricht.

Grundsätzlich ist in allen Fällen, in denen mehrere Kriteriengruppen und/oder -untergruppen getrennt bewertet und die Kriterien außerdem gewichtet werden, eine Normierung der Maßzahlen im Intervall [0, 1] analog denen der deterministischen Kriterien zu bevorzugen.

4.3 Die Bestimmung der Maßzahlen

Im Falle frei abgeschätzter Erfüllungsgrade wird empfohlen, zunächst die Konsistenz der Entscheidungsmatrizen durch die Berechnung der Eigenwerte und der anschließenden Berechnung des Konsistenzverhältnisses C.R. nach der Methode von *T. L. Saaty* (vgl. Kapitel 4.1.3, Abschnitt 4) zu prüfen. Ist keine befriedigende Konsistenz gegeben, so ist der Wert eines jeden Vektors $\vec{v}$ durch eine entsprechende Ausgleichsrechnung zu bestimmen, wie dies bereits in Kapitel 4.1.3, Abschnitt 5, beschrieben wurde.

Bei einer größeren Anzahl von zu bewerteten Varianten werden die Vektorkoordinaten, also die Maßzahlen $\underline{m}_{ij}(k)$ und $\overline{m}_{ij}(k)$, aufgrund der Normierungsbedingung gemäß Gl. (4.22), also daß deren Summe gleich „1" ist, entsprechend klein. Dies erfordert - unbesehen der generellen Empfehlung einer Normierung der Maßzahlen - eine lineare Normierung dieser Werte und zwar derart, daß für jedes betrachtet Kriterium K_i der maximale Wert von allen Maßzahlen $\overline{m}_{ij}(k)$ und $\overline{m}_{ij}(k)$ aller Varianten V_j und aller Bewerter $E(k)$ den Wert „1" gemäß der Abhängigkeit

$$m_{ij}^N (k) = \frac{m_{ij}(k)}{\max\limits_{j,k} m_{ij}(k)}, j = 1, 2, \ldots, n, \; k = 1, 2, \ldots, l, \qquad (4.189)$$

annimmt. Anschließend werden die Maßzahlen je Kriterium i und je Variante j mittels der Gleichungen (4.181), (4.182) und (4.183) als unscharfe Zahlen (α, ν, β) in Form triangulärer Zugehörigkeitsfunktionen modelliert.

Wenn die Bewertung von nur einem Experten, also $l = 1$, durchgeführt wird, dann liegen für jedes Kriterium je Variante eine minimale und eine maximale Maßzahl vor. In diesem Fall gilt $\alpha = \underline{m}_{ij}$ und $\beta = \overline{m}_{ij}$, während ν das arithmetische Mittel von $\underline{m}_{ij}$ und $\overline{m}'_{ij}$ ist, also

$$\nu = \frac{1}{2}(\underline{m}_{ij} + \overline{m}_{ij}). \qquad (4.190)$$

Dieser Fall ergibt eine unscharfe Zahl (α, ν, β) in Form einer symmetrischen triangulären Zugehörigkeitsfunktion.

Wenn die Bewertung von zwei oder mehr Bewertern durchgeführt wird, ergibt sich die Modalgröße ν als arithmetisches Mittel aller Maßzahlen.

Es wird empfohlen, zur Erhöhung der Robustheit der Bewertungsergebnisse die sogenannten Randgrößen unbeachtet zu lassen, also statt des *empirischen Mittelwertes* entweder das α-*gestutzte* oder das α-*winsorisierte Mittel* zu berechnen (vgl. Kapitel 5.4.1), so daß sich die Modalgröße als arithmetisches Mittel aller Maßzahlen errechnet, die *zwischen* der minimalen und der maximalen Maßzahl liegen.

Wenn zwischen dem minimalen und dem maximalen Wert nur ein Wert der Vektorkoordinate auftritt, dann entspricht dieser der Modalgröße ν.

Wenn die Maßzahlen aller Bewerter hinsichtlich eines i-ten Kriteriums bei einer j-ten Variante identisch sind und außerdem $\underline{m}_{ij} \equiv \overline{m}_{ij}$, ergibt sich $\alpha = \nu = \beta$, womit eine degenerierte unscharfe Zahl gemäß Bild 4.17, Form d, vorliegt. Allerdings wird dieser Fall in der Praxis sehr selten auftreten.

4.3.5.3 Die Zugehörigkeitsfunktionen linguistisch beschriebener Maßzahlen deterministischer Kriterien

Linguistische Ausdrücke quasi-deterministischer Kriterien bestehen aus linguistischen Variablen wie beispielsweise *Leistung, Kraftstoffverbrauch* ... und ihren qualitativen Aussagen, sogenannte *linguistische Terme*, wie beispielsweise *niedrig, mittel, hoch* ..... Die Vorstellungen von *niedriger* bis *hoher Leistung* müssen - möglichst von einem Experten - geschätzt und auf einer numerischen Werteskala abgebildet werden. Im Falle einer angenommenen linearen Abhängigkeit der Wertvorstellungen sind die Zugehörigkeitsfunktionen für jeden Wert triangulär. Die Werteskalen sind dimensionsbehaftet.

Beispiel 4.31: Die in Beispiel 4.27 eingeführten quantitativen Kriterien lassen sich in der Konzeptphase eines Konstruktionsprozesses aufgrund fehlender Parameter zunächst nur qualitativ abschätzen. Diese Abschätzung legt ein Experte fest (vgl. Tabelle 4.10) und modelliert außerdem die dazugehörigen Zugehörigkeitsverläufe (vgl. Bilder 4.73 und 4.74).

	V1	V2	V3	V4
Leistung N [kW]	hoch	gering	sehr hoch	mittel
Kraftstoffverbrauch b_{spez} [1 (100 km)$^{-1}$]	hoch	gering	mittel	gering

Tabelle 4.10. Qualitative Abschätzung deterministischer Kriterien; die Gegenläufigkeit der linguistischen Bedeutung beider Kriterien ist zu beachten!

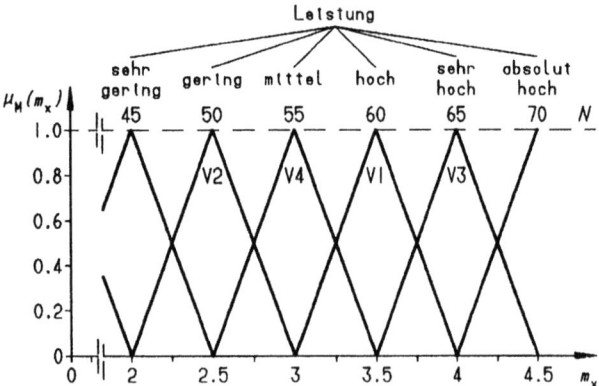

Bild 4.73. Zugehörigkeitsverläufe für die Terme der linguistischen Variablen *Leistung*

4.3 Die Bestimmung der Maßzahlen

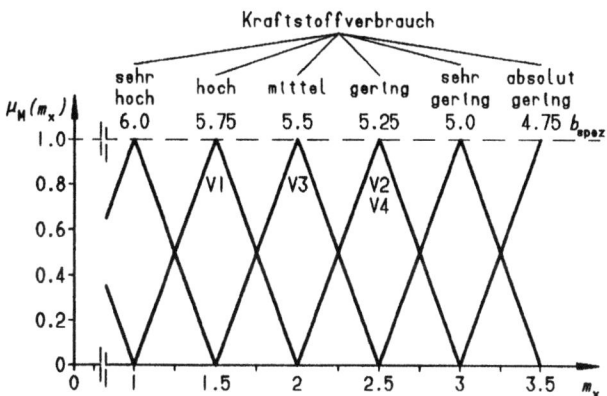

Bild 4.74. Zugehörigkeitsverläufe für die Terme der linguistischen Variablen *Kraftstoffverbrauch*;

4.3.5.4 Die Wertfunktionen unscharfer Mengen

Im Falle einer nichtlinearen Abhängigkeit sind die Zugehörigkeitsfunktionen für jeden Wert unterschiedlich, die Äste sind unter Umständen nicht-monoton steigend bzw. fallend, und die Spannweiten α und β sind nicht symmetrisch.

Damit sind auch die Wertfunktionen unscharfer Mengen nicht-monoton steigend bzw. fallend, sondern entsprechen dem Verlauf der die physikalischen Gegebenheiten beschreibenden mathematischen Funktionen.

Beispiel 4.32: Bei zu bewertenden Preßluftkompressoren sind deren Lärmpegel ein entscheidendes deterministisches Kriterium. Im Verlaufe des Konstruktionsprozesses lassen sich diese jedoch nur abschätzen, da die Lautstärke Λ [phon] nur bei bereits gefertigten Kompressoren auf dem Prüfstand ermittelt werden kann. Ein Experte gibt deshalb Zugehörigkeitsfunktionen zu den Maßzahlen vor, welche die logarithmische Abhängigkeit der Lautstärke Λ vom Schalldruckverhältnis p/p_0 annähernd berücksichtigen (vgl. Tabelle 4.11).

Dem Experten muß also die linguistisch beschreibbare Abstufung der Lautstärke in Abhängigkeit von der Phonzahl bekannt sein, damit er die linguistischen Ausdrücke festlegen kann.

Λ bei 1 000 Hz [phon]	Beschreibung	Linguistischer Ausdruck
130	Schmerzempfindung	*absolut laut*
120	Fahrzeugsirene	*äußerst laut*
100	Preßlufthammer	*sehr sehr laut*
80	Großstadtverkehr	*sehr laut*
60	Staubsauger	*laut*
40	Flüstergespräch	*leise*
20	stiller Raum	*sehr leise*
0	Hörschwelle	*äußerst leise*

Tabelle 4.11. Lautstärkenabstufung und zugeordnete linguistische Ausdrücke

Aus dieser Festlegung lassen sich unter Zugrundelegung der gewählten Wertfunktion (hier *fallende Sättigungsfunktion mit progressivem Verlauf*) die Zugehörigkeitsfunktionen modellieren (vgl. Bild 4.75).

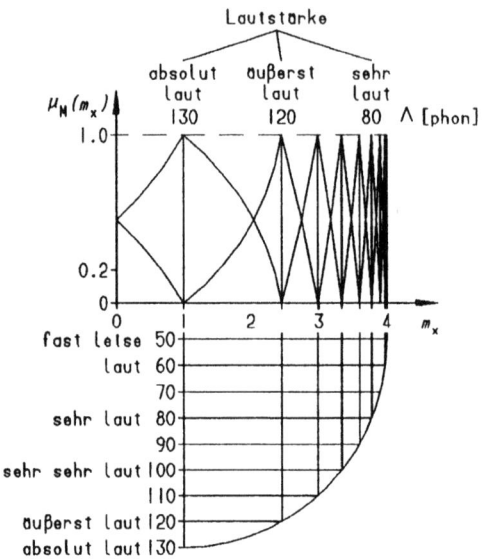

Bild 4.75. Zugehörigkeitsverlauf der linguistischen Variablen *Lautstärke*

4.3.5.5 Die Zugehörigkeitsfunktionen von Maßzahlen echter linguistischer Kriterien

Auch bei der in Kapitel 4.3.4.3 behandelten Ermittlung der Maßzahlen linguistischer Kriterien durch die Erstellung konsistenter Entscheidungsmatrizen darf nicht übersehen werden, daß die Erfüllungsgrade r_{ij} der ersten Matrixzeile und -spalte reine Schätzungen und somit in Wirklichkeit unscharf sind. Dieser Umstand sollte bei zu treffenden Entscheidungen großer Tragweite berücksichtigt werden.

Die Eigenschaften echter linguistischer Kriterien werden durch linguistische Ausdrücke erfaßt, die sich aus einem *linguistischen Term*, wie z. B. *sicher, komfortabel, entsorgbar* ..., und einem *linguistischen Modifikationsoperator*, kurz *Modifikator* genannt, wie z. B. die Adverbien *absolut, sehr, ziemlich* ..., zusammensetzen. Sie können aber auch durch die Vergleichsformen von Adjektiven, also als *Komperativ* (*sicherer*) oder als *Superlativ* (*am komfortabelsten*) oder von adverbialen Vergleichsformen (*mehr sicher*) gebildet werden.

Jeder linguistische Ausdruck echter qualitativer Kriterien bildet also ein Mengensystem, dessen Werte zunächst Worte oder Terme einer natürlichen bzw. standardisierten Sprache sind. Die ihnen entsprechenden Zugehörigkeitsfunktionen $\mu_M(m_x) = f(m_x)$ bilden eine linguistische auf eine numerische Werteskala ab.

Bei Kriterien, die durch Adjektive beschreibbar sind, treten die linguistischen Terme häufig als *Primärterm* und dessen *Antonym* auf, wodurch die Bandbreite möglicher Aussagen besser erkennbar wird.

4.3 Die Bestimmung der Maßzahlen

Beispiel 4.33: Der linguistische Term *sicher* läßt sich anstelle der Stufung

wenig sicher - sicher - sehr sicher - absolut sicher

durch den Primärterm *sicher* und dessen Antonym *unsicher* mit den Modifikatoren *absolut*, *sehr* und *mäßig* in der Stufung

absolut unsicher - sehr unsicher - unsicher -
- mäßig sicher - sicher - sehr sicher - absolut sicher

sehr viel differenzierter modellieren.

Die Modellierung mittels linguistischer Modifikationsoperatoren verlangt die Bestimmung der Grundform eines modifizierbaren Adjektivs bzw. dessen numerischen Mittelwert, der dann durch unterschiedliche Mengenoperatoren auf der numerischen Werteskala beschrieben werden kann. Für Bewertungsverfahren lassen sich beispielsweise folgende, von der Geradengleichung triangulärer Zugehörigkeitsfunktionen hergeleitete Mengenoperatoren anwenden:

Grundfunktion	$\mu_M(m_x)$	$= f(m_x)$	(4.191)
Konzentration	$\mu_{CON}(m_x)$	$= [\mu_M(m_x)]^2$	(4.192)
Dehnung	$\mu_{DIL}(m_x)$	$= [\mu_M(m_x)]^{\frac{1}{2}}$	(4.193)
Komplement der Grundfunktion	$\mu_{A^C}(m_x)$	$= 1 - \mu_M(m_x)$	(4.194)
Komplement der Konzentration	$\mu_{A^C CON}(m_x)$	$= [1 - \mu_M(m_x)]^2$	(4.195)
Komplement der Dehnung	$\mu_{A^C DIL}(m_x)$	$= [1 - \mu_M(m_x)]^{\frac{1}{2}}$	(4.196)

Außerdem sind für eine differenziertere Einteilung der Mengenoperatoren weitere Exponenten wie z. B. 1.5, 1.25, 3/4 ..., denkbar.

Die normalerweise im Intervall $[0, >1]$ bestimmten Maßzahlen müssen für die Modellierung der Zugehörigkeitsfunktionen linguistischer Terme im Einheitsintervall $[0, 1]$ bestimmt werden.

Beispiel 4.34: Dem linguistischen Term *sicher* lassen sich in beliebiger oder sprachlich standardisierter Form eine Menge abgestufter linguistischer Modifikatoren zuordnen (vgl. Tabelle 4.12). Mit ihnen ergeben sich die in Bild 4.76 gezeigten Zugehörigkeitsverläufe.

Erfüllungsgrad	Modifikator	Mengenoperator
0.25	*sehr viel weniger*	$\mu_R(r_x) = 1 - r_x^4$
0.33	*viel weniger*	$\mu_R(r_x) = 1 - r_x^2$
0.50	*weniger*	$\mu_R(r_x) = 1 - r_x$
0.66	*etwas weniger*	$\mu_R(r_x) = 1 - r_x^{0.5}$
0.75	*kaum weniger*	$\mu_R(r_x) = 1 - r_x^{0.25}$
1.00	*gleich*	$\mu_R(r_x) = L(r_x) = r_x/0.5$ $= R(r_x) = (1 - r_x)/0.5$
1.33	*kaum mehr*	$\mu_R(r_x) = r_x^{0.25}$
1.50	*etwas mehr*	$\mu_R(r_x) = r_x^{0.5}$
2.00	*mehr*	$\mu_R(r_x) = r_x$
3.00	*viel mehr*	$\mu_R(r_x) = r_x^2$
4.00	*sehr viel mehr*	$\mu_R(r_x) = r_x^4$

Tabelle 4.12. Modifikatoren und Mengenoperatoren des linguistischen Terms *sicher*

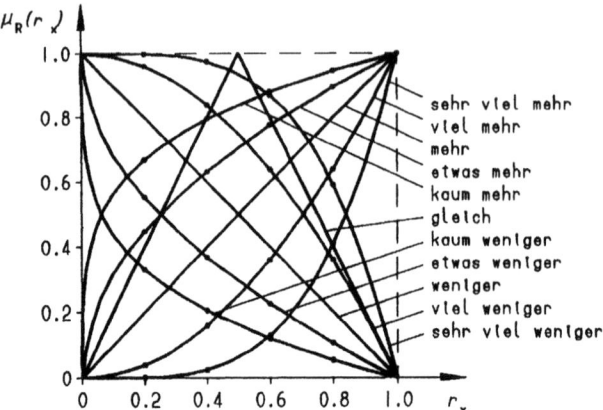

Bild 4.76. Zugehörigkeitsfunktionen des linguistischen Terms *sicher*

Selbstverständlich stellt dieses Beispiel nur *eine* mögliche Modellierung von *weniger*, *gleich* und *mehr* dar. Eine allgemeinverbindliche Regelung besteht nicht, da verschiedene Personen aufgrund ihrer subjektiven Empfindungen, Temperamente und Erfahrungen mitunter den gleichen linguistischen Termen unterschiedliche Bedeutung beimessen.

Die Zusammenfassung der in Form linguistischer Terme ausgedrückten unscharfen Mengen erfordert eine linguistisch ausgeprägte Tafelmatrix (vgl. Bild 4.77). Die oberhalb der Hauptdiagonalen einzutragenden linguistischen Modifikatoren werden unter Berücksichtigung der Transitivität und ihrer daraus hergeleiteten gegenseitigen Abhängigkeiten festgelegt. Unterhalb der Hauptdiagonalen werden jeweils die linguistisch ausgedrückten Komplimente eingetragen. Ihre Zugehörigkeitsfunktionen entsprechen den Mengenoperatoren gemäß den Gleichungen (4.192) bis (4.196). Die Hauptdiagonale selbst bleibt logischerweise leer.

Beispiel 4.35: Für die Kriterien *Sicherheit*, *Komfort* und *Entsorgbarkeit* entscheidet sich ein Experte für die linguistischen Modifikatoren der Erfüllungsgrade entsprechend den Bildern 4.77 bis 4.79. Diese korrespondieren ziemlich exakt mit den zahlenmäßigen Erfüllungsgraden des Bewerters A in Beispiel 4.30.

	V1	V2	V3	V4
V1	-	*sehr viel mehr*	*mehr*	*kaum mehr*
V2	*sehr viel weniger*	-	*weniger*	*viel weniger*
V3	*weniger*	*mehr*	-	*etwas weniger*
V4	*kaum weniger*	*viel mehr*	*etwas mehr*	-

Bild 4.77. Entscheidungsmatrix mit Modifikatoren zum linguistischen Term *sicher*

4.3 Die Bestimmung der Maßzahlen

	V1	V2	V3	V4
V1	-	sehr viel weniger	gleich	weniger
V2	sehr viel mehr	-	sehr viel mehr	mehr
V3	gleich	sehr viel weniger	-	weniger
V4	mehr	weniger	mehr	-

Bild 4.78. Entscheidungsmatrix mit Modifikatoren zum linguistischen Term *komfortabel*

	V1	V2	V3	V4
V1	-	etwas weniger	viel mehr	etwas mehr
V2	etwas mehr	-	sehr viel mehr	mehr
V3	viel weniger	sehr viel weniger	-	weniger
V4	etwas weniger	weniger	mehr	-

Bild 4.79. Entscheidungsmatrix mit Modifikatoren zum linguistischen Term *entsorgbar*

Die Zugehörigkeitsfunktionen der unscharfen Maßzahlen lassen sich aus denjenigen linguistischer Modifikatoren nach unterschiedlichen Gesichtspunkten modellieren. Wichtig ist, daß innerhalb einer Bewertung der einmal gewählte Weg konsequent eingehalten wird.

Da es sich bei den linguistisch beschriebenen Erfüllungsgraden nicht um Wertzuweisungen, sondern um die Relationen einer Varianten gegenüber allen übrigen Varianten handelt, können alle diesbezüglichen Zugehörigkeitsfunktionen überlagert werden. Somit ergeben sich die Zugehörigkeitswerte der Maßzahlen je Kriterium und Variante aus dem Durchschnitt der durch linguistische Terme beschriebenen Erfüllungsgrade und zwar zunächst wiederum in Form von Zugehörigkeitsfunktionen analog Gl. (4.93) aus

$$\mu_M(m_x) = \mu_R(r_{11}) \cap \ldots \cap \mu_R(r_{nm}) = \min\{\mu_R(r_{11}), \ldots, \mu_R(r_{nm})\}. \quad (4.197)$$

Sofern die unscharfen Maßzahlen im Verlauf einer Bewertung weiterverwendet werden, also beispielsweise zur Berechnung der Wertigkeiten bei einer ungewichteten Bewertung oder zur Berechnung der Wertungszahlen bei einer gewichteten Bewertung, so sind deren Zugehörigkeitsfunktionen zu verwenden. Sollen sie jedoch zwischenzeitlich als Entscheidungskriterien herangezogen werden, so empfiehlt sich deren *Defuzzifikation* (vgl. Kapitel 4.2.6).

Beispiel 4.35 (Fortsetzung): Insgesamt ergeben sich aus den Schätzungen des Experten für das Kriterium *Sicherheit* die in Bild 4.80 dargestellten Zugehörigkeitsverläufe der linguistisch ausgedrückten Erfüllungsgrade. Ihre Durchschnittsbildung je Variante ergibt die in Bild 4.81 dargestellten Zugehörigkeitsfunktionen der unscharfen Maßzahlen, teilweise in Form ihres Supremums und ihrer mittels Gl. (4.102) normalisierten Form, aus denen sich durch *Defuzzifikation* die zugehörigen, ebenfalls eingetragenen, scharfen Maßzahlen ergeben. Ein Vergleich mit den scharf erfaßten Maßzahlen in Bild 4.7 (Beispiel 4.3) zeigt eine gute tendenzielle Übereinstimmung beider Ergebnisse.

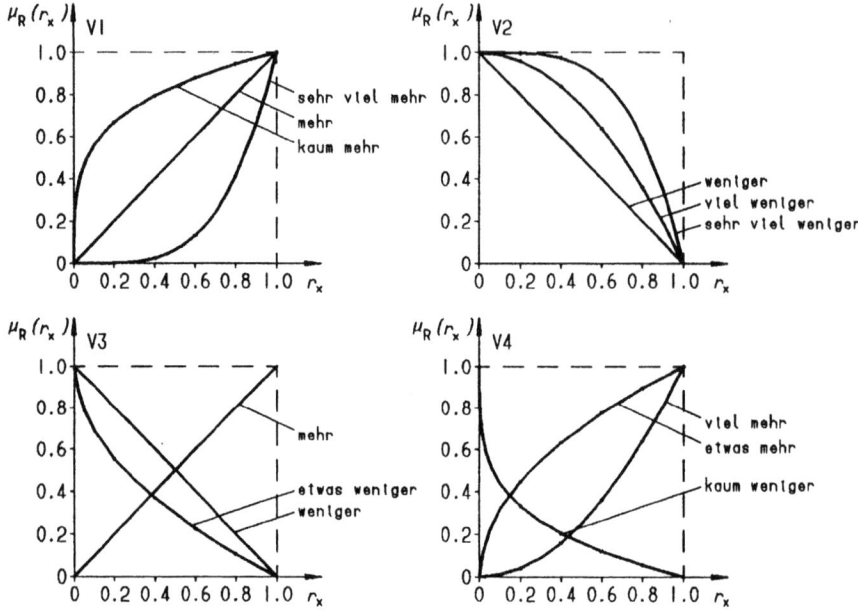

Bild 4.80. Zugehörigkeitsfunktionen der Erfüllungsgrade der einzelnen Varianten V1 bis V4 des linguistischen Terms *sicher*

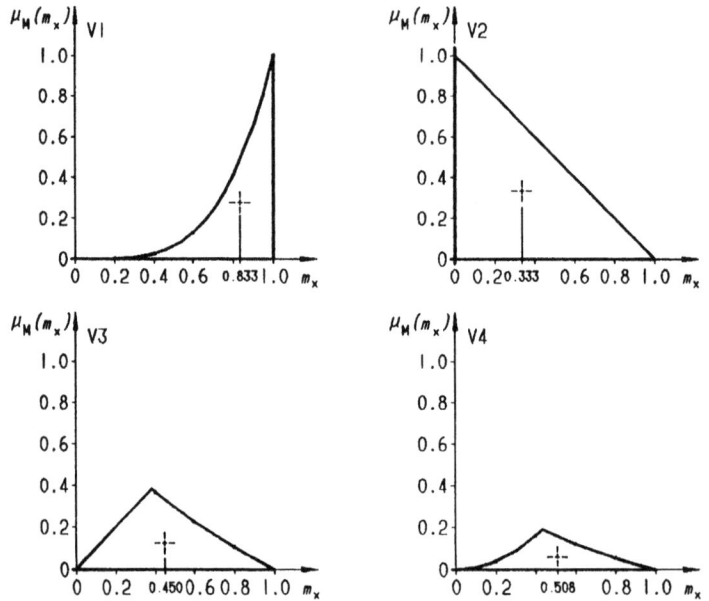

Bild 4.81. Unscharfe Mengen der Erfüllungsgrade der einzelnen Varianten V1 bis V4 des linguistischen Terms *sicher* und deren defuzzifizierte Maßzahlen

4.3 Die Bestimmung der Maßzahlen

In gleicher Weise ergeben sich für die Kriterien *Komfort* und *Entsorgbarkeit* die in Bild 4.82 dargestellten Zugehörigkeitsfunktionen der Maßzahlen je Variante, teilweise in Form ihres Supremums und ihrer mittels Gl. (4.102) normalisierten Form.

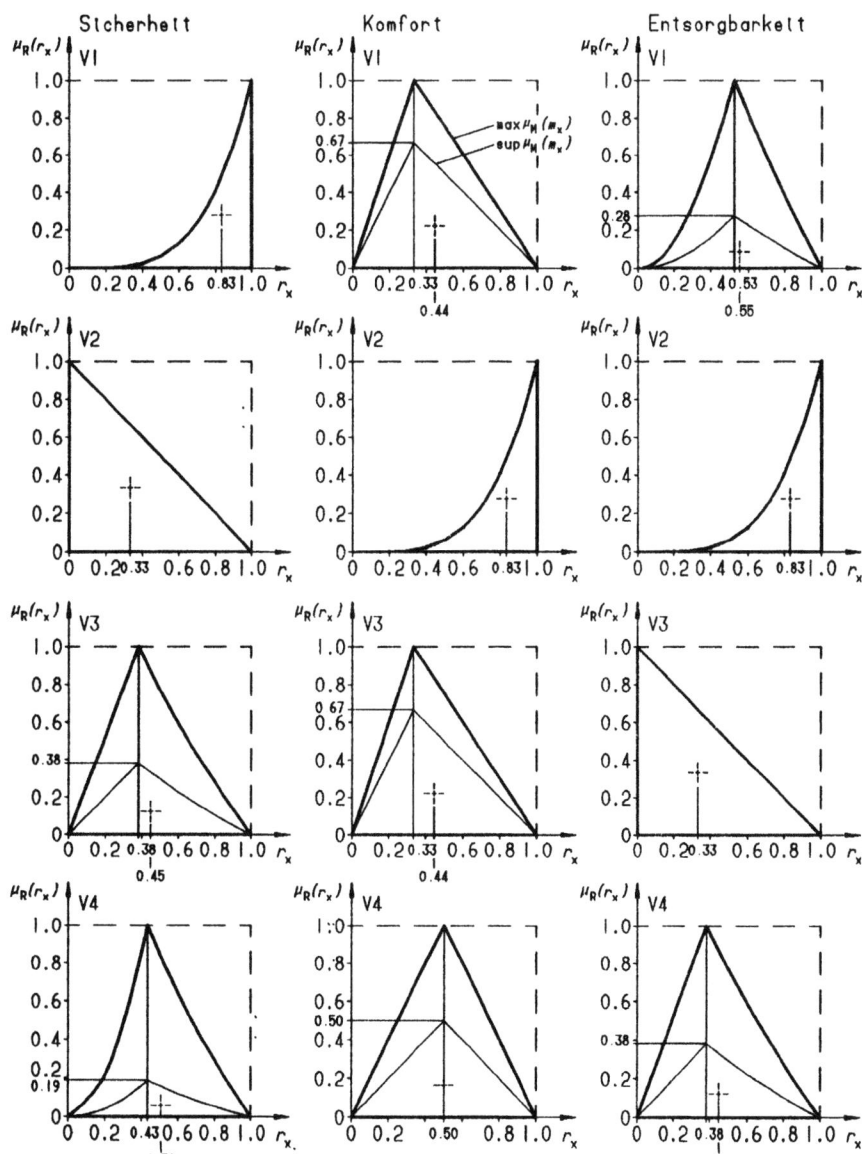

Bild 4.82. Normalisierte Zugehörigkeitsfunktionen der Maßzahlen der drei Kriterien *Sicherheit*, *Komfort* und *Entsorgbarkeit* der Varianten V1 bis V4

4.3.6 Die Maßzahlen probabilistischer Kriterien

4.3.6.1 Übersicht

Unter *probabilistische* Kriterien werden hier vereinbarungsgemäß alle Kriterien verstanden, deren Werte bzw. Eigenschaften sich aus probabilistisch erfaßten, d. h. aus gezählten, beobachteten oder geschätzten, mit einer gewissen *Wahrscheinlichkeit* sich wiederholenden, Ereignissen ergeben.

Die Maßzahlen dieser Kriterien sind also aus den ihrer Erfüllung zugrundegelegten Wahrscheinlichkeiten P herzuleiten. Sie sind damit ein Maß für die quantitative Abschätzung, mit der das zufällige Eintreffen eines beliebig oft wiederholbaren präzise beschriebenen sogenannten *Zufallsereignisses* erwartet wird.

Bei komplexen Komponenten (Bauteilen), Geräten, Apparaten oder Maschinen setzt die rechnerische Abschätzung der Gesamtwahrscheinlichkeit von beliebigen Ereignissen (z. B. Verschleiß, Ermüdungsbruch) normalerweise die Kenntnis der Einzelwahrscheinlichkeiten für den Ausfall der funktionswichtigen Einzelteile voraus. Bevor die Gesamtwahrscheinlichkeit abgeschätzt wird, ist zunächst zu untersuchen, in welcher Form die erwarteten Zufallsereignisse beschrieben werden können, ferner, ob sie miteinander vereinbar sind, ob sie voneinander unabhängig oder abhängig sind und nach welchen Gesetzmäßigkeiten ihre Häufigkeit in Bezug auf eine endliche oder unendliche Beobachtungsmenge verteilt ist. Diese Gesetzmäßigkeiten hängen ab von den Voraussetzungen und Randbedingungen, durch die die Zufälle der Ereignisse definiert werden können. Liegen keine aus Messungen gewonnenen oder statistisch erfaßten Einzelwahrscheinlichkeiten vor, so lassen sie sich dennoch durch Annahmen von Zufallsereignissen als relative Größen berechnen. Die Wahrscheinlichkeit, mit der ein Zufallsereignis eintritt, besagt allerdings nicht, daß es überhaupt eintritt.

Die Bestimmung der Maßzahlen probabilistischer Kriterien hängt also im wesentlichen von der Erfaßbarkeit der sogenannten *Zufallsgrößen* oder *Zufallsvariablen* ab, durch die die Zufallsereignisse beschrieben werden. Unterschieden werden

— diskret verteilte Ereignisse, deren Zufallsvariablen nur bestimmte, auf der Zahlengeraden getrennt liegende Zahlenwerte oder aber in Intervallen zusammengefaßte Klassen sein können, und
— stetig verteilte Ereignisse, deren Zufallsvariablen jeden beliebigen Wert innerhalb eines Intervalls zwischen $-\infty$ und $+\infty$ annehmen können.

Die Häufigkeit, mit der die Zufallsereignisse auftreten, wird bekanntlich dem Charakter der Zufallsvariablen entsprechend unterschiedlich abgebildet (vgl. [42] u. a.) und zwar

— bei diskret verteilten Ereignissen quantitativ diskreter Ausprägung in Form von *Stabdiagrammen* oder *Histogrammen* relativer Häufigkeiten und der daraus sich ergebenden *empirischen Verteilungsfunktionen (Treppenfunktionen)*

$$H(x) = \frac{1}{n} G(x) = \frac{1}{n} \sum g(x), \ x \in \mathbb{R}, \tag{4.198}$$

4.3 Die Bestimmung der Maßzahlen

der relativen Summen- oder Klassenhäufigkeit, gewonnen aus der absoluten Häufigkeit $g(x)$;

— bei diskret verteilten Ereignissen quantitativ stetiger Ausprägung in Form von *Wahrscheinlichkeitsverteilungen* $P(x_i)$ mit den möglichen, in Intervallen auftretenden Häufigkeitsverteilungen, also beispielsweise

$$P(a < X \leq b) = F(b) - F(a), \quad (4.199)$$

$$P(X = a) = F(a - 0), \quad (4.200)$$

$$P(a \leq X \leq b) = F(b) - F(a) + P(X = a), \quad (4.201)$$

und den daraus sich ergebenden *Verteilungsfunktionen* der Zufallsvariablen X,

$$F(x_i) = \sum_{i=0}^{n} P(X = x_i), \quad x \in \mathbb{R}, \quad (4.202)$$

— bei stetig verteilten Ereignissen in Form von *Wahrscheinlichkeitsdichten* $f(t)$ unter der Bedingung

$$\int_{-\infty}^{\infty} f(t)\,dt = 1 \quad (4.203)$$

und den daraus sich ergebenden *Verteilungsfunktionen*

$$F(x) = \int_{-\infty}^{x} f(t)\,dt, \quad x \in \mathbb{R}. \quad (4.204)$$

Bei technischen Systemen lassen sich die Wahrscheinlichkeiten für das Eintreten eines Zufallsereignisses insbesondere durch die in Tabelle 4.13 aufgeführten Verteilungsgesetze berechnen.

Die Bestimmung der Maßzahlen probabilistischer Kriterien erfordert meistens einen bedeutenden Kostenaufwand sowie eine längere Bearbeitungszeit, erklärbar durch die vielen erforderlichen Versuche zur Erhärtung statistisch gültiger und einigermaßen abgesicherter Aussagen. Deshalb wird empfohlen, die Vorgehensweise und den vertretbaren Aufwand von der Tragweite der auf den Bewertungsergebnissen beruhenden Entscheidung abhängig zu machen. Dazu bieten sich folgende vier Möglichkeiten an:

1. Bestimmung der Maßzahlen subjektiv abgeschätzter Wahrscheinlichkeiten für das Eintreffen der durch die entsprechenden Kriterien beschriebenen Zufallsereignisse, beispielsweise die prozentuale Wahrscheinlichkeit ausfallfreier Zeiten eines technischen Systems, in Form scharfer Zahlen.

2. Bestimmung der Maßzahlen berechneter Wahrscheinlichkeiten für das Eintreffen der durch die entsprechenden Kriterien beschriebenen Zufallsereignisse, beispielsweise die mittlere Häufigkeit eines diskret verteilten und statistisch abgesicherten Ereignisses, in Form scharfer Zahlen.

Verteilungsgesetz	Anwendung
1. diskrete Zufallsvariable	
a. empirische Verteilung	für die statistische Auswertung gezählter, gemessener oder gewogener Zufallsvariablen;
b. Dreiecksverteilung	für die statistische Qualitätskontrolle;
c. Binominalverteilung	für die statistische Qualitätskontrolle;
d. *Poisson*-Verteilung	für selten eintretende Ereignisse bei vielen möglichen Ereignissen und geringer Wahrscheinlichkeit;
2. stetige Zufallsvariable	
a. Normalverteilung	für *viele* gleichwahrscheinliche Ereignisse, die sich additiv überlagern und im Mittel wieder aufheben;
b. logarithmische Normalverteilung	für die Lebensdauer von Bauteilen, Apparaten oder Geräten bei Defekten durch äußere Einflüsse, *ohne* Verschleiß und Ermüdung
c. Exponentialverteilung	für die Lebensdauer von Bauteilen, Apparaten oder Geräten bei Defekten durch äußere Einflüsse, *ohne* Verschleiß und Ermüdung, insbesondere Frühausfälle;
d. *Weibull*-Verteilung	für die Lebensdauer von Bauteilen, Apparaten oder Geräten mit Abnutzungserscheinungen durch Verschleiß und Ermüdung.

Tabelle 4.13. Übersicht über die bei technischen Systemen vorrangig auftretenden Wahrscheinlichkeitsverteilungen

3. Modellierung der Maßzahlen subjektiv abgeschätzter Wahrscheinlichkeiten für das Eintreffen der durch die entsprechenden Kriterien beschriebenen Zufallsereignisse, beispielsweise die prozentuale Wahrscheinlichkeit für die Lebensdauer eines technischen Systems, in Form unscharfer Zahlen.
4. Modellierung der Maßzahlen gezählter Ereignisse oder berechneter Wahrscheinlichkeiten für das Eintreffen der durch die entsprechenden Kriterien beschriebenen Zufallsereignisse, beispielsweise die Ausfallhäufigkeit eines technischen Systems, in Form unscharfer Mengen.

Die 1. und 2. Möglichkeit zusammenfassend, bieten sich drei Verfahren zur Bestimmung der Maßzahlen an, die nachfolgend beschrieben werden.

4.3.6.2 Die Maßzahlen probabilistischer Kriterien in Form scharfer Zahlen

Sehr häufig sind bei der Beschaffung von Produkten oder zu Beginn der Entwicklung bzw. Konstruktion eines technischen Systems keine statistisch abgesicherten Werte oder sonstige Aussagen zu probabilistischen Kriterien verfügbar.

Deshalb können die Maßzahlen entweder wertmäßig geschätzt (z. B. *Zuverlässigkeit gegenüber Ausfall in der Garantiezeit*: 98%) und mittels einer linearen Wachstumsfunktion in Relation gesetzt werden.

Oder sie werden über die durch paarweisen Vergleich der Varianten geschätzten Erfüllungsgrade in Form linguistischer Ausdrücke (z. B. *geringe, mittlere* oder *hohe*

4.3 Die Bestimmung der Maßzahlen

Zuverlässigkeit) berechnet, wobei diesen Zahlenwerte im Sinne einer Rangfolge zugeordnet werden, beispielsweise in Bezug auf die Erfüllung einer Funktion:

äußerst gut erfüllt = 9
sehr gut erfüllt = 8
gut erfüllt = 7
mäßig gut erfüllt = 6
befriedigend erfüllt = 5
ausreichend erfüllt = 4
schlecht erfüllt = 3
sehr schlecht erfüllt = 2
äußerst schlecht erfüllt = 1
nicht erfüllt = 0

Liegen die absoluten Häufigkeiten $g(x_i)$ diskret verteilter und statistisch *abgesicherter* Ereignisse vor, so lassen sich nach Berechnung der mittleren Häufigkeit $g(x_i)_{mittel}$ die Maßzahlen mittels geeigneter Wertfunktionen unmittelbar durch einen Experten bestimmen.

Die erste und dritte Vorgehensweise entspricht derjenigen zur Bestimmung der scharf erfaßten Maßzahlen deterministischer Kriterien in Form scharfer Zahlen (vgl. Kapitel 4.3.2), während die zweite sich an die Bestimmung der Maßzahlen linguistischer Kriterien in Form scharfer Zahlen anlehnt (vgl. Kapitel 4.3.4.3).

4.3.6.3 Die Maßzahlen probabilistischer Kriterien in Form unscharfer Zahlen

Die Maßzahlen der Kriterien, deren Werte sich aus diskret verteilten und statistisch abgesicherten Ereignissen herleiten, können auch in Form triangulärer Zugehörigkeitsfunktionen modelliert werden, sofern die dem Erwartungswert entsprechenden mittleren Häufigkeiten $g(x_i)_{mittel}$ nicht aus Wahrscheinlichkeitsverteilungen bzw. -dichten ermittelt, sondern direkt aus nicht exakten Zählungen, Messungen oder Wägungen berechnet wurden. Die Vorgehensweise entspricht in diesem Fall derjenigen zur Bestimmung der Maßzahlen deterministischer Kriterien in Form unscharfer Mengen (vgl. Kapitel 4.3.3).

4.3.6.4 Die Maßzahlen probabilistischer Kriterien in Form unscharfer Mengen

Wird eine Bewertung als Grundlage von Entscheidungen großer Tragweite herangezogen, ist der bereits angesprochene Aufwand zur Erfassung der probabilistischen Werte des entsprechenden Kriteriums jeder zu bewertenden Variante allerdings gerechtfertigt. Je nach Charakter der Zufallsvariablen bedeutet dies

— die Ermittlung der Häufigkeiten bzw. Klassenhäufigkeiten bei diskret verteilten Ereignissen quantitativ diskreter Ausprägung;

— die Ermittlung der Wahrscheinlichkeitsverteilungen bei diskret verteilten Ereignissen quantitativ stetiger Ausprägung;

— die Ermittlung der Wahrscheinlichkeitsdichten bei stetig verteilten Ereignissen.

Die Variantenbewertung hinsichtlich der probabilistischen Kriterien macht nur der führende Experte, und zwar unter der Voraussetzung, daß die probabilistischen Charakteristiken der Variantenparameter ein im Vorfeld einer Bewertung erarbeitetes Untersuchungsergebnis und deshalb von den übrigen Bewertern nicht zu bewerten sind.

1. **Transformation der Maßzahlen probabilistischer Kriterien auf trianguläre Zugehörigkeitsfunktionen**

Liegen als Bewertungsgrößen probabilistische Zufallsgrößen x_{ik}, $k = 1, \ldots, t$, in Form einer Wahrscheinlichkeitsverteilung oder -dichte vor, so wird für jedes probabilistische Kriterium K_i deren Wahrscheinlichkeitsfolge $p_{i1}, p_{i2}, \ldots, p_{it}$ auf die Zugehörigkeitsfunktion $\mu_Q(q_x)$ mit den Werten $\mu_{i1}, \mu_{i2}, \ldots, \mu_{it}$ gemäß der Abhängigkeit

$$\mu_{iq} = \sum_{k=1}^{t} \min(p_{iq}, p_{it}), \quad p_{iq} \geq p_{it}, \tag{4.205}$$

abgebildet (vgl. [20] und [23]).

Die sich damit für das betrachtete probabilistische Kriterium je Variante V_j ergebenden Maßzahlen m_{ij} werden mittels triangulärer, im Basisraum im Intervall [0, 1] bestimmter, Zugehörigkeitsfunktionen modelliert. Dies erfordert eine vorherige Normierung der zugrundegelegten Zufallsgrößen x_{ik} aller Varianten und zwar derart, daß für das jeweils betrachtete Kriterium der maximale Wert von allen Zufallsgrößen die Größe „1" annimmt gemäß der Abhängigkeit

$$x_{ik}^N = \frac{x_{ik}}{\max_k x_{ik}}, \quad k = 1, 2, \ldots, t. \tag{4.206}$$

Die Modellierung der triangulären Zugehörigkeitsfunktionen je Kriterium erfolgt unter der Bedingung, daß sich die Lage der Modalgröße v, die dem Mitgliedsgradwert $\mu_Q(q_x) = 1$ entspricht und somit die Lage des Gipfelpunktes bestimmt, als Mittelgewogene aus den erhaltenen Werten μ_{iq} und den normierten Zufallsgrößen gemäß

$$v = \sum_{k=1}^{t} x_{ik}^N \mu_{iq} \Big/ \sum_{k=1}^{t} x_{ik}^N \tag{4.207}$$

ergibt (vgl. Bild 4.83).

Bei gegebener Wahrscheinlichkeitsdichte einer stetig verteilten Zufallsgröße sind wegen Gl. (4.203) eine untere und eine obere Grenze festzulegen. Die untere Grenze wird im Minimum bei „0" liegen, während für die obere Grenze der doppelte *Erwartungswert*, also $2E(X)$, vorgeschlagen wird.

4.3 Die Bestimmung der Maßzahlen

Dieser entspricht seinem Charakter nach dem empirischen Mittelwert einer Meßreihe. Für diskrete Zufallsvariable $x_{i1}, x_{i2}, \ldots, x_{it}$ ist der Erwartungswert

$$E(X) = \sum_k x_{ik} \cdot P(X = x_{ik}), \tag{4.208}$$

falls $\sum_k |x_{ik}| \cdot P(X = x_{ik})$ konvergiert. Für stetige Zufallsvariablen mit der Dichte $f(x)$ ist der Erwartungswert allgemein

$$E(X) = \int_{-\infty}^{\infty} x f(x)\, dx, \tag{4.209}$$

falls $\int_{-\infty}^{\infty} |x| f(x)\, dx < \infty$.

Die Randwerte α, β oder die Zugehörigkeiten bei $m_{ij} = 0$ bzw. $m_{ij} = 1$, also $f(\alpha)$, $f(\beta)$, durch die die Fußpunkte der Dreiecksseiten bestimmt sind, werden durch ein *lineares* Modell der mittelquadratischen Approximation der Werte von μ_{iq} bestimmt, die rechts und links vom Gipfel auftreten.

Wie bereits in Kapitel 4.1.3, Abschnitt 5, erwähnt, wird hier ein einfaches Beispiel einer Ausgleichsrechnung zur Bestimmung der Steigung der Dreiecksseiten und deren Verschiebung, die den Randwerten entspricht, gezeigt. Dabei sind, ausgehend von der allgemeingültigen Geradengleichung

$$y = f(x, a) = a_0 + a_1 x, \tag{4.210}$$

die Koeffizienten a_0 und a_1 so zu bestimmen, daß die Summe der Quadrate der Abweichungen zwischen den *wahren* Werten des vorgegebenen Wertepaares x, y ($x \triangleq x_{ik}^N, y \triangleq \mu_Q(q_x)$) und den auf den linearen Ästen der Zugehörigkeitsfunktion liegenden, allerdings unbekannten, Wertepaaren zum Minimum wird.

Mit den gemäß Gl. (4.205) ermittelten Wertepaaren liegen also wegen $m = 1$ Polynome 1. Grades von der Form

$$P_m(x_i) = a_0 + a_1 x_i = y_i \tag{4.211}$$

vor, für die

$$\sum_{i=1}^{n} [P_m(x_i) - y_i]^2 \to \min \tag{4.212}$$

gefordert wird.

Werden in Gl. (4.210) die als sogenannte *Residuen* benannten Fehler r_i zwischen den vorgegebenen Wertepaaren und den unbekannten Geradenkoordinaten eingeführt, so ergibt sich für n Wertepaare

$$a_0 + a_1 x_1 - y_1 = r_1$$
$$a_0 + a_1 x_2 - y_2 = r_2$$
$$\vdots$$
$$a_0 + a_1 x_n - y_n = r_n$$
(4.213)

oder in Matrizenschreibweise

$$\begin{bmatrix} x_0^0 & x_1^1 \\ x_2^0 & x_2^1 \\ \vdots & \vdots \\ x_n^0 & x_n^1 \end{bmatrix} \cdot \begin{bmatrix} a_0 \\ a_1 \end{bmatrix} - \begin{bmatrix} y_1 \\ y_2 \\ \vdots \\ y_n \end{bmatrix} = \begin{bmatrix} r_1 \\ r_2 \\ \vdots \\ r_n \end{bmatrix}$$
(4.214)

bzw.

$$X \cdot a - y = r.$$
(4.215)

Werden die Matrixelemente x_i^k durch die allgemeinen Ausdrücke x_{ik} ersetzt, so ergibt sich offensichtlich

$$x_{i1} = x_i^{1-1} = x_i^0 = 1$$
$$= x_i$$
$$x_{i2} = x_i^{2-1} = x_i^1$$
(4.216)

bzw.

$$x_{ik} = x_i^{k-1}, \; i = 1, \ldots, n, \; k = 1, \ldots, (m+1).$$
(4.217)

Es ist ersichtlich, daß der Wert der Summe der Fehlerquadrate, die zum Minimum werden soll, ausschließlich von den zu bestimmenden Koeffizienten a_0, a_1 abhängt.

Wird die Summe über das Gleichungssystem Gl. (4.213) gebildet und quadriert, so ergibt sich

$$\sum_{i=1}^{n} [P_m(x_i) - y_i]^2 = \sum_{i=1}^{n} r_i^2 = f(a).$$
(4.218)

Notwendige Bedingung für ein Minimum ist, daß sämtliche partiellen Ableitungen einer Funktion nach den gesuchten Koeffizienten a_i zu *Null* werden. Damit ergibt sich unter Anwendung der *Kettenregel*

$$\sum_{i=1}^{n} r_i^2 = r_1^2 + r_2^2 + \ldots + r_n^2,$$
(4.219)

4.3 Die Bestimmung der Maßzahlen

$$\frac{\partial \left(\sum_{i=1}^{n} r_i^2 \right)}{\partial a_0} = 2r_1 \frac{\partial r_1}{\partial a_0} + 2r_2 \frac{\partial r_2}{\partial a_0} + \ldots + 2r_n \frac{\partial r_n}{\partial a_0} = 0 \quad (4.220)$$

$$\frac{\partial \left(\sum_{i=1}^{n} r_i^2 \right)}{\partial a_1} = 2r_1 \frac{\partial r_1}{\partial a_1} + 2r_2 \frac{\partial r_2}{\partial a_1} + \ldots + 2r_n \frac{\partial r_n}{\partial a_1} = 0.$$

Die Differentialquotienten $\frac{\partial r_i}{\partial a_j}$ werden durch Differenzieren der Gleichungen (4.213) gewonnen und ergeben

$$\frac{\partial r_i}{\partial a_{k-1}} = x_{ik} = x_i^{k-1}, \; i = 1, \ldots, n, \; k = 1, \ldots, (m+1) \quad (4.221)$$

Werden die somit gewonnenen Terme in Gl. (4.220) eingesetzt und um den Faktor „2" gekürzt, ergibt sich

$$r_1 x_1^0 + r_2 x_2^0 + \ldots + r_n x_n^0 = 0$$
$$r_1 x_1^1 + r_2 x_2^1 + \ldots + r_n x_n^1 = 0$$
$$\vdots \quad (4.222)$$
$$r_1 x_1^n + r_2 x_2^n + \ldots + r_n x_n^n = 0.$$

Es läßt sich sofort erkennen, daß der Faktor x_i^{k-1} des Vektors r die zu X transponierte Matrix X^T ist. Damit ergibt sich in Matrizenschreibweise

$$X^T \cdot r = 0. \quad (4.223)$$

Die Multiplikation der Gl. (4.215) von links mit X^T ergibt

$$X^T X a - X^T y = X^T r. \quad (4.224)$$

mit den Termen

$$N = (n_{ij}) = X^T X a, \quad (4.225)$$

$$b = [b_i] = X^T y. \quad (4.226)$$

Damit ergibt sich die sogenannte *Normalgleichung* (vgl. [10], [19] u. a.)

$$Na = b, \quad (4.227)$$

in der sich die Matrix- bzw. Vektorelemente mit der Anzahl n der vorliegenden Wertepaare und dem Grad m des Polynoms wie folgt errechnen:

$$n_{jk} = n_{kj} = \sum_{i=1}^{n} x_i^{j+k-2}, \; j = 1, \ldots, n, \; k = 1, \ldots, (m+1) \tag{4.228}$$

$$b_j = \sum_{i=1}^{n} y_i x_i^{j-1}, \; j = 1, \ldots n, \; k = 1, \ldots (m+1) \tag{4.229}$$

Die gesuchten Koeffizienten a_0, a_1 ergeben sich abschließend aus der nach a aufgelösten Gl. (4.227), also aus

$$a = N^{-1}b, \tag{4.230}$$

in der die Matrix N gemäß

$$N^{-1} = \frac{1}{\det N} N^* \tag{4.231}$$

invertiert werden muß, wobei im vorliegenden Fall einer (2, 2)-Matrix

$$N^* = \begin{bmatrix} \bar{n}_{11} & \bar{n}_{12} \\ \bar{n}_{21} & \bar{n}_{22} \end{bmatrix} = \begin{bmatrix} n_{22} & -n_{21} \\ -n_{12} & n_{11} \end{bmatrix} \tag{4.232}$$

die *adjungierte N*-Matrix ist.

Beispiel 4.36: Die Wertepaare (x_{ik}^N, μ_{iq}): (0.19, 0.11), (0.27, 0.34), (0.39, 0.59), (0.50, 0.80) ergeben infolge einer Ausgleichsrechnung sowohl den Steigungswinkel a_1 als auch die vertikale Verschiebung a_0 bzw. den daraus resultierenden Nullpunkt auf der Abszisse des aufsteigenden Astes in Bild 4.83. Der absteigende Ast wird aus den Wertepaaren bestimmt, die rechts des gemäß Gl. (4.207) ermittelten Gipfelpunktes liegen.

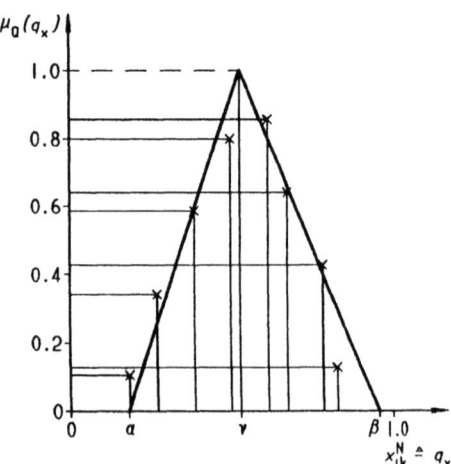

Bild 4.83. Bildung einer Zugehörigkeitsfunktion

4.3 Die Bestimmung der Maßzahlen

Wenn der Anstieg von Werten der Mittelgewogenen einem abnehmenden Präferenzgrad entspricht, d. h. wenn - ähnlich der linearen Straffungsfunktion - ein hoher Wert schlechter als ein niedriger Wert zu bewerten ist, dann ist eine Transformation der Zugehörigkeitsfunktionen auf folgende Größen erforderlich:

$$v' = 1 - v, \tag{4.233}$$

$$\alpha' = 1 - \beta, \tag{4.234}$$

$$\beta' = 1 - \alpha \tag{4.235}$$

oder

$$f(\alpha') = f(\beta), \tag{4.236}$$

$$f(\beta') = f(\alpha). \tag{4.237}$$

Die zu modellierenden Zugehörigkeitsfunktionen können in sechs verschiedenen Typen auftreten (vgl. Bild 4.84).

2. Die besondere Behandlung des Kriteriums *Zuverlässigkeit*

Im Verlaufe der Entwicklung oder Konstruktion eines technischen Systems kann das probabilistische Kriterium *Zuverlässigkeit* sehr häufig auftreten. Aus diesem Grunde erfährt es hinsichtlich der Bewertung innerhalb der Gruppe der probabilistischen Kriterien eine gesonderte Behandlung.

Die Zuverlässigkeit ist die Eigenschaft einer Betrachtungseinheit, funktionstüchtig zu bleiben. Sie wird mit R bezeichnet und durch die Wahrscheinlichkeit ausgedrückt, daß die Betrachtungseinheit eine geforderte Funktion unter vorgegebenen Arbeitsbedingungen während einer festgelegten Zeitdauer T ausfallfrei ausführt (vgl. [6] u. a.).

Aus den quantitativen Kenngrößen der Zuverlässigkeit werden die *Ausfallrate* und die *Ausfalldichte* besonders hervorgehoben und berücksichtigt.

Die Ausfallrate ist gleich der auf ∂t bezogenen Wahrscheinlichkeit, daß die Betrachtungseinheit im Intervall $(t, t + dt)$ unter der Bedingung ausfallen wird, daß sie zum Zeitpunkt $t = 0$ eingeschaltet wurde und im Intervall $(0,t)$ nicht ausgefallen ist [6]. Sie wird mit $\lambda(t)$ bezeichnet und wie folgt berechnet:

$$\lambda(t) = -\frac{dR(t)}{dt} \frac{1}{R(t)} = \frac{R(t) - R(t + dt)}{\partial t} \cdot \frac{1}{R(t)} \tag{4.238}$$

Die Ausfalldichte $f(t)$ wird ähnlich wie die Ausfallrate definiert, aber ohne die dort auftretenden Bedingungen, also

$$f(t) = -\frac{dR(t)}{dt} = \frac{R(t) - R(t + dt)}{\partial t}. \tag{4.239}$$

Aufgrund der berechneten Wahrscheinlichkeiten $\lambda(t)$ und $f(t)$ für bekannte Werte von t werden die Werte der Zugehörigkeitsfunktion für Ausfallrate und Ausfalldichte getrennt bestimmt.

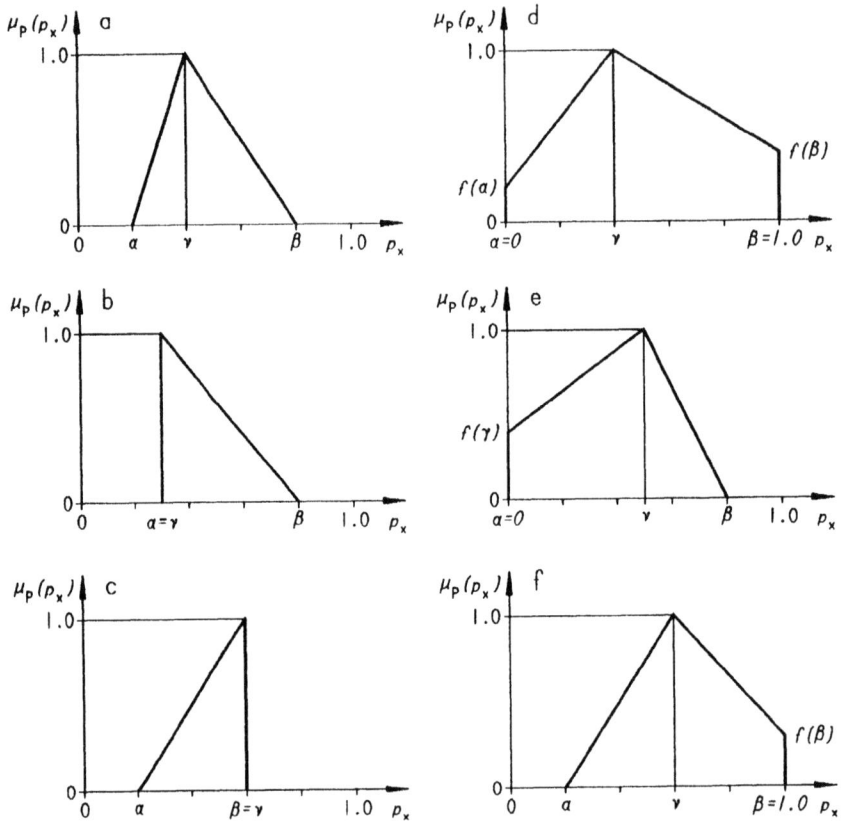

Bild 4.84. Formen der Zugehörigkeitsfunktionen probabilistischer Kriterien

Da nach den in Kapitel 3.3.3 beschriebenen „*Richtlinien für das Aufstellen von Bewertungskriterien*" nur eine der beiden Kriterien zur Bewertung herangezogen werden darf, ist zwischen Ausfallrate und Ausfalldichte zu wählen. Die Grundlage für die Entscheidung, welche der beiden Zuverlässigkeitskenngrößen zur Bestimmung der Maßzahlen von Varianten ausgenutzt wird, bilden die nach dem vorher dargestellten Algorithmus modellierten triangulären Zugehörigkeitsfunktionen.

Sehr häufig werden die Wahrscheinlichkeiten $\lambda(t)$ und $f(t)$ als Zuverlässigkeitskenngrößen in Form von Verteilungsfunktionen der Wahrscheinlichkeitsdichte angegeben. Allerdings können auch andere Parameter als die der Zuverlässigkeit in einer solchen Form angegeben werden.

Erfahrungsgemäß treten in der Praxis am häufigsten folgende Verteilungen auf:

— Dreiecksverteilung
— Normalverteilung nach *C. F. Gauß*
— Logarithmische Normalverteilung
— *Weibull*-Verteilung

4.3 Die Bestimmung der Maßzahlen 157

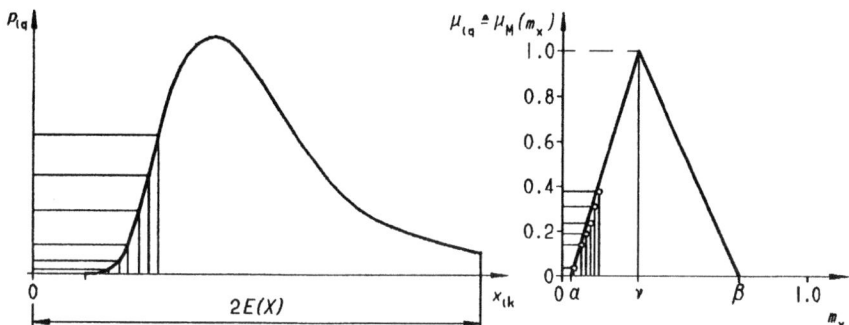

Bild 4.85. Transformation der Verteilungsfunktion auf die Zugehörigkeitsfunktion

Ist die Dichtefunktion für eine gegebene Wahrscheinlichkeitsverteilung bekannt, kann die Verteilungsfunktion einer stetigen Zufallsgröße bestimmt werden. Die Zufallsgröße muß wegen der Transformation der Verteilungsfunktion auf die Zugehörigkeitsfunktion zu einem konkreten Wert hin begrenzt werden. Es wird vorgeschlagen, daß dieser Wert dem doppelten Erwartungswert $E(X)$ entspricht (vgl. Bild 4.85). Das Intervall $[0, 2E(X)]$ wird in „t" diskrete Werte geteilt, für die die Werte der Zugehörigkeitsfunktion $\mu_{i1}, \mu_{i2}, \ldots, \mu_{it}$ entsprechend Gl. (4.205) zu berechnen sind. Die doppelten Erwartungswerte müssen für alle zu bewertenden Varianten hinsichtlich des betrachteten Kriteriums zum Intervall $[0, 1]$ normiert werden. Die Modellierung der triangulären Zugehörigkeitsfunktion dieser stetigen Zufallsgrößen entspricht dann derjenigen diskreten Zufallsgrößen.

4.4 Die Gewichtung

4.4.1 Übersicht

Wie bereits in Kapitel 3.3.1 betont, sind die an ein technisches System gestellten Anforderungen in der Regel nicht alle gleich wichtig. Dieser Umstand muß bei der Bewertung dadurch berücksichtigt werden, daß die aus den Anforderungen hergeleiteten Kriterien gegeneinander abgewogen und damit gewichtet werden.

Als das Bewußtsein für die Notwendigkeit einer methodische Bewertung durch die grundlegenden Erkenntnisse *F. Kesselrings* [31], *C. Zangemeister* [69] u. v. a. insbesondere in den Jahren zwischen 1950 und 1975 wuchs, wurde auch die *Gewichtung* der Bewertungskriterien untereinander in Erwägung gezogen und als mögliche Verbesserung einer Differenzierung zwischen den zu bewertenden Konstruktionsvarianten vorgeschlagen. Allerdings wurde dieser Möglichkeit mit dem zugegebenermaßen größeren Aufwand nicht *die* Bedeutung beigemessen, die sie in den letzten Jahrzehnten u. a. durch den weltweiten Wandel der Wirtschaftsstrukturen, dem damit verbundenen Wachstum nationaler und internationaler Konkurrenz sowie der damit verbundenen Verbesserung der Wettbewerbsfähigkeit zwingend erreicht hat.

Mit diesen Veränderungen hat sich auch der Stellenwert einer Bewertung von Varianten technischer Systeme im Ablauf des Konstruktionsprozesses geändert und ist als Entscheidungshilfe nicht mehr zu entbehren. Gerade in der industriellen Praxis hat es sich erwiesen, daß auf die Gewichtung der Bewertungskriterien untereinander als ein wichtiges Mittel zur Erhöhung des Vertrauensgrades und zur Stabilisierung der Bewertungsergebnisse nicht verzichtet werden kann.

Die Gewichtung wird ausgedrückt durch die aus den sogenannten *Wichtigkeiten* ermittelten *Gewichtungsfaktoren*, mit denen die *Maßzahlen* je Kriterium einer jeden Lösung multipliziert werden und damit die sogenannten *Wertungszahlen* ergeben. Wird eine Bewertung ohne gewichtete Werte bzw. Eigenschaften durchgeführt, so entspricht das einer Bewertung mit dem für alle Kriterien anzusetzenden Gewichtungsfaktor „1".

Die Abschätzung der Wichtigkeiten und der daraus resultierenden Gewichtungsfaktoren ist bis auf wenige Ausnahmen, beispielsweise wenn Gesetze die Frage nach den Prioritäten von Bewertungskriterien regeln, ein äußerst subjektiver Entscheidungsvorgang, dessen Ergebnisse, ob zahlenwertmäßig oder linguistisch formuliert, in jedem Fall sachgemäß unscharf sind. Deshalb müssen, zumindest bei Bewertungen, deren Ergebnisse als Grundlage weitreichender Entscheidungen dienen, Verfahren angewendet werden, die diese Subjektivität auf ein Mindestmaß reduzieren, die Ergebnisse also objektivieren. Bei überschlägigen Bewertungen und solchen, die zu Entscheidungen geringerer Tragweite herangezogen werden, genügen jedoch einfacherer Verfahren zur Ermittlung der Gewichtungsfaktoren.

Grundsätzlich bieten sich in Abhängigkeit von der Beschaffungs- bzw. Entwicklungsart sowie von der Komplexität des jeweiligen Entscheidungskriteriums folgende Möglichkeiten zur Ermittlung der Gewichtungsfaktoren an:

1. Abschätzung der Gewichtungsfaktoren in Form von Notenbegriffen, denen linguistische Variable zugeordnet sind, also beispielsweise:

    äußerst wichtig = 4
    sehr wichtig = 3
    wichtig = 2
    weniger wichtig = 1
    absolut unwichtig = 0

    Aber auch andere Notenbereiche wie beispielsweise 0 bis 9 sind möglich. *F. Kesselring* schlägt in [31] einen Notenbereich von 2 bis 10 vor. Es wird allerdings darauf hingewiesen, daß die Vergabe von „0" zur Eliminierung der gewogenen Maßzahlen, also der Wertungszahlen, führt, was gleichbedeutend ist mit der Eliminierung des betroffenen Kriteriums.

2. Ermittlung der Gewichtungsfaktoren aus im paarweisen Vergleich der einzelnen Kriterien abgeschätzten Pauschalurteilen (vgl. Kapitel 7.4).

3. Ermittlung der Gewichtungsfaktoren aus der Häufigkeit der Präferenzen der paarweise verglichenen Kriterien (vgl. Kapitel 7.5).

4. Ermittlung der Gewichtungsfaktoren durch ihre stufenweise Bestimmung anhand eines Zielbaumes (vgl. Kapitel 7.6).

4.4 Die Gewichtung

5. Berechnung der Gewichtungsfaktoren als scharfe Zahlen aus den im paarweisen Vergleich der einzelnen Kriterien abgeschätzten Wichtigkeiten (vgl. Kapitel 4.4.2).
6. Modellierung der Gewichtungsfaktoren als unscharfe Mengen (vgl. Kapitel 4.4.3).

Die Realisation der Punkte 5 und 6 läßt sich durch unterschiedliche Verfahren erreichen, die nachfolgend beschrieben werden. Zur Erklärung der Zusammenhänge zwischen den Wichtigkeiten untereinander und den Gewichtungsfaktoren dient ein durchgängiges Beispiel.

4.4.2 Die Ermittlung der Gewichtungsfaktoren als scharfe Zahlen

4.4.2.1 Die Gewichtungsmatrix

Die Ermittlung der Gewichtungsfaktoren erfolgt formell durch Eintragung der Wichtigkeiten der Kriterien, die analog der Ermittlung der Erfüllungsgrade im paarweisen Vergleich ermittelt werden, in eine sogenannte *Gewichtungsmatrix* und anschließender Berechnung der Ergebnisvektoren $\vec{g}$, deren Koordinaten den Gewichtungsfaktoren je Kriterium entsprechen.

Beispiel 4.37: Für die Beschaffung eines Pkw aus einem Angebot mehrerer konkurrierender Varianten seien hier wiederum als Auszug aus einer Anforderungsliste analog Beispiel 4.29 die Anforderungen

A *Sicherheit*
B *Komfort*
C *Entsorgbarkeit*

betrachtet und in eine Gewichtungsmatrix eingetragen (vgl. Bild 4.86).

Ordn. Nr.	Bew.-Kriterium	A	B	C	Gewichtungs- faktoren
A	Sicherheit				
B	Komfort				
C	Entsorgbarkeit				

Bild 4.86. Beispiel einer Gewichtungsmatrix mit drei Kriterien einschließlich Spalte für die Eintragung der Gewichtungsfaktoren

4.4.2.2 Die Bestimmung der Wichtigkeiten

Die Besetzung der einzelnen Matrixelemente ergibt sich aus der Fragestellung nach den Wichtigkeiten p_{ij} eines zunächst beliebigen Kriteriums gegenüber jedem der übrigen Kriterien. Diese lautet:

„Um wieviel wichtiger ist ein Kriterium gegenüber jedem anderen?"

Die mathematische Interpretation der in ingenieurmäßiger Entscheidung durch paarweisen Vergleich gewonnenen Wichtigkeiten und deren formale Eintragung in die Gewichtungsmatrix wurde bereits durch die allgemeine Betrachtung zur Bestimmung der Bewertungsgrößen behandelt, wobei hier die Wichtigkeiten p_{ij} den Bewertungsgrößen u_{ij} entsprechen. Gemäß den in Kapitel 4.1.2.2 vorgestellten Möglichkeiten ist auch hier die Ermittlung der Wichtigkeiten auf verschiedene Arten zu erreichen, die jeweils zu unterschiedlichen Zusammenhängen der Matrixelemente untereinander und damit zu unterschiedlichen Gewichtungsfaktoren führen, wobei die Rangfolge der Gewichtungsfaktoren je Kriterium jedoch bei allen Interpretationsarten erhalten bleibt.

Die nachfolgend beschriebenen mathematischen Zusammenhänge, die zur Erstellung absolut konsistenter Gewichtungsmatrizen führen, erfordern allerdings und insbesondere bei einer größeren Anzahl von Kriterien einen erheblichen Rechenaufwand. Um diesen zu minimieren und fehlerfrei durchzuführen wird in jedem Fall empfohlen, die beschriebene Vorgehensweise zu programmieren und mit Hilfe eines Computers durchzuführen.

1. Paarweise normierte Wichtigkeiten

Wird die Summe der Wichtigkeiten zweier paarweise verglichener Kriterien zueinander zu 100% festgesetzt und das prozentual aufgeteilte Wichtigkeitsverhältnis auf „1" normiert, so führen analog Kapitel 4.1.2.2, Abschnitt 1, folgende Überlegungen zur Bestimmung der Wichtigkeiten des ersten Kriteriums, hier beispielsweise des Kriteriums A, gegenüber allen anderen Kriterien, hier beispielsweise der Kriterien B bis D:

Wird die Wichtigkeit des Kriteriums A höher eingeschätzt als die des Kriteriums B, so wird innerhalb der Zeile A unter B ein Wert $0.5 < p_{AB} \leq 1.0$ eingesetzt.

Wird weiterhin die Wichtigkeit des Kriteriums A geringer als die des Kriteriums C eingeschätzt, so wird innerhalb der Zeile A unter C ein Wert $0 \leq p_{AC} < 0.5$ eingesetzt.

Sind die Kriterien A und D gleichwertig, so erscheint in Zeile A unter D der Wert $p_{AD} = 0.5$. Selbstverständlich können auch echte Brüche eingesetzt werden.

Beispiel 4.38: Für die in Beispiel 4.37 eingeführten Kriterien ergeben sich die in Bild 4.87 eingetragenen Wichtigkeiten aus den Überlegungen, daß das Kriterium A (*Sicherheit*) dreimal wichtiger als das Kriterium B (*Komfort*) eingeschätzt wird. Mit dem Gl. (4.3) analogen Ansatz

$$p_{BA} = 1 - p_{AB} \qquad (4.240)$$

ergibt sich somit

$$p_{AB} + p_{BA} = 1,$$

$$p_{AB} + \frac{p_{AB}}{3} = 1,$$

$$p_{AB} = 0.75 \text{ und } p_{BA} = 0.25.$$

4.4 Die Gewichtung

Bild 4.87. Beispiel einer Gewichtungsmatrix mit auf „1" normierten Wichtigkeiten

Ordn. Nr.	Bew.-Kriterium	A	B	C
A	Sicherheit	0	0.75	
B	Komfort	0.25	0	
C	Entsorgbarkeit			

In der Hauptdiagonalen erscheinen *Nullen*, da ein Kriterium gegenüber sich selbst nicht gewichtet werden kann.
In gleicher Weise werden auch die Wichtigkeitsverhältnisse zwischen dem Kriterium A und dem Kriterium C (*Entsorgbarkeit*) und, falls vorhanden, zwischen dem Kriterium A und allen weiteren Kriterien bestimmt und in die entsprechende Gewichtungsmatrix eingetragen. Damit läßt sich die Matrix Bild 4.87 durch das in Bild 4.88 eingetragene, normierte Wichtigkeitsverhältnis zwischen Kriterium A und Kriterium C ergänzen.

Bild 4.88. Erweitertes Beispiel der Gewichtungsmatrix mit auf „1" normierten Wichtigkeiten

Ordn. Nr.	Bew.-Kriterium	A	B	C
A	Sicherheit	0	0.75	0.33
B	Komfort	0.25	0	
C	Entsorgbarkeit	0.67		

Sind die Wichtigkeiten der ersten Zeile und deren an der Hauptdiagonalen der Gewichtungsmatrix gespiegelten Spalte bestimmt, so sind alle weiteren Wichtigkeiten nach der *Transitivitätsregel* und den dazu analogen Gesetzmäßigkeiten ebenfalls bestimmt (vgl. Kapitel 4.1.2.3). Dieser Sachverhalt wird durch folgende Überlegung verdeutlicht:

„Wenn das Kriterium A wichtiger ist als das Kriterium B und weniger wichtig als das Kriterium C, dann muß das Kriterium C wichtiger sein als das Kriterium B!"

Wenn also die Wichtigkeit des Kriteriums A gegenüber der des Kriteriums B und die Wichtigkeit des Kriteriums A gegenüber der des Kriteriums C und damit die erste Zeile und über die komplementäre Beziehung $p_{BA} = 1 - p_{AB}$ sowie $p_{CA} = 1 - p_{AC}$ auch die erste Spalte der Gewichtungsmatrix bestimmt worden sind, kann die Wichtigkeit des Kriteriums B gegenüber derjenigen des Kriteriums C nicht mehr willkürlich festgelegt werden. Diese Logik wird durch folgende mathematisch exakte Darstellung der Zusammenhänge erklärt, die zu absolut konsistenten Gewichtungsmatrizen führt:

Wenn sich die Wichtigkeit des Kriteriums B gegenüber derjenigen des Kriteriums A wie $\frac{p_{BA}}{p_{AB}}$ und die Wichtigkeit des Kriteriums C gegenüber derjenigen des Kriteriums A wie $\frac{p_{CA}}{p_{AC}}$ verhält, dann *muß* sich die Wichtigkeit des Kriteriums C gegenüber derjenigen des Kriteriums B verhalten wie

$$\frac{p_{CB}}{p_{BC}} = \frac{\frac{p_{CA}}{p_{AC}}}{\frac{p_{BA}}{p_{AB}}}. \tag{4.241}$$

Entsprechend dem Ansatz, daß die Summe der Wichtigkeiten des Kriterium B gegenüber C, also p_{BC}, und des Kriteriums C gegenüber B, also p_{CB}, gemäß dem Normierungsansatz einer paarweisen Normierung „1" ergeben muß, gilt

$$p_{BC} = 1 - p_{CB}. \tag{4.242}$$

Wird p_{CB} aus Gl. (4.241) in Gl. (4.242) eingesetzt, so ergibt sich

$$p_{BC} = 1 - \left(\frac{\frac{p_{CA}}{p_{AC}}}{\frac{p_{BA}}{p_{AB}}} \right) p_{BC}, \tag{4.243}$$

$$p_{BC} = \frac{1}{1 + \left(\frac{\frac{p_{CA}}{p_{AC}}}{\frac{p_{BA}}{p_{AB}}} \right)}. \tag{4.244}$$

Für die Berechnung der Wichtigkeiten der 2. bis n-ten Zeile und damit auch der 2. bis n-ten Spalte einer Gewichtungsmatrix mit n Kriterien und den Indizes i = i-te Zeile und j = j-te Spalte ergeben sich somit folgende allgemeingültigen Gleichungen:

$$p_{ij} = \frac{1}{1 + \left(\frac{\frac{p_{j1}}{p_{1j}}}{\frac{p_{i1}}{p_{1i}}} \right)} = \frac{1}{1 + \left(\frac{p_{j1}}{p_{1j}} \frac{p_{1i}}{p_{i1}} \right)}, i,j = 1, \ldots, n \tag{4.245}$$

$$p_{ji} = 1 - p_{ij}, i,j = 1, \ldots, n \tag{4.246}$$

Beispiel 4.38 (Fortsetzung): Durch Einsetzen der bisher bestimmten Wichtigkeiten in die Gleichungen (4.245) bzw. (4.246) wird die Gewichtungsmatrix Bild 4.88 entsprechend Bild 4.89 ergänzt.

Ordn. Nr.	Bew.-Kriterium	A	B	C
A	Sicherheit	0	0.75	0.33
B	Komfort	0.25	0	0.14
C	Entsorgbarkeit	0.67	0.86	0

Bild 4.89. Ergänztes Beispiel der Gewichtungsmatrix mit auf „1" normierten Wichtigkeiten

4.4 Die Gewichtung

2. Verhältnismäßige Wichtigkeiten

Werden die Wichtigkeiten zweier paarweise verglichener Kriterien zueinander ins Verhältnis gesetzt, so führen analog Kapitel 4.1.2.2, Abschnitt 2, folgende Überlegungen zur Bestimmung der Wichtigkeiten des ersten oder eines beliebigen anderen Kriteriums, hier beispielsweise des Kriteriums A, gegenüber allen anderen Kriterien, hier beispielsweise der Kriterien B bis D:

Wird die Wichtigkeit des Kriteriums A höher eingeschätzt als die des Kriteriums B, so wird innerhalb der Zeile A unter B ein Wert $p_{AB} > 1.0$ eingesetzt.

Wird weiterhin die Wichtigkeit des Kriteriums A geringer als die des Kriteriums C eingeschätzt, so wird innerhalb der Zeile A unter C ein Wert $0 < p_{AC} < 1.0$ eingesetzt.

Sind die Kriterien A und D gleichwertig, so erscheint in Zeile A unter D der Wert $p_{AD} = 1.0$.

Beispiel 4.39: Wird von den in Beispiel 4.37 einführten Kriterien das Kriterium A (*Sicherheit*) als dreimal wichtiger gegenüber dem Kriterium B (*Komfort*) geschätzt, so ergeben sich mit dem Gl. (4.5) analogen Ansatz

$$p_{BA} = \frac{1}{p_{AB}} \qquad (4.247)$$

die in Bild 4.90 eingetragenen Wichtigkeitsverhältnisse zu

$$p_{AB} = 3\,p_{BA} \quad \text{und} \quad p_{BA} = \frac{p_{AB}}{3}.$$

Bild 4.90. Beispiel einer Gewichtungsmatrix mit ins Verhältnis gesetzten Wichtigkeiten

Ordn. Nr.	Bew.-Kriterium	A	B	C
A	Sicherheit	1	3	
B	Komfort	1/3	1	
C	Entsorgbarkeit			

In der Hauptdiagonalen erscheinen *Einser*, da ein Kriterium zu sich selbst im Verhältnis „1" steht.

In gleicher Weise werden auch die Wichtigkeitsverhältnisse zwischen dem Kriterium A und dem Kriterium C (Entsorgbarkeit) und, falls vorhanden, zwischen dem Kriterium A und allen weiteren Kriterien bestimmt und in die entsprechende Gewichtungsmatrix eingetragen. Damit läßt sich die Matrix Bild 4.90 durch die in Bild 4.91 eingetragenen verhältnismäßigen Wichtigkeiten zwischen Kriterium A und Kriterium C ergänzen.

Bild 4.91. Erweitertes Beispiel der Gewichtungsmatrix mit ins Verhältnis gesetzten Wichtigkeiten

Ordn. Nr.	Bew.-Kriterium	A	B	C
A	Sicherheit	1	3	1/2
B	Komfort	1/3	1	
C	Entsorgbarkeit	2		

Ebenso wie bei den paarweise normierten Wichtigkeiten gilt auch hier, daß bei Einhaltung der *Transitivitätsregel* und den dazu analogen Gesetzmäßigkeiten nach der Bestimmung der Wichtigkeiten der ersten oder *einer* beliebigen anderen Zeile und deren an der Hauptdiagonalen der Gewichtungsmatrix gespiegelten Spalte alle weiteren Wichtigkeiten ebenfalls bestimmt sind und somit deren absolute Konsistenz gewährleistet ist.

Wenn sich also die Wichtigkeit des Kriteriums B gegenüber derjenigen des Kriteriums A wie $\frac{p_{BA}}{p_{AB}} = \frac{1/p_{AB}}{p_{AB}}$ und die Wichtigkeit des Kriteriums C gegenüber derjenigen des Kriteriums A wie $\frac{p_{CA}}{p_{AC}} = \frac{1/p_{AC}}{p_{AC}}$ verhält, dann *muß* sich die Wichtigkeit des Kriteriums C gegenüber derjenigen des Kriteriums B entsprechend

$$\frac{p_{CB}}{p_{BC}} = \frac{\dfrac{\dfrac{1}{p_{AC}}}{p_{AC}}}{\dfrac{\dfrac{1}{p_{AB}}}{p_{AB}}} \tag{4.248}$$

verhalten.

Entsprechend dem Ansatz der Verhältnismäßigkeit muß das Produkt der Wichtigkeiten des Kriteriums B gegenüber C, also p_{BC}, und des Kriteriums C gegenüber B, also p_{CB}, den Wert „1" ergeben. Daraus resultiert

$$p_{BC} = \frac{1}{p_{CB}} . \tag{4.249}$$

Wird p_{CB} aus Gl. (4.248) in Gl. (4.249) eingesetzt, so ergibt sich

$$p_{BC} = \frac{1}{\left(\dfrac{\dfrac{1}{p_{AC}}}{p_{AC}}{\dfrac{1}{p_{AB}}}}{p_{AB}}\right) p_{BC}} , \tag{4.250}$$

$$p_{BC} = \sqrt{\frac{1}{\left(\dfrac{\dfrac{1}{p_{AC}}}{p_{AC}}{\dfrac{1}{p_{AB}}}}{p_{AB}}\right)}} . \tag{4.251}$$

Für die Berechnung der Wichtigkeiten der 2. bis n-ten Zeile und damit auch der 2. bis n-ten Spalte einer Gewichtungsmatrix mit n Kriterien und den Indizes i = i-te Zeile und j = j-te Spalte ergeben sich somit folgende allgemeingültigen Gleichungen:

4.4 Die Gewichtung

$$p_{ij} = \sqrt{\cfrac{1}{\left(\cfrac{\cfrac{1}{p_{1j}}}{\cfrac{1}{p_{1i}}}\right)}} = \cfrac{p_{1j}}{p_{1i}} \;,\; i,j = 1,\ldots,n \qquad (4.252)$$

$$p_{ji} = \frac{1}{p_{ij}} \;,\; i,j = 1,\ldots,n \qquad (4.253)$$

Beispiel 4.39 (Fortsetzung): Durch Einsetzen der bisher bestimmten Wichtigkeiten in die Gleichungen (4.252) bzw. (4.253) wird die Gewichtungsmatrix Bild 4.91 entsprechend Bild 4.92 ergänzt, wobei die Anwendung der letztgenannten Gleichung jedoch nicht erforderlich ist.

Bild 4.92. Ergänztes Beispiel der Gewichtungsmatrix mit ins Verhältnis gesetzten Wichtigkeiten

Ordn. Nr.	Bew.-Kriterium	A	B	C
A	Sicherheit	1	3	1/2
B	Komfort	1/3	1	1/6
C	Entsorgbarkeit	2	6	1

Für den Fall, daß nicht die erste, sondern aufgrund deren Präferenz eine beliebige andere, beispielsweise die k-te, Zeile festgelegt wurde, lassen sich die Gleichungen (4.252) und (4.253) auch abwandeln zu

$$p_{ij} = \frac{p_{kj}}{p_{ki}} , \qquad (4.254)$$

$$p_{ji} = \frac{1}{p_{ij}} = \frac{p_{ki}}{p_{kj}} . \qquad (4.255)$$

4.4.2.3 Die Berechnung der Gewichtungsfaktoren

Werden die Gewichtungsfaktoren in Form scharfer Zahlen erfaßt, errechnen sie sich entsprechend der beiden in Kapitel 4.4.2.2 vorgestellten Betrachtungsweisen bei der Ermittlung der Wichtigkeiten ebenfalls unterschiedlich. Die Wahl des Verfahrens hat allerdings trotz unterschiedlicher Werte der Gewichtungsfaktoren keinen Einfluß auf die Rangfolge der gewichteten Kriterien und ist deshalb mit keinem Risiko hinsichtlich einer sich auf die Bewertung abstützenden Entscheidung verbunden.

1. Gewichtungsfaktoren paarweise normierter Wichtigkeiten

Wurden die Wichtigkeiten im paarweisen Vergleich ermittelt und das prozentuale Wichtigkeitsverhältnis auf „1" normiert, ergeben sich die Gewichtungsfaktoren g_i je Kriterium i durch *Addition* aller geschätzten bzw. berechneten Wichtigkeiten p_{ij} der jeweiligen Zeile i, also aus

$$g_i = \sum_{j=1}^{n} p_{ij} \quad (4.256)$$

Die Gewichtungsfaktoren werden zweckmäßigerweise in einer separaten Spalte „Gewichtungsfaktoren" zusammengefaßt. Sie können gegebenenfalls gemäß

$$g_{i_{norm}} = \frac{g_i}{\sum\limits_{i=1}^{n} g_i} \quad (4.257)$$

normiert und als solche in einer zusätzlichen Spalte „normierte Gewichtungsfaktoren" eingetragen werden. Dies ist insbesondere dann erforderlich, wenn sie zur Darstellung von Wertprofilen herangezogen werden (vgl. Kapitel 4.6.8.6). Außerdem hat eine Normierung bei einer größeren Anzahl von Kriterien den Vorteil, daß die abschließend berechneten Wertungszahlen keine zu großen Werte annehmen.

Beispiel 4.38 (Fortsetzung): Die Addition der in Bild 4.89 eingetragenen Wichtigkeiten und deren anschließende Normierung ergeben die in Bild 4.93 gezeigten Gewichtungsergebnisse.

Ordn. Nr.	Bew.-Kriterium	A	B	C	Gewichtungs-faktoren	normierte Gew.faktoren
A	Sicherheit	0	0.75	0.33	1.080	0.360
B	Komfort	0.25	0	0.14	0.390	0.130
C	Entsorgbarkeit	0.67	0.86	0	1.530	0.510
					$\Sigma g = 3.000$	$\Sigma g_{norm} = 1.000$

Bild 4.93. Beispiel einer Gewichtungsmatrix; Ermittlung aller Wichtigkeiten und der Gewichtungsfaktoren bei paarweise auf „1" normierten Wichtigkeiten

Zur Kontrolle der Gewichtungsmatrix muß die Summe aller Gewichtungsfaktoren *gleich* der Anzahl der Elemente oberhalb der Hauptdiagonalen sein, da bei der Gegenüberstellung der Kriterien insgesamt immer *ein* Punkt vergeben wird. Also muß folgende Bedingung erfüllt sein:

$$\sum g = 0.5\, n\, (n-1) \quad (4.258)$$

2. Gewichtungsfaktoren verhältnismäßiger Wichtigkeiten

Wurden die Wichtigkeiten durch die Verhältnisbildung paarweise verglichener Kriterien ermittelt, könnten die Gewichtungsfaktoren g_i je Kriterium K_i gemäß Kapitel 4.1.3, Abschnitt 2, mittels vier unterschiedlichen Verfahren berechnet werden. Unter der Voraussetzung, daß die Gewichtungsmatrizen absolut konsistent sind, ergeben sich trotz unterschiedlicher absoluter Gewichtungsfaktoren bei allen Verfahren die gleichen normierten Gewichtungsfaktoren $g_{i_{norm}}$.

4.4 Die Gewichtung

Sofern die Kriterien mit absoluten Gewichtungsfaktoren gewichtet werden sollen, ist allerdings dem Verfahren Nr. 4 gemäß Kapitel 4.1.3, Abschnitt 2, der Vorrang zu geben, d. h. die Gewichtungsfaktoren je Kriterium ergeben sich durch Multiplikation der n Wichtigkeiten der jeweiligen Zeile i und anschließender Ziehung der n-ten Wurzel aus diesem Produkt, also aus

$$g_i = \sqrt[n]{\prod_{j=1}^{n} p_{ij}}. \tag{4.259}$$

Zweckmäßigerweise werden auch hier die Gewichtungsfaktoren in einer separaten Spalte „Gewichtungsfaktoren" zusammengefaßt. Außerdem können sie gemäß Gl. (4.257) aus den bereits erwähnten Gründen normiert und in eine zusätzliche Spalte „normierte Gewichtungsfaktoren" eingetragen werden.

Beispiel 4.39 (Fortsetzung): Die Anwendung von Gl. (4.259) auf die in Bild 4.92 eingegebenen Wichtigkeiten und deren anschließende Normierung ergeben die in Bild 4.94 gezeigten Gewichtungsergebnisse.

Ordn. Nr.	Bew.-Kriterium	A	B	C	Gewichtungsfaktoren	normierte Gew.faktoren
A	Sicherheit	1	3	1/2	1.145	0.300
B	Komfort	1/3	1	1/6	0.382	0.100
C	Entsorgbarkeit	2	6	1	2.289	0.600
					$\Sigma g = 3.816$	$\Sigma g_{norm} = 1.000$

Bild 4.94. Beispiel einer Gewichtungsmatrix; Ermittlung aller Wichtigkeiten und der Gewichtungsfaktoren bei ins Verhältnis gesetzten Wichtigkeiten

Zur Kontrolle der Gewichtungsmatrix muß das Produkt der über der Hauptdiagonalen liegenden Wichtigkeiten gleich dem Reziprokwert des Produktes der unter der Hauptdiagonalen liegenden Wichtigkeiten sein. Unter Verwendung der Indizes i = i-te Zeile und j = j-te Spalte muß folgende Bedingung erfüllt sein:

$$\prod_{i=1, j=2}^{i=n-1, j=n} p_{ij} = \frac{1}{\prod_{i=2, j=1}^{i=n, j=n-1} p_{ij}} \tag{4.260}$$

Wie bereits in Kapitel 4.1.3, Abschnitt 3, gezeigt wurde, ist das Ausfüllen der Gewichtungsmatrix gemäß Bild 4.94 allerdings grundsätzlich unnötig, da durch die Festlegung der ersten oder einer beliebigen anderen Zeile alle mathematischen Zusammenhänge durch die Gleichungen (4.252) bzw. (4.253) eindeutig festgelegt sind. Es bietet sich also auch hier an, nach freier Abschätzung der Wichtigkeiten des als *wichtigst* angesehenen Kriteriums gegenüber allen übrigen Kriterien die normierten Gewichtungsfaktoren analog Gl. (4.35) zu berechnen.

Ein Vergleich der Ergebnissen aus den Beispielen 4.38 und 4.39 zeigt, daß beide beschriebenen Betrachtungsweisen wertmäßig zwar unterschiedliche Gewichtungsfaktoren liefern, diese jedoch, wie bereits zu Beginn dieses Kapitels erwähnt, in ihrer Tendenz übereinstimmen.

4.4.3 Die Modellierung der Gewichtungsfaktoren als unscharfe Mengen

4.4.3.1 Übersicht

Da die Abschätzung der Gewichtungsfaktoren ebenso subjektiven Einflüssen unterworfen ist wie die der Maßzahlen unscharf erfaßbarer Kriterien, sollten sie bei Bewertungen, die als Grundlagen für weitreichende Entscheidungen dienen, unscharf modelliert werden.

Dieser Ansatz ermöglicht es, die subjektiven Meinungen der Bewerter zu berücksichtigen und diese in der natürlichen Sprache ausdrücken zu können, bevor die Ergebnisse durch entsprechende Maßnahmen objektiviert werden.

Zur Bestimmung der Gewichtungsfaktoren in Form unscharfer Mengen bieten sich folgende zwei Verfahren an:

1. Bestimmung der Wichtigkeiten mittels absolut konsistenter oder zunächst in freier Entscheidung ausgefüllter Gewichtungsmatrizen und anschließender Modellierung der sich daraus ergebenden Gewichtungsfaktoren als unscharfe Zahlen (α, ν, β) in Form triangulärer Zugehörigkeitsfunktionen, wie dies bereits von der Modellierung der Maßzahlen nicht scharf erfaßter deterministischer Kriterien her bekannt ist (vgl. Kapitel 4.3.5.2);

2. Bestimmung der Wichtigkeiten durch ihre Modellierung als unscharfe Mengen mittels Modifikationsoperatoren des linguistischen Terms *wichtig* und der daraus resultierenden unscharfen Gewichtungsfaktoren analog der bereits bei der Modellierung der Erfüllungsgrade und der daraus gebildeten unscharfen Maßzahlen echter linguistischer Kriterien gezeigten Vorgehensweise (vgl. Kapitel 4.3.5.5);

Die Anwendung eines dieser beiden Verfahren wird insbesondere

— bei allgemeiner Unsicherheit aufgrund noch nicht erhärteter Informationen,
— bei größerer Unsicherheit in frühen Phasen des Konstruktionsprozesses,
— bei ungewisser Marktsituation,
— bei risikobehafteten Entwicklungsvorhaben sowie
— bei einer geringen Anzahl von zur Verfügung stehenden Experten

vorgeschlagen.

Sowohl beim ersten, dem sogenannten *numerischen Verfahren*, als auch beim zweiten, dem sogenannten *linguistischen Verfahren*, werden die Wichtigkeiten von einer Bewertergruppe bestimmt. Beide Verfahren erfüllen die Anforderung, Fehler oder Fehleinschätzungen subjektiver Natur möglichst weitgehend zu eliminieren.

Beide Verfahren einschließlich einiger möglichen Variationen werden nachfolgend ausführlich beschrieben.

4.4 Die Gewichtung

4.4.3.2 Das numerische Verfahren zur Bestimmung unscharfer Gewichtungsfaktoren

Bei diesem Verfahren erfolgt die Ermittlung der Gewichtungsfaktoren grundsätzlich über die in freier Entscheidung abgeschätzten Wichtigkeiten p_{ij} aller Kriterien untereinander durch deren paarweisen Vergleich und die Eintragung dieser Entscheidungen in eine Tafelmatrix. Es bestehen allerdings zwei Möglichkeiten, um absolut oder annähernd konsistente Gewichtungsmatrizen zu erhalten:

— Subjektive Bestimmung der verhältnismäßigen Wichtigkeiten des ersten Kriteriums gegenüber allen anderen Kriterien und anschließender Berechnung der Folgewichtigkeiten unter Einhaltung der Konsistenzregeln, d. h. deren Berechnung gemäß Gl. (4.252) und eventuell Gl. (4.253), deren Anwendung jedoch nicht notwendig ist, weil Gl. (4.252) diese impliziert.

— Bestimmung der Wichtigkeiten in subjektivem Vergleich aller Bewertungskriterien untereinander, anschließender Prüfung auf ihre Konsistenznähe nach *T. L. Saaty* (vgl. Kapitel 4.1.3, Abschnitt 4). und, im Falle nicht ausreichender Konsistenznähe, Bestimmung der Ergebnisvektoren analog Kapitel 4.1.3, Abschnitt 5.

Die Koordinaten der Ergebnisvektoren $\vec{g}$, also die Gewichtungsfaktoren g_i, werden anschließend durch unscharfe Mengen der Zugehörigkeitsfunktionen $\mu_G(g_x) [0, 1] \rightarrow [0, 1]$, $i = 1, 2, \ldots, m$, ausgedrückt, indem jeder Gewichtungsfaktor als unscharfe Zahl (α, ν, β) in Form triangulärer Zugehörigkeitsfunktionen modelliert wird. Ihre Verläufe entsprechen dann denjenigen gemäß Bild 4.17, Formen a, b oder c.

Liegen, wie empfohlen, die Ergebnisvektoren $\vec{g}$ (k) mehrerer Bewerter E(k) vor, werden die Koordinaten g_i normiert und zwar derart, daß je Kriterium K_i der maximale Wert von aller Gewichtungsfaktoren g_i aller Bewerter die Größe „1" gemäß der Abhängigkeit

$$g_i^N(k) = \frac{g_i(k)}{\max_{i,k} g_i(k)}, \quad i = 1, 2, \ldots, n, \; k = 1, 2, \ldots, l, \tag{4.261}$$

annimmt

Das hier vorgestellte Verfahren eignet sich erst bei Vorlage von drei und mehr Kriterien verschiedener Wichtigkeiten. Falls nur zwei Kriterien vorliegen, bestimmt jeder Bewerter deren Wichtigkeiten, indem eine untere und eine obere Grenze aus dem Intervall $[0, 1]$ angenommen wird. Mit diesen Werten werden zwei trianguläre Zugehörigkeitsfunktionen der Form $(\alpha_i, \nu_i, \beta_i)$, $i = 1, 2$, gebildet, wobei α_i und β_i die von den Bewertern bestimmten Randgrößen sind und ν_i die Lage des Gipfelpunktes auf der Abszisse bestimmt, der als der empirische Mittelwert aus den übrigen Werten berechnet wird. Auch diese Werte sind hinsichtlich des maximalen Wertes zu normieren.

4.4.3.3 Linguistische Verfahren zur Bestimmung unscharfer Gewichtungsfaktoren

Da die Abschätzung von Wichtigkeiten naturgemäß nur rein subjektiv sein kann, sollten diese und die sich daraus ergebenden Gewichtungsfaktoren bei Entscheidungen von großer Tragweite unscharf erfaßt werden.

Demzufolge bietet sich der linguistische Term *wichtig* als Primärterm an, dem je nach gewünschter Auflösung linguistisch sinnvolle Modifikatoren zuzuordnen sind.

Die so definierten linguistischen Ausdrücke bilden die Grundlage für die Modellierung von Zugehörigkeitsfunktionen, deren Verläufe sich nach unterschiedlichen Bildungsgesetzen modellieren lassen. Nachfolgend werden zwei Verfahren vorgeschlagen, die sich folgendermaßen unterscheiden:

— Modellierung der Zugehörigkeitsfunktionen der einzelnen Wichtigkeitsgrade mittels Mengenoperatoren kriterienunabhängiger Modifikatoren;
— Modellierung der Zugehörigkeitsfunktionen aus den Vektorkoordinaten von Entscheidungsmatrizen, deren Elemente die in freier Meinung abgeschätzten Erfüllungsgrade paarweise verglichener Kriterien in Bezug auf deren Wichtigkeitsgrade bilden.

1. Die Zugehörigkeitsfunktionen linguistisch formulierter konsistenter Wichtigkeiten

Bei diesem Verfahren werden die Zugehörigkeitsfunktionen der Wichtigkeiten ihrem Charakter entsprechend dem linguistischen Term *wichtig* durch die linguistischen Ausdrücke

nicht wichtig - weniger wichtig - gleich wichtig - mehr wichtig - sehr wichtig

mittels der bereits in Kapitel 4.3.5.5 vorgeschlagenen Modifikatoren und zugehörigen, sinnvoll gewählten Mengenoperatoren modelliert. Im Falle paarweise normierter Wichtigkeiten entspricht der Ausdruck *gleich wichtig* einer triangulären Zugehörigkeitsfunktion, dessen Mitgliedsgradwert $\mu_P(p_x) = 1$ bei $p_x = 0.5$ liegt und dessen Randwerte die Mitgliedsgradwerte $a = 0$ und $b = 1$ besitzen.

Die den Modifikatoren zugeordneten Mengenoperatoren ergeben sich durch Konzentration gemäß Gl. (4.192), Dehnung gemäß Gl. (4.193) und deren Komplimente gemäß Gleichungen (4.195) und (4.196) (vgl. Tabelle 4.14 und Bild 4.96).

Die Modellierung der Gewichtungsfaktoren entspricht derjenigen der Maßzahlen aus den linguistisch ausgedrückten Erfüllungsgraden in Kapitel 4.3.5.5.

Wichtigkeit	Modifikator	Mengenoperator
0	*nicht*	$\mu_P(p_x) = 1 - p_x^2$
0.25	*weniger*	$\mu_P(p_x) = 1 - p_x^{0.5}$
0.50	*gleich*	$\mu_P(p_x) = L(p_x) = p_x/0.5$
		$\quad\quad\quad = R(p_x) = (1 - p_x)/0.5$
0.75	*mehr*	$\mu_P(p_x) = p_x^{0.5}$
1.00	*sehr*	$\mu_P(p_x) = p_x$

Tabelle 4.14. Modifikatoren und Mengenoperatoren des linguistischen Terms *wichtig*

4.4 Die Gewichtung 171

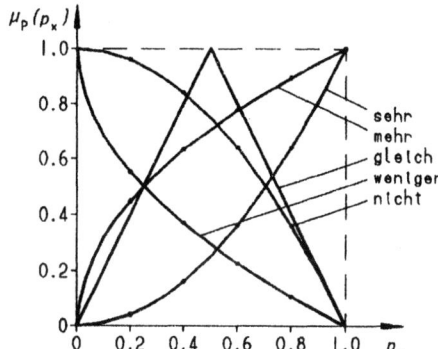

Bild 4.95. Zugehörigkeitsverläufe des
linguistischen Terms *wichtig*

Beispiel 4.40: Die Wichtigkeiten der drei in Beispiel 4.29 eingeführten Kriterien werden durch die linguistischen Modifikatoren gemäß Bild 4.96 ausgedrückt. Die Zusammenfassung der Zugehörigkeitsfunktionen zu den unscharfen Mengen der Gewichtungsfaktoren erfolgt durch die Bildung des Mengendurchschnitts je Kriterium (vgl. Bild 4.97).

	Sicherheit	*Komfort*	*Entsorgbarkeit*
Sicherheit	-	mehr	weniger
Komfort	weniger	-	nicht
Entsorgbarkeit	mehr	sehr	-

Bild 4.96. Modifikatoren zum linguistischen Term *wichtig*

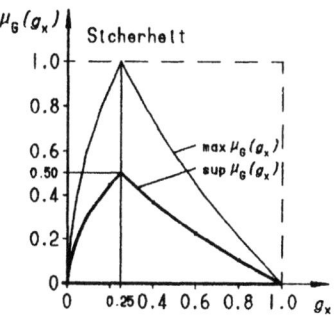

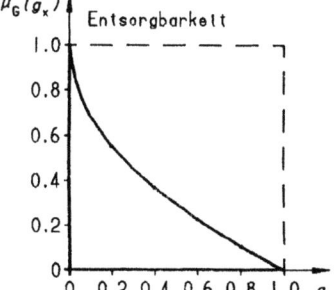

Bild 4.97. Normalisierte Zugehörigkeitsfunktionen der Gewichtungsfaktoren der drei Kriterien *Sicherheit*, *Komfort* und *Entsorgbarkeit*

Ergibt sich bei der Bildung eines Mengendurchschnitts eine obere Schranke sup $\mu_G(g_x) < 1$, so müssen die Zugehörigkeitsverläufe gemäß Gl. (4.102) auf max $\mu_G(g_x) = 1$ normalisiert werden, damit sie zur Ermittlung der unscharfen Wertungszahlen weiterverwendet werden können.

Die Interpretation der Zugehörigkeitsfunktionen erfolgt im nächsten Abschnitt, ihre Verknüpfung mit den unscharf modellierten Maßzahlen zu unscharfen Wertigkeiten wird in den Beispielen Kapitel 8.3, 8.4 und 8.5 gezeigt.

2. Die Zugehörigkeitsfunktionen deterministisch frei abgeschätzter Wichtigkeiten

Auch bei diesem Verfahren werden die Wichtigkeiten ihrem Charakter entsprechend durch den linguistischen Primärterm *wichtig* und dessen gestufte Modifikatoren, beispielsweise den *adverbialen* Vergleichsformen *weniger* oder *mehr*, oder durch *Komperative (wichtiger)* und *Superlative (am wichtigsten)* ausgedrückt.

Dabei werden die Zugehörigkeitsfunktionen aus den Vektorkoordinaten von Tafelmatrizen modelliert, deren Elemente sogenannten *relativen Bewertungswerten* [34] entsprechen, die aus dem paarweisen Vergleich der *Erfüllungsgrade* zweier gegeneinander zu gewichtender Kriterien (sogenannte *Grade der Kriterienerfüllung*) in freier Abschätzung gewonnen werden. Diese Abschätzungen können von den Bewertern jedesmal in Abhängigkeit von den zu bewertenden technischen Systemen oder Teilsystemen neu überdacht und modelliert werden.

Dabei wird von den Bewertern in einem ersten Schritt gemeinsam ein Kriterium ausgewählt, das für *wichtig* im Sinne der Mitte zwischen wichtigeren und weniger wichtigen Kriterien gehalten und als solches erklärt wird und nach dem alle *mehr* oder *weniger wichtigen* Kriterien beurteilt werden.

In einem zweiten Schritt werden für die Kategorien *mehr wichtig, weniger wichtig* usw. gemeinsame Kriterienmengen aus der Gesamtmenge aller der Bewertung zugrundegelegten Kriterien bestimmt.

In einem dritten Schritt werden allen jeweils miteinander zu vergleichenden Kriterienpaaren Zahlen aus einer im Intervall $[0,1]$ in Schrittweiten von 0.1 eingeteilten Gradskala zugeordnet, die den verschiedenen Graden ihrer Kriterienerfüllung entsprechen. Diese Zahlen bilden Abszisse und Ordinate der Tafelmatrizen (vgl. Bild 4.99).

Nun werden in einem vierten Schritt die relativen Bewertungswerte abgeschätzt und in die jeweilige Tafelmatrix eingetragen. Ist der relative Unterschied zwischen den Wichtigkeiten der miteinander verglichenen Kriterien, die den bestimmten Grad ihrer Erfüllung berücksichtigen, groß, dann ist auch der relative Bewertungswert für diesen Grad groß und umgekehrt.

Die Wichtigkeiten der Kriterien lassen sich in Form von Flächen graphisch darstellen, die in ihren Größenverhältnissen den Wichtigkeitsverhältnissen entsprechen. Werden in diesen Flächen die Grade der Kriterienerfüllung durch konzentrische Kreise verdeutlicht, so sind sie miteinander vergleichbar und vermitteln ein Bild über die Verteilung der Bewertungswerte in den Tafelmatrizen (vgl. Bild 4.98).

Definitionsgemäß besteht die Hauptdiagonale aus *Einsern*, während unter der Hauptdiagonalen aufgrund der Inversion der relativen Bewertungswerte deren reziproken Werte stehen (vgl. Bild 4.99).

4.4 Die Gewichtung

Beispiel 4.41: Von einer Bewertergruppe wurde das Kriterium K2 als *wichtig* angenommen, während das Kriterien K1 als *wichtigstes* und das Kriterium K3 als *etwas mehr wichtig* bestimmt wurden.

Der paarweise Vergleich des *wichtigen* Kriteriums K2 mit dem *wichtigsten* Kriterium K1 ergibt oberhalb der Hauptdiagonalen nur die Bewertungswerte „9" (vgl. Bild 4.101), da der Grad „0.1" der Ktiterienerfüllung von K1 immer noch größer ist als der Grad „1.0" von K2 (vgl. Bild 4.98 a).

Sind die durch die konzentrischen Kreise gekennzeichneten Felder der Erfüllungsgrade zwischen zwei Kriterien identisch groß (vgl. Bild 4.98 b), so haben die Bewertungswerte den Wert „1".

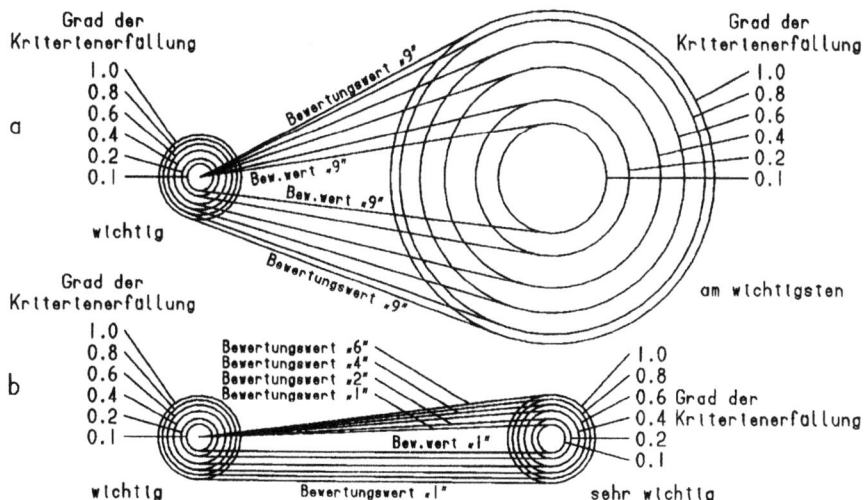

Bild 4.98. Graphische Erklärung zur Ermittlung der *Grade der Kriterienerfüllung*

Kriterium K2 wichtig \ Kriterium K3 etwas mehr wichtig	0	0.1	0.2	0.3	0.4	0.5	0.6	0.7	0.8	0.9	1.0
0	1	1	2	3	4	4	5	5	6	6	6
0.1	1	1	1	1	2	3	4	4	5	5	6
0.2	½	1	1	1	1	2	3	4	4	5	5
0.3	⅓	1	1	1	1	1	2	3	4	4	5
0.4	¼	½	1	1	1	1	1	2	3	4	4
0.5	¼	⅓	½	1	1	1	1	1	2	3	3
0.6	⅕	¼	⅓	½	1	1	1	1	1	2	3
0.7	⅕	¼	¼	⅓	½	1	1	1	1	1	2
0.8	⅙	⅕	¼	¼	⅓	½	1	1	1	1	1
0.9	⅙	⅕	⅕	¼	¼	⅓	½	1	1	1	1
1.0	⅙	⅙	⅕	⅕	¼	⅓	⅓	½	1	1	1

| .117 | .130 | .146 | .179 | .204 | .274 | .329 | .440 | .561 | .726 | 1.0 |

Grade der Kriterienerfüllung

relative Bewertungswerte

Vektorkoordinaten

Bild 4.99. Tafelmatrix für die Ermittlung der *relativen Bewertungswerte* zwischen den Kriterienkategorien *wichtig* und *etwas mehr wichtig*

Die Vektorkoordinaten dieser Matrizen, die den Verlauf der Zugehörigkeitsfunktionen bestimmen, werden mittels einer Ausgleichsrechnung bestimmt, vorzugsweise mittels eines passenden Algorithmus der mittelquadratischen Approximation (vgl. Kapitel 4.1.3, Abschnitt 5).

Bild 4.100 zeigt die Zugehörigkeitsfunktionen dreier Wichtigkeitsgrade und zwar für den Primärterm *wichtig* und die beiden modifizierten Ausdrücke *mehr wichtig* und *weniger wichtig*. Der Begriff *wichtig* ist durch eine trianguläre Zugehörigkeitsform (α, ν, β) modelliert, mit

α = maximaler Wert der Zugehörigkeitsfunktion im Punkt „0" für den Wichtigkeitsgrad vom Typ *mehr wichtig*,

β = maximaler Wert der Zugehörigkeitsfunktion im Punkt „1" für den Wichtigkeitsgrad vom Typ *weniger wichtig* und

ν = 0.5.

Diese Zugehörigkeitsfunktionen können wie folgt interpretiert werden:

Für jedes Element des Basisraumes p_x, $p_x \in [0,1]$, bestimmt der entsprechende Mitgliedsgradwert der Zugehörigkeitsfunktion $\mu_P(p_x)$, in welchem Grad der Wert p_x mit der linguistischen Kategorie W_l, also beispielsweise

W_1: *weniger wichtig*,
W_2: *wichtig*,
W_3: *mehr wichtig*,

korrespondiert.

Beispiel 4.42: In Bild 4.100 korrespondiert das Element $p_x = 0.9$ im Mitgliedsgrad 0.2 mit der Kategorie *weniger wichtig*, im Mitgliedsgrad 0.34 mit der Kategorie *wichtig* und im Mitgliedsgrad 0.65 mit der Kategorie *mehr wichtig*.

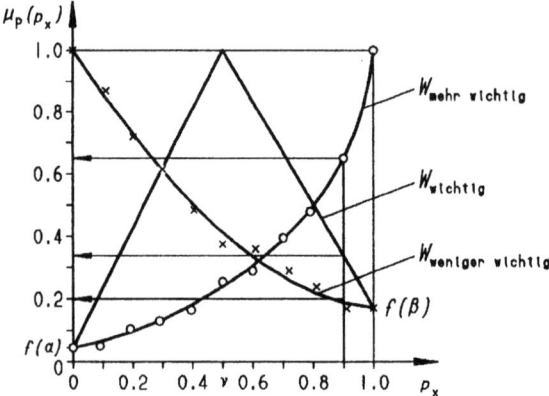

Bild 4.100. Zugehörigkeitsfunktionen für die drei Kriterienwichtigkeitsgrade *wichtig*, *mehr wichtig* und *weniger wichtig*

4.4 Die Gewichtung

Um das verfahren zur Bestimmung der Zugehörigkeitsfunktionen, das mit großem Aufwand verbunden ist, zu verkürzen, werden nachfolgend und beispielhaft die Musterformen der Zugehörigkeitsfunktionen zu sieben linguistischen Ausdrücken modelliert, die für die Mehrheit der in der Praxis vorkommenden Bewertungsaufgaben ausreichen.

Die Begriffe und ihre zugehörigen, in Bild 4.102 dargestellten Funktionen sind:

Linguistischer Ausdruck	Funktion Nr.
am wichtigsten	1
sehr wichtig	2
etwas mehr wichtig	3
am wenigsten wichtig	4
wenig wichtig	5
etwas weniger wichtig	6
wichtig	7

Um die Genauigkeit zur Erfassung der Wichtigkeiten zu erhöhen, sind den Grundzugehörigkeitsfunktionen weitere Hilfsfunktionen hinzugefügt. Diese sind in Bild 4.102 jeweils mit dem Zusatz „a" gekennzeichnet.

Bild 4.101 zeigt die der Modellierung der Zugehörigkeitsfunktionen zugrundeliegenden Tafelmatrizen einschließlich der daraus berechneten Vektorkoordinaten. Die linksseitigen Matrizen ergeben die in Bild 4.102 dargestellten Grundzugehörigkeitsfunktionen Nr. 1, 2 und 3, die rechtsseitigen Matrizen die Hilfsfunktionen Nr. 1a, 2a und 3a. Da die Funktionen Nr. 4, 4a, 5, 5a, 6 und 6a den Antonymen der erstgenannten Funktionen entsprechen, spiegeln sich deren Erfüllungsverhältnisse an der Hauptdiagonalen und ergeben somit folgende gespiegelte Vektorkoordinaten:

Funktion Nr.	Ergebnisvektor $\vec{g}$
4	[1.00 .192 .106 .073 .056 .045 .038 .033 .029 .026 .023]
4a	[1.00 .314 .186 .132 .103 .084 .071 .061 .054 .048 .044]
5	[1.00 .467 .292 .217 .160 .137 .111 .095 .082 .073 .071]
5a	[1.00 .684 .418 .282 .217 .190 .150 .140 .127 .103 .101]
6	[1.00 .726 .561 .440 .329 .274 .204 .179 .146 .130 .117]
6a	[1.00 .825 .648 .523 .390 .306 .287 .222 .208 .174 .150]

Für die Weiterverarbeitung der Werte der Vektorkoordinaten ist ihre analytische Erfassung notwendig. Hierzu wurde aus einer Reihe möglicher Approximationsmethoden das exponentielle Modell mit einer Zugehörigkeitsfunktion von der Form

$$\mu_P(p_x) = 2 - e^{a(1 - p_x)^k} \tag{4.262}$$

ausgewählt, wobei a und k so gewählt wurden, daß ein Minimum der Summe der Quadrate der Abweichungen zwischen den *wahren* Werten und den geschätzten erreicht wurde. Für den Wichtigkeitsgrad *etwas mehr wichtig* ergaben sich beispielsweise $a = 0{,}6305$ und $k = 0{,}4120$.

176   4 Theoretische Grundlagen

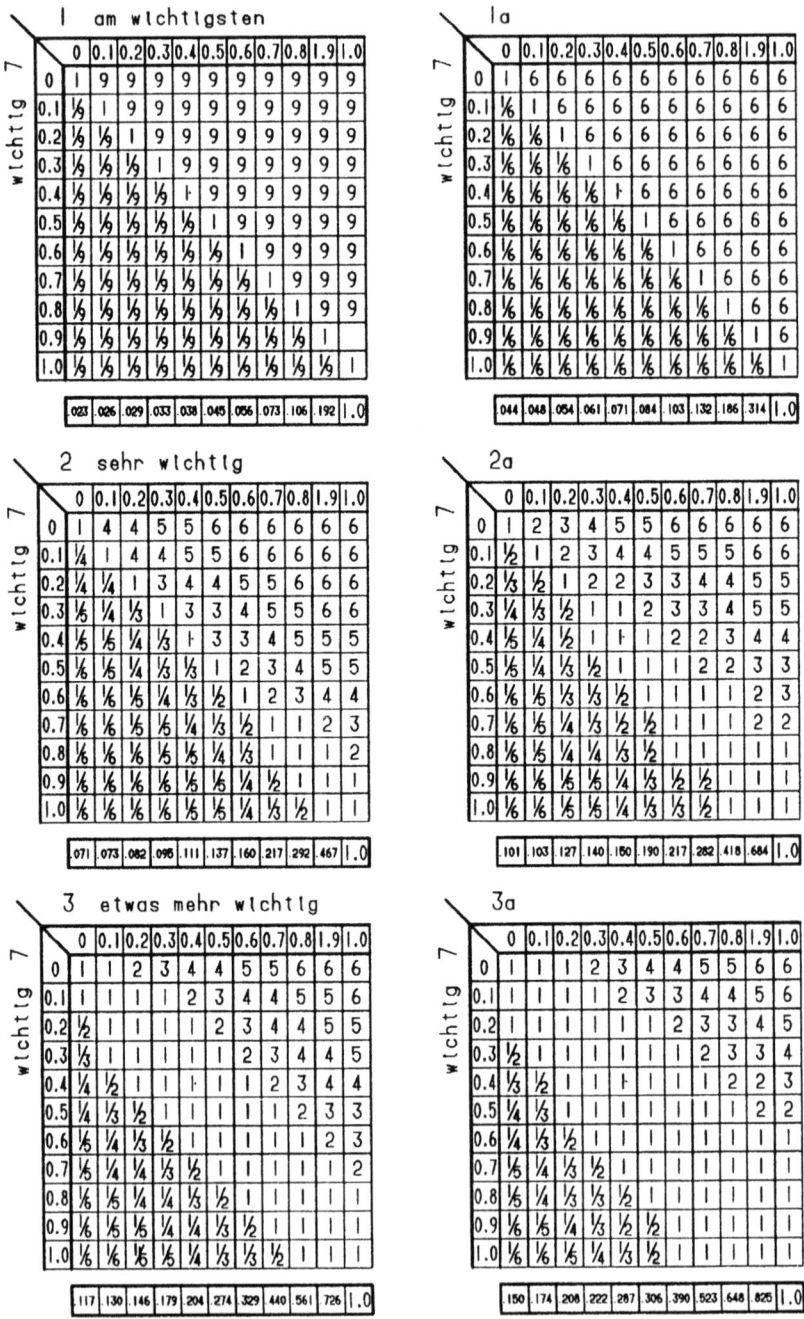

Bild 4.101. Bestimmung der Bewertungswerte für die Begriffskategorie *mehr wichtig*

4.4 Die Gewichtung

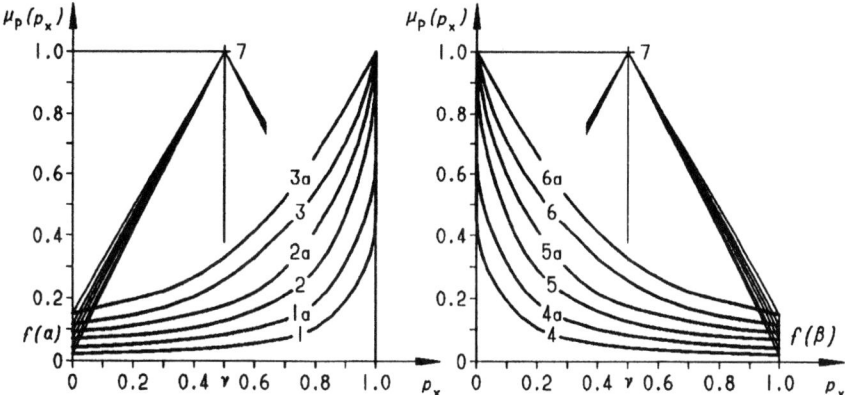

Bild 4.102. Musterformen von Zugehörigkeitsfunktionen

Gelingt es unter den Bewertern nicht, eine gemeinsame Übereinstimmung bezüglich der Wichtigkeiten der Kriterien zueinander zu erreichen, führt die Anwendung dieses Verfahrens zu unterschiedlichen Bewertungsergebnissen, vor allem von denjenigen Bewertern, die die oben genannte Bedingung nicht annehmen konnten. Die erhaltenen Ergebnisse müssen dann verglichen, analysiert und gegebenenfalls einander angepaßt werden.

Auch dieses Verfahren ist erst anwendbar bei Vorlage von drei und mehr Kriterien verschiedener Wichtigkeiten. Falls nur zwei Kriterien vorliegen, bestimmt jeder Bewerter deren Wichtigkeiten, indem eine untere und eine obere Grenze aus dem Intervall [0, 1] angenommen wird. Mit diesen Werten werden von den Bewertern jeweils zwei trianguläre Zugehörigkeitsfunktionen der Form $(\alpha_i, \nu_i, \beta_i)$, $i = 1, 2$, gebildet, wobei α_i und β_i die bestimmten Randgrößen sind und ν_i als der empirische Mittelwert aus den übrigen Werten berechnet wird. Diese Werte sind hinsichtlich des maximalen Wertes gemäß Gl. (4.261) zu normieren.

4.5 Die Wertungszahlen

4.5.1 Übersicht

Die *Wertungszahlen* vermitteln ein abschließendes Bild über die Einzelwertigkeiten, mit denen sich die Varianten je Kriterium vergleichen lassen. Sie dienen einerseits der Ermittlung der Bewertungsergebnisse, andererseits sind sie ein Maß für die Analyse von Schwachstellen mit Hilfe von *Wertprofilen* (vgl. Kapitel 4.6.8.6).

Grundsätzlich ergeben sich die Wertungszahlen w_{ij} je Kriterium K_i und Variante V_j als Produkt von Maßzahl m_{ij} und Gewichtungsfaktor g_i. Je nach deren Erfassung als scharfe Zahlen oder unscharfe Zahlen bzw. Mengen werden diese Produkte unterschiedlich gebildet.

Im einfachsten Fall einer überschlägigen Bewertung werden sowohl die Maßzahlen als auch die Gewichtungsfaktoren als scharfe Zahlen vorliegen. Sofern die Bewertungsergebnisse jedoch zu Entscheidungen von großer Tragweite herangezogen werden, sollten mit Ausnahme der Maßzahlen deterministischer Kriterien, deren Werte zähl-, meß oder wägbar oder exakt berechenbar sind, alle weiteren Maßzahlen sowie die Gewichtungsfaktoren mittels entsprechender Zugehörigkeitsfunktionen unscharf erfaßt werden. Zwischen diesen beiden Extremen liegt ein breites Spektrum möglicher Kombinationen wie beispielsweise

— scharf erfaßte Erfüllungsgrade und daraus bestimmte scharf erfaßte Maßzahlen
— scharf erfaßte Erfüllungsgrade und daraus unscharf modellierte Maßzahlen
— unscharf erfaßte Erfüllungsgrade und daraus unscharf modellierte Maßzahlen
— unscharf erfaßte Erfüllungsgrade und daraus defuzzifizierte Maßzahlen
— scharf erfaßte Wichtigkeiten und daraus bestimmte scharf erfaßte Gewichtungsfaktoren
— scharf erfaßte Wichtigkeiten und daraus unscharf modellierte Gewichtungsfaktoren
— unscharf erfaßte Wichtigkeiten und daraus unscharf modellierte Gewichtungsfaktoren
— scharf erfaßte Wichtigkeiten und daraus defuzzifizierte Gewichtungsfaktoren
— scharf erfaßte Maßzahlen und scharf erfaßte Gewichtungsfaktoren
— scharf erfaßte Maßzahlen und unscharf modellierte Gewichtungsfaktoren
— unscharf modellierte Maßzahlen und scharf erfaßte Gewichtungsfaktoren
— unscharf modellierte Maßzahlen und unscharf modellierte Gewichtungsfaktoren
— defuzzifizierte Maßzahlen und scharf erfaßte Gewichtungsfaktoren
— scharf erfaßte Maßzahlen und defuzzifizierte Gewichtungsfaktoren
— defuzzifizierte Maßzahlen und defuzzifizierte Gewichtungsfaktoren

Es bestehen noch weitere Kombinationsmöglichkeiten wie beispielsweise „defuzzifizierte Maßzahlen und unscharf modellierte Gewichtungsfaktoren", die jedoch keinen Sinn machen.

Für die Ermittlung der Wertungszahlen wird die konsequente Durchgängigkeit entsprechend der überwiegenden Art der Werteerfassung bzw. -modellierung empfohlen. Wie bei der Auflistung vorkommender Kombinationen gezeigt, ist dies durch Defuzzifikation der Zugehörigkeitsfunktionen auch möglich, wenn sich die Erfassung der Werte einzelner Kriteriengruppen und/oder -untergruppen bzw. der Gewichtungsfaktoren von der mehrheitlich bevorzugten Erfassung unterscheidet. Die unscharfe Erfassung *wahrer* deterministischer Werte ist mittels der degenerierten unscharfen Mengen ebenfalls möglich.

Im Falle scharf erfaßter Kriterien werden die Wertungszahlen zu Vergleichszwecken in die Bewertungstabellen eingetragen (vgl. Bilder 3.1 und 3.2, Spalten 7 und 10). Wurden die Maßzahlen und/oder die Gewichtungsfaktoren unscharf modelliert, so sind auch die Wertungszahlen unscharf und werden in Form ihrer Zugehörigkeitsfunktionen bei ihrer Zusammenfassung zu den Bewertungsergebnissen weiterverwendet.

4.5 Die Wertungszahlen

4.5.2 Die Wertungszahlen ungewichteter Kriterien

Im Falle ungewichteter Kriterien, d. h. bei einem für alle Kriterien K_i durchgängigen Gewichtungsfaktor $g_i = 1$, entsprechen die Wertungszahlen in Abhängigkeit vom Bewertungsansatz den scharfen oder unscharf modellierten Maßzahlen.

4.5.3 Die Wertungszahlen gewichteter Kriterien

4.5.3.1 Die Wertungszahlen scharf erfaßter Kriterien

Die Wertungszahlen gewichteter, scharf erfaßter Kriterien ergeben sich aus dem Produkt von Maßzahl und Gewichtungsfaktor für jede Variante, also aus

$$w_{ij} = m_{ij} g_i, \qquad (4.263)$$

sowie, falls vorhanden, für die Ideallösung aus

$$w_{i_{max}} = m_{i_{max}} g_i. \qquad (4.264)$$

4.5.3.2 Die Wertungszahlen unscharf erfaßter Kriterien

Die *Wertungszahlen* gewichteter, unscharf erfaßter Kriterien ergeben sich aus der Aggregation der unscharfen Maßzahlen mit den unscharf modellierten Gewichtungsfaktoren. Da diese grundsätzlich als *Vergrößerungsfaktoren* der Maßzahlen anzusehen sind, erfaßt diese Aggregation also die beiden Mengen

$M =$ *Erfüllung des Kriteriums*,
  Menge der unscharfen Maßzahlen m_{ij},
$G =$ *Wichtigkeit des Kriteriums*,
  Menge der unscharfen Gewichtungsfaktoren g_i,

und bildet damit als neue Menge

$W = M \cup G =$ *gewichtete Erfüllung des Kriteriums*,
  Menge der Wertungszahlen w_{ij}.

Je nachdem, ob die Maßzahlen und die Gewichtungsfaktoren als unscharfe Zahlen in Form triangulärer Zugehörigkeitsfunktionen oder als unscharfe Mengen mit stückweise linearem oder aber stetigem Verlauf modelliert wurden, erfolgt deren Aggregation nach unterschiedlichen Gesetzmäßigkeiten.

1. Die Multiplikation unscharfer Bewertungsgrößen in Form triangulärer Zugehörigkeitsfunktionen

Sofern die Gewichtungsfaktoren *und* die Maßzahlen in Form triangulärer Zugehörigkeitsfunktionen vorliegen, handelt es sich bezüglich der Kriterienerfassung um einen der folgenden Fälle:

- Maßzahlen deterministischer Kriterien in Form unscharfer Mengen (vgl. Kapitel 4.3.3)
- nicht scharf erfaßbare Maßzahlen deterministischer Kriterien in Form unscharfer Mengen (vgl. Kapitel 4.3.5.2)
- Maßzahlen probabilistischer Kriterien in Form unscharfer Zahlen (vgl. Kapitel 4.3.6.3)
- Maßzahlen probabilistischer Kriterien in Form unscharfer Mengen (vgl. Kapitel 4.4.3.2).

Die Zugehörigkeitsfunktionen $\mu_W(w_x)$ der Wertungszahlen w_{ij} je Kriterium K_i und Variante V_j sind ebenfalls triangulär und ergeben sich durch Multiplikation der entsprechend Gl. (4.89) notierten Maßzahlen $(m_{ij},\alpha_m,\beta_m)_{LR}$ mit den ihnen zugeordneten Gewichtungsfaktoren $(g_j,\alpha_g,\beta_g)_{LR}$ zu unscharfen LR-Zahlen $(w_{ij},\alpha_w,\beta_w)_{LR}$. Ihre Spannweiten und ihre Modalgröße ergibt sich entsprechend Gl. (4.98) aus

$$\mu_W(w_x) = M \odot G = (m_{ij},\alpha_m,\beta_m)_{LR} \odot (g_j,\alpha_g,\beta_g)_{LR}$$

$$= (m_{ij}g_j; m_{ij}\alpha_g + g_j\alpha_m - \alpha_m\alpha_g; m_{ij}\beta_g + g_j\beta_m + \beta_m\beta_g)_{LR}. \qquad (4.265)$$

2. Die Multiplikation scharfer mit unscharfen Bewertungsgrößen

Die Ermittlung der Wertungszahlen als das unscharfe Produkt aus den als degenerierte unscharfe Mengen anzusehenden Maßzahlen deterministischer Kriterien (vgl. Bild 4.17 d) und den unscharf modellierten Gewichtungsfaktoren entspricht der erweiterten Multiplikation einer unscharfen Zahl x, modelliert als $A = (x,\alpha,\beta)_{LR}$, mit einem Skalaren $\lambda > 0$ und es gilt allgemein für das Produkt B

$$B = \lambda \odot (x,\alpha,\beta)_{LR} = (\lambda x, \lambda\alpha, \lambda\beta)_{LR}. \qquad (4.266)$$

Die Zugehörigkeitsfunktionen der Wertungszahlen aus scharfen Maßzahlen und unscharf modellierten Gewichtungsfaktoren ergeben sich damit aus

$$\mu_W(w_x) = m \odot (g,\alpha_g,\beta_g)_{LR} \qquad (4.267)$$

und es gelten grundsätzlich die vorher beschriebenen Gesetzmäßigkeiten.

Die Ideallösung wird in der Regel als scharfes Kriterium definiert. Deshalb ergeben sich für sie ebenfalls keine unscharfen Maßzahlen, d. h., deren Zugehörigkeitsfunktionen entsprechen degenerierten unscharfen Mengen (vgl. Bild 4.17 d).

4.6 Die Bewertungsergebnisse

4.6.1 Übersicht

Die Bewertungsergebnisse, also die eigentlichen Entscheidungsgrundlagen, mit denen die Varianten untereinander verglichen werden können, liegen für die Gesamtheit aller Kriterien in den *Wertigkeiten* vor. Je nach Erfassung der Maßzahlen und der Gewichtungsfaktoren als scharfe Zahlen oder unscharfe Mengen bzw. Zahlen sind auch die Bewertungsergebnisse zunächst scharf oder unscharf.

4.6 Die Bewertungsergebnisse

Die Interpretation der unscharf dargestellten Ergebnisse kann entweder nach Defuzzifizierung der unscharfen in scharfe Gesamtwertigkeiten oder aber durch die Analyse der Zugehörigkeitsfunktionen erfolgen (vgl. Kapitel 4.6.8.7 und 4.6.8.8).

4.6.2 Die Wertigkeiten ungewichteter Kriterien

4.6.2.1 Die Wertigkeiten scharf erfaßter deterministischer Kriterien

Die Wertigkeiten je Variante ergeben sich durch Addition der zugehörigen Wertungszahlen, die im Falle ungewichteter Kriterien mit den Maßzahlen identisch sind und deshalb in den hier folgenden Ausführungen zur Unterscheidung der Vorgehensweise bei einer gewichteten Bewertung als Maßzahl m bezeichnet werden, also

$$s_j = \sum_{i=1, j=1}^{n,m} m_{ij} = m_{1j} + m_{2j} + \ldots + m_{nj}. \qquad (4.268)$$

Beispiel 4.27 (Fortsetzung): Die Addition der zu den vier Pkw-Typen (Varianten V1 bis V4) mittels Wertfunktionen bestimmten Maßzahlen der quantitativen Entscheidungskriterien *Leistung* und *Kraftstoffverbrauch* ergibt eine Entscheidungstabelle mit den ungewichteten Wertigkeiten für jede Variante (vgl. Tabelle 4.15).

	V1	V2	V3	V4
Leistung N [kW]	2.50	1.30	3.25	1.75
Kraftstoffverbrauch b_{spez} [l $(100 \text{ km})^{-1}$]	1.60	3.10	2.50	3.40
Wertigkeit s_j	4.10	4.40	5.75	5.15

Tabelle 4.15. Entscheidungstabelle

4.6.2.2 Die Wertigkeiten unscharf erfaßter deterministischer Kriterien

Die Ermittlung der unscharfen ungewichteten Wertigkeiten erfolgt je Variante V_j durch Addition der Zugehörigkeitsfunktionen $\mu_M(m_x) = f(m_x)$ der unscharf modellierten Maßzahlen m_{ij}. Da diese als trianguläre Zugehörigkeitsfunktionen vom LR-Typ vorliegen, sind auch die Zugehörigkeitsfunktionen der Wertigkeiten s_j vom gleichen Typ und ihre Aggregation erfolgt analog Gl. (4.92) aus

$$\mu_S(s_x) = (m_{1j}, \alpha_{1j}, \beta_{1j})_{LR} \oplus \ldots \oplus (m_{nj}, \alpha_{nj}, \beta_{nj})_{LR}$$
$$= (m_{1j} + \ldots + m_{nj}, \alpha_{1j} + \ldots + \alpha_{nj}, \beta_{1j} + \ldots + \beta_{nj}). \qquad (4.269)$$

Beispiel 4.27 (Fortsetzung): Die sich durch Addition der als Zugehörigkeitsfunktionen dargestellten unscharfen Maßzahlen (vgl. Bilder 4.68 und 4.69) ergebenden Wertigkeiten sind in Bild 4.103 in Form ihrer Zugehörigkeitsfunktionen $\mu_S(s_x) = f(s_x)$ dargestellt. Da sie die gleichen Merkmale der den Maßzahlen zugeordneten Zugehörigkeitsfunktionen haben, sind sie ebenfalls unscharfe Zahlen.

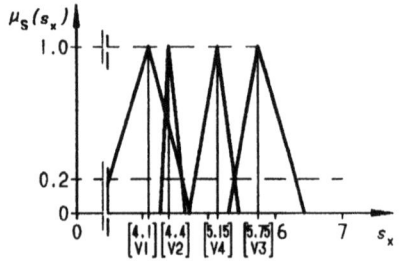

Bild 4.103. Wertigkeiten der bewerteten Varianten V1 bis V4 in Form triangulärer Zugehörigkeitsfunktionen

Werden die Wertigkeiten innerhalb der Bewertung weiterverwendet, beispielsweise gegenüber den Wertigkeiten anderer Kriteriengruppen oder -arten gewichtet und zu ebenfalls unscharfen Gesamtwertigkeiten zusammengefaßt, so müssen sie in Form ihrer Zugehörigkeitsfunktionen weiterverwendet werden. Sind sie jedoch bereits Bewertungsergebnisse, so lassen sich aus ihnen durch *Defuzzifikation* die zugehörigen scharfen Wertigkeiten s_j ermitteln.

Da die unscharfen Wertigkeiten als trianguläre Zugehörigkeitsfunktionen vorliegen, ergibt sich die jeweils zugehörige scharfe Zahl aus der jeweiligen Lage ihrer Flächenschwerpunkte auf der Abszisse mit der normalisierten Höhe $\mu_S(s_x) = 1$.

Beispiel 4.27 (Fortsetzung): Aus den in Bild 4.103 dargestellten Zugehörigkeitsfunktionen $\mu_S(s_x) = f(s_x)$ der unscharfen Wertigkeiten ergeben sich infolge Defuzzifikation die als Entscheidungsgrundlage geeigneten Wertigkeiten s_j gemäß Tabelle 4.16. Allerdings sind auch diese durch das Adjektiv *ungefähr* zu erweitern.

	V1	V2	V3	V4
Wertigkeit s_j	4.10	4.44	5.83	5.11

Tabelle 4.16. Entscheidungstabelle mit defuzzifizierten Wertigkeiten

Ein Vergleich mit den Wertigkeiten gemäß Tabelle 4.15 zeigt bei Version V1 keine Änderung, da deren Zugehörigkeitsfunktion symmetrisch modelliert wurde. Bei allen anderen Versionen haben sich die Wertigkeiten jedoch verschoben. Hätte der Experte alle Zugehörigkeitsfunktionen symmetrisch modelliert, so wären die Wertigkeiten beider Beispiele identisch.

4.6.2.3 Die Wertigkeiten scharf erfaßter linguistischer Kriterien

Zur Verringerung der Unsicherheiten, die mit der Festlegung linguistischer Aussagen verbunden sind, wurde bereits mehrfach die Bearbeitung durch eine Bewertergruppe empfohlen. Die individuellen Schätzungen der einzelnen Bewerter müssen letztendlich bei der Ermittlung der Wertigkeit einer jeden Variante zusammengefaßt werden. Dies erfolgt durch Bildung des empirischen Mittelwertes, wobei die Bildung des α-gestutzten oder des α-winsorisierten Mittels gemäß Kapitel 5.4.1 bei einer größeren Bewerterzahl zur Erhöhung der Robustheit der Ergebnisse empfohlen wird.

4.6 Die Bewertungsergebnisse

Beispiel 4.30 (Fortsetzung): Die Wertigkeiten s_j je Variante V_j ergeben sich durch die Addition der vektoriell dargestellten Maßzahlen der Kriterien *Sicherheit*, *Komfort* und *Entsorgbarkeit*, die in diesem Beispiel gleichzeitig den Wertungszahlen entsprechen, also

$$s_j = \sum_{i=1}^{n} m_{ij}, \qquad (4.270)$$

$$s_j = m_{Sj} + m_{Kj} + m_{Bj} = \begin{bmatrix} 6.70 \\ 2.09 \\ 5.85 \\ 6.13 \end{bmatrix} + \begin{bmatrix} 2.85 \\ 11.4 \\ 5.50 \\ 3.95 \end{bmatrix} + \begin{bmatrix} 6.52 \\ 5.87 \\ 2.39 \\ 5.52 \end{bmatrix} = \begin{bmatrix} 16.07 \\ 19.36 \\ 13.74 \\ 15.60 \end{bmatrix}.$$

Die auf $\sum s_{j_{norm}} = 1$ normierten Wertigkeiten ergeben sich aus

$$s_{n_j} = \frac{1}{\sum_{j=1}^{m} s_j} \begin{bmatrix} s_1 \\ \vdots \\ s_m \end{bmatrix}, \qquad (4.271)$$

$$s_{n_j} = \begin{bmatrix} s_{n_1} \\ s_{n_2} \\ s_{n_3} \\ s_{n_4} \end{bmatrix} = \frac{1}{64.77} \begin{bmatrix} 16.07 \\ 19.36 \\ 13.74 \\ 15.60 \end{bmatrix} = \begin{bmatrix} 0.284 \\ 0.299 \\ 0.212 \\ 0.241 \end{bmatrix}.$$

Diese Ergebnisse lassen sich in Tabellenform zusammenstellen, um eine übersichtliche Entscheidungsgrundlage zu erhalten (vgl. Tabelle 4.17).

	V1	V2	V3	V4
Sicherheit	6.70	2.09	5.85	6.13
Komfort	2.85	11.40	5.50	3.95
Entsorgbarkeit	6.52	5.87	2.39	5.52
Wertigkeit s_j	16.07	19.36	13.74	15.60
normierte Wertigkeit s_{n_j}	0.248	0.299	0.212	0.241
Rangfolge R_j	2	1	4	3

Tabelle 4.17. Ergebnistabelle als Entscheidungsgrundlage

4.6.2.4 Die Wertigkeiten unscharf erfaßter linguistischer Kriterien

Der Aufwand zur Berechnung der Wertigkeiten kann unter Umständen sehr groß werden und zwar insbesondere dann, wenn die einzelnen Erfüllungsgrade innerhalb der Entscheidungsmatrizen je Bewerter und je Kriterium als unscharfe Zahlen modelliert und als solche zu unscharfen Maßzahlen bzw. - im Fall gewichteter Bewertungen - zu unscharfen Wertungszahlen aufsummiert werden, die dann ihrerseits zu unscharfen Wertigkeiten zusammenzufassen sind.

1. Die unscharf modellierten Wertigkeiten aus den Maßzahlen echter linguistischer Kriterien

Werden die Maßzahlen m_{ij} echter linguistischer Kriterien durch linguistische Ausdrücke beschrieben und die Zugehörigkeitsfunktionen $\mu_M(m_x)$ auf der Basis von Mengenoperatoren modelliert (vgl. Kapitel 4.3.5.5), so ergeben sich die Wertigkeiten s_j ebenfalls als unscharfe Mengen, deren Zugehörigkeitsfunktionen $\mu_S(s_x)$ in Abhängigkeit von denen der Maßahlen entweder einen nichtlinearen, teilweise linearen oder vollständig linearen Verlauf haben.

Für die Zusammenfassung derart modellierter Maßzahlen wird die Bildung des kartesischen Produktes empfohlen, nach dem die Zugehörigkeitsfunktionen auf beliebig wählbare Grundwerte und deren Zugehörigkeitswerte, beispielsweise in der Schreibweise nach *L. A. Zadeh* gemäß Gl. (4.97), diskretisiert wurden.

Beispiel 4.43: Aus den in Bild 4.82 dargestellten Zugehörigkeitsfunktionen ergeben sich gemäß Gl. (4.97) zu den Zugehörigkeitswerten $\mu_M(m_x) = (0, 0.2, 0.4, 0.6, 0.8, 1)$ und den sich über die Mengenoperatoren gemäß Tabelle 4.12 errechnenden Grundwerten für Variante V1 folgende Funktionen:

$$m_{S1} = \frac{0}{0} + \frac{0.2}{0.6687} + \frac{0.4}{0.7953} + \frac{0.6}{0.8801} + \frac{0.8}{0.9457} + \frac{1}{1}$$

$$m_{K1} = \frac{0}{0} + \frac{0.2}{0.0667} + \frac{0.4}{0.1333} + \frac{0.6}{0.2} + \frac{0.8}{0.2667} + \frac{1}{0.3333}$$
$$+ \frac{0.8}{0.4667} + \frac{0.6}{0.6} + \frac{0.4}{0.7333} + \frac{0.2}{0.8667} + \frac{0}{1}$$

$$m_{E1} = \frac{0}{0} + \frac{0.2}{0.2347} + \frac{0.4}{0.3320} + \frac{0.6}{0.4066} + \frac{0.8}{0.4695} + \frac{1}{0.5249}$$
$$+ \frac{0.8}{0.6078} + \frac{0.6}{0.6967} + \frac{0.4}{0.7917} + \frac{0.2}{0.8928} + \frac{0}{1}$$

Die Bildung der resultierenden Mengen erfolgt mittels des kartesischen Produktes und ergibt für die Kriterien *Sicherheit* und *Komfort* folgende Tafelmatrix:

	0	0.0667	0.1333	0.2000	0.2667	0.3333	0.4667	0.6000	0.7333	0.8667	1
0	0	0	0	0	0	0	0	0	0	0	0
0.6687	0	0.2	0.2	0.2	0.2	0.2	0.2	0.2	0.2	0.2	0
0.7953	0	0.2	0.4	0.4	0.4	0.4	0.4	0.4	0.4	0.2	0
0.8801	0	0.2	0.4	0.6	0.6	0.6	0.6	0.6	0.4	0.2	0
0.9457	0	0.2	0.4	0.6	0.8	0.8	0.8	0.6	0.4	0.2	0
1	0	0.2	0.4	0.6	0.8	1.0	0.8	0.6	0.4	0.2	0

Bild 4.104. Tafelmatrix zur Bildung des kartesischen Produktes aus den unscharfen Maßzahlen von *Sicherheit* und *Komfort* zu Variante V1

Durch anschließende Anwendung des max-Operators ergibt sich die Summe

$$m_{S1} \oplus m_{K1} = \frac{0}{0} + \frac{0.2}{0.7354} + \frac{0.4}{0.9286} + \frac{0.6}{1.0801} + \frac{0.8}{1.2124} + \frac{1}{1.3333}$$
$$+ \frac{0.8}{1.4667} + \frac{0.6}{1.6} + \frac{0.4}{1.7333} + \frac{0.2}{1.8667} + \frac{0}{2},$$

zu der in gleicher Weise die Zugehörigkeitswerte der Menge m_{E1} gemäß Bild 4.105 addiert werden.

4.6 Die Bewertungsergebnisse

	0	0.2347	0.3320	0.4066	0.4695	0.5249	0.6078	0.6967	0.7917	0.8928	1
0	0	0	0	0	0	0	0	0	0	0	0
0.7354	0	0.2	0.2	0.2	0.2	0.2	0.2	0.2	0.2	0.2	0
0.9286	0	0.2	0.4	0.4	0.4	0.4	0.4	0.4	0.4	0.2	0
1.0801	0	0.2	0.4	0.6	0.6	0.6	0.6	0.6	0.4	0.2	0
1.2124	0	0.2	0.4	0.6	0.8	0.8	0.8	0.6	0.4	0.2	0
1.3333	0	0.2	0.4	0.6	0.8	1.0	0.8	0.6	0.4	0.2	0
1.4667	0	0.2	0.4	0.6	0.8	0.8	0.8	0.6	0.4	0.2	0
1.6000	0	0.2	0.4	0.6	0.6	0.6	0.6	0.6	0.4	0.2	0
1.7333	0	0.2	0.4	0.4	0.4	0.4	0.4	0.4	0.4	0.2	0
1.8667	0	0.2	0.2	0.2	0.2	0.2	0.2	0.2	0.2	0.2	0
2	0	0	0	0	0	0	0	0	0	0	0

Bild 4.105. Tafelmatrix zur Bildung des kartesischen Produktes aus den unscharfen Maßzahlen von *Sicherheit*, *Komfort* und *Entsorgbarkeit* zu Variante V1

Das Gesamtergebnis zu Variante V1 ergibt sich abschließend wiederum aus der Anwendung des max-Operators zu

$$m_1 = m_{S1} \oplus m_{K1} \oplus m_{E1}$$

$$= \frac{0}{0} + \frac{0.2}{0.9701} + \frac{0.4}{1.2606} + \frac{0.6}{1.4867} + \frac{0.8}{1.6819} + \frac{1}{1.8582}$$

$$+ \frac{0.8}{2.0745} + \frac{0.6}{2.2967} + \frac{0.4}{2.5250} + \frac{0.2}{2.7595} + \frac{0}{3}$$

bzw. der im Intervall $[0, 1]$ normierten Form

$$m_{1_{norm}} = \frac{0}{0} + \frac{0.2}{0.3234} + \frac{0.4}{0.4202} + \frac{0.6}{0.4956} + \frac{0.8}{0.5606} + \frac{1}{0.6194}$$

$$+ \frac{0.8}{0.6915} + \frac{0.6}{0.7656} + \frac{0.4}{0.8417} + \frac{0.2}{0.9198} + \frac{0}{1}.$$

Die Zugehörigkeitsfunktionen der unscharfen Wertigkeiten, jeweils gebildet aus allen drei Kriterien aller Varianten zeigt Bild 4.106. Die aus diesen Funktionen durch Defuzzifikation ermittelten Wertigkeiten sind ebenfalls eingetragen.

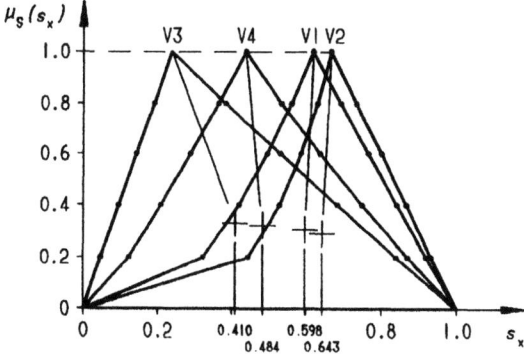

Bild 4.106. Zugehörigkeitsfunktionen der Wertigkeiten der Varianten V1 bis V4

2. Die unscharf modellierten Wertigkeiten aus den scharfen Maßzahlen linguistischer Kriterien

Eine weitaus einfachere Methode besteht darin, nur die Ergebnisse der Entscheidungsmatrizen, also die in vektorieller Form vorliegenden Maßzahlen je Kriterium und Bewerter, als unscharfe Zahlen in Form triangulärer Zugehörigkeitsfunktionen, also mit der Notation $(m,\bar{\alpha},\bar{\beta})_{LR}$ bzw. (α,v,β), zu modellieren.

Um die Relationen der unscharfen Maßzahlen zu jeder Variante V_j abbilden zu können, werden die auf den Schätzungen eines jeden Bewerters $E(k)$ der insgesamt l Bewerter beruhenden Ergebnisse je Kriterium K_i auf den maximalen Wert im Intervall $[0, 1]$ normiert und mit der unteren Grenze gemäß Gl. (4.181), also

$$\alpha = \min_{1 \leq k \leq l} m_{ij}(k),$$

der oberen Grenze gemäß Gl. (4.182), also

$$\beta = \max_{1 \leq k \leq l} m_{ij}(k)$$

und der auf der Abszisse liegenden, sogenannten *Modalgröße* (Scheitelwert) gemäß Gl. (4.183), also

$$v = \frac{1}{l} \sum_{k=1}^{l} m_{ij}(k),$$

als Zugehörigkeitsfunktionen $\mu_M(m_x) = f(m_x)$ dargestellt. Die zu den Zugehörigkeitswerten $\mu_M(m_x) = 0$ gehörenden unteren und oberen Grenzwerte a und b werden bei der Berechnung der Modalgrößen selbstverständlich nicht nochmals berücksichtigt. Die Addition der Maßzahlen zu Wertigkeiten je Variante erfolgt in der gleichen Vorgehensweise, wie sie bereits in Kapitel 4.6.2.2 beschrieben wurde.

Beispiel 4.44: Für die drei in Beispiel 4.30 betrachteten Kriterien ergeben sich aus den gemäß Gl. (4.184) berechneten Vektorkoordinaten je Kriterium und je Bewerter folgende normierte Maßzahlen:

	Bewerter A	Bewerter B	Bewerter C	Bewerter D	Bewerter E
Sicherheit					
$m_{Sj}(k) =$	$\begin{bmatrix} 0.980 \\ 0.245 \\ 0.491 \\ 0.735 \end{bmatrix}$ +	$\begin{bmatrix} \mathbf{0.491} \\ 0.245 \\ \mathbf{0.980} \\ 0.735 \end{bmatrix}$ +	$\begin{bmatrix} \mathbf{1.000} \\ 0.251 \\ 0.500 \\ 0.667 \end{bmatrix}$ +	$\begin{bmatrix} 0.980 \\ 0.245 \\ 0.735 \\ \mathbf{0.491} \end{bmatrix}$ +	$\begin{bmatrix} \mathbf{0.491} \\ 0.245 \\ 0.735 \\ \mathbf{0.980} \end{bmatrix}$
Komfort					
$m_{Kj}(k) =$	$\begin{bmatrix} \mathbf{0.212} \\ \mathbf{0.846} \\ \mathbf{0.212} \\ \mathbf{0.423} \end{bmatrix}$ +	$\begin{bmatrix} 0.212 \\ 0.846 \\ 0.423 \\ \mathbf{0.212} \end{bmatrix}$ +	$\begin{bmatrix} \mathbf{0.250} \\ \mathbf{1.000} \\ 0.250 \\ 0.250 \end{bmatrix}$ +	$\begin{bmatrix} 0.212 \\ 0.846 \\ 0.212 \\ \mathbf{0.423} \end{bmatrix}$ +	$\begin{bmatrix} 0.212 \\ 0.846 \\ \mathbf{0.423} \\ 0.212 \end{bmatrix}$
Entsorgbarkeit					
$m_{Bj}(k) =$	$\begin{bmatrix} 0.667 \\ \mathbf{1.000} \\ 0.222 \\ 0.444 \end{bmatrix}$ +	$\begin{bmatrix} \mathbf{0.919} \\ 0.459 \\ 0.230 \\ 0.613 \end{bmatrix}$ +	$\begin{bmatrix} \mathbf{0.396} \\ \mathbf{0.396} \\ \mathbf{0.396} \\ 0.595 \end{bmatrix}$ +	$\begin{bmatrix} 0.676 \\ 0.451 \\ 0.225 \\ \mathbf{0.901} \end{bmatrix}$ +	$\begin{bmatrix} 0.865 \\ 0.865 \\ \mathbf{0.216} \\ 0.432 \end{bmatrix}$

4.6 Die Bewertungsergebnisse   187

Aus diesen Werten ergeben sich bei Anwendung der Gleichungen (4.181) bis (4.183) für die Maßzahlen folgende, hier gemäß Gl. (4.89) notierte, unscharfe Zahlen:

$m_{S1} = (0.817, 0.326, 0.183)_{LR}$
$m_{S2} = (0.245, 0.000, 0.006)_{LR}$
$m_{S3} = (0.657, 0.166, 0.323)_{LR}$
$m_{S4} = (0.712, 0.221, 0.268)_{LR}$
$m_{K1} = (0.212, 0.000, 0.038)_{LR}$
$m_{K2} = (0.846, 0.000, 0.154)_{LR}$
$m_{K3} = (0.295, 0.083, 0.128)_{LR}$
$m_{K4} = (0.295, 0.083, 0.128)_{LR}$
$m_{E1} = (0.736, 0.340, 0.183)_{LR}$
$m_{E2} = (0.592, 0.196, 0.408)_{LR}$
$m_{E3} = (0.226, 0.010, 0.170)_{LR}$
$m_{E4} = (0.551, 0.119, 0.350)_{LR}$

(vgl. Bild 4.107). Die Zugehörigkeitsfunktionen der Wertigkeiten je Variante ergeben sich aus der Addition der Maßzahlen und anschließender Normierung im Intervall [0, 1] (vgl. Bild 4.108). bf mittel

Würde die Bewertung nur von einer Person, also $l = 1$, durchgeführt, oder wären die Wertigkeiten hinsichtlich eines Kriteriums K_i für eine Version V_j bei allen Bewertern E(k) einer Bewertergruppe identisch, so wäre $a = m = b$ und die Zugehörigkeitsfunktion entspräche der Form gemäß Bild 4.17 d, d. h. es läge eine degenerierte unscharfe Menge vor.

4.6.3 Die Wertigkeiten gewichteter Kriterien

4.6.3.1 Die Wertigkeiten scharf erfaßter Kriterien

Die Wertigkeiten je Variante V_j ergeben sich durch Addition der zugehörigen Wertungszahlen je gewichtetem, scharf erfaßten Kriterium K_i, also

$$s_j = \sum_{i=1}^{n} m_{ij} g_i = \sum_{i=1}^{n} w_{ij}. \qquad (4.272)$$

Um eine Aussage über die relative Wertigkeit gegenüber der Idealkonstruktion, falls vorhanden, zu erhalten, sind auch die Summen dieser Wertungszahlen zu bilden. Sie entsprechen den höchsterreichbaren Teilwertigkeiten und ergeben sich aus

$$s_{max} = \sum_{i=1}^{n} m_{i_{max}} g_i = \sum_{i=1}^{n} w_{i_{max}}. \qquad (4.273)$$

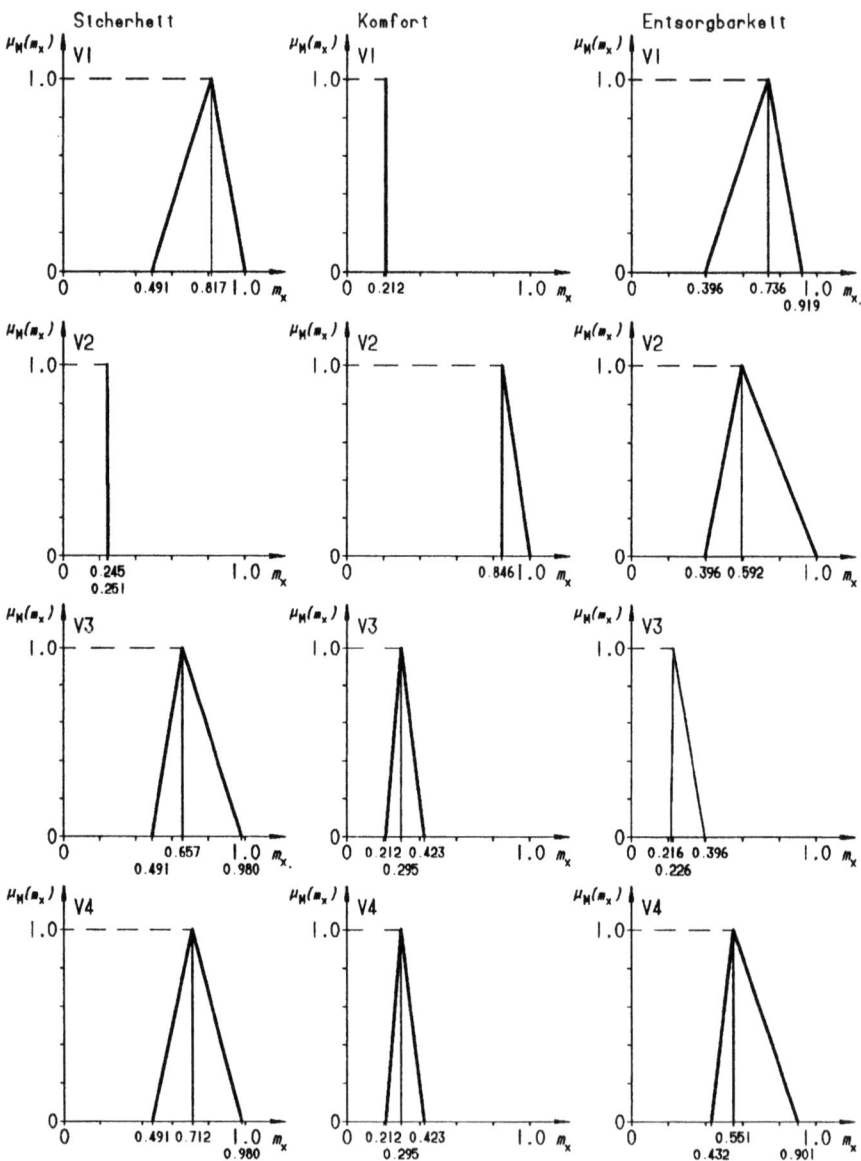

Bild 4.107. Zugehörigkeitsfunktionen der Maßzahlen der ungewichteten Kriterien *Sicherheit*, *Komfort* und *Entsorgbarkeit* für die Varianten V1 bis V4

4.6 Die Bewertungsergebnisse

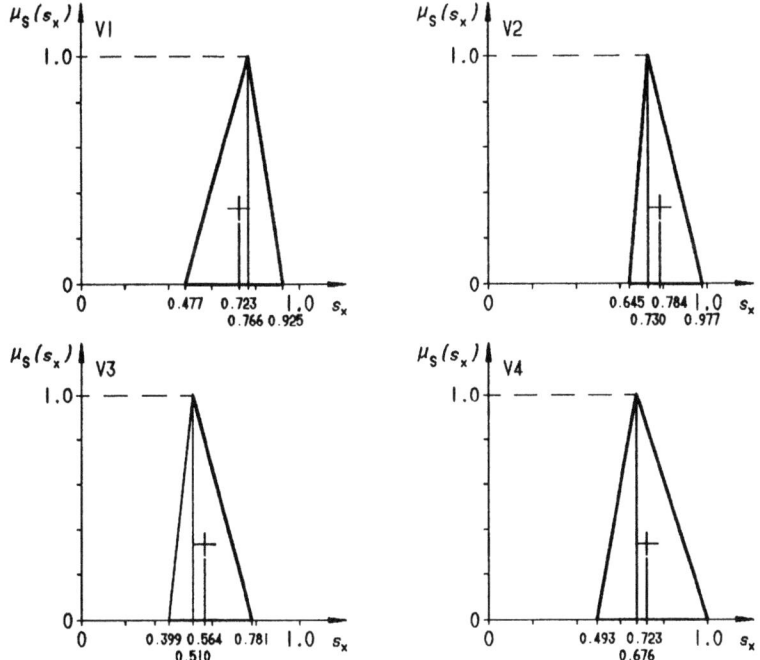

Bild 4.108. Bewertungsergebnisse in Form von Zugehörigkeitsfunktionen der Wertigkeiten qualitativer Bewertungskriterien der Varianten V1 bis V4

Beispiel 4.45: Die Wichtigkeiten der in Beispiel 4.29 eingeführten Kriterien werden durch folgende, aus der Punkteskala 0 (völlig unwichtig) bis 6 (äußerst wichtig) von einer Bewertergruppe gewählten Punkte ausgedrückt.

Sicherheit: 3
Komfort: 1
Entsorgbarkeit: 6

Durch Multiplikation des aus diesen Wichtigkeiten gebildeten Spaltenvektors $\vec{g}_n$ der normierten Wichtigkeiten ergeben sich mit den zur (m, n)-Matrix M zusammengefaßten normierten Spaltenvektoren aus Beispiel 4.30 je Kriterium die normierten Gesamtwertigkeiten der Varianten, also

$$\vec{s}_{n_i} = M \vec{g}_n \qquad (4.274)$$

$$\vec{s}_{n_i} = \begin{bmatrix} s_{n_1} \\ s_{n_2} \\ s_{n_3} \\ s_{n_4} \end{bmatrix} = \begin{bmatrix} 0.322 & 0.120 & 0.321 \\ 0.101 & 0.481 & 0.289 \\ 0.282 & 0.232 & 0.118 \\ 0.295 & 0.167 & 0.272 \end{bmatrix} \cdot \begin{bmatrix} 0.3 \\ 0.1 \\ 0.6 \end{bmatrix} = \begin{bmatrix} 0.301 \\ 0.252 \\ 0.179 \\ 0.268 \end{bmatrix}$$

Die Ermittlung dieses Ergebnisses läßt sich auch tabellarisch durchführen (vgl. Tabelle 4.18). Infolge der Gewichtung der Kriterien hat sich die Rangfolge der Varianten gegenüber den Ergebnissen gemäß Tabelle 4.17 mit Ausnahme von Variante V3 verschoben. Die größte Verschiebung betrifft Variante V2, die vom 1. auf den 3. Rang abgefallen ist.

	Gewichtungsfaktor	V1	V2	V3	V4
Sicherheit	0.3	0.0966	0.0303	0.0846	0.0885
Komfort	0.1	0.0120	0.0481	0.0232	0.0167
Entsorgbarkeit	0.6	0.1926	0.1734	0.0708	0.1632
Wertigkeiten s_j		0.3012	0.2518	0.1786	0.2684
Wertigkeiten s_j im Intervall $[0, 4]$		4	3.344	2.372	3.564
Rangfolge R_j		1	3	4	2

Tabelle 4.18. Entscheidungstabelle mit Gewichtungsfaktoren und gewichteten Wertungszahlen

Sofern, wie bereits in Beispiel 4.27 gezeigt, Maßzahlbereiche zwischen einem pessimistischen unteren und einem optimistischen oberen Wert geschätzt wurden, ergeben sich die Wertungszahlen je Kriterium und Variante durch Erweiterung von Gl. (4.263) zu

$$w_{ij} = \frac{1}{2}(\underline{m}_{ij} + \overline{m}_{ij})g_i = \frac{1}{2}(\underline{w}_{ij} + \overline{w}_{ij}). \tag{4.275}$$

Die als Bewertungsergebnis verfügbaren Wertigkeiten ergeben sich dann als empirische Mittelwerte aus

$$s_{ges_j} = \frac{1}{2n}\sum_{i=1}^{n}(\underline{m}_{ij} + \overline{m}_{ij})g_i = \frac{1}{2n}\sum_{i=1}^{n}(\underline{w}_{ij} + \overline{w}_{ij}). \tag{4.276}$$

4.6.3.2 Die Wertigkeiten unscharf erfaßter Kriterien

Die Bestimmung der Wertigkeiten unscharf erfaßter gewichteter Kriterien erfolgt ebenfalls durch Addition der unscharfen Wertungszahlen. Liegen diese als unscharfe Zahlen in Form triangulärer Zugehörigkeitsfunktionen vor, so erfolgt die Addition analog der in Kapitel 4.6.2.2 beschriebenen Vorgehensweise. Liegen sie als unscharfe Mengen vor, so müssen sie als solche nach dem Erweiterungsprinzip gemäß Kapitel 4.6.2.4, Abschnitt 1, modelliert werden. Durch abschließende Defuzzifikation der unscharf modellierten Wertigkeiten ergeben sich die als Entscheidungsgrundlage heranziehbaren defuzzifizierten Wertigkeiten. Eine Defuzzifikation darf frühestens dann erfolgen, wenn während der Bewertungsdurchführung keine subjektiv geschätzten Faktoren das Ergebnis beeinflussen können.

4.6 Die Bewertungsergebnisse

Die geschlossene Erfassung unscharfer Wertigkeiten erfolgt durch die Multiplikation der unscharfen Bewertungsgrößen nach dem Erweiterungsprinzip.

Unter der Voraussetzung, daß die Maßzahlen m_{ij} deterministischen, unscharfen und/oder probabilistischen Charakters je Kriterium K_i und je Variante V_j, in Form der Zugehörigkeitsfunktionen

$\mu_M(m_{ij})$: $[0, 1] \to [0, 1]$, $i = 1, 2, \ldots, n$, $j = 1, 2, \ldots, m$

ebenso vorliegen wie die Zugehörigkeitsfunktionen der Gewichtungsfaktoren g_i,

$\mu_G(g_i)$: $[0, 1] \to [0, 1]$, $i = 1, 2, \ldots, n$,

ergeben sich auch die Zugehörigkeitsfunktionen der Wertigkeiten s_j je Variante unmittelbar als

$\mu_S(s_j)$: $[0, 1] \to [0, 1]$, $j = 1, 2, \ldots, m$.

Dies ist der Fall bei

— linguistisch beschriebenen Maßzahlen deterministischer Kriterien in Form unscharfer Mengen (vgl. Kapitel 4.3.5.3) sowie
— Maßzahlen echter linguistischer Kriterien in Form unscharfer Mengen (vgl. Kapitel 4.3.5.5)

Die als unscharfe Mengen modellierten Wertigkeiten der j-ten Variante werden mittels

$$\mu_S(s_j) = F(\mu_M(m_{1j}), \mu_M(m_{2j}), \ldots, \mu_M(m_{nj}), \mu_G(g_1), \mu_G(g_2), \ldots, \mu_G(g_n)). \quad (4.277)$$

bestimmt (vgl. [1]). Dabei beschreibt F die Funktion, mittels der die Vereinigung der einzelnen Mengen erfolgt (*Aggregationsfunktion*), beispielsweise im besonderen Fall eine lineare. Die Zugehörigkeitsfunktion $\mu_S(s_j)$ wird gemäß dem Erweiterungsprinzip [67] durch die Abhängigkeit

$$\mu_S(s_j) = \sup [\min(\mu_M(m_{1j}), \mu_M(m_{2j}), \ldots, \mu_M(m_{nj}), \mu_G(g_1), \mu_G(g_2), \ldots, \mu_G(g_n))] \quad (4.278)$$

angegeben, wobei das Supremum sup gebildet wird, indem alle Elemente $(m_{1j}, m_{2j}, \ldots, m_{nj}, g_1, g_2, \ldots, g_n)$ Werte des Intervalls $[0, 1]$ annehmen, so daß die Abhängigkeit

$$s_j = F(m_{1j}, m_{2j}, \ldots, m_{nj}, g_1, g_2, \ldots, g_n) \quad (4.279)$$

erfüllt wird.

Unter der Voraussetzung linearer Begrenzungen wird das Supremum für die additive Aggregationsfunktion gemäß der Abhängigkeit

$$s_j = \sum_{i=1}^{n} m_{ij} g_i \Big/ \sum_{i=1}^{n} g_i \quad (4.280)$$

bestimmt, wobei $m_{ij}, g_i, s_j \in [0, 1]$.

Die Annahme der linearen Aggregationsfunktion ist gewissermaßen willkürlich (*arbiträr*) und beschränkend. Wenn jedoch keine genau formulierten Anforderungen bezüglich ihres Charakters bestehen, wird in der Literatur ([1], [29], [40], [59], u. a.) vorgeschlagen, diese Funktion als linear anzunehmen. Das ist u. a. dadurch begründet, daß diese Funktion als Mittelgewogene der einzelnen Maßzahlen und der Gewichtungsfaktoren betrachtet werden kann.

Die Zugehörigkeiten selbst lassen sich hervorragend als Entscheidungsgrundlagen verwenden, da sie eine bessere Interpretation der Bewertungsergebnisse erlauben als solche in Form scharfer Zahlen (vgl. Kapitel 4.6.8.7 und 4.6.8.8).

In [40] wird eine Lösungsmethode gezeigt, die auf der Nutzung der α-Abschnitte unscharfer Mengen beruht, wodurch eine bedeutende Verringerung des Berechnungsaufwandes erreicht wird.

Unabhängig von der Form der Aggregationsfunktion F sind diejenigen unscharfen Mengen $\mu_S(s_1), \mu_S(s_2), \ldots, \mu_S(s_m)$, die die Präferenz der einzelnen Varianten beschreiben.

Weitere Verfahren der Bewertungsaggregation sind die Anwendung des *Monotonmaßes* und des *scharfen Integrals* [58]. Da diese Verfahren jedoch einen höheren Berechnungsaufwand erfordern, in ihrer Aussage als Entscheidungshilfe aber keine wesentlichen Verbesserungen bringen, werden sie hier nicht behandelt.

4.6.4 Die Normierung der Wertigkeiten

Dieser Schritt ergibt die relativen scharfen oder defuzzifizierten Wertigkeiten entweder der Varianten zueinander oder, falls vorhanden, gegenüber der Idealkonstruktion.

Liegt keine Idealkonstruktion zugrunde, erhält die beste Variante als höchste normierte Wertigkeit den Wert „1" und die normierten Wertigkeiten der übrigen Varianten errechnen sich aus

$$s_{n_j} = \frac{s_j}{s_{j_{max}}}. \tag{4.281}$$

Andernfalls erhält die Idealkonstruktion den normierten Wert „1" und die normierten Wertigkeiten der übrigen Varianten errechnen sich aus

$$s_{n_j} = \frac{s_j}{s_{max}}. \tag{4.282}$$

4.6.5 Die Ermittlung der Rangfolge

Die Ermittlung der Rangfolge R_j dient lediglich der pauschalen und damit übersichtlichen Abstufung der scharfen oder defuzzifizierten Ergebnisse bei einer großen Anzahl von Varianten, um deren Rang zu verdeutlichen. Sie sagt nichts darüber aus, wie nahe zwei Ergebnisse beieinander liegen.

4.6 Die Bewertungsergebnisse

4.6.6 Die Zwischenbewertung der Kriteriengruppen bzw. -arten

Sofern bei der Auflistung der expliziten und impliziten Kriterien eine Unterteilung in Kriteriengruppen *und* -arten stattgefunden hat, müssen die daraus resultierenden Teilergebnisse abschließend zu einem Gesamtergebnis zusammengefaßt werden.

Im Falle einer gewichteten Bewertung müssen zunächst die Kriterienarten gegeneinander gewichtet und deren Gruppenwertigkeiten durch Addition der aus *Artgewichtungsfaktoren* und normierten Artwertigkeiten sich ergebenden *Artwertungszahlen* berechnet werden (vgl. Bild 4.109). Diese Gewichtung bedarf keiner separaten Gewichtungsmatrix, da nur zwei Artgewichtungsfaktoren zu bestimmen sind, deren Summe den Wert „1" ergeben müssen.

Ordn. Nr.	Kriterienarten technischer Bewertungskriterien	Art-gewichtungs-faktor	Varianten V1		V2		Ideal-konstruktion	
			normierte Art-wertig-keit	Art-wertungs-zahl	normierte Art-wertig-keit	Art-wertungs-zahl	normierte Art-wertig-keit	Art-wertungs-zahl
1	2	3	4	5	4	5	6	7
Z	quantitative Kriterien	g_Z	$s_{n_{Z1}}$	w_{Z1}	$s_{n_{Z2}}$	w_{Z2}	$s_{n_{Z\max}}$	$w_{Z\max}$
A	qualitative Kriterien	g_A	$s_{n_{A1}}$	w_{A1}	$s_{n_{A2}}$	w_{A2}	$s_{n_{A\max}}$	$w_{A\max}$
(normierte) Gruppenwertigkeiten			./.	s_{n_1}	./.	s_{n_2}	./.	$s_{n_{\max}}$

Bild 4.109. Tabelle für die Ermittlung der Gruppenwertigkeit aus zwei Artwertungszahlen

Auch die Kriteriengruppen müssen gegeneinander gewichtet und die Gesamtwertigkeiten durch Addition der aus *Gruppengewichtungsfaktor* und Gruppenwertigkeit sich ergebenden *Gruppenwertungszahlen* berechnet werden.

Die Bestimmung der Wichtigkeiten der Kriteriengruppen untereinander sowie die Berechnung der Gruppengewichtungsfaktoren g_g erfolgt ebenfalls mit Hilfe einer Gewichtungsmatrix nach den in Kapitel 4.4 beschriebenen Zusammenhängen. Die Anzahl der Matrixzeilen und -spalten entspricht der Anzahl der vorliegenden Kriteriengruppen. In der Regel sind dies die drei Gruppen

t: Technische Kriterien
w: Wirtschaftliche Kriterien
p: Psychologische Kriterien

(vgl. Bild 4.110).

Ordn. Nr.	t	w	p	Gewichtungs-faktoren
t				g_t
w				g_w
p				g_p
				$\Sigma g_g =$

Bild 4.110. Gewichtungsmatrix der Kriteriengruppen

Ordn. Nr.	Kriteriengruppen	Gewich- tungs- faktor	Varianten V1		V2		Ideal- konstruktion	
			normierte Gruppen- wertigkeit	Gruppen- wertungs- zahl	normierte Gruppen- wertigkeit	Gruppen- wertungs- zahl	normierte Gruppen- wertigkeit	Gruppen- wertungs- zahl
1	2	3	4	5	4	5	6	7
t	technische Kriterien	g_t	$s_{n_{t1}}$	w_{t1}	$s_{n_{t2}}$	w_{t2}	$s_{n_{t_{max}}}$	$w_{t_{max}}$
w	wirtschaftliche Kriterien	g_w	$s_{n_{w1}}$	w_{w1}	$s_{n_{w2}}$	w_{w2}	$s_{n_{w_{max}}}$	$w_{w_{max}}$
p	psychologische Kriterien	g_p	$s_{n_{p1}}$	w_{p1}	$s_{n_{p2}}$	w_{p2}	$s_{n_{p_{max}}}$	$w_{p_{max}}$
	Gesamtwertigkeiten		./.	s_{ges_1}	./.	s_{ges_2}	./.	$s_{ges_{max}}$
	normierte Gesamtwertigkeiten		./.	$s_{n_{ges_1}}$	./.	$s_{n_{ges_2}}$	./.	$s_{n_{ges_{max}}}$
	Rangfolge		./.	R_{ges_1}	./.	R_{ges_2}	./.	$R_{ges_{max}}$

Bild 4.111. Tabellarische Zusammenfassung der Bewertungsergebnisse

Die ungewichteten, also die den Gewichtungsfaktor $g_i = 1$ implizierenden, oder gewichteten Kriteriengruppen werden ebenfalls in Tabellen eingetragen, in denen dann die Gesamtwertigkeiten s_{ges_j} und gegebenenfalls die normierten Gesamtwertigkeiten $s_{n_{ges_j}}$ sowie die Rangfolge R_{ges_j} je Variante V_j durch Addition ermittelt und eingetragen wird (vgl. Bild 4.111).

Diese Vorgehensweise ist also eine zweimalige Wiederholung der in Kapitel 4.6.3 beschriebenen Vorgehensweisen unter Berücksichtigung der in Kapitel 4.4 behandelten Gesichtspunkte zur Ermittlung der Gewichtungsfaktoren und gilt sowohl für scharf erfaßte als auch für unscharf modellierte Kriterien.

4.6.7 Die Gesamtbewertung komplexer technischer Systeme

Werden innerhalb eines komplexen technischen Systems mehrere Varianten oder Alternativen von Teilsystemen bewertet, so muß je Teilsystem eine Bewertung stattfinden. Die so erhaltenen Teilergebnisse müssen dann in einer Gesamtbewertung zusammengefaßt werden. Dabei ergibt sich nicht unbedingt als beste Gesamtlösung die Zusammenfügung aller bestbewerteten Teillösungen, da deren Zusammenwirken unter Umständen durch physikalische, chemische oder biologische Effekte negativ beeinflußt werden kann.

In derartigen Fällen sind die verschiedenen Kombinationsmöglichkeiten der Teilsystemvarianten oder -alternativen z. B. in Bezug auf ihre Plausibilität (vgl. Kapitel 5.3) zu prüfen und aufgrund der Beeinflussungskriterien in der vorgestellten Weise zu bewerten.

4.6.8 Darstellungsformen der Bewertungsergebnisse

4.6.8.1 Übersicht

Abschließend sollten die Bewertungsergebnisse in einer unmißverständlichen und leicht überschaubaren Form aufbereitet werden, die sich als Entscheidungsvorlage eignet. Mögliche Formen zur Darstellung scharfer Bewertungsergebnisse sind Tabellen, Scheibendiagramme, Funktionsdiagramme und Balkendiagramme.

4.6 Die Bewertungsergebnisse

Darstellung	Aufwand	Vorteile	Nachteile
Tabellen	gering	genaue Informationen	keine Visualisierung
Balkendiagramme	mittel	gute Visualisierung der Ergebnisse	unübersichtlich bei vielen Varianten
Scheibendiagramme	mittel	gute Visualisierung der Ergebnisse	unübersichtlich bei vielen Varianten
zweidimensionales Stärkediagramm	mittel	wertmäßige *und* visualisierte Darstellung in einem Diagramm	keine
dreidimensionales Stärkediagramm	ziemlich hoch	wertmäßige *und* visualisierte Darstellung in einem Diagramm	keine
Wertprofile	mittel	wertmäßige *und* visualisierte Darstellung in einem Diagramm	nur zwei Varianten vergleichbar
Zugehörigkeitsfunktionen	hoch	gute Interpretation	Erfahrung erforderlich
Baumstrukturen	sehr hoch	hohe Informationsdichte	Erfahrung erforderlich

Tabelle 4.19. Übersicht über die gebräuchlichsten Darstellungsformen der Bewertungsergebnisse

Im Falle unscharf erfaßter Kriterien stehen die Zugehörigkeitsfunktionen der unscharfen Bewertungsergebnisse und ihre mögliche Darstellung in Form von Baumstrukturen zur Verfügung.

Sofern die Bewertung auf der Basis unscharfer Zahlen bzw. Mengen erfolgte und die Ergebnisse statt in Form interpretierbarer Zugehörigkeitsfunktionen in Tabellen- oder Diagrammform aufbereitet werden sollen, ist eine entsprechende Defuzzifikation erforderlich (vgl. Kapitel 4.2.6).

Eine Übersicht über die gebräuchlichsten Darstellungsformen der Bewertungsergebnisse als Entscheidungsvorlagen zeigt nachfolgende Tabelle 4.19.

4.6.8.2 Darstellung der Bewertungsergebnisse in Tabellen

Die einfachste Darstellung der Bewertungsergebnisse besteht in der Summenzeile der Wertungszahlen w_{ij}, also der Wertigkeiten s_j, sowie den Zeilen der normierten Wertigkeiten s_{nj} je Variante V_j und deren Rangfolge R_j (vgl. Bilder 3.1 und 3.2).

Wurde zunächst eine Bewertung auf der Ebene der Kriterienarten durchgeführt, so liegen in den dazu ausgefüllten Tabellen die Artwertigkeiten (vgl. Bild 4.109) als Informationen zu Zwischenentscheidung vor. Die Tabelle zur Ermittlung der Gruppenwertungszahlen, die sich als Produkt aus den normierten Teilwertigkeiten und den Gewichtungsfaktoren der einzelnen Kriteriengruppen ergeben, und der aus ihrer Summe gebildeten Gesamtwertigkeiten ist gleichzeitig die als Entscheidungsgrundlage dienende Ergebnistabelle (vgl. Bild 4.111). Sie enthält alle Informationen, um auf der Hierarchiestufe mit höchster Projektverantwortung eine Entscheidung treffen zu können.

Ordn. Nr.	qualitative Kriteriengruppen	Gewich- tungs- faktor	Varianten				Ideal- konstruktion	
			V1		V2			
			normierte Teilwer- tigkeit	Teil- wertungs- zahl	normierte Teilwer- tigkeit	Teil- wertungs- zahl	normierte Teilwer- tigkeit	Teil- wertungs- zahl
1	2	3	4	5	4	5	6	7

Ordn. Nr.	quantitative Kriteriengruppen	Gewich- tungs- faktor	Varianten				Ideal- konstruktion	
			V1		V2			
			normierte Teilwer- tigkeit	Teil- wertungs- zahl	normierte Teilwer- tigkeit	Teil- wertungs- zahl	normierte Teilwer- tigkeit	Teil- wertungs- zahl
1	2	3	4	5	4	5	6	7
t	technische Kriterien	g_t	$s_{n_{t1}}$	w_{t1}	$s_{n_{t2}}$	w_{t2}	$s_{n_{tmax}}$	w_{tmax}
w	wirtschaftliche Kriterien	g_w	$s_{n_{w1}}$	w_{w1}	$s_{n_{w2}}$	w_{w2}	$s_{n_{wmax}}$	w_{wmax}
p	psychologische Kriterien	g_p	$s_{n_{p1}}$	w_{p1}	$s_{n_{p2}}$	w_{p2}	$s_{n_{pmax}}$	w_{pmax}
Gesamtwertigkeiten			./.	s_{ges_1}	./.	s_{ges_2}	./.	$s_{ges_{max}}$
normierte Gesamtwertigkeiten			./.	$s_{n_{ges_1}}$	./.	$s_{n_{ges_2}}$	./.	$s_{n_{ges_{max}}}$
Rangfolge			./.	R_{ges_1}	./.	R_{ges_2}	./.	$R_{ges_{max}}$

Bild 4.112. Tabellarische Zusammenfassung der Bewertungsergebnisse, getrennt nach quantitativen und qualitativen Kriterien

Beispiel 4.46: Tabelle 4.20 zeigt die nach drei Kriteriengruppen aufgeteilten normierten Bewertungsergebnisse als Gruppenwertigkeiten und als Gesamtwertigkeiten dreier Lösungsvarianten (Industriebeispiel) im Vergleich zu einer vorab definierten Idealkonstruktion.

Kriteriengruppen	Variante 1	Variante 2	Variante 3	Ideal- konstruktion
technische Kriterien	0.68	0.58	0.70	1.00
wirtschaftliche Kriterien	0.75	0.83	0.55	1.00
psychologische Kriterien	0.80	0.85	0.82	1.00
Gesamtwertigkeiten s_{ges_i}	2.23	2.26	2.07	3.00
normierte Gesamt- wertigkeiten $s_{n_{ges_i}}$	0.74	0.75	0.69	1.00
Rangfolge R_{ges_i}	3	2	4	1

Tabelle 4.20. Normierte Bewertungsergebnisse im Vergleich zu einer Idealkonstruktion

4.6.8.3 Darstellung der Bewertungsergebnisse in eindimensionalen Diagrammen

1. Darstellung im Balkendiagramm

Die einfachste Form der eindimensionalen Darstellung sind Balkendiagramme. In ihnen werden die Teilwertigkeiten bzw. im Fall gewichteter Teilwertigkeiten deren Teilwertungszahlen je Kriteriengruppe für jede bewertete Variante durch die maßstäblich vergleichbare und evtl. über eine Teilung der Ordinate ablesbare Balkenhöhe optisch sichtbar gemacht.

4.6 Die Bewertungsergebnisse

Beispiel 4.47: Bild 4.113 zeigt die normierten technischen, wirtschaftlichen und psychologischen Teilwertigkeiten der drei Varianten V1 bis V3 und einer vorher definierten Idealkonstruktion gemäß Tabelle 4.20 in Form eines Balkendiagramms.

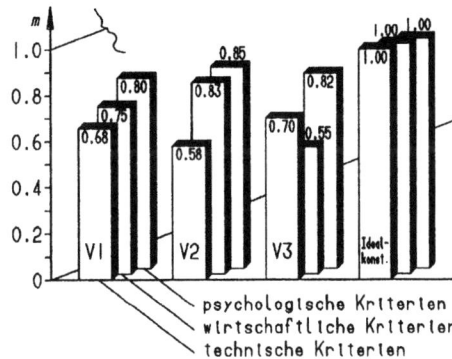

Bild 4.113. Bewertungsergebnisse dargestellt als Balkendiagramm

2. Darstellung in Scheibendiagrammen

Eine weitere, ebenfalls sehr anschauliche Darstellung der Bewertungsergebnisse bieten eindimensionale Scheibendiagramme. In ihnen werden entweder die normierten Teilwertigkeiten der einzelnen Kriteriengruppen s_{ij}, i = t, w, p, für jede Variante V_j getrennt in einer dem 360°-Kreis proportional eingeteilten Scheibe (vgl. Bild 4.114 a) oder aber nur die Gesamtwertigkeiten s_{ges_j} je Variante nach ihrer Normierung in einer einzigen, ebenfalls dem 360°-Kreis proportional aufgeteilten, Scheibe dargestellt (vgl. Bild 4.114 b).

Beispiel 4.48: Bild 4.114 a zeigt die normierten technischen, wirtschaftlichen und psychologischen Teilwertigkeiten der drei Varianten V1 bis V3 im Vergleich zur Idealkonstruktion gemäß Tabelle 4.20 in separaten Scheiben, deren Flächen den Verhältnissen der Teil- bzw. Gesamtwertigkeiten entsprechen, während in Bild 4.114 b die auf „1" normierten Gesamtwertigkeiten der drei Varianten ohne Bezug auf die Idealkonstruktion in einer einzigen Scheibe dargestellt sind.

Bild 4.114. Bewertungsergebnisse, dargestellt als Scheibendiagramme

4.6.8.4 Darstellung der Bewertungsergebnisse in zweidimensionalen Diagrammen

1. Das zweidimensionale Stärkediagramm

Liegen die Bewertungsergebnisse zweier Kriteriengruppen vor, so lassen sich diese zu einer Gesamtaussage zusammenzufassen, indem die Teilwertigkeiten s_j je Variante V_j in einem zweiachsigen Diagramm, von *F. Kesselring* als *Stärke-Diagramm* bezeichnet, dargestellt werden (vgl. [31]). Eingetragen werden entweder die normierten oder die in Prozent ausgedrückten Teilwertigkeiten und zwar normalerweise die technischen Wertigkeiten $s_{n_{tj}}$ auf der Abszisse und die wirtschaftlichen Wertigkeiten $s_{n_{wj}}$ auf der Ordinate.

Beispiel 4.49: Bild 4.115 zeigt die normierten technischen und wirtschaftlichen Gesamtwertigkeiten der drei Varianten V1 bis V3 gemäß Tabelle 4.20 im zweidimensionalen Stärkediagramm. Der Punkt $P_{(1.0/1.0)}$ entspricht der definierten Idealkonstruktion.

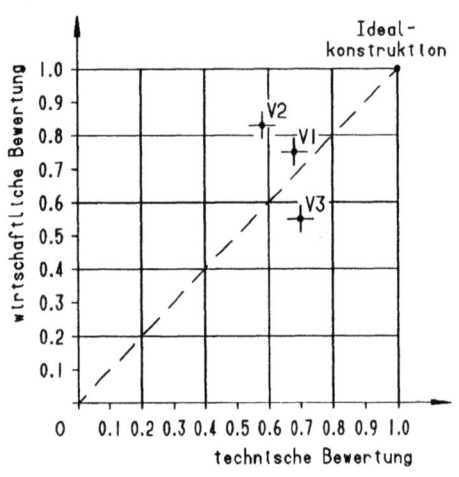

Bild 4.115. Bewertungsergebnisse von zwei Kriteriengruppen im zweidimensionalen s-Diagramm

2. Das Geradenverfahren

Häufig ist es zweckmäßig, die Bewertungsergebnisse nicht in Form der Vektorkoordinaten, sondern die Relation der Vektoren, also der Gesamtstärke s je Variante V_j selbst, im Diagramm sichtbar zu machen.

Zur Verknüpfung der Einzelstärken je Kriteriengruppe bieten sich mehrere Algorithmen an, von denen der einfachste in der Bildung des arithmetischen Mittelwertes aus den normierten Teilwertigkeiten $s_{n_{tj}}$ und $s_{n_{wj}}$ gemäß

$$s_j = \frac{s_{n_{tj}} + s_{n_{wj}}}{2} \tag{4.283}$$

liegt. Damit ergibt sich im s-Diagramm eine Schar paralleler Geraden als Linien konstanter Stärken s, die senkrecht zur Geraden $\overline{0\,V_{ideal}}$ bzw. $s_{n_{tj}} = s_{n_{wj}}$ verlaufen (vgl. Bild 4.116).

4.6 Die Bewertungsergebnisse

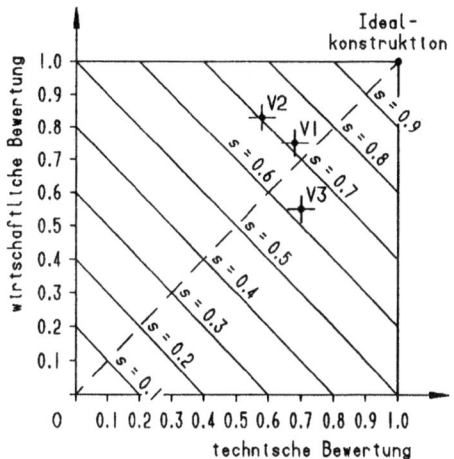

Bild 4.116. Darstellung der Stärke s beim Geradenverfahren; die Geraden sind Linien gleicher Stärke s (Quellen [49], [61] u. a.); die eingetragenen Varianten sind Beispiel 4.46 entnommen

Die Lage der Stärke s im Diagramm des Geradenverfahrens gibt allerdings keine Auskunft über die Ausgewogenheit der Teilwertigkeiten der Kriteriengruppen einer jeden Variante untereinander, obwohl dies wünschenswert wäre. D. h., daß eine Variante mit hoher technischer Wertigkeit und geringer wirtschaftlicher Wertigkeit auf der gleichen Geraden liegen kann wie eine Variante mit mittlerer technischer und wirtschaftlicher Wertigkeit, beispielsweise $\frac{0.1 + 0.9}{2} = \frac{0.5 + 0.5}{2} = 0.5$.

3. Das Hyperbelverfahren

Eine bessere Aussage über die Ausgewogenheit ergibt sich aufgrund der Bildung des geometrischen Mittels aus den normierten Teilwertigkeiten $s_{n_{tj}}$ und $s_{n_{wj}}$ gemäß

$$s_j = \sqrt{s_{n_{tj}} \cdot s_{n_{wj}}} \tag{4.284}$$

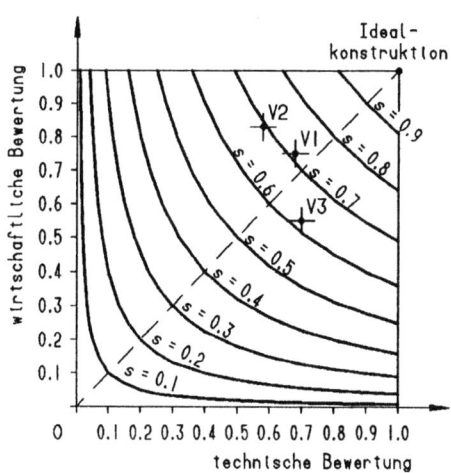

Bild 4.117. Darstellung der Stärke s beim Hyperbelverfahren; die Hyperbeln sind Linien gleicher Stärke s (Quellen [49], [61] u. a.); die eingetragenen Varianten sind Beispiel 4.46 entnommen

Im s-Diagramm ergibt sich damit eine Hyperbelschar als Linien konstanter Stärken s bzw. $s_{n_{tj}} = s_{n_{wj}}$ (vgl. Bild 4.117).

Durch die Mittelwertbildung wird die Stärke s einer unausgewogenen gegenüber einer ausgewogenen Lösung optisch sichtbar verringert, also beispielsweise $\sqrt{0.1 \times 0.9} = 0.3$; $\sqrt{0.5 \times 0.5} = 0.5$. Ergeben sich für zwei oder mehrere Varianten V_j die gleichen Stärken s, so ist die Variante mit dem geringeren Abstand zur Geraden $\overline{0\ V_{ideal}}$ bzw. $s_{n_{tj}} = s_{n_{wj}}$ die ranghöhere.

4.6.8.5 Darstellung der Bewertungsergebnisse in dreidimensionalen Diagrammen - das dreidimensionale Stärkediagramm

Sofern die Bewertungsergebnisse von drei Kriteriengruppen vorliegen, bietet sich die Darstellung der Koordinaten der Ergebnisvektoren je Variante V_j in einem dreiachsigen Diagramm an. Auch in diesem Fall werden die jeweils normierten oder in Prozent ausgedrückten Teilwertigkeiten eingetragen und zwar normalerweise die technischen Wertigkeiten $s_{n_{tj}}$ auf der Abszisse (x-Achse), die wirtschaftlichen Wertigkeiten $s_{n_{wj}}$ auf der vertikalen Ordinate (y-Achse) und die psychologischen Wertigkeiten $s_{n_{pj}}$ auf der horizontalen Ordinate (z-Achse).

Beispiel 4.50: In Bild 4.118 sind die absoluten Ergebnisse der technischen, wirtschaftlichen und psychologischen Gesamtwertigkeiten gemäß Tabelle 4.20 eingetragen. Der Punkt $P_{(100/100/100)}$ bzw. $P_{(1.0/1.0/1.0)}$ entspricht wiederum der Idealkonstruktion.

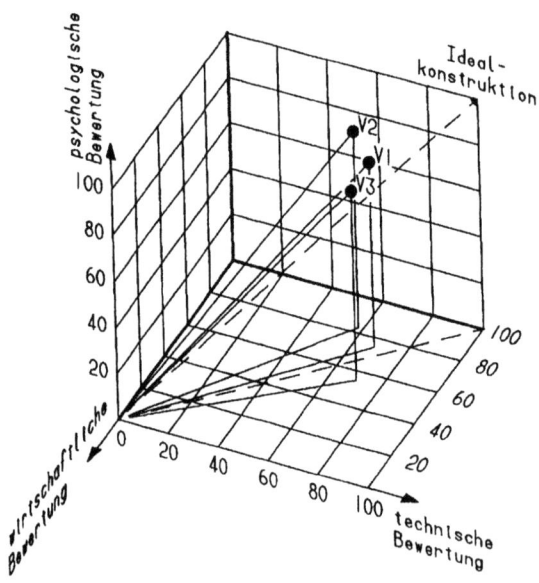

Bild 4.118. Bewertungsergebnisse von drei Kriteriengruppen

4.6 Die Bewertungsergebnisse

4.6.8.6 Darstellung der Bewertungsergebnisse als Wertprofile

Da bei einer auf der Basis vorliegender Bewertungsergebnisse zu treffenden Entscheidung oftmals nur die Gesamtwertigkeiten verglichen werden, besteht die Gefahr, daß die Variante mit der höchsten Wertigkeit trotzdem Schwachstellen gegenüber weniger hoch bewertete Varianten besitzt. Eine Nichtbeachtung dieser Möglichkeit könnte zu späteren Mißerfolgen in allen der Bewertung folgenden Lebenslaufphasen des Produktes führen. Deshalb ist es insbesondere bei der Anwendung neuer Technologien aufgrund der fehlenden Erfahrung und dem damit verbundenen Entwicklungsrisiko wichtig, daß die favorisierte Lösung ein ausgeglichenes sogenanntes *Wertprofil* besitzt. Wertprofile dienen also vorwiegend der Sichtbarmachung von Schwachstellen.

Die Darstellung von Wertprofilen erfolgt in zweiachsigen Diagrammen, über deren Abszisse die Maßzahlen je Kriterium und auf deren Ordinate die Beträge der normierten Gewichtungsfaktoren übereinander aufgetragen werden. Damit entsprechen die Balkenflächen den gewichteten Wertungszahlen eines jeden Kriteriums. Bei der Gegenüberstellung ungewichteter Wertungszahlen entspricht die Einteilung auf der Ordinate lediglich einer frei gewählten, jedoch konstanten, Balkendicke.

Normalerweise werden in diesen Diagrammen die Wertprofile zweier Varianten - in der Regel die beste und die zweitbeste - gegenübergestellt. Eine Erweiterung auf drei oder vier Varianten, beispielsweise durch Erweiterung des Diagramms auf eine räumliche Achse, ist jedoch möglich.

Haben zwei Varianten die gleiche Wertigkeit, so muß als die trotzdem bessere diejenige gewählt werden, die das ausgeglichenere Wertprofil besitzt.

Beispiel 4.51: In Bild 4.119 sind die Wertprofile der gewogenen, linguistisch scharf erfaßten Bewertungskriterien der beiden bestbewerteten Pkw-Varianten, also V1 und V4, gemäß Tabelle 4.18 eingetragen. Die Maßzahlen entsprechen den aus der (m, n)-Matrix M in Beispiel 4.45 entnommenen, jedoch auf das Intervall $[0, 4]$ hochgerechneten, Werten.

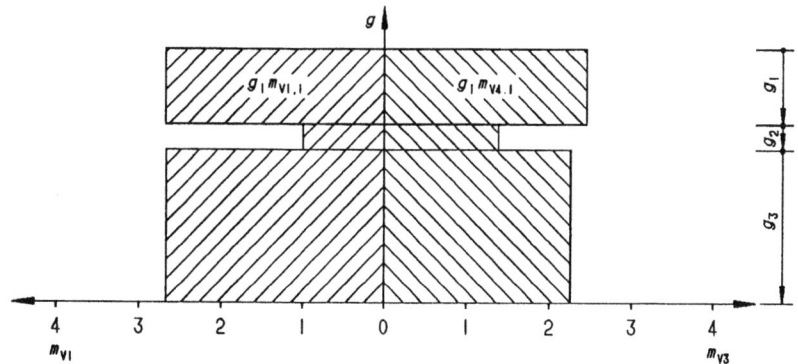

Bild 4.119. Gegenüberstellung der Wertprofile für die beiden Pkw-Varianten V1 und V4 gemäß Beispiel 4.45

4.6.8.7 Darstellung der Bewertungsergebnisse in Form von Zugehörigkeitsfunktionen

Wird eine Bewertung auf der Basis unscharf erfaßter Kriterien durchgeführt, so lassen sich die abschließend vorliegenden Zugehörigkeitsfunktionen der unscharfen Wertigkeiten besonders gut als Entscheidungsgrundlagen interpretieren.

Gegenüber dem defuzzifizierten Wert einer Zugehörigkeitsfunktion ist die Größe des von ihr überdeckten Wertbereiches ein Maß für die Unschärfe. Ist der überdeckte Wertbereich sehr groß, so ist auf die Unsicherheit des Bewerters bzw. der Mitglieder einer Bewertergruppe bei der Einschätzung qualitativer Aussagen zu den zu bewertenden Varianten zu schließen.

Die Lage des Scheitelpunktes oder eines - im Falle einer als unscharfe Menge vorliegenden Wertbereichs möglichen - Scheitelbereiches ist zum einen ein Maß für die Annäherung an die rechts auf der Abszisse liegende, optimale Lösung, zum anderen gibt sie im Vergleich zu anderen bewerteten Varianten die Rangfolge an. Liegt der Scheitelpunkt bzw. -bereich rechts vom defuzzifizierten Wert, deutet das auf eine ihm gegenüber tendenziell bessere Bewertung hin, der defuzzifizierte Wert liegt also auf der sicheren Seite.

Werden die unscharfen Wertigkeiten durch ihre defuzzifizierten und damit scharfen Werte ersetzt und in dieser Form als Entscheidungsgrundlage benutzt, ist zwar eine lineare Ordnung der bewerteten Varianten sowie die Bestimmung ihrer Rangfolge möglich, führt jedoch auch dazu, daß die hier geschilderten Informationen verloren gehen. Deshalb sollten die Bewertungsergebnisse in beiden Formen zur Entscheidungsfindung herangezogen werden.

Die Interpretation der durch Aggregation erhaltenen Bewertungsergebnisse ist mit der Analyse der Zugehörigkeitsfunktion verbunden. Jede der gemäß

$$\mu_S(s_j) = F(m_{i1}, m_{i2}, \ldots, m_{im}, g_1, g_2, \ldots, g_n), \, j = 1, 2, \ldots, m, \tag{4.285}$$

bestimmten unscharfen Mengen S_j, $j = 1, 2, \ldots, m$, wird im Bereich $[0, 1]$ liegen. Der Mitgliedsgradwert $\mu_S(s_j)$ gibt an, in welchem Grad die Größe s_j mit der Gesamtwertigkeit der j-ten Variante übereinstimmt, wobei in Richtung von 0 bis 1 vorgegangen wird. Die als degeneriert zu bezeichnenden Grenzfälle

$$\mu_S(s_j) = \begin{cases} 1, & \text{für } s_j = 1 \\ 0, & \text{für } s_j \neq 1 \end{cases} \tag{4.286}$$

bzw.

$$\mu_S(s_j) = \begin{cases} 1, & \text{für } s_j = 0 \\ 0, & \text{für } s_j \neq 0 \end{cases} \tag{4.287}$$

bedeuten, daß die j-te Variante entweder höchste Präferenz erhält, indem sie den höchsten Wert in der Skala $[0, 1]$ mit dem Grad „1" annimmt, oder sie hat die niedrigste Präferenz, indem sie den kleinsten Wert „0" mit dem Grad „1" annimmt.

Um formal den Präferenzgrad einzelner Varianten zu bestimmen, müssen unbedingt die unscharfen Mengen $S_1, S_2, \ldots, S_m$ gemäß der angenommenen Präferenz-

4.6 Die Bewertungsergebnisse

relation $\prec$ geordnet werden, wobei $S_k \prec S_l$ bedeutet, daß die k-te Variante gegenüber der l-ten vorgezogen wird (vgl. Bild 4.120). Die bestehenden Ordnungsmethoden der Zugehörigkeitsfunktionen [3], [8], [50] sind in ihren Konzeptionsgrundlagen sehr verschieden und führen zu verschiedenen Ergebnissen.

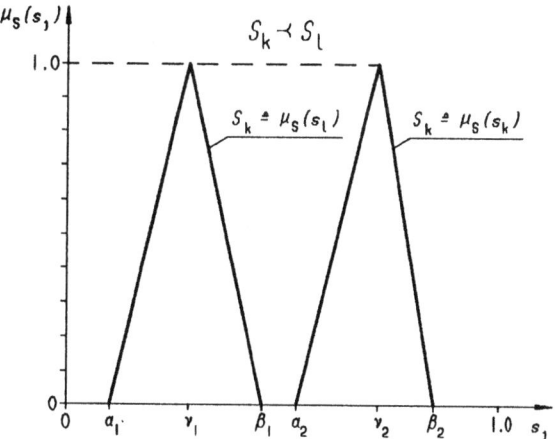

Bild 4.120. Bewertungsergebnisse in Form von Zugehörigkeitsfunktionen

4.6.8.8 Darstellung der Bewertungsergebnisse in Form von Baumstrukturen

Eine der Ordnungsmethoden der Zugehörigkeitsfunktionen, die vor allem wegen ihrer einfachen Berechnung bemerkenswert ist, beruht auf der Punktrepräsentanz der unscharfen Mengen, d.h. auf der Abbildung $S_j \to \mathbb{R}$ (oder $\mathbb{R}_+$) [3], [50]. Diesen Mengen werden Anzahlen als Mittelgewogene

$$S_j \to s_{ges_j} = \frac{\int_0^1 s_j \mu_S(s_j)\, ds}{\int_0^1 \mu_S(s_j)\, ds} \tag{4.288}$$

zugeordnet, wobei die k-te Variante gegenüber der l-ten Variante immer dann vorgezogen wird, wenn $s_{ges_k} > s_{ges_l}$, $s_{ges_k}, s_{ges_l} \in [0, 1]$ (vgl. Bild 4.121).

Es wird vorgeschlagen, dieser Methode dann anzuwenden, wenn sie um die Berechnung bestimmter Größen vervollständigt wird, die den Kopplungsgrad der unscharfen Mengen kennzeichnen. Bewertungsergebnisse in Form unscharfer Mengen sind dem Informationsgehalt nach reicher als punktförmig charakterisierte Ergebnisse. Das Ersetzen der unscharfen Menge durch ihren defuzzifizierten und damit scharfen Vertreter erlaubt es zwar, die Variante linear einzuordnen, führt aber zum Verlust der Information über die gegebene Struktur der Gesamtwertigkeit (vgl. Kapitel 4.6.8.7).

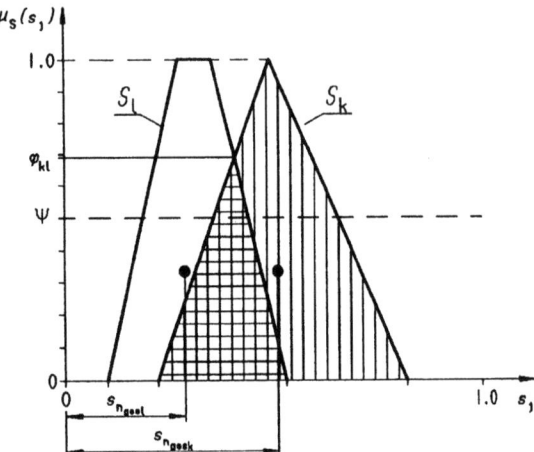

Bild 4.121. Punktrepräsentanz der unscharfen Mengen

Ein Teil der Informationen über die Struktur bleibt erhalten, wenn als Maß der gegenseitigen Variantenverbindungen ein sogenannter Verbindungsgrad eingeführt wird. Dieser Verbindungsgrad, der durch eine Kennziffer ρ_{kl} für die Interaktion der unscharfen Mengen S_k, S_l beschrieben wird, spiegelt die Größe der gegenseitigen Überlagerung der Mengen wider (vgl. Bild 4.121) und wird folgendermaßen definiert:

$$\rho_{kl} = \frac{\int_0^1 (\mu_S(s_k) \cap \mu_S(s_l))\,ds}{\int_0^1 \mu_S(s_k)\,ds} = \frac{\int_0^1 \min(\mu_S(s_k), \mu_S(s_l))\,ds}{\int_0^1 \mu_S(s_k)\,ds} \qquad (4.289)$$

Die Verbindung zwischen den Gesamtwertigkeiten der Varianten wird durch eine zweite Kennziffer φ_{kl} beschrieben, die die Höhe der gegenseitigen Überlagerung von unscharfen Mengen gemäß der Gleichung

$$\varphi_{kl} = \pi(S_k, S_l) = \sup_{s_j} [\min(\mu_S(s_k), \mu_S(s_l))] \qquad (4.290)$$

bestimmt (vgl. Bild 4.121). Die Kennziffer φ_{kl} beschreibt den Identitätsgrad der Gesamtwertigkeiten der Varianten V_k und V_l. Sie zeigt also, für welchen Grad die Varianten V_k und V_l gleich sind.

Die durch die Aggregation erhaltenen Mengen $S_1, S_2, \ldots, S_m$ können unter dem Gesichtspunkt der Interpretation eine übermäßige, unerwünschte Unschärfe charakterisieren. Dies gilt insbesondere für diejenigen Werte der Funktionen $\mu_S(s_j)$, die nahe „0" liegen. Um den Einfluß dieser unerwünschten, die Ergebnisse der Analyse von Zugehörigkeitsfunktionen störende, Unschärfe zu begrenzen, kann beispielsweise willkürlich ein gewisser Wert angenommen werden, unterhalb dem diese Zugehörigkeitsfunktionen nicht interpretiert werden.

4.6 Die Bewertungsergebnisse

Eine bessere Möglichkeit besteht darin, die Ungenauigkeit der Eingangsinformationen über die durch entsprechende unscharfe Mengen repräsentierten Maßzahlen m_{ij} und Gewichtungsfaktoren g_i zu bestimmen. Hierzu wird die sogenannte Präzisionskennziffer Ψ der unscharfen Menge $A: [0,1] \to [0,1]$ eingeführt, die wie folgt definiert ist:

$$\Psi_{(A)} = 1 - \int_0^1 \frac{A(x)\,dx}{\text{mes}(\text{supp}(A))} \tag{4.291}$$

In dieser Gleichung ist $\text{mes}(\text{supp}(A))$ das Maß der Menge $\{x \mid A(x) > 0\}$, auch *Träger* der unscharfen Menge genannt. In Fällen, in denen $A \subseteq A'$, d. h. $A(x) \leq A'(x)$ für $x \in [0,1]$ und $\text{supp}(A) = \text{supp}(A')$ ist, wird $\Psi_{(A)} \geq \Psi_{(A')}$.
In Grenzfällen, d.h. für die unscharfen Mengen

$$A(x) = \begin{cases} 1, x = x_0 \\ 0, x \neq x_0 \end{cases} \tag{4.292}$$

bzw.

$$A(x) = \begin{cases} 1, x \in [x_1, x_2] \\ 0, x \notin [x_1, x_2] \end{cases} \tag{4.293}$$

wird die Präzisionskennziffer $\Psi_{(A)} = 1$ für Gl. (4.292) und $\Psi_{(A)} = 0$ für Gl. (4.293). Für eine trianguläre Zugehörigkeitsfunktion ist $\Psi_{(A)} = 0.5$ und für eine degenerierte unscharfe Menge (vgl. Bild 4.17 d), also dem oberen Grenzfall gemäß Gl. (4.292), ist $\Psi_{(A)} = 1$.

Die globale Präzisionskennziffer Ψ der Eingangsinformation kann beispielsweise ein Mittelwert der Präzisionskennziffern unscharfer Mengen von Maßzahlen m_{ij} der Varianten V_j und der Gewichtungsfaktoren g_i der Kriterien K_i sein (vgl. Bild 4.121). Dieser errechnet sich aus:

$$\Psi = \frac{1}{n \cdot m + m} \left(\sum_{i=1}^{n} \sum_{j=1}^{m} \Psi_{(m_{ij})} + \sum_{j=1}^{m} \Psi_{(g_i)} \right). \tag{4.294}$$

Die berechneten Größen, d. h. die Gesamtwertigkeiten s_{ges_j}, die Interaktionskennziffern ρ, die Bewertungsidentitätsgrade φ und die Präzisionskennziffer Ψ erlauben es, die Bewertungsergebnisse als Baumstruktur abzubilden (vgl. Bild 4.122).

Die Interaktionskennziffern ρ und die Bewertungsidentitätsgrade φ bzw. deren Verhältnis ρ/φ (vgl. Bild 4.122) werden für eine betrachtete Variante nur in Bezug auf diejenigen Varianten berechnet, deren Gesamtwertigkeiten s_{ges_j} kleiner sind als die der betrachteten Variante. Die *senkrechten* Kopplungen der Baumstruktur sind wesentlich schwächer als die *waagerechten* Kopplungen, die in den meisten Fällen „1" betragen oder diesem Wert nahe sind.

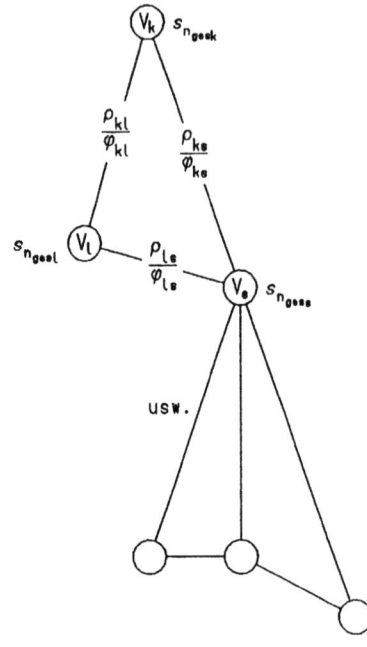

Bild 4.122. Baumstruktur für die Variantenbewertung

Wenn die Präzisionskennziffer Ψ der Eingangsinformation berücksichtigt wird, dann werden die Niveaus der Baumstruktur eindeutig auf Basis der berechneten Verhältnisse ρ/φ generiert. Diese Werte sind nur für Elemente des nächsten Niveaus größer als Null. Für die restlichen, niedrigeren Niveaus sind sie gleich oder nahe Null [35].

4.6.8.9 Darstellung der Bewertungsergebnisse in Form von Bedeutungsprofilen

Diese Darstellungsart kann grundsätzlich als ein eigenes Bewertungsverfahren angesehen werden und wird deshalb in Kapitel 7.12 ausführlicher behandelt. Da es sich jedoch auch als einfaches Darstellungsmittel von Teilergebnissen einer Bewertung eignet, wird diese Anwendung hier kurz angesprochen.

Bedeutungsprofile dienen der Sichtbarmachung qualitativer, ungewichteter oder gewichteter Wertungszahlen je Kriterium einer einzigen Variante, um die Stärken und Schwächen der Erfüllung eines jeden Kriteriums optisch sichtbar zu machen. Sofern mehrere Varianten verglichen werden sollen, ist je Variante ein Bedeutungsprofil zu erstellen, um so die Ausgewogenheit der Kriterienerfüllung vergleichen zu können. Es wird empfohlen, zwecks besseren Vergleichs die Lage der Wertigkeit als Resultierende in Form des arithmetischen Mittels in die einzelnen Bedeutungsprofile einzutragen.

4.6 Die Bewertungsergebnisse

4.6.9 Darstellung der Verbesserung von Bewertungsergebnissen

Die Diagramme zur zweidimensionalen und - allerdings weniger übersichtlich - auch zur dreidimensionalen Darstellung der Bewertungsergebnisse eignen sich besonders gut zur Sichtbarmachung des Gütefortschritts im Verlauf konstruktiver Veränderungen, indem die Ergebnisse aller im Verlauf eines Entwicklungs- bzw. Konstruktionsprozesses, also eines Projektes, durchgeführten Bewertungen sozusagen als gesamte Historie dort eingetragen werden und somit sehr gut die Auswirkungen konstruktiver Maßnahmen erkennbar sind (vgl. [31]).

Es empfiehlt sich, zu Beginn einer Bewertungsrunde eine an der Idealkonstruktion orientierte Untergrenze für jede Kriteriengruppe festzulegen, unterhalb der eine Variante im Wettbewerb mit den übrigen Lösungsvorschlägen entweder ausscheidet oder zur Erhöhung ihrer Wertigkeit nochmals konstruktiv überarbeitet wird.

Es hat sich in der Praxis bewährt, gegenüber einer Idealkonstruktion folgende Einstufung anzunehmen:

sehr gut   Gesamtwertigkeit > 0.8
gut   Gesamtwertigkeit 0.5 — 0.8
nicht befriedigend Gesamtwertigkeit < 0.5

Beispiel 4.51: Die in Bild 4.123 dargestellten Ergebnisse der technischen und wirtschaftlichen Bewertung der Varianten V1 ... V3 haben bereits drei Bewertungen hinter sich (gestrichelte Linienzüge). In diesem Beispiel wurde also die anfänglich unter einer Gesamtwertigkeit von 0.5 liegende Variante V2 *nicht* ausgeschieden, sondern nochmals konstruktiv überarbeitet, was zu weitaus besseren Wertigkeiten führte. Ferner zeigen die Varianten V1 und V3 verbesserte Bewertungsergebnisse nach einer gegenüber dem Stand gemäß Bild 4.115 abermaligen konstruktiven Überarbeitung (vgl. Pfeile in Bild 4.123).

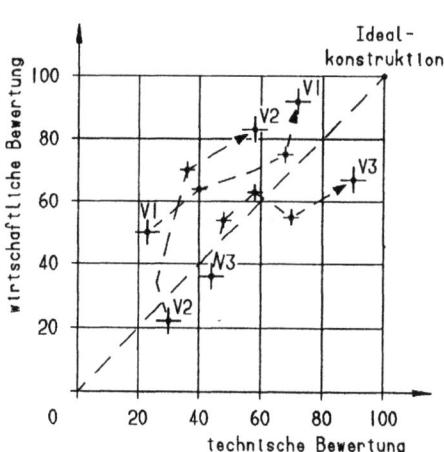

Bild 4.123. Historie der einzelnen Bewertungen

4.7 Zusammenfassung zu Kapitel 4

Bei größeren Entwicklungs- und Konstruktionsaufgaben erfolgt eine Bewertung zur Auswahl von Zwischenlösungen mehrmals im Verlaufe eines Konstruktionsprozesses. Sie kann bereits angewendet werden bei der Vorlage der ersten Prinzipkonzepte in Form von Prinzipskizzen [14], der Teillösungen zu den einzelnen zu erfüllenden Funktionen, beispielsweise innerhalb der morphologischen Matrix [16] und selbstverständlich am Schluß einer jeden Prozeßphase.

Es wurde gezeigt, daß bei konsequenter Aufstellung konsistenter Entscheidungsmatrizen die von T. L. Saaty in [55] behandelte und in [34] bzw. [35] aufgegriffene Theorie zur Erkennung und Verbesserung der Konsistenz von Entscheidungsmatrizen zur Ermittlung der Erfüllungsgrade nicht erforderlich ist. Außerdem wurde gezeigt, daß die Aufstellung von Entscheidungsmatrizen für die Berechnung der Ergebnisvektoren letztendlich unnötig ist und es stellt sich die Frage nach deren praktischem Sinn. Dieser ist in jedem Fall für die Entwicklung von Programmen für eine computergestützte Bewertung gegeben.

Allerdings vermindert oder verhindert diese Vorgehensweise die bewußte Auseinandersetzung mit der Erfüllung der Kriterien durch die einzelnen Varianten sowie mit der Bestimmung der Wichtigkeiten der Kriterien untereinander.

Ferner wird sich bei manchen Entscheidungsträgern ein gewisses Unbehagen bei dem Gedanken einstellen, die paarweisen Vergleiche der 2. bis n-ten Variante mathematisch-logischen Gesetzmäßigkeiten zu überlassen. Dies ist verständlich, weshalb die u. a. von T. L. Saaty veröffentlichten und in Kapitel 4.1.3, Abschnitte 4 und 5, beschriebenen Zusammenhänge, deren Analyse und praktische Anwendung auch weiterhin ihre - jedoch wohl nur psychologisch begründbare - Berechtigung haben. Außerdem kann die dort beschriebene Ermittlung des Konsistenz-Index C.I. als Prüfverfahren angewendet werden, um größere und damit unüberschaubare Matrizen auf etwaige Fehler zu untersuchen, da die Wahrung der Konsistenz größerer Matrizen bei zeilenweiser Abschätzung der Erfüllungsgrade eine überdurchschnittliche Informationsverarbeitung durch den jeweiligen Bewerter erfordert.

Darüber hinaus haben Beobachtungen ergeben, daß Bewerter ohne das visuelle Bild ihrer Einzelentscheidungen sehr verunsicherbar sind. Dies ist ein psychologisches Moment, welches nicht wegdiskutiert werden darf.

Eine bedeutende Verbesserung der Objektivität wird erreicht durch die Behandlung aller nicht eindeutig bestimmbaren Werte oder Eigenschaften und damit der Maßzahlen der Varianten sowie der Gewichtungsfaktoren als unscharfe Zahlen oder Mengen. Je nach Charakter der Kriterien stehen eine Menge von Verfahren zur Modellierung der Zugehörigkeitsfunktionen und deren Aggregation zu unscharfen Bewertungsergebnissen und deren Defuzzifikation zur Auswahl.

Um die Bewertungsergebnisse der einzelnen Bewertungsphasen miteinander vergleichen zu können, sollte die einmal gewählte Verfahrensweise beibehalten werden. Diese Forderung und die Wahl der zur Bewertung heranzuziehenden, aus den Anforderungen herzuleitenden Kriterien sind ausschlaggebend für den Bewertungsaufwand und die Qualität der Bewertungsergebnisse als Entscheidungshilfe.

5 Der Vertrauensgrad einer Bewertung

5.1 Übersicht

Liegen Bewertungsergebnisse vor, die Grundlage weitreichender Entscheidungen sind, muß den Ergebnissen ein großes Vertrauen entgegengebracht werden. Das bedeutet jedoch nicht, daß Richtigkeit und Glaubwürdigkeit im Sinne der Entscheidungsfindung nicht zunächst kritisch hinterfragt werden dürfen. Dabei stehen außer der Frage nach dem mit einer Entscheidung verbundenen Risiko die Fragen nach

— Objektivität
— Plausibilität
— Robustheit
— Sensibilität

an wichtigster Stelle und sollen deshalb hier kurz angesprochen werden.

Das Vertrauen in eine getroffene Entscheidung ist keine meßbare und in den wenigsten Fällen eine berechenbare Größe. Es hängt im wesentlichen ab von den herangezogenen Entscheidungsgrundlagen und vom Vertrauen in die zu entscheidende Instanz.

Die Entscheidungsgrundlagen können in der ganzen Bandbreite zwischen quantifizierten Werten (objektive Entscheidungskriterien) und reinen Vermutungen (subjektive Entscheidungskriterien) vorliegen. Sie sind deshalb ebenfalls abhängig von der zu entscheidenden Instanz.

Von rein objektiven Entscheidungen kann nur die Rede sein, wenn die ihnen zugrundegelegten Entscheidungskriterien gar keine subjektiven Einflüsse zulassen, wie dies beispielsweise nur bei der Bewertung unter Zugrundelegung *wahrer* deterministischer Werte der Fall sein kann.

Soweit Entscheidungen subjektiver Natur sind, ist auch das Vertrauen, das der Entscheidende selbst als auch die Betroffenen der gefällten Entscheidung entgegenbringen, subjektiv. Allerdings lassen sich aufgrund von Beobachtungen und Auswertungen einer größeren Anzahl von Entscheidungsfolgen stochastische Aussagen machen etwa derart, daß die positiven Aspekte einer Entscheidung oder das Eintreten der durch die Entscheidung herbeigeführten Folgen mit einer Wahrscheinlichkeitsaussage behaftet werden können.

Die maßgeblichen Anforderungen an eine zu entscheidende Instanz sind letztendlich Verantwortungsbereitschaft, auch für den Fall negativer, unabwendbarer Folgen, sowie die daraus resultierende Bereitschaft, Entscheidungen zu überdenken und erforderlichenfalls zu *revidieren*, um die negativen Folgen auf ein Minimum zu beschränken. Dies führt im Falle weitreichender Entscheidungsprozesse zu der Forderung, daß die Vergabe von Entscheidungskompetenz, sei es an einzelne Personen oder an die Mitglieder eines Gremiums, denen weitreichende Kompetenzen zugesprochen werden sollen, von den Ergebnissen einer Prüfung dieser Personen durch Ausschüsse oder durch Testverfahren, Fragebögen usw. abhängig macht. Diese wird um so dringlicher, je negativer die Folgen bzw. je größer die möglichen Risiken aufgrund einer falschen Entscheidung sein können.

Wesentliche, die Entscheidungskompetenz und mit ihr das Vertrauen beeinflussende Attribute sind u. a.:

— Wahrheitsliebe
— Gerechtigkeitssinn
— Verantwortungsbewußtsein
— Erfahrung
— Sachverstand
— Fachwissen
— Expertenwissen
— Kommunikationsfähigkeit
— Kommunikationsbereitschaft
— Vertrauenswürdigkeit

— Entscheidungskompetenz
— Risikobereitschaft
— Autorität
— Macht
— Habgier
— Stolz
— Egoismus
— Egozentrik
— Verantwortungslosigkeit
— Interessenlosigkeit

Ein Maß für das Vertrauen gegenüber einer zu entscheidenden Instanz bzw. in eine von ihr getroffenen Entscheidung ist die ihr zugrunde liegende Objektivität. Um diese zu erzielen, sind neben den in den Kapiteln 3.5 und 4 eingehend beschriebenen theoretischen Ansätzen und praktischen Durchführungsvorschlägen die nachfolgend beschriebenen sogenannten *vertrauensbildenden Maßnahmen* möglich und je nach der Wichtigkeit einer endgültig zu treffenden Entscheidung sinnvoll.

5.2 Die Objektivität von Entscheidungen

Die Frage, ob die Bewertungsergebnisse *objektiv* sind, kann zunächst - schon vom Hergang der Wertbildung - mit „nein" beantwortet werden, da einerseits die Erarbeitung von Bewertungsvoraussetzungen wie beispielsweise

— die Auswahl der zu Bewertung gelangenden Varianten,
— die Auswahl der zur Bewertung herangezogenen Kriterien,
— die Gewichtung der Kriterien untereinander,
— die Zuteilung der Punkte (Maßzahlen) bei qualitativen Kriterien,
— die Auswahl der sinnvollen Wertprofile

rein subjektiven Erwägungen unterliegt, und andererseits bei jedem Bewerter immer eine gewisse, größtenteils nicht beabsichtigte, Voreingenommenheit gegenüber bestimmten Lösungsvorschlägen vorausgesetzt werden muß, sei es

— aufgrund zeichnerisch oder verbal nicht erkannter Zusammenhänge
— aufgrund unbewußtem Vergleich mit bereits bekannten, ähnlichen Lösungen,
— aufgrund von Einflüssen, die sich aus den funktionellen Zusammenhängen beim Menschen ergeben (vgl. [16]).

Die anfangs aufgeworfene Frage lautet also:

5.2 Die Objektivität von Entscheidungen

„Mit welcher Wahrscheinlichkeit entspricht die subjektive Festlegung eines Wertes (Wichtigkeit oder Maßzahl) der uns unbekannten objektiv richtigen Größe?"

Während die Subjektivität einzig und allein vom Bewerter, und damit von seinen bereits in Kapitel 3.5 angesprochenen Merkmalen, Eigenschaften und momentanen Zuständen abhängig ist, läßt sich die Objektivität aufgrund folgender Maßnahmen erhöhen:

— Möglichst nur objektive, d. h. quantifizierte Entscheidungskriterien heranziehen.
— Bewertungsverfahren mit möglichst geringer subjektiver Einflußnahme anwenden.
— Wahrscheinlichkeiten ermitteln oder berechnen.
— Risikoanalysen und notfalls Simulation oder Entwicklungstests durchführen.
— Kollektiventscheidungen bevorzugen.
— Objektiv eingestellte Personen auswählen.

5.3 Die Plausibilität der Bewertungsergebnisse

Bezüglich der *Plausibilität* von Bewertungsergebnissen können einige vertrauensbildende Maßnahmen getroffen werden wie z. B.

— Überprüfung der Kriterien auf Vollständigkeit,
— Überprüfung auf Rechenfehler,
— Überprüfung der *Nutzenäquivalenz*.

Die Nutzenäquivalenz beschreibt die Gleichwertigkeit des Gesamtnutzens gegenübergestellter Varianten bei unterschiedlichen Teilnutzen.

Beispiel 5.1: Nutzenäquivalenz und Plausibilität sind nicht gegeben, wenn eine Leistungsminderung zu einer Erhöhung der Betriebskosten führt, wie folgende Fälle zeigen:
1. Die Betriebskosten eines 50 kW-Motors betragen jährlich 4 000,- Fr.,
2. die Betriebskosten eines konkurrierenden 60 kW-Motors hingegen 3 500,- Fr..

Nutzenäquivalenz und Plausibilität wären gegeben, wenn die Betriebskosten des 50 kW-Motors aufgrund eines gleichen Leistungs-Kosten-Verhältnisses jährlich nur 2 916.67 Fr. betragen würden.

5.4 Die Robustheit der Bewertungsergebnisse

5.4.1 Robuste Mittelwerte allgemeiner Vektorkoordinaten

Wie in Kapitel 3.5 gefordert, sollte die Festlegung der Vektorkoordinaten v_i, also entweder der Maßzahlen m_{ij} oder der Gewichtungsfaktoren g_i, in Gruppenarbeit erfolgen. Sofern es sich um scharfe Zahlen handelt und jeder Bewerter eine eigene Schätzung durchführt, dienen die jeweiligen Vektorkoordinaten der Berechnung der gemittelten Ergebnisvektoren $\vec{v}_{mittel}$. Diese entsprechen dann *empirischen Mittelwerten*.

Eine Möglichkeit zur Erlangung einer gewissen Objektivität der Bewertungsergebnisse liegt in der Berechnung des *robusten Mittelwertes* jedes einzelnen Ergebnisvektors. Robuste Mittelwerte verhindern, daß extreme Meinungen einzelner Bewerter die Ergebnisse verfälschen. Um robuste Mittelwerte zu erhalten, bieten sich zwei Möglichkeiten an:

a. Das α-gestutzte Mittel

Zunächst werden die von jedem Bewerter E(k), $k = 1, \ldots, n$, $n \geq 5$, bestimmten Vektorkoordinaten v_i der Menge $V = \{v_1, \ldots, v_n\}$ einer jeden Entität e_i aufsteigend sortiert und in drei Gruppen gemäß

$$V = v_1 \ldots v_k ; v_{(k+1)} \ldots v_{(n-k)} ; v_{(n-k+1)} \ldots v_n \tag{5.1}$$

eingeteilt, so daß die linke Gruppe die k kleinsten und die rechte Gruppe die k größten Werte enthält. Werden die extrem niedrigen und die extrem hohen Vektorkoordinaten, also die *Randgrößen*, gestrichen, so errechnet sich das sogenannte *α-gestutzte Mittel* aus dem mittleren Bereich gemäß

$$\bar{v}_\alpha = \frac{1}{n - 2k} \left(v_{(k+1)} + \ldots + v_{(n-k)} \right) \tag{5.2}$$

mit

$$k = n \cdot \alpha \tag{5.3}$$

als Grenze der gestutzten Vektorkoordinaten und $0 < \alpha < 0.5$. Auf die originalen Indizes wurde hier aus Gründen der Übersichtlichkeit verzichtet.

b. Das α-winsorisierte Mittel

Wird jede extrem niedrig und extrem hohe Vektorkoordinate durch den nächstgelegenen Wert ersetzt, so ergibt sich mit

$$w_\alpha = \frac{1}{n} \left(k \, v_{(k+1)} + v_{(k+1)} + \ldots + v_{(n-k)} + k \, v_{(n-k)} \right), \tag{5.4}$$

das sogenannte *α-winsorisierte Mittel*. Hier gilt ebenfalls Gl. (5.3) als Grenze der gestutzten Bewertungsgrößen mit $0 < \alpha < 0.5$.

5.4.2 Die Erhöhung der Robustheit scharf erfaßter Maßzahlen

Ein weiterer Schritt zur Erhöhung der *Robustheit* scharf erfaßter Maßzahlen ist die Bildung von Maßzahlbereichen. Diese ergeben sich aus der Schätzung einer jeweils optimistischen und pessimistischen Maßzahl für jedes Kriterium und jede Variante.

Sofern entsprechend den in Kapitel 3.3.3 zusammengefaßten „Richtlinien für das Aufstellen von Bewertungskriterien" tolerierte und damit quantitative Kriterien vorliegen, sind die sich daraus ergebenden unteren und oberen Maßzahlen $\underline{m}_{ij}$ und $\overline{m}_{ij}$ einzusetzen. Damit ergeben sich bei einer Einzelbewertung je Bewerter die doppelte Anzahl von Maßzahlen und damit die doppelte Anzahl von Wertungszahlen, aus denen abschließend die Wertigkeiten als empirische Mittelwerte

5.4 Die Robustheit der Bewertungsergebnisse 213

$$S_{j_{mittel}} = \frac{1}{2n} \sum_{i=1}^{n} (m_{ij_{min}} + m_{ij_{max}}) g_i = \frac{1}{2n} \sum_{i=1}^{n} (w_{ij_{min}} + w_{ij_{max}}) \quad (5.5)$$

zu berechnen sind.

5.5 Die Sensibilität der Bewertungsergebnisse

Die *Sensibilität* der Bewertungsergebnisse läßt sich in gewissen Grenzen analytisch ermitteln. Eine Sensibilitätsanalyse ist allerdings nur bei umfangreichen und damit nicht mehr leicht überschaubaren Zusammenhängen innerhalb einer Bewertung sinnvoll.

Zielsetzung einer solchen Analyse ist die Feststellung, inwieweit sich das Bewertungsergebnis ändert, wenn beispielsweise die Voraussetzungen, auf denen die Bewertung basiert, verändert werden. Dies kann durch Stichproben an einem gewissen Prozentsatz von Kriterien, beispielsweise von 10%, erfolgen.

Insbesondere sollten diejenigen Voraussetzungen geändert werden, bei denen während der Festlegung innerhalb der Bewertergruppe Uneinigkeit herrschte. Dies könnte sowohl in der Veränderung der Wichtigkeiten und damit der Gewichtungsfaktoren als auch der qualitativen Maßzahlen bestehen. Bleibt die Rangfolge der Varianten bei einer wiederholten Bewertung gleich, so kann deren Unsensibilität aufgrund einzelner Unsicherheiten als nachgewiesen gelten. Ergeben sich jedoch Veränderungen der Rangfolge, so ist zwischen den betroffenen Varianten ein Vergleich ihrer Wertprofile durchzuführen (vgl. Kapitel 4.6.8.6) und diejenigen Varianten zu bevorzugen, deren Wertprofil das ausgeglichenere ist.

Außerdem ist im einzelnen zu prüfen, welches Risiko mit einer Fehleinschätzung eingegangen wird. Bezüglich beispielhafter Risikokriterien siehe Kapitel 6.2.2.

5.6 Zusammenfassung zu Kapitel 5

Der Vertrauensgrad einer Bewertung und damit einer auf deren Ergebnissen beruhenden Entscheidung hängt im wesentlichen ab von den herangezogenen Entscheidungsgrundlagen und vom Vertrauen in die zu entscheidende Instanz. Die Entscheidungsgrundlagen können in der ganzen Bandbreite zwischen quantifizierten Werten (objektive Entscheidungskriterien) und reinen Vermutungen (subjektive Entscheidungskriterien) vorliegen. Sie sind deshalb ebenfalls abhängig von der zu entscheidenden Instanz.

Eine der wichtigsten vertrauensbildenden Maßnahmen ist die Entscheidung im Kollektiv. Die Anzahl der erforderlichen Kollektivmitglieder sollte mit der sachbezogenen Subjektivität der zu treffenden Entscheidungen zunehmen. Bei Vorlage rein objektiv ermittelter deterministischer Bewertungsgrößen und sorgfältig abgewogener Entscheidungskriterien genügt oft ein einziger Entscheidungsträger, bei umfangreichen technischen Systemen hingegen muß sich die Anzahl der Entscheidungsträger erhöhen.

Wenn das aufgrund einer Fehlentscheidung erwartete Risiko von einer einzelnen Person nicht tragbar ist, muß die Subjektivität durch Mittelwertbildung vermindert und das verbleibende Risiko von mehreren Personen getragen werden (Rückversicherung).

Allerdings stellt die Größe eines Gremiums keine grundsätzliche Garantie dar für die Richtigkeit einer von ihm getroffenen Entscheidung. Beispiele hierfür sind viele parlamentarische Entscheidungen, mangelnde Aufklärung über den zur Entscheidung anstehenden Sachverhalt bei Volksentscheiden usw..

Auch die Einflüsse aus der unmittelbaren räumlichen Umgebung (gemütlich, spartanisch usw.), und der Zeit (Tages-, Jahreszeit), innerhalb denen eine Entscheidung getroffen wird, üben einen nicht zu unterschätzenden Einfluß auf die Funktionalität der zu entscheidenden Instanz und damit auf die Objektivität der Entscheidung selbst aus [16].

Die Richtigkeit einer Entscheidung ist ein - allerdings nicht mit einem Wert belegbares - Maß für die Qualität einer Entscheidung. In [27] wird die Annahme getroffen, daß die Qualität in dem Maße wächst, in dem das Wissen über die aufgrund der Entscheidung zu erwartenden Folgen zunimmt. Inwieweit eine Entscheidung *richtig*, *weniger richtig* oder *unrichtig* ist, kann nur an den Folgen erkannt werden. Diese lassen sich aufgrund einer Synthese der Faktoren, von denen die Vorhersehbarkeit von Entscheidungsfolgen bzw. die Wahrscheinlichkeit für deren Eintreten abhängig ist und die vorher durch Analysen, wie sie vorhergehend beschrieben wurden, theoretisch im voraus ermitteln und gegenüberstellen. Durch die Synthese bildet sich ein gewisses Vertrauen gegenüber einer Entscheidung zugunsten einer Variante.

Je komplexer ein technisches System allerdings ist, um so schwieriger wird die Analyse, um so unsicherer deren Ergebnis und umso geringer wird das Vertrauen gegenüber der Entscheidung zugunsten einer Variante, denn grundsätzlich gilt:

„Die Qualität einer Konstruktion ist (leider) erst am fertigen Produkt zu erkennen!"

6 Die Bewertung von Risiko und Akzeptanz

6.1 Übersicht

In den bisherigen Kapiteln wurde davon ausgegangen, daß die aufgrund der beschriebenen Theorien und angewendeten Verfahren erhaltenen Bewertungsergebnisse als Entscheidungsgrundlage ausreichend sind. Dies trifft sicherlich für Entscheidungen geringerer Tragweite zu, gilt aber nicht für Fälle, bei denen Fehlentscheidungen mit dem *Risiko* negativer Auswirkungen auf betriebswirtschaftliche, gesellschaftliche, ökologische, gesamtwirtschaftliche, politische usw. Strukturen behaftet sein können.

Eine Entscheidung zu treffen ist also immer mit dem Risiko verbunden, eine Fehlentscheidung zu treffen. Die Ausgangssituation einer Entscheidung ist damit gleich der Eingangssituation der Folgen, die entweder positiv sind oder aber mit dem Risiko negativer Auswirkungen behaftet sein können.

Auch während eines Bewertungsprozesses unterliegen die Bewerter ununterbrochen der Forderung, sich zu entscheiden. Dies gilt auch bei der sorgfältigsten Anwendung objektivierender Maßnahmen. Bei Neu- oder Weiterentwicklungen bzw. Neu-, Anpassungs- oder Variantenkonstruktionen besteht außerdem immer das Risiko, daß der Markt dem neuen oder weiterentwickelten Produkt gegenüber mit Zurückhaltung oder gar Ablehnung entgegentritt. Dies ist das Risiko der mangelnden Akzeptanz.

Da beide Aspekte bei der Bewertung berücksichtigt werden müssen, werden sie nachfolgend in einem für die praktische Anwendung ausreichendem Maße behandelt.

6.2 Die Abschätzung des Risikos einer Entscheidung

6.2.1 Risiko und Chance

Unter Risiko wird die Möglichkeit von Störungen jeglicher Systeme, Verletzungen oder Verlusten menschlicher Gesundheit oder menschlichen Eigentums verstanden. Jedes auf einer bewußten oder unbewußten Entscheidung beruhende Handeln ist dadurch geprägt, daß der *Chance* des Gelingens ein Risiko des Mißlingens mit möglichen negativen Folgen gegenübersteht. Damit ist gesagt, daß in den seltensten Fällen ein Nutzen ohne Inkaufnahme von Risiken erreicht wird.

„*Etwas riskieren*" bedeutet in der Umgangssprache, ein Wagnis eingehen, die Gefahr eines Verlustes eingehen usw.. Auch die Redewendung „*Leib und Leben riskieren*" ist ein geflügeltes Wort und beschreibt die letzte Stufe in der Hierarchie der Risiken, die Katastrophe.

Im hier gebräuchlichen Sinn wird das Wort Risiko folgendermaßen definiert:

a. Technisch als „*das Maß, an dem Sicherheit gemessen wird*" und
b. wirtschaftlich als die Gefahr des Fehlschlages bei auf Gewinn zielenden Tätigkeiten.

Der dem Risiko gegenläufige Begriff *Chance* bedeutet „*günstige Gelegenheit*". Spontane Entscheidungen werden häufig unter der Annahme getroffen, eine Chance zur Erzielung eines Erfolges, also positiver Folgen, zu nutzen.

Als höchstes Risiko wird das Eintreten einer *Katastrophe* definiert. Etymologisch bedeutet dieses Wort Wendung, Umkehr und im übertragenen Sinn Vernichtung, Zerstörung (des Jetzigen zum Zustand des Vorherigen).

6.2.2 Gesamtrisiko und individuelles Risiko

Risiken lassen sich den Lebensräumen entsprechend einteilen in

— soziales Risiko R_s,
— ökologisches Risiko $R_ö$,
— technisches Risiko R_t,
— wirtschaftliches Risiko R_w,
— Risiko geringer oder fehlender Akzeptanz R_a
usw..

Diese sogenannten Gesamtrisiken R_{ges} werden definiert als Produkt aus der (statistisch) ermittelten Häufigkeit (*Risikofrequenz*) f_R und deren Tragweite (Ausmaß) T, also

$$R_{ges} = f_R \cdot T \tag{6.1}$$

oder in Worten:

$$\text{Risiko} \left\{ \frac{\text{Konsequenz}}{\text{Zeiteinheit}} \right\} = \text{Frequenz} \left\{ \frac{\text{negatives Ereignis}}{\text{Zeiteinheit}} \right\} \cdot \text{Ausmaß} \left\{ \frac{\text{Konsequenz}}{\text{negatives Ereignis}} \right\} \tag{6.2}$$

Das aufgrund dieses Gesamtrisikos für einen beliebigen Lebensraum herleitbare persönliche (*individuelle*) Risiko R_i errechnet sich aus der Division des Gesamtrisikos R_{ges} durch die Anzahl aller diesem Risiko grundsätzlich ausgesetzten Personen P, also

$$R_i = \frac{R_{ges}}{P}. \tag{6.3}$$

6.2 Die Abschätzung des Risikos einer Entscheidung

Beispielhaft seien folgende Risikokriterien genannt:
- Verursachung von Personenschäden;
- Verursachung ökologischer Schäden;
- wirtschaftliche Risiken:
  - Unwirtschaftlichkeit im Sinne von Verlusten, insbesondere bei Garantieübernahmen,
  - Lieferschwierigkeiten von Unterlieferanten und damit eigene Terminverzögerungen,
  - Betriebsstörungen,
  - Fehlinvestitionen,
  - Absatzschwierigkeiten,
  - Verlust von Marktanteilen,
  - Konkurrenzunfähigkeit,
  - Kundenkonkurse;
- politische Risiken:
  - Währungsrisiken,
  - Blockaden,
  - Kriegsausbruch;
- geografische, geologische und klimatologische Risiken wie z. B. *Kataklysmen*, also Katastrophen infolge Erdveränderungen.

6.2.3 Die Risikoanalyse

Die *Risikoanalyse* beruht auf folgender Fragestellung:

„Mit welcher Wahrscheinlichkeit W tritt der Risikofall A, B ... ein?"

Zur Benotung der Wahrscheinlichkeit W für das Eintreten eines Risikofalls muß eine Punkteskala, beispielsweise von 0 bis 4 oder 0 bis 10, vorgegeben werden. Dabei bedeuten z. B. bei der Vergabe von maximal 4 Punkten in Bezug auf die Wahrscheinlichkeit für das Eintreten eines Risikofalls:

nicht vorhanden = 0
gering = 1
mittelgroß = 2
groß = 3
sehr groß = 4

Die *Tragweite T*, mit der bei Eintritt einer Risikosituation gerechnet werden muß, wird ebenfalls durch eine Punkteskala, beispielsweise von 0 bis 4 bzw. 0 bis 10 ausgedrückt, also z. B.:

keine Auswirkung = 0
geringe Auswirkung = 1
mittlere Auswirkung (Störfall) = 2
große Auswirkung (Betriebsschaden) = 3
äußerst große Auswirkung (Katastrophe) = 4

Das abzuwägende Risiko R_{ij} je Variante bzw. Alternative V_j ergibt sich aus dem Produkt der Wahrscheinlichkeit W_{ij} für das Eintreten eines Risikofalles (*Risikokriterium* K_i) und der Tragweite T_{ij}, mit der beim Eintritt eines Risikofalles gerechnet werden muß, also

$$R_{ij} = W_{ij} \cdot T_{ij}. \tag{6.4}$$

Das Gesamtrisiko je Variante bzw. Alternative errechnet sich dann aus

$$R_{j_{ges.}} = \sum_{i=1}^{n} W_{ij} \cdot T_{ij} = \sum_{i=1}^{n} R_{ij}. \tag{6.5}$$

Beispiel 6.1: Bild 6.1 zeigt die tabellarische Ermittlung des Gesamtrisikos von drei zu entwickelnden Varianten V1 bis V3 eines Kfz als Nutzfahrzeug für den Regionalverkehr in unterschiedlichen Bauweisen und unterschiedlichen Antrieben und zwar

— V1: (konventionelle) Stahlblechbauweise mit konventionellem Antrieb
— V2: Faserverbundbauweise mit konventionellem Antrieb
— V3: Faserverbundbauweise mit Brennstoffzellen und direktem Elektroantrieb

Die aufgelisteten Risikofälle sind beispielhaft und erheben keinen Anspruch auf Vollständigkeit. Als Punkteskala sowohl für die Wahrscheinlichkeit W als auch für die Tragweite T wurde das Intervall 1 bis 4 festgelegt. Die Vergabe der Punkte wurde von einem beliebigen möglichen Kunden vergeben. Die Werte des Risikofalles *Nichtakzeptanz durch Kunden* wurden vorab durch eine Umfrage und den daraus hergeleiteten Bedeutungsprofilen (vgl. Kapitel 7.12) ermittelt. Bei Version V3 liegt damit das größte berechnete Entwicklungs- bzw. Vertriebsrisiko vor.

Ordn. Nr.	Risikofälle	Varianten V1			V2			V3		
		W_1	T_1	R_1	W_2	T_2	R_2	W_3	T_3	R_3
1	2	3	4	5	3	4	5	3	4	5
1	Lieferschwierigkeiten bei Unterlieferanten	1	3	3	2	3	6	3	3	9
2	Mangel an qualifizierten Mitarbeiterinnen und Mitarbeitern	1	2	2	2	2	4	3	2	6
3	Gesundheitsschädigung bei der Produktionen	1	3	3	2	3	6	2	3	6
4	Entsorgungsprobleme beim Hilfsmaterial für die Produktion	1	2	2	2	2	4	2	2	4
5	Entsorgungsprobleme nach Ablauf der Produktlebensdauer	2	2	4	3	2	6	3	2	6
6	Nichtakzeptanz durch Experten	0	2	0	2	2	4	2	2	4
7	Nichtakzeptanz durch Kunden	0	3	0	2	3	6	1	3	3
Gesamtrisiko		./.	./.	14	./.	./.	36	./.	./.	38
normiertes Gesamtrisiko		./.	./.	0.37	./.	./.	0.95	./.	./.	1.00

Bild 6.1. Tabelle zur Ermittlung des ungewichteten Gesamtrisikos für die Entwicklung von drei Kfz-Varianten V1 bis V3 eines Nutzfahrzeuges

6.2 Die Abschätzung des Risikos einer Entscheidung

Der hier beschriebene Ansatz einer Risikoanalyse ist der einfachste und eignet sich insbesondere zu überschlägigen Abschätzungen. Es wird jedoch ausdrücklich darauf hingewiesen, daß das Ergebnis einer Risikoanalyse nicht mit demjenigen einer Bewertung verwechselt werden darf, da letztere den wertmäßig erfaßten, höchstwahrscheinlichen Istzustand beschreibt, während die Risikoanalyse ein Bild über die möglichen, mit einer gewissen Wahrscheinlichkeit behafteten, Risikofälle vermittelt. Das Ergebnis einer Risikoanalyse sollte - evtl. rückwirkend - als eigenständiges Kriterium in eine Bewertung einfließen.

6.3 Bewerten als akzeptanzfördernde Maßnahme

6.3.1 Die unterschiedlichen Stufen der Akzeptanz

Der Begriff *Akzeptanz* (*accipere* [lat.]: annehmen, billigen, hinnehmen, in Empfang nehmen) beschreibt die Annahme von oder die Zustimmung zu einer Gegebenheit nach eigener Überzeugung. Akzeptanz umfaßt also Annahme *und* Billigung!

Nicht alle Produkte, die von Verbrauchern angenommen werden, sind damit gleichzeitig von ihm gebilligt. Viele Produkte werden aus einer Bedarfs- oder Notsituation heraus genutzt und damit zwar angenommen, aber nicht generell gebilligt und damit nicht akzeptiert.

Es gibt verschiedene Stufen der Akzeptanz, von denen hier die vier wichtigsten kurz erläutert werden.

1. Moralisch-ethische Akzeptanz des Erfinders
   Der Ingenieur/Architekt/Designer akzeptiert voll und ganz seinen eigenen Einfall und setzt ihn mit den ihm verfügbaren Mitteln um.

2. Individuelle Akzeptanz des Endverbrauchers
   Der Endverbraucher akzeptiert ein seine Wünsche befriedigendes Angebot nach folgenden Gesichtspunkten:

    2.1 Persönlicher aktueller Bedarf oder Wunsch vorhanden;
    2.2 befriedigendes oder unbefriedigendes Angebot vorhanden;
    2.3 Suche nach Auswahlkriterien;
    2.4 Entscheidung nach Akzeptanz der Auswahlkriterien.

3. Individuelle Akzeptanz des Anbieters bzw. Betreibers im Namen des Endverbrauchers bzw. Benutzers
   Der Anbieter bzw. Betreiber akzeptiert ein vom Produzenten angebotenes Produkt und bietet es seinen Kunden (Endverbraucher bzw. Benutzers) ohne Alternativen an (z. B. öffentliche Verkehrsmittel). Der Kunde kann entscheiden, ob er das Angebot billigt und gleichzeitig annimmt, also akzeptiert, oder sich eine Alternative sucht (z. B. Nutzung des eigenen Pkw's). Die wichtigsten Gesichtspunkte sind:

3.1 Genereller Bedarf bei Kunden (Markt) vorhanden;
3.2 befriedigendes oder unbefriedigendes Angebot vorhanden;
3.3 Suche nach Auswahlkriterien;
3.4 freiwillige Nutzung mit oder ohne Akzeptanz durch den Kunden

4. Akzeptanz durch die öffentliche Hand (z. B. durch Politiker)
Es gibt viele Fälle, in denen der Endverbraucher nicht gefragt werden kann (Sachzwänge) oder nicht gefragt werden muß, da er nach geltendem Recht Vollmachten über einen bestimmten Handlungsspielraum vergeben hat.

Die öffentliche Hand akzeptiert eine neue Technologie und/oder ein neues Produkt. Der Endverbraucher hat keine andere Alternative und nimmt mit oder ohne Billigung das Angebot an oder übt Verzicht. Die wesentlichen Gesichtspunkte sind:

4.1 Genereller oder persönlicher Bedarf oder Wunsch vorhanden;
4.2 befriedigendes oder unbefriedigendes Angebot vorhanden;
4.3 freiwillige bis erzwungene Nutzung mit oder ohne Akzeptanz.

6.3.2 Die Akzeptanzanalyse

Das Risiko mangelnder Akzeptanz ist bekanntlich geringer, wenn ein Unternehmen mit einem bereits funktionell bekannten, aber technologisch neue Wege beschreitenden Produkt auf den Markt kommen will. Es wächst, wenn es sich um ein funktionell neues Produkt oder eine völlig neue Produkt*art* handelt.

Gründe für verbesserte oder neue Produkte können beispielsweise sein:

— Wirtschaftlichere Fertigung (Fortfall von Materialengpässen, kürzere Fertigungszeiten, bessere Automatisierbarkeit, Unabhängigkeit von Zulieferfirmen usw.);
— wirtschaftlichere Nutzung (geringerer Energiebedarf, höhere Zuverlässigkeit, geringerer Wartungsaufwand usw.);
— zukünftige, zumindest kurzfristige, Konkurrenzlosigkeit;
— Nutzung der psychografischen Kundenmerkmale (Zeitgeschmack, persönliche Imagepflege, Unterstützung oder Ausnutzung des ökologischen Bewußtseins usw.);
— Verbesserung der unterschiedlichsten Sicherheitsaspekte;
— geänderte oder neue Gesetzgebung
usw..

In all diesen Fällen sollte eine Unternehmensleitung im Vorfeld der Aufgabenstellung die Frage nach der Akzeptanz durch den Markt (z. B. durch Marktuntersuchungen), den Gesetzgeber (z. B. Abnahme- und Nutzungsgarantien durch öffentliche Auftraggeber) bis hin zur Presse stellen, will sie nicht Gefahr laufen, unter Umständen große Summen für Fehlinvestitionen oder gar den Verlust von Ansehen verkraften zu müssen.

6.3 Bewerten als akzeptanzfördernde Maßnahme

Die Aufzählung in folgendem Beispiel macht deutlich, daß auch die gezielte Berücksichtigung demografischer Merkmale und die Einflußnahme auf psychografische Eigenschaften der Kunden durch Werbung und Bewußtseins- bzw. Unterbewußtseinsbildung ein wirksames Mittel ist, Akzeptanz - zumindest in ausreichendem Maße - zu erhalten.

Beispiel 6.2:

— Ton- und Bildträger- und -geräte-Entwicklungen (*Walkman, Discman, Compact Disc*, digitale Fernsehgeräte usw.),
— Sportgeräte aus oder veredelt durch *kohlefaserverstärkte* Kunststoffe,
— neue Komponenten im Automobilbau (passive und aktive Sicherheitssysteme, Brennstoffzellen, Elektroantriebe, Kunststoffkarosserien usw.),
— neue Werkstoffe in fast allen Bereichen der Konsum- und Investitionsgüter-Industrie.

Zunächst ist es für jeden Teilnehmer einer Akzeptanzdiskussion wichtig, daß er Fakten, Daten und Regeln kennt, die seine eigene Position festigen und ihm mehr oder weniger beweiskräftige Argumente liefern, die zu einem der Sache, dem Menschen und seinem Lebensraum dienlichen Ergebnis führen,

Die Erarbeitung von Fakten, die einer Akzeptanzanalyse und der mit ihr verbundenen oder sich anschließenden Diskussion nutzen sollen, erfordert zumindest folgende Voraussetzungen:

— Verfügbarkeit von Experten hinsichtlich der Erkennung und Beurteilung aller erwarteten Akzeptanzaspekte;
— Verfügbarkeit aller für eine Akzeptanzanalyse wichtigen Anforderungen;
— Verfügbarkeit aller Informationen über die zur Diskussion gestellten Lösungsvarianten oder -alternativen.

Sind diese Punkte sichergestellt, kann eine Akzeptanzanalyse, beispielsweise in folgenden Arbeitsschritten, durchgeführt werden.

1. Bildung eines Gremiums zur Erarbeitung der einer Akzeptanzanalyse dienenden Grundlagen und zur Übernahme bestimmter Verantwortungsbereiche.

   Da unter Umständen so viele Akzeptanzgesichtspunkte vorliegen können wie es Anforderungsfamilien oder sogar *Gerechtheiten* innerhalb einer Anforderungsfamilie gibt, müssen auch die Mitglieder dieses Gremiums, welches die Akzeptanzdiskussion und -analyse verantwortlich durchführen soll, aus unterschiedlichen Fachbereichen und ebenso unterschiedlichen Verantwortungsebenen kommen. Gemeint sind hiermit einerseits die Kompetenzbereiche, beispielsweise für Fragen der

   technischen,
   wirtschaftlichen,
   politischen,
   sozialen,
   psychologischen,
   ethischen
   usw.

   Akzeptanz und andererseits die Kompetenzebenen wie beispielsweise die der

Abgeordneten,
Firmeninhaber und Geschäftsführer,
Projektverantwortlichen,
führenden Experten,
Endverbraucher bzw. Benutzer,
Laienvertreter usw..

Laienvertreter können auch sinnvoll ersetzt oder in ihren Aussagen ergänzt werden durch statistisch auswertbare Umfragen innerhalb eines repräsentativen Bevölkerungsquerschnittes.

2. Bestimmen der Anforderungen an das neue Produkt, die für die Sicherung der Akzeptanz maßgebend sind und sich aus der Frage ergeben:

   „Welche der Anforderungen an das neue Produkt sind akzeptanzbedrohend?"

   Aus den im Rahmen eines Konstruktionsauftrages vorgegebenen Anforderungen sollten diejenigen Kriterien hergeleitet werden, die für eine Akzeptanzdiskussion wichtig werden könnten. Es sind dies in erster Linie die Kriterien, deren Nichterfüllung das Risiko negativer Folgen (z. B. Technikfolgen) nach sich ziehen können. Des Weiteren sind dies Kriterien, die in der öffentlichen Meinung als generelle Schwachstellen gelten.

   Es gilt also, zu all diesen Kriterien positive Argumente zu erarbeiten oder, wenn tatsächliche Schwachstellen vorhanden sind, diese durch technische, wirtschaftliche oder sonstige Maßnahmen zu eliminieren.

3. Prüfen und Begründen dieser Anforderungen und ihrer Relationen.

4. Bewertung der sich gegenüberstehenden Varianten oder Alternativen einschließlich der NEIN-Alternative (also der Antwort auf die Frage nach der generellen Verwirklichung einer Idee oder deren generellen Nutzen) auf der Basis der Anforderungen und gegebenenfalls deren Einflußgrößen auf das geplante Ergebnis.

   Um eine eigene Vorstellung von der Wertigkeit einer konstruktiven Lösung - unbesehen ihrer Komplexität - zu erhalten, sollte eine Bewertung der bekannten bzw. möglichen Varianten oder Alternativen nach einer der herkömmlichen Verfahren und mit allen dem Risiko der Nichtakzeptanz angemessenen Mitteln, die zur Objektivierung der Bewertungsergebnisse beitragen, durchgeführt werden.

   Die Bewertung dient also u. a. auch dazu, sich im Vorfeld der Akzeptanzdiskussion Klarheit über die Wertigkeiten der Varianten oder Alternativen gegenüber jedem Kriterium (Erfüllungsgrad der Anforderungen) bzw. die Gesamtwertigkeiten der Lösungsvorschläge in gegenseitiger Relation zu erkennen und gegebenenfalls durch geeignete Maßnahmen zu verbessern.

   Während allerdings für die Durchführung einer herkömmlichen Bewertung Lösungsvarianten oder -alternativen zu einer Konstruktionsaufgabe vorliegen müssen, um sie gegeneinander in Relation setzen zu können, kann bei einer Akzeptanzanalyse auch die Frage nach der generellen Notwendigkeit (*Sinnfrage*) aufgeworfen werden („*Brauchen wir das überhaupt?"*). Derartige Fragestellungen sind aus wehr-, energie- und gentechnischen Diskussionen hinreichend bekannt.

6.3 Bewerten als akzeptanzfördernde Maßnahme

5. Durchführung einer Risikoanalyse, in der die absehbare Wahrscheinlichkeit für das Eintreten eines Risikos und deren mögliche Tragweite und damit das Risiko einer ungenügenden Akzeptanz abzuschätzen sind.
6. Aufstellen der erwarteten bzw. bereits bekannten Argumente und Gegenargumente, auch der sogenannten *Kreativitätskiller*, die unter Umständen bereits eine Idee vor ihrer Realisierung *töten* können (emotionale Erwartungen, Prognosen, Gegenbeweise...).

Um die Argumente für und wider einer Akzeptanz bewerten zu können, sind diese zunächst zu sammeln. Akzeptanzfördernde bzw. -unterstützende Aussagen könnten dabei nachfolgende Schwerpunkte beinhalten, unter denen die Bewertung als Werkzeug

— zur Meinungsbildung,
— zur Erfassung zugrundegelegter Annahmen bzw. Fakten und
— zur optischen Darstellung von Entscheidungsprozessen

eine wichtige Rolle spielt. Folgende Maßnahmen dienen dem Sammeln von Argumenten:

— Beschaffen von (branchen- bzw. produktbezogenen) Informationen zur Stützung von Aussagen und zur Definition von Bewertungskriterien für die Abschätzung von Akzeptanz bzw. Nichtakzeptanz;
— Durchführen einer Marktanalyse (zunächst technologieneutral);
— Sichten und Bewerten der Konkurrenzprodukte und -vorhaben;
— Stand der Technik ermitteln;
— Übersicht über technologische Trends aufstellen;
— Analyse der technologischen Trends auf Rest-Risiken durchführen;
— soziale, rechtliche und politische Rahmenbedingungen (Gesetze, offizielle Verlautbarungen usw.) auswerten;
— Vorläuferstudien (Machbarkeitsstudien, auch bekannt als *Feasibility Studies*) wie beispielsweise
　　technisch
　　wirtschaftlich
　　ökologisch
　　politisch
　auswerten;
— Publikationen sammeln und auswerten;
— Presseberichte und -kommentare aus
　　Fachjournalen und Fachpresse,
　　Tages- und Wochenpresse,
　　Boulevard-Presse usw.
　sammeln und auswerten.

Jede im Kreativitätsprozeß stehende Person weiß, daß sie damit auch gleichzeitig im Rampenlicht der Kritik steht, und die Erfahrung zeigt, daß die kritischen Anmerkungen in vielen Fällen mehr destruktiv als konstruktiv sind. Es ist deshalb äußerst hilfreich, sich die häufigsten Kreativitätskiller und die ihnen zuzuordnenden *Killerkriterien* durch ihre Benennung vor Augen zu führen, unter anderem deshalb, um sich im Vorfeld einer Akzeptanzdiskussion mit eigenen Argumenten zu rüsten und die eventuell erwarteten Gegenargumente auf ihre Berechtigung hin zu überprüfen, aber auch, um sich selber Klarheit über mögliche Unsicherheiten zu verschaffen.

Die häufigsten Kreativitätskiller (*Fehlhaltungen*) und ihre Killerkriterien sind folgende:

Nr.	*Kreativitätskiller*	*Killerkriterien*
1	Rivalität	„Wer gewinnt?" „Wer hat recht?" „Wer hatte die Idee?" „Paßt die Idee der Leitung?" „Was sagen die Macht- und Prestigeträger dazu?"
2	Normentreue	„Darf das sein?" „Paßt das zu uns?" „Verlieren wir das Gesicht?" „Ist das anormal?"
3	Systemtreue	„Ist das korrekt?" „Entspricht das dem Plan und dem gesteckten Ziel?" „Ist es methodisch richtig?" „Wird die Systemvorschrift befolgt?"
4	Expertenvorrang	„Ist der Experte einverstanden?" „Haben wir Expertenwissen?" „Sind wir denn darin Experten?"
5	Logisches Denken	„Das ist sicher nicht logisch." „Das ist nicht richtig durchdacht." „Das ist nicht konsequent durchdacht." „Das ist dumm!"
6	Erfahrung	„Die Erfahrung beweist das Gegenteil." „Das ist bereits anderswo gescheitert." „Das können andere viel besser!" „Das geht erfahrungsgemäß nicht." „Das haben wir bereits ausprobiert."
7	Fehlender Praxisbeweis	„Das geht nie!" „Das gibt es nirgends!" „Das ist reine Theorie!" „Das ist nie überprüft worden!"
8	Vorsicht	„Das ist zu riskant!" „Da bestehen zu viele Unsicherheiten." „Der Nutzen ist fraglich." „Das ist zu teuer!" „Das dauert zu lange!" „Das ist nicht machbar!"

Tabelle 6.1. Kreativitätskiller (nach [27])

6.3 Bewerten als akzeptanzfördernde Maßnahme

7. Gewichten der erwarteten bzw. bereits bekannten Argumente und Gegenargumente (Wertvorstellungen), die in der Akzeptanzdiskussion eine wesentliche Rolle spielen könnten.

8. Bewerten der betrachteten Varianten oder Alternativen auf der Basis der erwarteten oder bereits bekannten, gewichteten Argumente bzw. Gegenargumente. Das Ergebnis ist die akzeptanzbezogene Wertigkeit der Varianten oder Alternativen.

6.3.3 Die Akzeptanzsynthese

Aus der Akzeptanzanalyse muß sich also folgerichtig eine Synthese ergeben, die Aufschluß gibt über das weitere Vorgehen. Sie sollte sich aus folgenden Schritten zusammensetzen:

1. Zusammenfassen der Ergebnisse aus der Akzeptanzanalyse;
2. Formulieren von (Für-)Argumenten (Erwartungen, Prognosen, Beweise);
3. Ergänzen der Argumente durch weitere, akzeptanzfördernde Vorteile;
4. Bewerten zur nochmaligen Klärung bzw. Absicherung der gewonnenen Erkenntnisse bezüglich Akzeptanz bzw. Risiko, beispielsweise in Form einer Argumentenbilanz (vgl. Kapitel 7.2) oder einer Punktbewertung;
5. Schwachstellen durch neue, akzeptanzfördernde und risikoarme Ideen entschärfen;
6. rechtzeitige und intensive Öffentlichkeitsarbeit.

Das Ergebnis einer Akzeptanzsynthese besteht also im Maximalfall aus einer Liste von Akzeptanzkriterien, ihrer Gewichtung (Wichtigkeit in Form einer Rangfolge) und - bei mehreren möglichen Varianten bzw. Alternativen - ihrer Bewertung, einer Risikoanalyse bezüglich des Eintreffens mangelnder Akzeptanz und einer Auflistung von Maßnahmen und Gegenargumenten für diesen Fall.

6.4 Zusammenfassung zu Kapitel 6

Es sollte zum Alltag eines Ingenieurs und insbesondere eines Konstrukteurs gehören, sich die Frage zu stellen, ob das durch seine Arbeit entstehende technische Produkt nach seiner Fertigstellung vom Markt und damit von der Gesellschaft akzeptiert wird. In der Regel wird diese Frage auch nicht im Vorfeld einer Aufgabenstellung zu größeren technologischen Vorhaben abgeklärt, bei denen im Falle eines Mißerfolges oder gar im Schadensfall die Risiken gesundheitlicher, sozialer, ökonomischer, ökologischer oder auch außen- und/oder innenpolitischer Folgen enorm hoch sein können und als solche in die öffentliche Akzeptanzdiskussion eingehen.

Die Maßnahmen sind nicht nur dazu geeignet, Wertvorstellungen - seien sie subjektiver oder objektivierter Art - als vergleichbare Größen darzustellen, sondern auch als Dokumentation gedanklicher Entscheidungsprozesse zu jedem späteren Zeitpunkt zur Verfügung stellen zu können.

Die Prüfung eines Entwicklungsvorhabens bzw. des daraus entstehenden Produktes

1. auf eine *generelle* Akzeptanz durch den Verbraucher,
2. auf mögliche negative Technikfolgen und die damit verbundenen Risiken,
3. auf deren Akzeptanz bei einem abschätzbaren Maß an Risikobereitschaft

fehlt bisher im Konstruktionsprozeß nahezu vollständig und wird auch in diesem Zusammenhang in der einschlägigen konstruktionswissenschaftlichen Literatur entweder völlig unzureichend oder gar nicht behandelt. Die Akzeptanz eines Produktes mit bzw. nach der Markteinführung wird offensichtlich bei den meisten Entwicklungen als selbstverständlich vorausgesetzt, eine diesbezügliche Bewertung findet in den seltensten Fällen statt. Berücksichtigt werden bei Bewertungen technischer Systeme

immer	technische Gesichtspunkte
	wirtschaftliche Gesichtspunkte
	psychologische Gesichtspunkte
selten	die gegenseitige Beeinflussung der Bewertungskriterien
	*design*technische Gesichtspunkte
	technische Risiken
	wirtschaftliche Risiken
	ökologische Einflußgrößen,
	insbesondere Risiken bzw. Spätfolgen
	soziologische Einflußgrößen,
	insbesondere Risiken bzw. Spätfolgen
	politische Einflußgrößen,
	insbesondere Risiken bzw. Spätfolgen
äußerst selten	die soziale Akzeptanz durch Benutzer bzw. Betreiber,
	die ökonomische Akzeptanz durch Benutzer bzw. Betreiber,
	die Qualifikation der Bewerter.

Dabei ist es äußerst wichtig, bereits im Vorfeld neuer Entwicklungsvorhaben glaubwürdige Aussagen zur erwarteten Akzeptanz zu erhalten und gegebenenfalls Maßnahmen zu ihrer Verbesserung zu erarbeiten. Nichts darf außer acht gelassen werden, was als möglicher Einwand, Zeitfaktor usw. die Akzeptanz infrage stellt.

Der Anbieter, ob Produzent oder Produktvertrieb, sollte bereits im Vorfeld einer Produkt-Neuentwicklung oder -Änderung bzw. -Verbesserung deren Akzeptanz, beispielsweise durch die Eliminierung von Schwachstellen, sicherstellen. Dies erspart öffentliche Kritik, Unzufriedenheit und nicht einkalkulierbare Verluste und minimiert eventuelle negative Spätfolgen.

Die wohl wichtigste Maßnahme zu einer für alle Beteiligten erfolgreichen Akzeptanzdiskussion ist die rechtzeitige Einbindung all jener, die Entscheidungen zu treffen und für die damit verbundenen Folgen die Verantwortung zu tragen haben.

Wenn Verantwortung bewußt übernommen werden soll, dann sind Maßnahmen zur eigenen Absicherung und zur Absicherung der Gesellschaft und deren Umwelt vor negativen Folgen *immer* zu rechtfertigen.

7 Die bisher gebräuchlichsten Bewertungsverfahren

7.1 Anwendungsgrundsätze und Übersicht

Da der Aufwand bei der Bewertung technischer Systeme deren Komplexität und momentanem Entwicklungsstand angemessen sein soll, ist - auch abhängig von der wirtschaftlichen und ökologischen Bedeutung - die lückenlose Anwendung der in Kapitel 4 beschriebenen theoretischen Grundlagen nicht in allen Fällen sinnvoll.

Die Projektverantwortlichen müssen von Fall zu Fall entscheiden, inwieweit die eine oder andere, von den Verfahren abhängige Vernachlässigung gewisser Gesichtspunkte unter Abwägung des damit verbundenen Risikos vertretbar ist.

Bei allen Bewertungsverfahren ist ein gewisser Formalismus notwendig, damit die Bewertungsansätze und die Ergebnisse nachvollziehbar dokumentiert werden können. Tabelle 7.1 zeigt eine Auswahl der bekanntesten in der Literatur veröffentlichten Bewertungsverfahren mit ihren Wesensmerkmalen und entsprechenden Literaturhinweisen.

Während einige Verfahren vorrangig die Ermittlung der Maßzahlen je Kriterium und Variante bzw. Alternative behandeln (vgl. Kapitel 7.3 und 7.7), beziehen sich andere Verfahren hauptsächlich auf die Ermittlung der Wichtigkeiten der Kriterien untereinander und damit in der Bestimmung der Gewichtungsfaktoren (vgl. Kapitel 7.4, 7.5 und 7.6). Darüber hinaus bestehen Verfahren, die sowohl die Ermittlung der Maßzahlen als auch der Gewichtungsfaktoren gleichermaßen berücksichtigen, also geschlossene Bewertungsverfahren darstellen (vgl. Kapitel 7.8 und 7.9 sowie [11], [15], [17], [27] und [35]).

Mit Ausnahme der in [11] und [35] behandelten Verfahren werden sowohl die theoretischen Ansätze als auch deren Anwendbarkeit in den folgenden Kapiteln kurz umrissen und anhand einer sich wiederholenden Bewertungsaufgabe zur Beschaffung eines technischen Produktes veranschaulicht. Die beiden in [11] und [35] behandelten Verfahren werden als wesentlicher Bestandteil des vorliegenden Buches in einer neuen, verknüpften Sichtweise ausführlich in Kapitel 4 beschrieben. Diese sogenannte *anforderungsorientierte gewichtete objektivierte Bewertung* eignet sich insbesondere als Grundlage für Entscheidungen innerhalb der Entwicklung technischer Systeme komplexen Umfanges, bei denen Fehlentscheidungen das Risiko von Schäden großer Tragweite in sich bergen können.

Da die einer Entscheidung zugrundeliegenden Problemstellungen unterschiedlichen Charakter und die zu bewertenden technischen Systeme unterschiedliche Komplexität besitzen können, ist der zu betreibende Aufwand - schon aus wirtschaftlichen Gründen - sinnvoll zu wählen.

Benennung	Autor	Lit.	Kurzbeschreibung der Wesensmerkmale
Argumentenbilanz	-	[27]	Einfache Gegenüberstellung von Vor- und Nachteilen
Technisch-wirtschaftliche Bewertung	F. Kesselring	[31]	Getrennte, ungewichtete oder gewichtete Bewertung nach technischer und wirtschaftlicher Wertigkeit, Ergebnisse als *Stärke* in Diagrammform
Nutzwertanalyse	C. Zangemeister	[69]	Gewichtete Gegenüberstellung von Zielerfüllungsgraden
Rangfolgeverfahren	R. Wenzel J. Müller R. Gutsch	[65] [26]	Ermittlung der Wertigkeit durch aufgrund von Pauschalurteilen gefundenen Wichtigkeiten der aufgestellten Bewertungskriterien
Bewertung mittels Präferenzmatrix	Siemens AG	[57]	Vergleichende Gegenüberstellung der Lösungsalternativen entsprechend ihrer Präferenzen bezüglich der aufgestellten Bewertungskriterien
Vorrangmethode	T. L. Saaty	[55]	Ermittlung von Präferenzen je Kriterium durch paarweisen Vergleich der Varianten
Anforderungsorientierte gewichtete Bewertung	A. Breiing	[11]	Vergleichende gewichtete Bewertung auf der Basis impliziter und expliziter Anforderungen mittels absolut konsistenter Bewertungsgrößen
Objektivierte gewichtete Bewertung	R. Knosala	[34] [35]	Bewertung unter Berücksichtigung scharfer, unscharfer und probabilistischer, frei abgeschätzter, also meist inkonsistenter, Bewertungsgrößen
Kosten-Wirksamkeits-Analyse	-	[27]	Bewertung unter vorrangig wirtschaftlichen Gesichtspunkten
Kosten-Nutzen-Analyse	-	[27]	Bewertung zur Beurteilung gesamtwirtschaftlicher Auswirkungen einzelwirtschaftlicher Vorhaben
Bewertung durch Bedeutungsprofile	H. Seeger	[56]	Bewertung auf der Basis geschätzter Erkennungsinhalte

Tabelle 7.1. Die bekanntesten, in der Literatur behandelten Bewertungsverfahren

Bewertungsverfahren	Quellen-*Autor*	siehe Kapitel	erforderlicher Bewertungsaufwand
Argumentenbilanz	-	7.2	gering
Technisch-wirtschaftliche Bewertung	F. Kesselring	7.3	ohne Gewichtung mittel, mit Gewichtung hoch
Rangfolgeverfahren	R. Wenzel J. Müller R. Gutsch	7.4	sehr gering
Bewertung mittels Präferenzmatrix	Siemens AG	7.5	gering
Nutzwertanalyse	C. Zangemeister	7.6	hoch
Vorrangmethode	T. L. Saaty	7.7	sehr hoch
Anforderungsorientierte gewichtete Bewertung	A. Breiing	4	ziemlich hoch
Objektivierte gewichtete Bewertung	R. Knosala	4	sehr hoch
Kosten-Wirksamkeits-Analyse	-	7.10	mittel bis hoch
Kosten-Nutzen-Analyse	-	7.11	mittel bis hoch
Bewertung durch Bedeutungsprofile	H. Seeger	7.12	mittel

Tabelle 7.2. Übersicht der zum Bewertungsaufwand zugeordneten Bewertungsverfahren

7.1 Anwendungsgrundsätze und Übersicht

Tabelle 7.2 gibt einen Überblick über den mit den nachfolgend beschriebenen Verfahren verbundenen Aufwand. Diese Tabelle korrespondiert mit Tabelle 2.3, aus der die Zuordnung des zu betreibenden Bewertungsaufwandes gegenüber der Komplexität der Entscheidungskriterien ersichtlich ist.

Zum besseren Verständnis der nachfolgend beschriebenen Verfahren soll das folgende, die Beschaffung eines technischen Systems betreffende, Beispiel dienen:

Beispiel 7.1: Für verschiedene, aufgrund ihrer gemeinsam anzusetzenden Kriterien als Varianten zu bezeichnende Alternativen von *Absperrorganen* für Fluide sind die in Bild 7.1 zusammengefaßten impliziten und expliziten Kriterien einschließlich der ihnen zugeordneten qualitativen Eigenschaften sowie die diesen zugewiesenen Maßzahlen vorgegeben. Eine Idealkonstruktion wurde sachgemäß nicht definiert.

Bewertungskriterien		A1 Ventil		A2 Schieber		A3 Drehschieber		A4 Klappe		A5 Sperrkörper	
1	2	3		4		5		6		7	
Strömungswiderstand	i	mittel	2	niedrig	3	niedrig	3	mittel	2	groß	1
Öffnungs-/Schließzeit	e	mittel	2	lang	1	kurz	3	mittel	2	mittel	2
Baulänge	e	groß	1	klein	3	mittel	2	klein	3	groß	1
Bauhöhe	e	mittel	2	groß	1	klein	3	klein	3	klein	3
Funktionssicherheit	i	groß	3	mittel	2	mittel	2	mittel	2	groß	3
Zuverlässigk. Dichtung	i	hoch	3	mittel	2	mittel	2	gering	1	hoch	3
Verschleißfestigk. Sitz	i	gut	3	mäßig	2	schlecht	1	mäßig	2	gut	3
Wartbarkeit	i	sehr gut	4	gut	3	sehr gut	4	mäßig	2	mäßig	2
Instandsetzbarkeit	i	gut	3	mäßig	2	mäßig	2	sehr gut	4	mäßig	2
konstruktiver Aufwand	i	hoch	1	hoch	1	mittel	2	mittel	2	hoch	1

Bild 7.1. Kriterien und Bewertungsobjekte am Beispiel von Absperrorganen; in Spalte 2 bedeutet i = implizites, e = explizites Kriterium

7.2 Die Argumentenbilanz als einfachste Entscheidungshilfe

Die *Argumentenbilanz* ist das einfachste Bewertungsverfahren und beschränkt sich darauf, Vor- und Nachteile einzelner Varianten in Form verbaler Argumente aufzulisten [27]. Dieses Verfahren ist weder transparent noch leistungsfähig und eignet sich nicht als Grundlage wichtiger Entscheidungen, da

— die Argumente verbal und damit nicht präzisierbar sind,
— keine Wichtigkeit der Argumente gegeneinander erkennbar ist und
— keine Basis besteht, der die Argumente gegenübergestellt werden können.

Beispiel 7.2: Für die Absperrorgane gemäß Bild 7.1 ergibt sich die in Tabelle 7.3 gezeigte Gegenüberstellung der wichtigsten Vor- und Nachteile. Es ist leicht zu erkennen, daß sich aufgrund der unterschiedlichen Verteilung der verbalen Aussagen kein geschlossenes Abbild der hier an allgemeinen Bewertungskriterien gemessenen *besten* Alternativen ergibt.

Alternative	Vorteil	Nachteil
Ventil	große Funktionssicherheit; hohe Zuverlässigkeit der Dichtung; sehr gute Wartbarkeit	ungünstiger Strömungswiderstand; längere Öffnungs-/Schließzeit; sehr große Bauhöhe
Schieber	niedriger Strömungswiderstand; ausreichende Funktionssicherheit; gute Wartbarkeit	längere Öffnungs-/Schließzeit; sehr große Bauhöhe; geringere Zuverlässigkeit der Dichtung
Drehschieber	niedriger Strömungswiderstand; kurze Öffnungs-/Schließzeit; kleines Bauvolumen; gute Wartbarkeit	weniger hohe Funktionssicherheit; geringere Zuverlässigkeit der Dichtung
Klappe	kleines Bauvolumen	mittlere Öffnungs-/Schließzeit; mittlerer Strömungswiderstand; weniger hohe Funktionssicherheit; weniger hohe Zuverlässigkeit der Dichtung; mäßig gute Wartbarkeit
Sperrkörper	hohe Funktionssicherheit; hohe Zuverlässigkeit der Dichtung	großer Strömungswiderstand; mittlere Öffnungs-/Schließzeit; sehr große Baulänge; mäßige Wartbarkeit

Tabelle 7.3. Argumentenbilanz zur Auswahl von Absperrorganen

7.3 Die technisch-wirtschaftliche Bewertung nach *F. Kesselring*

Die *technisch-wirtschaftliche Bewertung* stellt die klassische Entscheidungshilfe für einfache Maschinen, Apparate und Geräte dar. Kennzeichnend für dieses Verfahren ist die Unterteilung der Kriterien nach technischen und wirtschaftlichen Gesichtspunkten sowie die Darstellung der Bewertungsergebnisse in zweidimensionalen Diagrammen, um über die Lage der technischen und wirtschaftlichen Wertigkeiten die bewerteten Varianten optisch sichtbar gegenüberstellen und damit besser beurteilen zu können.

Die ihr zugrundeliegenden Verfahrensregeln wurden von *F. Kesselring* erstmals im Jahre 1942 über den *Verein deutscher Ingenieure*, VDI, veröffentlicht [30]. Sie können als Grundlage für alle weiteren, später veröffentlichten und teilweise vereinfachten oder verbesserten, Verfahren gelten. Die grundsätzliche Vorgehensweise entspricht dem in Kapitel 2.1 kurz umrissenen allgemeinen Bewertungsvorgang.

Allerdings sollte dieses Verfahren nur bei einfachen und überschaubaren technischen Systemen angewendet werden, zumal die hier für bestimmte Fälle empfohlene Gewichtung der Kriterien in ihrer Handhabung äußerst anfällig gegenüber Fehleinschätzungen ist und das Verfahren insgesamt keine stabilisierenden Maßnahmen gegenüber subjektiver Willkür vorsieht.

Bei der Aufstellung der Kriterien werden diese unterteilt in technische und wirtschaftliche Kriterien, wobei unter den letztgenannten nur diejenigen zu verstehen sind, die ausschließlich die Größe des Herstellaufwandes berücksichtigen. Andere wirtschaftliche Vorteile, die sich beispielsweise durch höheren Wirkungsgrad, grö-

7.2 Die Argumentenbilanz als einfachste Entscheidungshilfe

ßere Lebensdauer oder geringere Wartung ergeben, werden unter den technischen Kriterien zusammengefaßt.

Technische und wirtschaftliche Wertigkeit werden zunächst getrennt und nach unterschiedlichen Gesichtspunkten ermittelt. Es ist zwar anzustreben, daß die technische Wertigkeit möglichst hoch ist, gleichzeitig ist aber zu vermeiden, daß dieses Ziel nicht *nur* auf Kosten der wirtschaftlichen Wertigkeit erreicht wird. Deshalb soll die technische Wertigkeit zunächst Auskunft darüber geben, welche Lösungen Aussicht auf technischen Erfolg haben. Allerdings läßt sich erst in Verbindung mit der wirtschaftlichen Wertigkeit die theoretisch wirklich beste Lösung ermitteln.

In den Gleichungen zur Berechnung der Wertigkeiten werden die Maßzahlen m durch die Punktzahl p ersetzt. Die Idealkonstruktion, hier *Ideallösung* genannt, erhält demnach die Punktzahl p_{max}. Die ungewichteten technischen Wertigkeiten werden mit x, die gewichteten mit x' und die wirtschaftlichen Wertigkeiten mit y bezeichnet. Die Bezeichnung g für die Gewichtungsfaktoren, hier *Einflußzahlen* genannt, bleibt erhalten.

a. Ermittlung der technischen Wertigkeit

Bevor den einzelnen Kriterien je Variante Punkte zugeordnet werden, wird eine *Punktbewertungsskala* aufgestellt, deren höchste Punktzahl als diejenige der theoretischen Ideallösung verstanden wird.

Die Punktvergabe an die einzelnen Varianten erfolgt dann entsprechend dem jeweiligen Grad ihrer Annäherung an diese Ideallösung.

Die Punktzahl quantitativer Kriterien wird entsprechend ihrem Wertgefälle, diejenige qualitativer Kriterien entsprechend ihrem Eigenschaftsgefälle in ganzen Zahlen ausgedrückt.

Um den Bewertungsaufwand gering zu halten, wird einer ungewichteten Bewertung der Vorrang vor einer gewichteten Bewertung gegeben. Ein Kriterium für eine diesbezügliche Entscheidung besteht allerdings in der Streuung der den Varianten aufgrund ihrer Werte oder Eigenschaften zuzuteilenden Punkten. Liegen diese, insbesondere bei wichtigen Kriterien, gegenüber der Ideallösung im mittleren Bereich, so werden die Ergebnisse einer ungewichteten Bewertung nur unwesentlich von derjenigen einer gewichteten Bewertung abweichen. In diesem Fall errechnet sich die technische Wertigkeit x einer jeden Variante aus

$$x \doteq \frac{p_1 + p_2 + \ldots + p_n}{n\,p_{max}} = \frac{1}{n\,p_{max}} \sum_{i=1}^{n} p_i. \qquad (7.1)$$

Sind die Werte oder Eigenschaften der Kriterien großer Wichtigkeit jedoch sehr gut oder sehr schlecht zu bewerten, so gibt das Ergebnis entweder ein zu günstiges oder ein zu ungünstiges Bild ab. In derartigen Fällen müssen die Kriterien gegeneinander mit den sogenannten *Einflußzahlen* g_i gewichtet werden. Das Ergebnis ist dann die *gewogene* (gewichtete) technische Wertigkeit x' und errechnet sich aus

$$x' = \frac{1}{p_{\max}} \frac{p_1 g_1 + p_2 g_2 + \ldots + p_n g_n}{g_1 + g_2 + \ldots + g_n} = \frac{1}{p_{\max}} \frac{\sum_{i=1}^{n} p_i g_i}{\sum_{i=1}^{n} g_i}. \quad (7.2)$$

Außerdem sollte nach *F. Kesselring* eine Gewichtung der Kriterien nur in den Fällen durchgeführt werden, in denen die Bewertungsergebnisse einer ungewichteten Bewertung sehr nahe beieinander liegen. Die Gewichtung erfolgt aufgrund der Einschätzung der gegenseitigen Kriterienwichtigkeiten durch Vergabe der Einflußzahlen. Vorgeschlagen wird eine Bandbreite zwischen 1 und 10.

Beispiel 7.3: Für die Absperrorgane gemäß Bild 7.1 ergibt sich das ungewichtete Ergebnis gemäß Tabelle 7.4.

Die Zahlenwerte zeigen, daß entsprechend der Empfehlung von *F. Kesselring* eine nachträgliche Gewichtung der einzelnen Kriterien angebracht erscheint, da sich einige Alternativen nicht wesentlich voneinander unterscheiden.

Deshalb werden für die Kriterien der Absperrorgane entsprechend dem oben erwähnten Bereich folgende, nach *F. Kesselring* als *Einflußzahlen* bekannte, Gewichtungsfaktoren vergeben:

001	Strömungswiderstand	6		006	Zuverlässigkeit Dichtung	9
002	Öffnungs-/Schließwinkel	8		007	Verschleißfest. Sitz	8
003	Baulänge	3		008	Wartbarkeit	5
004	Bauhöhe	3		009	Instandsetzbarkeit	5
005	Funktionssicherheit	10		010	konstruktiver Aufwand	7

Damit ergibt sich das in Tabelle 7.5 dargestellte Ergebnis.

technische Bewertungskriterien	Maß- bzw. Wertungszahlen der Alternativen				
	A1 Ventil	A2 Schieber	A3 Drehschieber	A4 Klappe	A5 Sperrkörper
1	2	3	4	5	6
Strömungswiderstand	2	3	3	2	1
Öffnungs-/Schließzeit	2	1	3	2	2
Baulänge	1	3	2	3	1
Bauhöhe	2	1	3	3	3
Funktionssicherheit	3	2	2	2	3
Zuverlässigk. Dichtung	3	2	2	1	3
Verschleißfestigk. Sitz	3	2	1	2	3
Wartbarkeit	4	3	4	2	2
Instandsetzbarkeit	3	2	2	4	2
konstruktiver Aufwand	1	1	2	2	1
Wertigkeiten	24	20	24	23	21
normierte Wertigkeiten	1.000	0.833	1.000	0.958	0.875
Rangfolge	1	5	1	3	4

Tabelle 7.4. Ungewichtete Bewertung nach *F. Kesselring*

7.2 Die Argumentenbilanz als einfachste Entscheidungshilfe

technische Bewertungskriterien	Gewich-tungs-faktor	Alternativen A1 Ventil		A2 Schieber		A3 Drehschieber		A4 Klappe		A5 Sperrkörper	
		Ma-zahl	Wer-tungs-zahl	Ma-zahl	Wer-tungs-zahl	Ma-zahl	Wer-tungs-zahl	Ma-zahl	Wer-tungs-zahl	Maß-zahl	Wer-tungs-zahl
1	2	3	4	3	4	3	4	3	4	3	4
Strömungswiderstand	6	2	12	3	18	3	18	2	12	1	6
Öffnungs-/Schließzeit	8	2	16	1	8	3	24	2	16	2	16
Baulänge	3	1	3	3	9	2	6	3	9	1	3
Bauhöhe	3	2	6	1	3	3	9	3	9	3	9
Funktionssicherheit	10	3	30	2	20	2	20	2	20	3	30
Zuverlässigk. Dichtung	9	3	27	2	18	2	18	1	9	3	27
Verschleißfestigk. Sitz	8	3	24	2	16	1	8	2	16	3	24
Wartbarkeit	5	4	20	3	15	4	20	2	10	2	10
Instandsetzbarkeit	5	3	15	2	10	2	10	4	20	2	10
konstruktiver Aufwand	7	1	7	1	7	2	14	2	14	1	7
Wertigkeiten		./.	160	./.	124	./.	147	./.	135	./.	142
normierte Wertigkeiten			1.000		0.775		0.919		0.844		0.888
Rangfolge			1		5		2		4		3

Tabelle 7.5. Gewichtete Bewertung nach *F. Kesselring*

Der Einfluß der Gewichtung macht sich in Tabelle 7.5 derart bemerkbar, daß sich die Wertigkeiten der einzelnen Alternativen nicht nur deutlicher voneinander abheben, sondern auch deren Rangfolge gegenüber der ungewichteten Bewertung gemäß Tabelle 7.4 verschoben wird.

b. Ermittlung der wirtschaftlichen Wertigkeit

Bei der Ermittlung der wirtschaftlichen Wertigkeit dienen die Kosten der zu bewertenden Varianten als alleinige Maßstäbe. Im Falle einer Neu-, Anpassungs- bzw. Änderungs- oder Variantenkonstruktion kann diese Wertigkeit erst ermittelt werden, wenn die verfolgten Lösungskonzepte materiell erfaßt werden können. Dies ist frühestens bei der Grobgestaltung innerhalb der Entwurfsphase möglich.

Die Kosten K setzen sich dabei aus denen des Materials und der Fertigungslöhne zusammen und bilden die sogenannten *Herstellkosten* (vgl. [16]).

Um ein der technischen Wertigkeit vergleichbares Ergebnis zu erhalten, werden die wirtschaftlichen Wertigkeiten - wenn eben möglich - ebenfalls derjenigen einer Ideallösung, den sogenannten *Idealkosten*, gegenüber gestellt. Diese Idealkosten entsprechen in der Regel der aufgrund einer Marktanalyse vertretbaren und mit der Firmenstrategie zu vereinbarenden festgelegten Größe.

Im Falle einer Bewertung zur Auswahl bereits vorhandener oder prinzipiell bekannter technischer Systeme können statt der Herstellkosten auch die absoluten oder die gegenüber „1" (*Zielkosten*) relativierten Beschaffungskosten zur Ermittlung der Wertigkeiten herangezogen werden. Allerdings muß in diesem Fall die kostengünstigste Variante gleich der Ideallösung gesetzt werden.

Die wirtschaftliche Wertigkeit errechnet sich aus

$$y = \frac{K_{ideal}}{K}. \qquad (7.3)$$

Die wirtschaftliche Wertigkeit besteht also aus einem einzigen Wert je Variante, weshalb eine Gewichtung entfällt.

c. Darstellung der Bewertungsergebnisse

Die für jede Variante vorliegenden Bewertungsergebnisse werden abschließend in einem zweiachsigen Diagramm dargestellt, wobei die ungewichtete oder gewichtete technische Wertigkeit x bzw. x' über der Abszisse und die wirtschaftliche Wertigkeit y über der Ordinate aufgetragen werden. Die Ideallösung, falls definiert, liegt dementsprechend in dem Punkt mit den Koordinaten $x = 1$ und $y = 1$ (vgl. Bild 7.2).

Die sich ergebenden Punkte der einzelnen Varianten $s_{V(x,y)}$ verdeutlichen ihre verhältnismäßige technische und wirtschaftliche *Stärke* zueinander und gegenüber der Ideallösung im Punkt s_{ideal}. Deshalb wird das Diagramm auch *Stärkediagramm* oder kurz *s*-Diagramm genannt.

Diese Darstellung eignet sich auch besonders gut für eine Kontrolle der phasenweisen Verbesserung der miteinander konkurrierenden Lösungsvorschläge im Laufe eines Konstruktionsprozesses bei Neukonstruktionen. Des Weiteren ist sie bei Maßnahmen zur Produktverbesserung (Anpassungs- oder Änderungskonstruktion) sehr gut dazu geeignet, unter Ansatz immer gleicher Kriterien zu prüfen, ob eine tatsächliche Verbesserung der Wertigkeit gegenüber einer definierten Ideallösung erreicht wird.

wirtschaftliche Bewertungskriterien	Alternativen				
	A1 Ventil	A2 Schieber	A3 Drehschieber	A4 Klappe	A5 Sperrkörper
1	2	3	4	5	6
relative Kosten	0.5	0.6	1.0	0.9	0.7

Tabelle 7.6. Gegenüberstellung der relativierten Kosten von Absperrorganen

In beiden Fällen muß die technische und/oder wirtschaftliche Stärke zunehmen. Diese Zunahme wird sichtbar durch Verschiebung des Punktes $s_{V(x,y)}$ in Richtung auf s_{ideal}. Die Verbindungslinie der Punkte 0 und s_{ideal} ist die sogenannte *Entwicklungslinie*. Die Praxis zeigt, daß nur diejenigen Varianten Aussicht auf Bestand haben, deren Stärke sich im Verlauf der Weiterentwicklung mehr und mehr der Entwicklungslinie nähern.

Beispiel 7.4: Bei den betrachteten Absperrorganen verhalten sich die gegenüber „1" relativierten Kosten entsprechend Tabelle 7.6.

Damit ergibt sich das in Bild 7.2 dargestellte Stärkediagramm, in dem als technisch beste Lösung das *Ventil* und als kostengünstigste Lösung der *Drehschieber* gleich der Idealkonstruktion gesetzt wurden.

7.2 Die Argumentenbilanz als einfachste Entscheidungshilfe 235

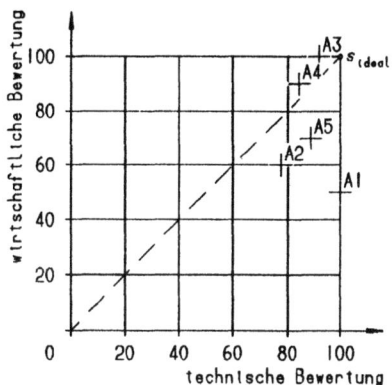

Bild 7.2. s-Diagramm

7.4 Das Rangfolgeverfahren

Ein insbesondere für die Konzeptphase innerhalb der Entwicklung eines einfachen technischen Systems geeignetes Bewertungsverfahren ist das *Rangfolgeverfahren* [26], [65]. Bei diesem Verfahren wird zwischen je zwei Kriterien die Entscheidung nach dem wichtigeren Kriterium durch Pauschalurteil herbeigeführt und durch eines der folgenden Symbole in einer Gewichtungstabelle gekennzeichnet:

+ : Kriterium K_i ist wichtiger als Kriterium K_{i+1},
0 : Kriterium K_i ist gleich wichtig wie Kriterium K_{i+1},
− : Kriterium K_i ist weniger wichtig als Kriterium K_{i+1}.

Unklare Wichtigkeitsverhältnisse werden bis zu ihrer Klärung durch '?' gekennzeichnet.

Anschließend werden die '+'-Symbole zeilenweise ausgezählt und ihre Anzahl in die Gewichtungstabelle eingetragen.

Die Rangfolge der Kriterien untereinander entspricht der jeweiligen Häufigkeit der '+'-Symbole. Sie dient lediglich zur pauschalen Beurteilung der Glaubwürdigkeit der Bewertungsergebnisse.

Obwohl die Wichtigkeiten nur durch Pauschalurteile bestimmt werden, gelten hier die gleichen Gesetzmäßigkeiten der Transitivitätsregel und der aus ihr hergeleiteten weiteren Einschränkungen gegenüber einer willkürlichen Festlegung, wie sie in Kapitel 4.1.2.3 vorgestellt wurden. Da die zahlenmäßige Differenzierung zwischen AB und AC wegfällt, lassen sich allerdings keine Aussagen darüber machen, ob im Falle einer höheren *oder* niedrigeren Wichtigkeit von A gegenüber B *und* C die Wichtigkeit von B gegenüber C größer, gleich oder kleiner ist. Deshalb ergeben sich hier nur neun Einschränkungen (vgl. Bild 7.3).

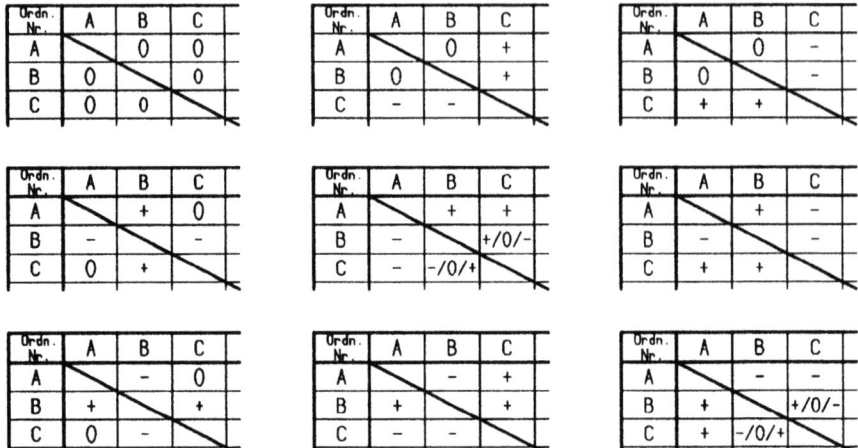

Bild 7.3. Mögliche Fälle der Gewichtung beim Rangfolgeverfahren

Für die Berechnung der Wertungszahlen und der Wertigkeiten sind die jeweiligen Gewichtungsfaktoren g_i aus der Anzahl der '+' je Kriterium, also $g_+ = \sum_{l=1}^{m} +$, und der Gesamtzahl aller '+', also $\sum g_+$, gemäß

$$g_i = \frac{100\%}{\sum g_+} \cdot \sum_{i=1}^{m} + \qquad (7.4)$$

zu berechnen. Die Summe aller Gewichtungsfaktoren muß dann „100" ergeben.

Um bei der anschließenden Ermittlung der Wertungszahlen je Kriterium und Variante keine zu großen Zahlenwerte und eine dadurch mögliche subjektive Fehleinschätzung der gegenseitigen Ablage der Varianten voneinander zu erhalten, wird eine Normierung der Gewichtungsfaktoren gemäß

$$g_{i\,norm} = \frac{g_i}{g_{i\,max}} \qquad (7.5)$$

empfohlen.

Zur Prüfung der fehlerfreien Ausfüllung der Gewichtungstabelle werden anschließend die Symbole "-" spaltenweise ausgezählt und ihre Anzahl in die Gewichtungstabelle eingetragen. Die Gesamtzahl aller '+' und '-' muß dann gleich sein.

Die Ermittlung der Maßzahlen sowie die Berechnung der Wertungszahlen und der als Bewertungsergebnis zu betrachtenden Wertigkeiten je Variante entspricht derjenigen der gewogenen technisch wirtschaftlichen Bewertung (vgl. Kapitel 7.3) und wird deshalb hier nicht behandelt. Eine Erweiterung der Ergebnisdarstellung in Form normierter Wertigkeiten, ihrer Rangfolge und ihrer graphischen Darstellung ist ebenso möglich und sinnvoll wie bei der technisch wirtschaftlichen Bewertung.

7.4 Das Rangfolgeverfahren

Beispiel 7.5: Bild 7.4 zeigt die Ermittlung der Wichtigkeiten (Anzahl der '+') für die betrachteten Absperrorgane.

Nr.	Bewertungskriterien	01	02	03	04	05	06	07	08	09	10	Anzahl der '+'	Rang-folge
01	Strömungswiderstand	▓	+	+	+	−	−	0	+	+	0	5	2
02	Öffnungs-/Schließzeit	−	▓	+	+	−	−	0	0	0	−	2	4
03	Baulänge	−	−	▓	0	−	−	−	−	−	−	0	5
04	Bauhöhe	−	−	0	▓	−	−	−	−	−	−	0	5
05	Funktionssicherheit	+	+	+	+	▓	0	0	+	+	+	7	1
06	Zuverlässigk. Dichtung	+	+	+	+	0	▓	0	+	+	+	7	1
07	Verschleißfestigk. Sitz	0	0	+	+	0	0	▓	0	0	+	3	3
08	Wartbarkeit	−	0	+	+	−	−	0	▓	0	0	2	4
09	Instandsetzbarkeit	−	0	+	+	−	−	0	0	▓	0	2	4
10	konstruktiver Aufwand	0	+	+	+	−	−	−	0	0	▓	3	3
	Anzahl der '−' (Probe)	5	2	0	0	7	7	3	2	2	3	$\sum g_{i,j}=31$	

Bild 7.4. Ermittlung der Wichtigkeiten der Kriterien nach dem Rangfolgeverfahren

Die Gewichtungsfaktoren berechnen sich gemäß Gl. (7.4) oder Gl. (7.5) aus der Anzahl der '+'. Abschließend ergibt sich das Bewertungsergebnis durch Addition der aus dem Produkt der Maßzahlen gemäß Bild 7.1 und der Gewichtungsfaktoren berechneten Wertungszahlen je Alternative (vgl. Tabelle 7.7).

Bewertungskriterien	Gewich-tungs-faktor	Alternativen									
		A1 Ventil		A2 Schieber		A3 Drehschieber		A4 Klappe		A5 Sperrkörper	
		Ma-zahl	Wer-tungs-zahl	Ma-zahl	Wer-tungs-zahl	Ma-zahl	Wer-tungs-zahl	Ma-zahl	Wer-tungs-zahl	Maß-zahl	Wer-tungs-zahl
1	2	3	4	3	4	3	4	3	4	3	4
Strömungswiderstand	16.13	2	32.26	3	48.39	3	48.39	2	32.26	1	16.13
Öffnungs-/Schließzeit	6.45	2	12.90	1	6.45	3	19.35	2	12.90	2	12.90
Baulänge	0.00	1	0.00	3	0.00	2	0.00	3	0.00	1	0.00
Bauhöhe	0.00	2	0.00	1	0.00	3	0.00	3	0.00	3	0.00
Funktionssicherheit	22.58	3	67.74	2	45.16	2	45.16	2	45.16	3	67.74
Zuverlässigk. Dichtung	22.58	3	67.74	2	45.16	2	45.16	1	22.58	3	67.74
Verschleißfestigk. Sitz	9.68	3	29.04	2	19.36	1	9.68	2	19.36	3	29.04
Wartbarkeit	6.45	4	25.80	3	19.35	4	25.80	2	12.90	2	12.90
Instandsetzbarkeit	6.45	3	19.35	2	12.90	2	12.90	4	25.80	2	12.90
konstruktiver Aufwand	9.68	1	9.68	1	9.68	2	19.36	2	19.36	1	9.68
Wertigkeiten		./.	264.51	./.	206.45	./.	225.80	./.	190.32	./.	229.03
normierte Wertigkeiten			1.000		0.780		0.854		0.720		0.866
Rangfolge			1		4		3		5		2

Tabelle 7.7. Bewertungsergebnisse nach dem Rangfolgeverfahren
(ohne normierter Gewichtung)

Die Kriterien *Baulänge* und *Bauhöhe* fallen aufgrund der groben Erfassung der Wichtigkeiten heraus. Einerseits zeigt dies, daß sie als rein qualitative Kriterien scheinbar nicht wichtig sind, andererseits stellt es die uneingeschränkte Tauglichkeit dieses Verfahrens in Frage, zumal beide Kriterien ein Maß für den Herstellungs- und Installationsaufwand darstellen.

Eine Erweiterung erfährt das Rangfolgeverfahren dadurch, daß eine Grenzwertklausel der *relativen Unwichtigkeit* eingeführt wird, indem Kriterien mit beispielsweise einem Gewichtungsfaktor $g_k < 0.05$, also unter dem sogenannten *Unwichtigkeitsgrenzwert* $g_{k\,min} = 0.05$, für den weiteren Bewertungsablauf unberücksichtigt bleiben. Dadurch reduziert sich die Gesamtzahl der weiter zu berücksichtigenden Kriterien, was zu einer Erhöhung der Übersichtlichkeit und einer Minderung des Arbeitsaufwandes und damit der Entwicklungskosten führt.

Allerdings muß in einem solchen Fall geprüft werden, inwieweit dadurch ein *Bewertungsrisiko* R_B entsteht. Dieses ergibt sich aus

$$R_B = \sum_{i=1}^{m} g_k, \quad g_k \geq g_{k\,min}. \tag{7.6}$$

Das Bewertungsrisiko sollte bei $R_B = 0.8 \ldots 0.9$ liegen, d. h., daß 80 bis 90% der Gesamtwichtigkeit durch die verbliebenen Kriterien erfaßt werden.

Wird im weiteren Bewertungsverlauf mit absoluten Gewichtungsfaktoren gerechnet, so vermindern sich die Wertigkeiten bei Einfügung einer Grenzwertklausel um genau die Werte der Wertungszahlen, die sich aus dem Produkt der Gewichtungsfaktoren $g \leq 0.05$ und den Maßzahlen ergeben hätten. Die Rangfolge der Varianten ändert sich also nicht, wohl aber die Differenzen zwischen den Wertungszahlen der einzelnen Varianten. Eine Korrektur der normierten Gewichtungsfaktoren durch eine erneute Normierung auf den Wert „1" kann jedoch leicht zu einer Verschiebung der Rangfolge führen, weshalb auch normierte Gewichtungsfaktoren unverändert bleiben müssen.

Abschließend sei nochmals darauf hingewiesen, daß sich mit dem Rangfolgeverfahren *keine* absoluten Wichtigkeiten ermitteln lassen. Deshalb eignet es sich nur für einfache technische Systeme, und auch dort nur für eine erste Orientierung.

7.5 Die Bewertung mit Hilfe einer Präferenzmatrix

Ähnlich dem Rangfolgeverfahren erfolgt hier die Ermittlung der Gewichtungsfaktoren mit Hilfe der sogenannten *Präferenzmatrix* [57]. Dabei wird jedes Kriterium mit einem Kennbuchstaben versehen und mit jedem anderen Kriterium verglichen. Der jeweiligen Wichtigkeit entsprechend wird der Kennbuchstabe des wichtigeren Kriteriums in die Matrix eingetragen (vgl. Bild 7.6), d. h., das wichtigere Kriterium wird dem unwichtigeren vorgezogen. Diese Technik gibt dem Verfahren seine Bezeichnung. Die Entscheidung wird also auch hier durch ein Pauschalurteil getroffen. Die Aussage „gleich wichtig" ist bei diesem Verfahren nicht üblich und läßt sich symbolisch nicht darstellen.

7.5 Die Bewertung mit Hilfe einer Präferenzmatrix

Die Abhängigkeit der Wichtigkeiten der einzelnen Kriterien zueinander ist wiederum nach der Transitivitätsregel und den aus ihr hergeleiteten weiteren Einschränkungen gegenüber einer willkürlichen Festlegung zu berücksichtigen. Durch den Wegfall der Aussage „gleich wichtig" ergeben sich hier gegenüber dem Rangfolgeverfahren jedoch nur noch vier Fälle (vgl. Bild 7.5).

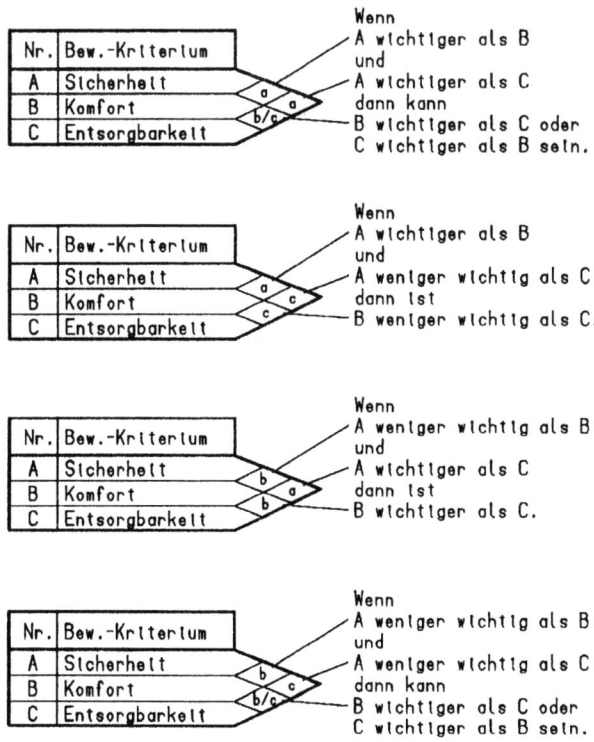

Bild 7.5. Mögliche Fälle der Gewichtung mit der Präferenzmatrix

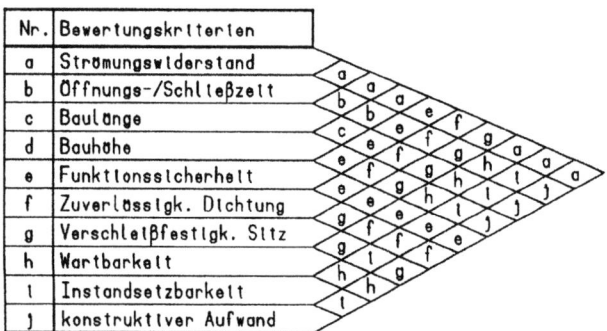

Bild 7.6. Präferenzmatrix

Beispiel 7.6: Für die hier betrachteten Absperrorgane ergibt sich die in Bild 7.6 dargestellte Präferenzmatrix. Aus dieser Matrix wird die Häufigkeit der jeweiligen Buchstaben abgezählt und in eine Tabelle entsprechend Tabelle 7.8 übertragen. Die Häufigkeiten werden auf „1" normiert und bilden damit die Gewichtungsfaktoren.

Bew.-Kriterium	a	b	c	d	e	f	g	h	i	j
Häufigkeit	6	2	1	0	9	7	7	5	5	3
normierte Gewichtungsfaktoren	0.66	0.22	0.11	0.00	1.00	0.78	0.78	0.56	0.56	0.33

Tabelle 7.8. Ermittlung der Gewichtungsfaktoren aus der Häufigkeit der Präferenzen

Die Ermittlung der Maßzahlen sowie die Berechnung der Wertungszahlen, der Wertigkeiten, der normierten Wertigkeiten und der Rangfolge erfolgt genau gleich wie beim Rangfolgeverfahren und ergibt das in Tabelle 7.9 eingetragene Bewertungsergebnis.

Bewertungskriterien	Gewichtungs-faktor	Alternativen									
		A1 Ventil		A2 Schieber		A3 Drehschieber		A4 Klappe		A5 Sperrkörper	
		Maß-zahl	Wertungs-zahl	Maß-zahl	Wertungs-zahl	Maß-zahl	Wertungs-zahl	Maß-zahl	Wertungs-zahl	Maß-zahl	Wertungs-zahl
1	2	3	4	3	4	3	4	3	4	3	4
Strömungswiderstand	0.67	2	1.34	3	2.01	3	2.01	2	1.34	1	0.67
Öffnungs-/Schließzeit	0.22	2	0.44	1	0.22	3	0.66	2	0.44	2	0.44
Baulänge	0.11	1	0.11	3	0.33	2	0.22	3	0.33	1	0.11
Bauhöhe	0.0	2	0.0	1	0.0	3	0.0	3	0.0	3	0.0
Funktionssicherheit	1.00	3	3.00	2	2.00	2	2.00	2	2.00	3	3.00
Zuverlässigk. Dichtung	0.78	3	2.34	2	1.56	2	1.56	1	0.78	3	2.34
Verschleißfestigk. Sitz	0.78	3	2.34	2	1.56	1	0.78	2	1.56	3	2.34
Wartbarkeit	0.56	4	2.24	3	1.68	4	2.24	2	1.12	2	1.12
Instandsetzbarkeit	0.56	3	1.68	2	1.12	2	1.12	4	2.24	2	1.12
konstruktiver Aufwand	0.33	1	0.33	1	0.33	2	0.66	2	0.66	1	0.33
Wertigkeiten		./.	13.82	./.	10.81	./.	11.25	./.	10.47	./.	11.47
normierte Wertigkeiten			1.000		0.782		0.814		0.758		0.830
Rangfolge			1		4		3		5		2

Tabelle 7.9. Bewertung mit dem Präferenzmatrixverfahren
(mit normierter Gewichtung)

Mit diesem Verfahren hat sich das gleiche Ergebnis bezüglich der besten Lösung eingestellt wie beim Rangfolgeverfahren. Allerdings ist die Festlegung der Präferenzhäufigkeit bei vielen zu beachtenden Bewertungskriterien unübersichtlich und damit fehlerträchtig, wodurch eine endgültige Aussage zu Alternativen, die in ihrer Lösungsqualität nahe beieinander liegen, nicht möglich ist.

Auch dieses Verfahren eignet sich aufgrund seiner groben Gewichtung nur für eine Anwendung innerhalb der Konzeptphase bei der Entwicklung einfacher technischer Systeme. Sein großer Nachteil liegt in dem hohen Aufwand bei unübersichtlicher und damit fehlerträchtiger Ermittlung der Gewichtungsfaktoren, insbesondere bei einer größeren Anzahl von Bewertungskriterien.

7.6 Die Nutzwertanalyse nach C. *Zangemeister*

Die *Nutzwertanalyse* beruht von vornherein auf der Festlegung von Gewichtungsfaktoren als Maß für den Nutzen der zu erfüllenden Anforderungen in Bezug auf den Gebrauchswert (*Gesamtnutzwert*). Die Verfahrensweise geht zurück auf eine im Jahre 1970 von *C. Zangemeister* veröffentlichte Arbeit, nach der die zu einer Bewertung heranzuziehenden Kriterien in Form eines Stammbaumes strukturiert werden [69]. Die diesbezügliche Unterteilung erfolgt dabei weitaus tiefer als bei der bisher vorgeschlagenen Unterteilung in Kriteriengruppen und -arten und geht auch evtl. über die in Kapitel 3.3.2 erwähnte mögliche Unterteilung in Kriterienfamilien hinaus. Das Verfahren verlangt damit eine Umsortierung der Kriterien in gleichwertige und untergeordnete Hierarchiestufen mit der Absicht, auch auf unterster Ebene logisch zusammenhängende Kriterien erkennen und damit besser beurteilen zu können. Damit ist es ein hervorragendes Werkzeug zur Bestimmung der Produkttauglichkeit in Bezug auf markt- und firmenstrategische Gesichtspunkte.

Die Nutzwertanalyse verwendet den Begriff *Bewertungsziele*, die den Bewertungskriterien entsprechen. Die Definition der den Zielen zugrundeliegenden Anforderungen wird *Zielpräzisierung* genannt. Alle Ziele werden hierarchisch gegliedert und in einem Stammbaum, dem sogenannten *Zielsystem* oder *Zielbaum*, erfaßt. Diese Vorgehensweise soll den Bewerter dazu zwingen, die Ziele jeder Hierarchiestufe vollständig zu erfassen, gegebenenfalls Lücken zu erkennen und die als *Zielekatalog* benannte Anforderungsliste zu vervollständigen sowie die Ziele sorgfältig gegeneinander abzuwägen.

Die Wichtigkeit jedes einzelnen Zieles wird durch zwei unterschiedliche Gewichtungsfaktoren ausgedrückt (vgl. Bild 7.7). Das sogenannte *Knotengewicht* g_K gibt die Wichtigkeit der Ziele $Z_{(S+1,Z)}$ in Bezug auf das Ziel der nächsthöheren Stufe an, womit die Summe jeweils

$$\sum_{j=S_1}^{S_n} g_{K_{(S+1,Z)}} = g_{K_{(S,Z)}} \tag{7.7}$$

betragen muß. Die Summe aller Knotengewichte je Stufe muß stets „1" betragen.

Das sogenannte *Stufengewicht* g_S gibt die absolute Wichtigkeit des Zieles in der betrachteten Stufe an und errechnet sich für jedes Ziel aus dem Produkt seines Knotengewichtes und dem Stufengewicht des nächst übergeordneten Zieles der vorherigen Stufe, also aus

$$g_{S_{(S,Z)}} = g_{K_{(S,Z)}} g_{S_{(S-1,Z)}}. \tag{7.8}$$

Der *Gebrauchswert* des zu bewertenden technischen Systems ist allen anderen Zielen übergeordnet. Er entspricht also der *Stufe* 1 und erhält damit sowohl das Knotengewicht als auch das Stufengewicht „1".

Stufe 2 beinhaltet in jedem Fall die beiden Ziele *Nutzen* und *Kosten* mit den entsprechend ihrer gegeneinander gewogenen Wichtigkeit festgelegten Knoten- und Stufengewichten. Diese Einteilung entspricht dem Ansatz der technisch wirtschaftlichen Bewertung (vgl. Kapitel 7.3).

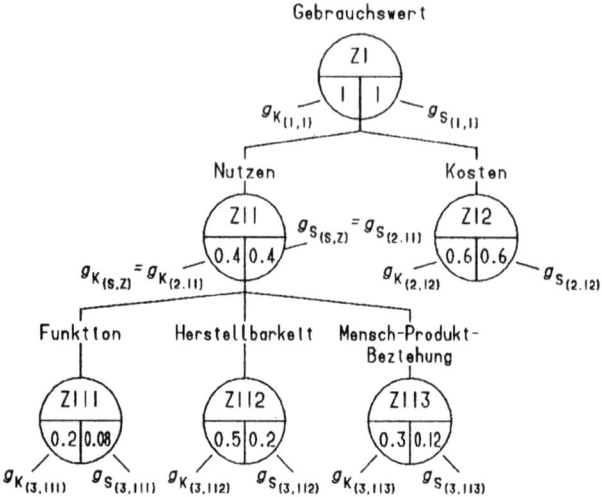

Bild 7.7. Zusammenhänge zwischen Knoten- und Stufengewicht, dargestellt als Zielbaum; die eingetragenen Ziffern sind beispielhaft

Das Ziel *Nutzen* kann allerdings entweder bereits in Stufe 2 oder aber in Stufe 3 weiter aufgeteilt werden, beispielsweise entsprechend den Kriterienfamilien.

Bild 7.7 zeigt die hierarchische Gliederung des Zielsystems, die grundsätzliche Einteilung der Ziele innerhalb der oberen Stufen sowie die Zusammenhänge zwischen Knoten- und Stufengewichten.

Die Knotengewichte werden, zumindest auf den höheren Stufen, in der Regel aus einer Marktbefragung gewonnen oder aber in einer Bewertungskonferenz pauschal festgelegt bzw. durch eines der bereits beschriebenen Verfahren zur Bestimmung der Gewichtungsfaktoren ermittelt.

Da die Knotengewichte jeweils nur zeilenweise festgelegt werden, besteht nicht die Gefahr einer Verletzung der Transitivitätsregel oder einer aus ihr hergeleiteten weiteren Einschränkung. Außerdem ist es überschaubarer, eine nur geringe Anzahl von Teilzielen gegenüber einem höher angeordneten Ziel abzuwägen, als alle Teilziele einer Zielstufe, besonders der untersten, einander gegenüber zu stellen und deren Wichtigkeit zu bestimmen.

Abschließend können aus Gründen der Übersichtlichkeit die jeweils untersten Stufengewichte in einer dem Zielsystem unterlegten Zeile zusammengefaßt werden. Diese Stufengewichte entsprechen den bisher behandelten Gewichtungsfaktoren und sind Ausgangsbasis für eine weitere Bewertung.

Beispiel 7.7: Für die hier betrachteten Absperrorgane werden die in Tabelle 7.10 aufgelisteten Bewertungsziele gewählt, mit denen sich dann das Zielsystem entsprechend Bild 7.8 ergibt.

Die darin eingetragenen Knotengewichte $g_{K_{ij}}$ werden frei abgeschätzt, können jedoch auch mit Hilfe einer konsistenten Gewichtungsmatrix gemäß Kapitel 4.4.2 ermittelt werden. Die daraus berechneten Stufengewichte $g_{S_{ij}}$ entsprechen den herkömmlichen Gewichtungsfaktoren und werden für den weiteren Bewertungsablauf analog der bisher beschrie-

7.5 Die Bewertung mit Hilfe einer Präferenzmatrix

benen Verfahren zur Berechnung der Wertungszahlen je Kriterium und Alternative herangezogen. Mit den als Produkt aus Maßzahl und Stufengewicht berechneten Wertungszahlen ergibt sich das in Tabelle 7.11 zusammengefaßte Bewertungsergebnis.

Tabelle 7.10. Bewertungsziele, geordnet nach Zielstufen

Zielstufe	Bewertungsziel
Z1	Produkt-Gesamtziel (optimales Absperrorgan)
Z11	technische Funktion
Z111	Strömungswiderstand
Z112	Öffnungs-/Schließzeit
Z113	Verschleißfestigkeit Sitz
Z12	Sicherheit
Z121	Funktionssicherheit
Z122	Zuverlässigkeit Dichtung
Z13	Wirtschaftlichkeit
Z131	Baulänge
Z132	Bauhöhe
Z133	Wartbarkeit
Z134	Instandsetzbarkeit
Z133	Konstruktiver Aufwand

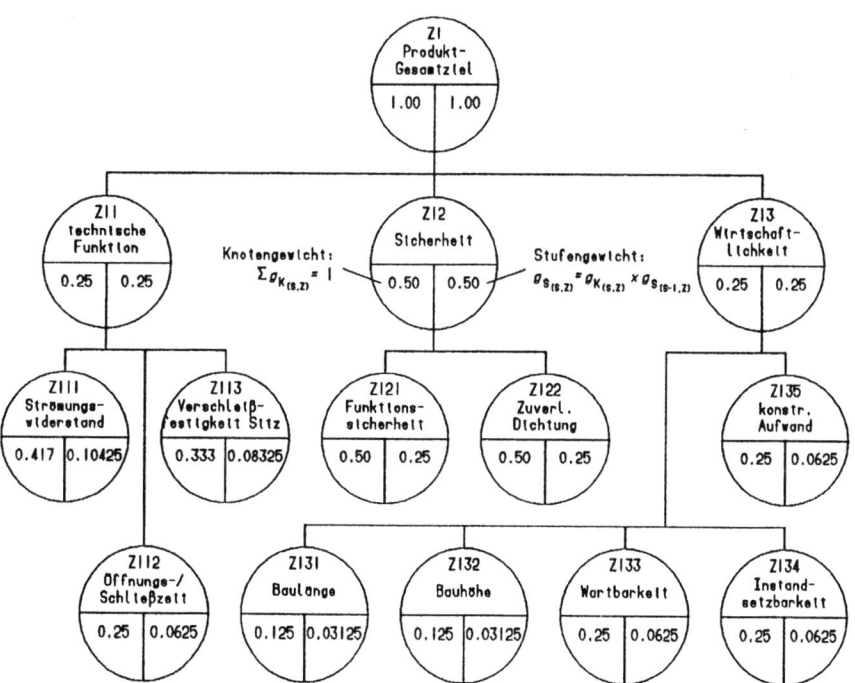

Bild 7.8. Zielsystem zur Ermittlung der Wertigkeiten von Kriterien

Bewertungskriterien	Gewich-tungs-faktor	Alternativen									
		A1 Ventil		A2 Schieber		A3 Drehschieber		A4 Klappe		A5 Sperrkörper	
		Ma-zahl	Wer-tungs-zahl	Ma-zahl	Wer-tungs-zahl	Ma-zahl	Wer-tungs-zahl	Ma-zahl	Wer-tungs-zahl	Maß-zahl	Wer-tungs-zahl
1	2	3	4	3	4	3	4	3	4	3	4
Strömungswiderstand	0.104	2	0.208	3	0.312	3	0.312	2	0.208	1	0.104
Öffnungs-/Schließzeit	0.063	2	0.124	1	0.062	3	0.186	2	0.124	2	0.124
Baulänge	0.031	1	0.031	3	0.093	2	0.062	3	0.093	1	0.031
Bauhöhe	0.031	2	0.062	1	0.031	3	0.093	3	0.093	3	0.093
Funktionssicherheit	0.250	3	0.750	2	0.500	2	0.500	2	0.500	3	0.750
Zuverlässigk. Dichtung	0.250	3	0.750	2	0.500	2	0.500	1	0.250	3	0.750
Verschleißfestigk. Sitz	0.083	3	0.249	2	0.166	1	0.083	2	0.166	3	0.249
Wartbarkeit	0.063	4	0.252	3	0.189	4	0.252	2	0.126	2	0.126
Instandsetzbarkeit	0.063	3	0.189	2	0.126	2	0.126	4	0.252	2	0.126
konstruktiver Aufwand	0.063	1	0.063	1	0.063	2	0.126	2	0.126	1	0.063
Wertigkeiten		./.	2.678	./.	2.042	./.	2.240	./.	1.938	./.	2.416
normierte Wertigkeiten			1.000		0.763		0.836		0.724		0.902
Rangfolge			1		4		3		5		2

Tabelle 7.11. Bewertung nach der Nutzwertanalyse

Ein Vergleich der Ergebnisse mit denjenigen in Tabelle 7.5 zeigt bis auf die höchstbewertete Alternative eine Abweichung in der Übereinstimmung, die jedoch noch innerhalb der zum betrachteten Informationsstand annehmbaren Toleranz liegt.

Zusammengefaßt ergibt sich folgender Bewertungsablauf der Nutzwertanalyse:

1. Strukturieren der Bewertungsziele nach hierarchischen Gesichtspunkten.
2. Erstellen des strukturierten Zielsystems und eintragen der Teilziele.
3. Stufenweises gewichten der Teilziele der n-ten Stufe in Bezug auf die Zielgewichte der (n-1)-ten Stufe und eintragen der so gefundenen Knotengewichte g_K.
4. Berechnen aller Stufengewichte.
5. Zusammenfassen aller Stufengewichte der jeweils letzten gewichteten Stufe.
6. Aufstellen einer Bewertungstabelle und eintragen aller Bewertungsziele der jeweils letzten, im Zielsystem vorkommenden Stufe, ihrer Stufengewichte und ihrer Zielgrößen (Werte bzw. Eigenschaften) je Variante.
7. Festlegen der Zielwerte (Maßzahlen).
8. Berechnen der Nutzwerte (Wertungszahlen) aus dem Produkt von Zielwerten und Stufengewichten je Variante.
9. Berechnen der Gesamtnutzwerte (Wertigkeiten) durch Addition der Nutzwerte je Variante.
10. Aufstellen von *Nutzwertprofilen*. Diese entsprechen in ihrer Form den in Kapitel 4.6.8.6 beschriebenen Wertprofilen.

7.5 Die Bewertung mit Hilfe einer Präferenzmatrix 245

Zwischen den Stufengewichten der Nutzwertanalyse, den Gewichtungsfaktoren der technisch-wirtschaftlichen Bewertung und denen der anforderungsorientierten gewichteten Bewertung (vgl. Kapitel 7.8 sowie [16]) bestehen sachgemäß unmittelbare Zusammenhänge. Diese werden in Kapitel 7.14 näher erläutert.

7.7 Die Vorrangmethode nach *T. L. Saaty*

Die *Vorrangmethode* dient der Verbesserung der Objektivität bei subjektiv festzulegenden Maß- oder Wertungszahlen derjenigen Kriterien, denen keine zahlenmäßig ausgewiesenen, also deterministisch erfaßten oder erfaßbaren, Werte oder Eigenschaften der zu bewertenden Varianten zugeordnet werden können.
Diese von *T. L. Saaty* [55] im Jahre 1980 unter dem Begriff *Analytic Hierarchy Process* (AHP) veröffentlichte Methode wird der Forderung nach Objektivierung eines subjektiven Urteils dadurch gerecht, daß, im Gegensatz zur pauschalen Abschätzung der Maß- bzw. Wertungszahlen in den bisher in diesem Kapitel beschriebenen Verfahren, diese Abschätzung durch paarweisen Vergleich der Varianten erfolgt.
Die wichtigste Anforderung an die Bewertungsmatrizen ist ihre weitgehende Widerspruchsfreiheit oder *Konsistenz*, also die Vermeidung von widersprüchlichen Festlegungen innerhalb der Matrix. Dieser Forderung entspricht die Einhaltung des in Kapitel 4.1.2.3 behandelten *Transitivitätsprinzips*.
Das von *T. L. Saaty* in [55] beschriebene AHP-Verfahren erlaubt die Prüfung einer Tafelmatrix auf ihre Nähe zur absoluten Konsistenz durch den Konsistenz-Index C.I., der ein Maß dafür ist, ob die aus dieser Matrix ermittelten Bewertungsgrößen noch zu einer Entscheidung herangezogen werden dürfen. Bei einer absolut konsistenten Matrix muß der Konsistenz-Index dem Wert *Null* entsprechen. Die Berechnung dieses Index wurde bereits in Kapitel 4.1.3, Abschnitt 4, eingehend beschrieben und durch das Beispiel 4.8 erläutert. Das AHP-Verfahren entspricht dieser Forderung und trägt insbesondere dem Umstand Rechnung, daß viele Bewerter den intuitiven Entscheidungen zur Festlegung jeder einzelnen Präferenz beim paarweisen Vergleich der Bewertungsgrößen den Vorrang gegenüber der Verläßlichkeit mathematisch-logischer Gesetzmäßigkeiten geben.
Die Abschätzung der Erfüllungsgrade r_{ij} erfolgt in der bereits in Kapitel 4.3.4.3 beschriebenen Weise, indem für jedes Kriterium K_i jedem Paar von Varianten V_k, V_l eine Anzahl von Punkten aus einer vorher festgelegten Bewertungsskala zugeschrieben wird (meist in einer 7 ± 2 Gradskala), die die relative Präferenz der k-ten Variante gegenüber der l-ten Variante bezüglich des betrachteten Kriteriums widerspiegelt. Je mehr V_k gegenüber V_l vorgezogen wird, desto höher wird deren Punktezahl. Im Grenzfall, wenn V_k gegenüber V_l ganz und gar vorgezogen wird, ist die zu vergebende Punktezahl gleich dem höchsten Grad in der festgelegten Bewertungsskala.
Die Bewertungsgrößen u_{kl} werden zunächst in freier, subjektiver Meinung abgeschätzt und in einer Matrix gemäß

$$A = \begin{bmatrix} u_{11} & u_{12} & \cdots & u_{1n} \\ u_{21} & u_{22} & \cdots & u_{2n} \\ \vdots & \vdots & & \vdots \\ u_{n1} & u_{n2} & \cdots & u_{nn} \end{bmatrix} \qquad (7.9)$$

oder aber in Form einer Tafelmatrix gemäß Bild 7.9 zusammengefaßt.

Ordn. Nr.	V_1	V_2	V_3	V_4	V_5	V_n	Vektor-koordinaten
V_1	u_{11}	u_{12}	u_{13}	u_{14}	u_{15}	u_{1n}	v_1
V_2	u_{21}	u_{22}	u_{23}	u_{24}	u_{25}	u_{2n}	v_2
V_3	u_{31}	u_{32}	u_{33}	u_{34}	u_{35}	u_{3n}	v_3
V_4	u_{41}	u_{42}	u_{43}	u_{44}	u_{45}	u_{4n}	v_4
V_5	u_{51}	u_{52}	u_{53}	u_{54}	u_{55}	u_{5n}	v_5
V_n	u_{n1}	u_{n2}	u_{n3}	u_{n4}	u_{n5}	u_{nn}	v_n

Bild 7.9. Tafelmatrix mit relativen Präferenzen

Die Elemente der Matrix haben die folgenden zwei Eigenschaften:

$$u_{kk} = 1 \qquad (7.10)$$

$$u_{lk} = \frac{1}{u_{kl}} \qquad (7.11)$$

Das bedeutet, daß die Diagonale der Matrix die Werte „1" erhält. Bewertet werden nur die Paare der Variante V_k, V_l, in denen die Variante V_k gegenüber der Variante V_l vorgezogen ist, weil die Verhältnisse > 1 leichter einzuschätzen sind und die Bewertungsgrößen < 1 sich automatisch als Reziprokwerte gemäß Gl. (7.11) errechnen und somit als bekannte Größen in die Matrix eingetragen werden können.

Ist die Matrix bestimmt, werden die Vektorkoordinaten des Ergebnisvektors, also bei ungewichteter Bewertung die jeweiligen Wertungszahlen w_{ij} des betrachteten Kriteriums K_i für jede Variante V_j nach einem der bereits in Kapitel 4.1.3, Abschnitt 2, beschriebenen Verfahren ermittelt.

Anschließend wird die Matrix auf Einhaltung ihrer Konsistenz bzw. auf ihre Konsistenznähe hin überprüft. Hierzu wird das in Kapitel 4.1.3, Abschnitt 4, ausführlich beschriebene Verfahren angewendet. Ist die Matrix nicht konsistent, so dürfen die Koordinaten des Ergebnisvektors nicht für die weiteren Bewertungsschritte herangezogen werden. In solch einem Fall schlägt T. L. Saaty in [55] ein Verfahren vor, bei dem - ausgehend von dem Ziel, den maximalen Eigenvektor zu erhalten - die fehlerhaften Abschätzungen der Erfüllungsgrade durch eines der möglichen und teilweise ausführlich in der Literatur beschriebenen Ausgleichsrechnungen ausgeglichen wird [10], [19] und der Ergebnisvektor einer konsistenten Matrix entspricht und damit als Entscheidungsgrundlage herangezogen werden darf.

7.8 Die anforderungsorientierte gewichtete Bewertung mittels scharfer Zahlen nach *A. Breiing*

Die *anforderungsorientierte gewichtete Bewertung* folgt ausnahmslos der in Kapitel 4 behandelten Theorie zur Erstellung absolut konsistenter Entscheidungsmatrizen sowohl zur Ermittlung der Maßzahlen über die Abschätzung von Erfüllungsgraden als auch der Gewichtungsfaktoren über die Abschätzung der Wichtigkeiten [11], [16]. Sofern qualitativ erfaßbare Kriterien als unscharfe Zahlen bzw. Mengen zu berücksichtigen sind, erfolgt auch die Bestimmung linguistischer Ausdrücke entweder durch eine diesen zugeordnete Werteskala oder über linguistisch konsistente Entscheidungsmatrizen.

Die Frage, ob sich dieses Verfahren auch für einfachste Konstruktionen eignet und vom Aufwand her im Rahmen hält, läßt sich leicht mit „Ja" beantworten, da seine Entwicklung anhand einfacher Beispiele begann und sich in keiner Weise für die Bewertung komplexer technischer Systeme verkompliziert hat. Allerdings ist von Fall zu Fall abzuwägen, inwieweit qualitativ erfaßbare Kriterien als unscharfe Zahlen bzw. Mengen modelliert werden sollten oder ob es ausreicht, diese in Form scharfer Zahlen entsprechend einer numerischen Werteskala auszudrücken.

Die Vorgehensweise bei der Bewertung eines in sich als abgeschlossen zu betrachtenden technischen Systems oder jedes seiner Teilsysteme läßt sich in Form eines einfachen Ablaufdiagramms darstellen (vgl. Bild 7.10). Zur Vertiefung der theoretischen Ansätze und deren praxisnahe Anwendung dient außerdem das in Kapitel 8.2 in allen Bewertungsschritten ausführlich beschriebene Beispiel. Es beruht, sozusagen als erste komplexe Einarbeitung in die Thematik der Bewertung technischer Systeme, ausnahmslos auf der Basis scharfer Zahlen.

7.9 Die objektivierte gewichtete Bewertung mittels unscharfer Zahlen und Mengen nach *R. Knosala*

Auch die Theorie der *objektivierten gewichteten Bewertung* ist vollständig in Kapitel 4 behandelt. Im Gegensatz zur Erstellung absolut konsistenter Entscheidungsmatrizen wird hier jedoch ausnahmslos sowohl von frei abgeschätzten Erfüllungsgraden zur Ermittlung der Maßzahlen als auch von frei abgeschätzten Wichtigkeiten zur Ermittlung der Gewichtungsfaktoren ausgegangen, wobei jeweils der Ergebnisvektor dem Eigenvektor als dem größten Wert der Eigenmatrix der Entscheidungsmatrizen entsprechen muß [34], [35].

Diese Forderung ist nur bei *zufällig* konsistenten Entscheidungsmatrizen erfüllt, weshalb der Wert des Ergebnisvektors in der Regel durch ein entsprechendes Verfahren bestimmt werden muß. Dies kann auf verschiedenen Wegen erfolgen. In [37] wird vorgeschlagen, das Problem Eigenwert/Eigenvektor durch eine entsprechende Approximationsaufgabe, beispielsweise gemäß Kapitel 4.1.3, Abschnitt 5, zu lösen. Aber auch andere Lösungswege wie beispielsweise der von *T. L. Saaty* in [55] gezeigte Ansatz sind möglich.

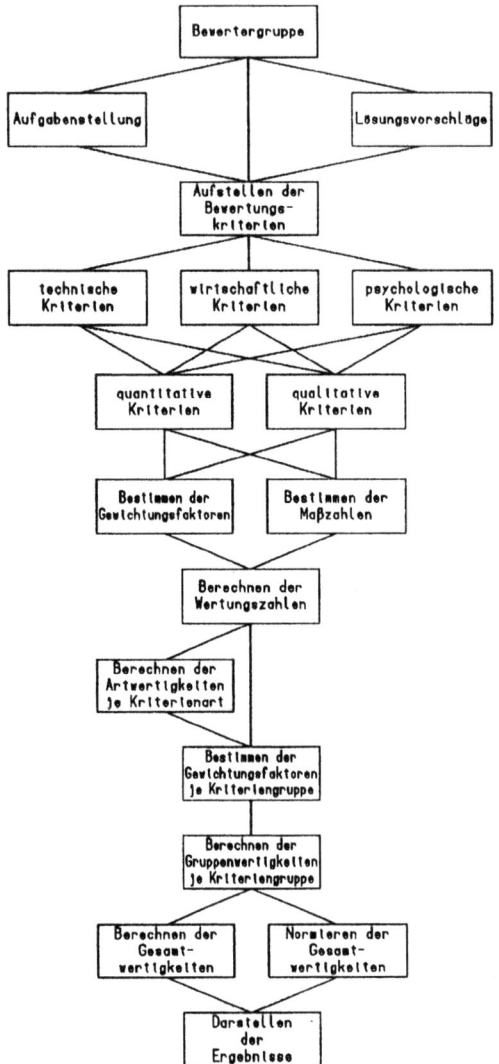

Bild 7.10. Bewertungsablauf

Zur Erhöhung der Objektivität und unter der Annahme, daß auch scharf erfaßbare, also alle zähl-, meß-, wäg- und berechenbaren, Werte deterministischer Kriterien als degenerierte unscharfe Zahlen betrachtet werden können (vgl. Kapitel 4.2.2), werden bei diesem Verfahren alle Werte und Eigenschaften unscharf, d. h. in Form von Zugehörigkeitsfunktionen, erfaßt, womit sich auch die Bewertungsergebnisse in Form von Zugehörigkeitsfunktionen oder aber, um den Kopplungsgrad der unscharfen Mengen zu kennzeichnen, als Baumstrukturen abbilden und entsprechend interpretieren lassen (vgl. Kapitel 4.6.8.8).

7.5 Die Bewertung mit Hilfe einer Präferenzmatrix 249

Auch bei diesem Verfahren stellt sich die Frage, wann und in welcher Tiefe sich dieses Verfahren für die Bewertung technischer Systeme eignet und auch hier ist von Fall zu Fall abzuwägen, inwieweit qualitativ erfaßbare Kriterien als unscharfe Zahlen bzw. Mengen modelliert werden sollten oder ob es ausreicht, diese in Form von Notenbegriffen aus einer numerischen Werteskala scharf auszudrücken. Deshalb sei hier nochmals darauf hingewiesen, daß sich der augenscheinlich große Aufwand nach der Tragweite der auf den Ergebnissen einer Bewertung abstützenden Entscheidung richten sollte (vgl. Kapitel 2.3 und 2.4 sowie Tabelle 7.2) und daß sich dieser in jedem Fall durch die Anwendung eines Computerprogrammes, beispielsweise gemäß [36], auf ein Mindestmaß reduzieren läßt.

Zur Vertiefung der theoretischen Ansätze und deren praxisnahe Anwendung dienen die in allen wichtigen Bewertungsschritten ausführlich beschriebene Beispiele gemäß Kapitel 8.3 bis 8.5.

7.10 Die Kosten-Wirksamkeits-Analyse

Die *Kosten-Wirksamkeits-Analyse* (*Cost-Effectiveness-Analysis*) eignet sich insbesondere als wirtschaftlich orientierte Entscheidungshilfe und hat deshalb betriebswissenschaftlichen Charakter. Sie ist eine Variante zur Nutzwertanalyse und unterscheidet sich ihr gegenüber dadurch, daß zunächst die Kostenkriterien getrennt von den übrigen Kriterien betrachtet werden. Dieses Teilergebnis sind die unter Berücksichtigung der wirtschaftlichen Kriterien ermittelten *Gesamtkosten*. Die *Kostenwirksamkeit* je Variante ergibt sich dann aus dem Verhältnis der Gesamtkosten zu dem in diesem Verfahren als *Wirksamkeitskennzahl* bezeichneten technischen Nutzwert (Gesamtwertigkeit), also

$$\text{Kosten pro Wirksamkeitspunkt} = \frac{\text{Gesamtkosten}}{\text{Wirksamkeitskennzahl}} . \quad (7.12)$$

Die beste Variante ist diejenige mit den geringsten Kosten pro Wirksamkeitspunkt.

Eine Vertiefung des Wissens auf diesem Gebiet erfordert den Besuch der entsprechenden Vorlesungen sowie das Studium der diesbezüglichen Literatur, beispielsweise [27].

7.11 Die Kosten-Nutzen-Analyse

Die *Kosten-Nutzen-Analyse* (*Cost-Benefit-Analysis*) ist eine Bewertungstechnik zur Beurteilung gesamtwirtschaftlicher Vorhaben oder deren gesamtwirtschaftlichen Auswirkungen auf einzelwirtschaftliche Vorhaben [27].

Die wesentlichen anzusetzenden Kriterien sind

- direkte Kosten, die von der Planung über den gesamten Lebenslauf bis hin zur Entsorgung eines technischen Systems anfallen,
- indirekte Kosten, die unbeteiligten Dritten entstehen (z. B. Folgen durch Rohstoffgewinnung in Form von Bergschäden, Forstkahlschlag ..., Folgen durch Stoffverarbeitung in Form von Abgasen, Staub, Lärm ..., Folgen durch Entsorgung in Form von Wasser-, Erd- oder Luftschadstoffen),
- direkter Nutzen durch den Betrieb technischer Systeme (im Sinne der Nutzwertanalyse),
- indirekter Nutzen (z. B. durch vermehrte Arbeitsplätze, verbesserte Arbeitsbedingungen ...),
- Betrachtungszeitraum (z. B. Auswirkungen aus voraussichtlichen Zinssenkungen, Wechselkursentwicklungen, Inflationsraten ...).

Damit ist die Kosten-Nutzen-Analyse auch ein Werkzeug der *Technikfolgen-Abschätzung*, deren Ergebnisse von politisch großer Tragweite sind und eine demgemäße Entscheidungsgröße darstellen (z. B. Aufrechterhaltung der Volksgesundheit, langfristig gesicherte Energieversorgung, Schutzmaßnahmen zur Erhaltung ökologischer Systeme ...).

Die Ergebnisse der Kosten-Nutzen-Analyse sind immer absolute oder - zu statistischen Vergleichszwecken - relative *Geldgrößen*.

7.12 Die Beurteilung von Lösungen mittels Bedeutungsprofilen

Bedeutungsprofile sind ein bekanntes Mittel zur Präsentation der persönlichen Einstellung bzw. zur Erwartungshaltung der Benutzer technischer Systeme, also der Kunden [56]. Sie sind das grafische Abbild der subjektiven Einstellung der in einer Umfrage konsultierten Benutzer zu einem technischen System, in der Regel einem Produkt, das auf dem Markt angeboten werden soll. Es müssen also je zu beurteilender Variante oder Alternative mehrere Benutzer zur Abgabe ihrer Beurteilung aufgefordert werden. Damit ist die Erstellung von Bedeutungsprofilen einer statistischen Erhebung gleichzusetzen.

Das Bedeutungsprofil ist ein zweiachsiges Diagramm, auf dessen vertikaler Achse die sogenannten *Bedeutungskriterien* in sortierter oder beliebiger Reihenfolge aufgelistet werden, während die diesen zuzuordnenden sogenannten *Erkennungswerte* als Werteskala auf der horizontalen Achse liegen.

Die Kriterien werden entweder neutral beschrieben oder aber durch ihre positiv ausgedrückten linguistischen Terme rechts und ihrer Antonyme links der Vertikalen eindeutig formuliert. Die Erkennungswerte werden im Intervall von $-m$ bis $+m$ oder in normierter Darstellung, von -1 über 0 bis +1 gewählt.

Da es sich hauptsächlich um die Erkennung der ganzheitlichen Produktgestalt handelt, können die Erkennungsinhalte beispielsweise nach den linguistischen Begriffen und der ihnen zugeordneten Punktezahl

7.12 Die Beurteilung von Lösungen mittels Bedeutungsprofilen

anonym 0
kaum erkennbar -1 bis +1
undeutlich erkennbar -2 bis +2
erkennbar -3 bis +3
deutlich erkennbar -4 bis +4
einwandfrei erkennbar -5 bis +5

aufgeteilt werden.

Erkennbare und als solche abschätzbare Kriterien sind beispielsweise

- Zweck,
- Prinzip,
- Leistungsklasse,
- Standsicherheit,
- Bedienbarkeit,
- Bedienungsaufwand,

- Reinigungsaufwand,
- Anmutung,
- demografische Merkmale,
- psychografische Merkmale,
- Preisklasse
...

Je Kriterium wird der subjektiv empfundene Grad der Erkennung oder Erfüllung als Erkennungswert über der Werteskala als Punkt eingetragen. Werden die Punkte abschließend miteinander verbunden, so ergibt sich als Linienzug das Bedeutungsprofil.

Lage und Größe seiner Verzipfelungen sind ein Maß für die Erkennbarkeit der Produkteigenschaften, ihrer sichtbaren Erfüllung und ihrer gegenseitigen Ausgewogenheit. Sie geben somit Auskunft über die Bedeutung, die die Bewerter oder Beurteiler dem Produkt und seinen Marktchancen beimessen.

Werden zwei oder mehr Varianten bzw. Alternativen bezüglich ihrer Bedeutung verglichen, so werden die charakterisierenden Linienzüge entweder in einem Diagramm übereinander eingetragen, oder es werden je Variante bzw. Alternative separate Bedeutungsprofile erstellt.

Um eine quasi-quantitative Aussage in Form resultierender bzw. normierter resultierender Maßzahlen und damit eine einfach zu erkennende Rangfolge zu erhalten, ist die Lage der Schwerpunktlinie als Mittelgewogene aller Erkennungswerte über der Werteskala. Sie ergibt sich für jede Variante V_j aus

$$m_{j_{res}} = \frac{1}{n} \sum_{i=1}^{n} m_{ij}. \qquad (7.13)$$

Typische linguistisch ausgedrückte Bedeutungskriterien einschließlich ihrer Antonyme sind beispielsweise:

gut erkennbare Funktionalität
robuste Konstruktion
steife Konstruktion
große Dämpfung
geringer Energiebedarf
schnelle Maschine
hohe Präzision
hoher Automatisierungsgrad
gute Bedienbarkeit

schlecht erkennbare Funktionalität
sensible Konstruktion
weiche Konstruktion
geringe Dämpfung
hoher Energiebedarf
langsame Maschine
geringe Präzision
niedriger Automatisierungsgrad
schlechte Bedienbarkeit

gute Wartbarkeit	schlechte Wartbarkeit
wartungsarm	reparaturanfällig
geringer Reinigungsaufwand	hoher Reinigungsaufwand
ausgewogene (harmonische) Gestalt	unausgewogene (disharmonische) Gestalt
hohe Flexibilität	geringe Flexibilität
usw.	usw.

Die Bedeutung eines Produktes kann selbst ein Kriterium sein, beispielsweise bei einer Risikoanalyse (vgl. Kapitel 6.2.3) oder einer Akzeptanzanalyse (vgl. Kapitel 6.3.2). In diesen Fällen ist die Ermittlung eines Bedeutungsprofils der Ermittlung von Maßzahlen qualitativer Kriterien bzw. deren Wertfunktionen gleichzusetzen.

Beispiel 7.8: Für drei Design-Varianten V1 bis V3 eines neu zu entwickelnden Pkw's wurden die Bedeutungsprofile anhand der in Bild 7.11 eingetragenen Kriterien durch eine Umfrage unter einem repräsentativen Kundenquerschnitt ermittelt. Die Linienzüge ergaben sich aus den Mittelwerten der subjektiven Meinungen. Die nach dem Momentensatz berechneten resultierenden Bedeutungen entsprechen den Maßzahlen des beispielsweise für eine Akzeptanzbewertung wichtigen Kriteriums *Marktchancen*.

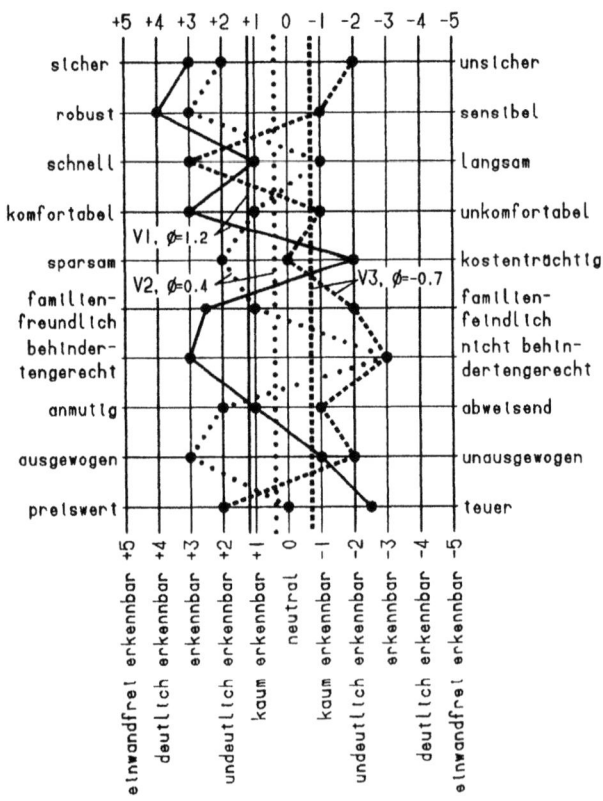

Bild 7.11 Bedeutungsprofile für drei zu bewertende Pkw-Entwürfe

7.13 Weitere Bewertungsverfahren

Außer den bisher beschriebenen Bewertungsverfahren bestehen noch eine Menge anderer, entsprechend ihrem speziellen Einsatz meist von diesen abgewandelte Verfahren oder Verfahrensvarianten. Tabelle 7.12 gibt abschließend einen Überblick über diese weniger bekannten und somit in der Praxis kaum angewendeten Verfahren einschließlich der entsprechenden Literaturhinweise.

Benennung	*Autor*	Lit.	Kurzbeschreibung der Wesensmerkmale
Dominanzmatrix	-	-	Paarweiser Vergleich der zu bewertenden Varianten auf der Basis „0" = schlechter, „1" = besser Auswertung analog dem Rangfolgeverfahren
Conjoint-Analyse	K. Backhaus et al.	[2]	Analyse der Nutzenvorstellung durch *Messung* psychologischer Werturteile von befragten Benutzern/Konsumenten
Wirtschaftlichkeits- und Investitionsrechnungen	R. Haberfeller u. a.	[27]	
Mathematische Methoden des *Operations Research*	R. Haberfeller u. a.	[27]	
Bewertung mittels Methoden der *Artificial Intelligence*	R. Knosala	[34]	
Bewerten mittels dem *C-Calculus*	A. Donnarumma	[21]	Verfeinerungsalgorithmus zur Objektivierung von Bewertungsgrößen durch Anwendung von *Fuzzy-Sets*

Tabelle 7.12. Weitere Bewertungsverfahren (Literaturauswahl)

7.14 Zusammenfassung zu Kapitel 7

Projektverantwortliche, die sich dazu entschlossen haben, anstehende Entscheidungen durch eine nachvollziehbare Bewertung zu untermauern, stehen immer wieder vor der Frage, welche der in der Praxis erprobten Methoden als die - im Sinne möglichst objektiver Ergebnisse - bessere ist.

Liegen überwiegend qualitativ erfaßbare Kriterien vor, so bietet sich eine größere Palette von einfachen bis sehr aufwendigen Bewertungsverfahren an, deren Einsatz sich nach der Tragweite der anstehenden Entscheidungen richtet.

Sofern mehrheitlich quantifizierbare Kriterien bekannt sind, eignen sich insbesondere die technisch-wirtschaftlichen Bewertung nach *F. Kesselring*, die Nutzwertanalyse nach *C. Zangemeister* oder die anforderungsorientierte gewichtete Bewertung, wie sie hier beschrieben wurde. Die Beispiele in den Kapiteln 7.3 bis 7.6 sowie 8.2 zeigen, daß sich die Bewertungsergebnisse, d. h. die Wertigkeiten und die Rangfolge der betrachteten Alternativen, infolge der unterschiedlichen Vorgehensweisen bei vorgegebenen, gleichen qualitativen Eigenschaften je Kriterium unterscheiden. Dies liegt vor allem bei den numerisch ermittelten Wertigkeiten an den unterschiedlich ermittelten Gewichtungsfaktoren der drei genannten Verfahren. Mögen diese sich auf den ersten Blick auch stark unterscheiden, so lassen sich ihre Ergebnisse jedoch letztendlich durch die nachfolgenden Überlegungen auf einen gemeinsamen Nenner bringen.

Die folgenden, anhand eines Beispiels durchgeführten Betrachtungen zeigen, wie die Gewichtungsfaktoren der drei Verfahren bei Berücksichtigung der Transitivitätsregel zusammenhängen.

Beispiel 7.9: Als oberste Zielstufe einer Nutzwertanalyse seien folgende Kriterien einschließlich ihrer in Relation gesetzten Stufengewichte gegeben:

Funktion : *Herstellbarkeit* : *Mensch-Produkt-Beziehung* : *Kosten*
= 0.133 : 0.333 : 0.200 : 1.000

Eine Umrechnung dieser Stufengewichte auf eine Gewichtungsmatrix ergibt folgende paarweisen, in die Matrix einzutragenden Wichtigkeitsverhältnisse:

Kosten : Funktion = 1 : 0.133 = 1 : 1/7.5 = 7.5
Kosten : Herstellbarkeit = 1 : 0.333 = 1 : 1/3 = 3
Kosten : Mensch-Produkt-Beziehung = 1 : 0.200 = 1 : 1/5 = 5
Kosten : Kosten = 1 : 1 = 1 : 1/1 = 1

Damit ergibt sich folgende noch zu vervollständigende Gewichtungsmatrix:

	Kriterium	A	B	C	D
A	Funktion	1			1/7.5
B	Herstellb.		1		1/3
C	Mensch-P-B			1	1/5
D	Kosten	7.5	3	5	1

Tabelle 7.13. Gewichtungsmatrix unvollständig und unsortiert

Werden die Kriterien umsortiert, so daß das offensichtlich wichtigste Kriterium *Kosten* in der ersten Zeile steht, und werden die restlichen Wichtigkeiten mittels der Gleichungen (4.16) und (4.17) berechnet, so ergeben sich folgende, gemäß Verfahren Nr. 4 in Kapitel 4.1.3, Abschnitt 2, berechneten Gewichtungsfaktoren und ihre auf „1" normierten Werte:

	Kriterium	A	B	C	D	Gewichtungsfaktor (Stufengewicht)	auf „1" normierte Werte	auf „max" normierte Werte
A	Kosten	1	5	3	7.5	3.25678	0.60	1.000
B	Mensch-P-B	1/5	1	3/5	1.5	0.65136	0.12	0.200
C	Herstellb.	1/3	5/3	1	2.5	1.08559	0.20	0.333
D	Funktion	1/7.5	1/1.5	1/2.5	1	0.43424	0.08	0.133
						Kontrollsumme:	1.00	

Tabelle 7.14. Gewichtungsmatrix und Gewichtungsfaktoren mit sortierten Kriterien

Die auf „1" normierten Werte aber entsprechen exakt den normierten Verhältnissen der vorgegebenen, in Relation gesetzten Stufengewichte.

7.14 Zusammenfassung zu Kapitel 7

Der Nachteil der Nutzwertanalyse, daß der Bewerter die Gegenüberstellung der Kriterien und die daraus gefolgerte Bestimmung ihrer gegenseitigen Wichtigkeiten über die Vergabe von Knotengewichten nur jeweils *innerhalb* einer einzigen Zielstufe vornimmt, wird durch den - allerdings nur geringfügigen - Vorteil aufgehoben, keine zusätzliche Gewichtung zwischen den zwei Kriteriengruppen *Nutzen* und *Kosten* (analog den *technischen* und *wirtschaftlichen Kriterien*) durchführen zu müssen. Die in die Bewertung einfließenden tatsächlichen Wichtigkeitsrelationen werden als Stufengewichte berechnet und entziehen sich somit dem unmittelbaren Werturteil des Bewerters. Bei größeren Zielsystemen verliert dieser damit die *wahren* oder zumindest die zweckdienlichen Wichtigkeiten aus seiner Kontrolle. Außerdem ergeben sich durch die stufenweise Bestimmung der Knotengewichte für tatsächlich wichtige, aufgrund einer vorher durchgeführten Gliederung jedoch stufenmäßig tiefer liegenden Kriterien oftmals rechnerisch viel zu geringe, in die Bewertung effektiv eingehende Gewichtungsfaktoren.

Der bessere Weg ist, sich zunächst den Einzelkriterien zu widmen, bevor auf höheren Ebenen deren Wichtigkeitsrelationen bestimmt werden. Da dies durch die Vorgehensweise der Nutzwertanalyse nicht möglich ist, wird die Vorgehensweise nach der anforderungsorientierten gewichteten Bewertung bei einem sinnvoll zu wählenden Aufwand empfohlen.

Daß bei überschaubaren Kriterienlisten, entsprechenden Bewertungserfahrung und anstehenden Entscheidungen geringerer Tragweite auch die Bestimmung der Gewichtungsfaktoren durch Abschätzung bestimmen lassen, soll folgendes Beispiel zeigen.

Beispiel 7.10: Für die gemäß Beispiel 7.1 angesetzten Kriterien zur Beschaffung von fünf alternativen *Absperrorganen* werden die Gewichtungsfaktoren durch die Abschätzung verhältnismäßiger Wichtigkeiten ermittelt (vgl. Bild 7.12). Da das Kriterium *Funktionssicherheit* (Zeile A) als das wichtigste angesehen wird, werden alle übrigen Kriterien zunächst gegenüber diesem Kriterium gewogen und die übrigen Zeilen und Spalten gemäß Gleichungen (4.7) und (4.9) berechnet.

lfd. Nr./ Zeile	technische Bewertungskriterien	A	B	C	D	E	F	G	H	I	J	Gewichtungsfaktoren	normierte Gewichtungsfaktoren
A	Funktionssicherheit	1	$5/3$	$5/4$	$10/3$	$10/3$	$10/9$	$5/4$	2	2	$10/7$	1.684	0.155
B	Strömungswiderstand	0.6	1	$3/4$	2	2	$2/3$	$3/4$	$6/5$	$6/5$	$6/7$	1.011	0.093
C	Öffnungs-/Schließzeit	0.8	$4/3$	1	$8/3$	$8/3$	$8/9$	1	$8/5$	$8/5$	$8/7$	1.347	0.125
D	Baulänge	0.3	$1/2$	$3/8$	1	1	$1/3$	$3/8$	$3/5$	$3/5$	$3/7$	0.505	0.046
E	Bauhöhe	0.3	$1/2$	$3/8$	1	1	$1/3$	$3/8$	$3/5$	$3/5$	$3/7$	0.505	0.046
F	Zuverlässigk. Dichtung	0.9	$3/2$	$9/8$	3	3	1	$9/8$	$9/5$	$9/5$	$9/7$	1.516	0.145
G	Verschleißfestigk. Sitz	0.8	$4/3$	1	$8/3$	$8/3$	$8/9$	1	$8/5$	$8/5$	$8/7$	1.347	0.125
H	Wartbarkeit	$1/2$	$5/6$	$5/8$	$5/3$	$5/3$	$5/9$	$5/8$	1	1	$5/7$	0.842	0.078
I	Instandsetzbarkeit	$1/2$	$5/6$	$5/8$	$5/3$	$5/3$	$5/9$	$5/8$	1	1	$5/7$	0.842	0.078
J	konstruktiver Aufwand	0.7	$7/6$	$7/8$	$7/3$	$7/3$	$7/9$	$7/8$	$7/5$	$7/5$	1	1.179	0.109

$\Sigma g = 10.779 \quad \Sigma g_{norm} = 1.000$

Bild 7.12 Ermittlung der Gewichtungsfaktoren der Kriterien für Absperrorgane

Wird für die unnormierten Gewichtungsfaktoren eine Bandbreite von 1 bis 10 gewählt, und wird dem wichtigsten Kriterium *Funktionssicherheit* der Wert „10" zugewiesen, so ergibt sich als Gewichtungsvektor

$$\vec{g}_i = \begin{bmatrix} g_1 \\ g_2 \\ \vdots \\ g_n \end{bmatrix} = \begin{bmatrix} 10 \\ 6 \\ 8 \\ 3 \\ 3 \\ 9 \\ 8 \\ 5 \\ 5 \\ 7 \end{bmatrix}. \tag{7.14}$$

Dessen Koordinaten aber entsprechen exakt den Gewichtungsfaktoren in Tabelle 7.5.

Dieses Beispiel zeigt, daß die Ausfüllung einer Gewichtungsmatrix grundsätzlich durch einen *geschätzten* Gewichtungsvektor ersetzt werden kann, für dessen Wichtigkeiten g_i die Bandbreite vorher festgelegt wird.

8 Beispiele

8.1 Übersicht

In diesem Kapitel wird anhand von vier Beispielen das schrittweise Vorgehen bei der Bewertung technischer Systeme bzw. deren Komponenten gezeigt.

Das erste Beispiel befaßt sich mit der anforderungsorientierten gewichteten Bewertung bei der *Beschaffung* eines einfachen technischen Systems. Dabei werden für die Bestimmung der Maßzahlen quantitativer Kriterien ausnahmslos lineare Wertfunktionen benutzt, während die Maßzahlen qualitativer Kriterien durch die Vergabe von Punkten festgelegt werden. Die Bestimmung der Gewichtungsfaktoren erfolgt nach Abschätzung der Wichtigkeiten eines als wichtig gewählten Kriteriums gegenüber allen übrigen Kriterien mittels absolut konsistenter Gewichtungsmatrizen. Maßzahlen und Gewichtungsfaktoren werden durchgängig als scharfe Zahlen erfaßt.

Die drei weiteren Beispiele dienen der Bewertung im Rahmen der *Entwicklung* von Systemkomponenten. Sie beruhen alle auf der Basis unscharf modellierter Maßzahlen und Gewichtungsfaktoren. Die Bestimmung der qualitativen Maßzahlen und der Gewichtungsfaktoren erfolgt durch freie Abschätzung der Erfüllungsgrade bzw. Wichtigkeiten und der damit zunächst inkonsistenten Entscheidungsmatrizen, deren Ergebnisvektoren über Ausgleichsrechnungen auf der Basis der Minimierung der Fehlerquadrate bestimmt werden.

8.2 Die anforderungsorientierte gewichtete Bewertung - Beschaffung eines Absperrorgans

Das hier behandelte Beispiel einer anforderungsorientierten gewichteten Bewertung folgt ausnahmslos der in Kapitel 4 behandelten Theorie ohne die Berücksichtigung der naturgemäßen Unschärfe der qualitativ abgeschätzten Maßzahlen und Gewichtungsfaktoren.

Die Frage, ob sich diese Verfahren auch für einfachste Konstruktionen eignet und vom Aufwand her im Rahmen hält, läßt sich leicht mit „Ja" beantworten, da die Entwicklung dieses Verfahrens anhand einfacher Beispiele begann und sich in keiner Weise für die Bewertung komplexer technischer Systeme verkompliziert hat.

1. Liste der Bewertungskriterien

Für die Beschaffung eines in einer verfahrenstechnischen Anlage zur Herstellung von Schwefelsäure mehrfach vorkommenden Absperrorgans ist aus der Menge der für diesen Anwendungsfall möglichen Alternativen unter Zugrundelegung der folgenden Kriterien die beste Lösung durch Bewerten auf der Basis qualitativer und aus Herstellerkatalogen entnommener quantitativer Angaben zu ermitteln.

1 Technische Kriterien
    11 Quantitative Kriterien
        112 Schließ-/Öffnungszeit: $t_s < 5$ s
        113 Einbaulänge: $L \leq 180$ mm
        113 Gesamt-Leckrate: $R < 3$ cm^3/24 h
    12 Qualitative Kriterien
        121 Funktionssicherheit
        122 Strömungswiderstand
        123 Verschleißfestigkeit des Ventilsitzes
2 Qualitative ergonomische Kriterien
    21 Wartbarkeit
    22 Instandsetzbarkeit
    23 Sicherheit
3 Qualitative wirtschaftliche Kriterien
    31 Beschaffungskosten
    32 Wartungskosten über die Lebensdauer
    33 Gebrauchsdauer (Lebensdauer)

Von den in Beispiel 7.1 angeführten fünf Alternativen werden in einer Vorauswahl, beispielsweise mittels einer Argumentenbilanz gemäß Kapitel 7.2, nur noch die drei Alternativen bzw. deren Varianten

— Schrägsitzventil
— Keilschieber
— Drehschieber

weiterverfolgt (vgl. Bild 8.1).

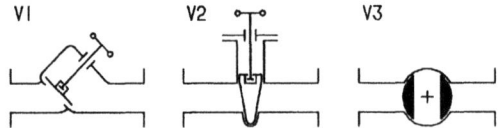

Bild 8.1. Prinzipskizzen der drei gewählten Varianten von Absperrorganen

2. Bewertungsablauf

Die einzelnen Verfahrensschritte der Bewertung werden nachfolgend durchlaufend nummeriert.

1   Schaffen der Bewertungsvoraussetzungen
1.1 Bewertungsteilnehmer einberufen und Bewertergruppen bilden.
1.2 Beschaffen der für die Bewertung maßgeblichen expliziten und impliziten Anforderungen; evtl. Anforderungsliste ergänzen.

8.5 Bewertung von Spindelfedern für eine Ringspinnmaschine

1.3 Beschaffen aller Dokumente (Zeichnungen, Berechnungen, Berichte) der zu bewertenden Varianten und prüfen dieser Dokumente auf die dem jeweiligen Bewertungsanliegen entsprechende Vollständigkeit und Informationsdichte.

2 Aufstellen der Bewertungskriterien

2.1 Prüfen der vorgegebenen expliziten und impliziten Anforderungen auf Bewertbarkeit, d. h. auf Widersprüchlichkeit bzw. Gegenläufigkeit; eventuell bestehende Anforderungsliste nachbereinigen.

2.2 Gegebenenfalls Anforderungen entsprechend einer bewertungsgerechten Terminologie in Kriterien umbenennen.

2.3 Sortieren der Kriterien entsprechend der Zweckmäßigkeit nach Kriteriengruppen, -arten und -familien, falls die Anforderungen nicht bereits in einer solchen Form vorliegen.

2.4 Prüfen der Kriterien auf Dopplungen; prüfen ob und welche quantitativen Kriterien zwecks Vermeidung von Überbewertungen in übergeordnete mehrdimensionale Werte zusammengefaßt werden können.

2.5 Eintragen aller bereinigten Kriterien in einen entsprechend vorbereiteten Tabellensatz mit Ausnahme der aus den Festforderungen hergeleiteten Kriterien.

Sollen verschieden*artige* Kriterien in gemeinsamen Kriteriengruppen erfaßt werden, so sind sie in einer einzigen Gruppentabelle einzutragen (vgl. Bild 8.4, Spalte 2). Sollen sie jedoch nach quantitativen und qualitativen Kriterien getrennt bewertet werden, so sind sie in einzelnen Tabellen zu erfassen (vgl. Bild 8.5, Spalten 2).

3 Erfassen der Werte bzw. Eigenschaften je Variante

3.1 Eintragen der Werte bzw. Eigenschaften je Kriterium und Variante (vgl. Bild 8.4 bzw. 8.5, Spalten 4); Rangfolge der Varianten eintragen (Spalten 5).

3.2 Gegebenenfalls prüfen, ob die Werte bzw. Eigenschaften je Variante auf gleichem Niveau sind bzw. feststellen, welche Kriterien aufgrund unterschiedlichen Informationsstandes noch nicht in die Bewertung mit einbezogen werden dürfen.

4 Bestimmen der Maßzahlen

4.1 Bestimmen der Maßzahlen quantitativer Kriterien unter Berücksichtigung der jeweils anwendbaren Wertfunktionen und eintragen in die Bewertungstabellen (vgl. Bild 8.4 bzw. 8.5 a, Spalten 6).

4.2 Bestimmen der Maßzahlen qualitativer Kriterien durch paarweisen Vergleich ihrer Erfüllungsgrade je Kriterium unter eventueller Berücksichtigung der jeweils anwendbaren Wertfunktionen und eintragen in die Bewertungstabellen (vgl. Bild 8.4 bzw. 8.5 b bis d, Spalten 6).

5 Bestimmen der Gewichtungsfaktoren der Kriterien

5.1 Aufstellen der Gewichtungsmatrizen; eintragen der jeweiligen Kriterien bzw. deren Ordnungs-Nummern sowohl in die linke Spalte als auch in die obere Zeile der Tafelmatrizen.

Sollen verschiedenartige Kriterien in gemeinsamen Kriteriengruppen gewichtet werden, so sind sie in einer einzigen Gewichtungsmatrix zu gewichten (vgl. Bild 8.2). Sollen sie jedoch nach quantitativen und qualitativen Kriterien getrennt gewichtet werden, so sind sie in einzelnen Tafelmatrizen zu gewichten (vgl. Bild 8.3).

5.2 Abschätzen und eintragen der Wichtigkeiten des ersten Kriteriums gegenüber den übrigen Kriterien.

5.3 Berechnen der Wichtigkeiten der übrigen Kriterien entsprechend Gl. (4.245) bzw. Gl. (4.252).

5.4 Ergänzen der Felder unterhalb der Hauptdiagonalen entsprechend Gl. (4.246) bzw. Gl. (4.253).

5.5 Berechnen der Gewichtungsfaktoren gemäß Gl. (4.256) bzw. Gl. (4.259) und eintragen in die rechts neben den Matrizen stehenden Kolonnen (vgl. Bild 8.2 bzw. 8.3); evtl. normieren gemäß Gl. (4.257).

5.6 Kontrollieren der Gewichtungsmatrizen entsprechend Gl. (4.258) bzw. Gl. (4.260).

5.7 Übertragen der Gewichtungsfaktoren in die Bewertungstabellen (vgl. Bild 8.4 bzw. 8.5, Spalten 3).

In Bild 8.2 wurden die quantitativen *und* die qualitativen technischen Kriterien zu den Absperrorganen gemäß Bild 8.1 in einer Matrix zusammengefaßt. Dabei wurden die Wichtigkeiten des Kriteriums *Funktionssicherheit* gegenüber allen anderen Kriterien abgeschätzt und in die erste Zeile und ihr Kehrwert in die erste Spalte eingetragen. Die übrigen Wichtigkeiten wurden unter Berücksichtigung der Konsistenzbedingungen berechnet. Die Gewichtungsfaktoren wurden gemäß Kapitel 4.1.3, Abschnitt 2, Verfahren Nr. 4, berechnet.

Bild 8.3 zeigt die nach Kriteriengruppen *und* -arten getrennten Gewichtungsmatrizen. Dabei ergeben sich infolge der getrennten Abschätzung der Wichtigkeiten Unterschiede zwischen den Gewichtungsfaktoren der quantitativen und qualitativen technischen Kriterien. Diese Unterschiede sollten sich bei der späteren Festlegung der Artgewichtungsfaktoren wieder ausgleichen, sofern sich die Meinungen der Bewerter nicht ändern.

lfd. Nr./ Zeile	quantitative und qualitative technische Bewertungskriterien	121	122	123	111	112	113	Gewichtungsfaktoren	normierte Gewichtungsfaktoren
121	Funktionssicherheit	1	$5/3$	$5/4$	$3/2$	3	$5/4$	1.507	0.238
122	Strömungswiderstand	$3/5$	1	$3/4$	$9/10$	$9/5$	$3/4$	0.904	0.143
123	Verschleiß Ventilsitz	$4/5$	$4/3$	1	$6/5$	$12/5$	1	1.206	0.191
111	Schließ-/Öffnungszeit [s]	$2/3$	$10/9$	$5/6$	1	2	$5/6$	1.005	0.158
112	Einbaulänge [mm]	$1/3$	$5/9$	$5/12$	$1/2$	1	$5/12$	0.502	0.079
113	Leckrate [cm²/24h]	$4/5$	$4/3$	1	$6/5$	$12/5$	1	1.206	0.191

$\Sigma g = 6.330$ $\Sigma g_{norm} = 1.000$

Bild 8.2. Beispiel für die zusammengefaßte Ermittlung der Gewichtungsfaktoren quantitativer und qualitativer technischer Kriterien

8.5 Bewertung von Spindelfedern für eine Ringspinnmaschine

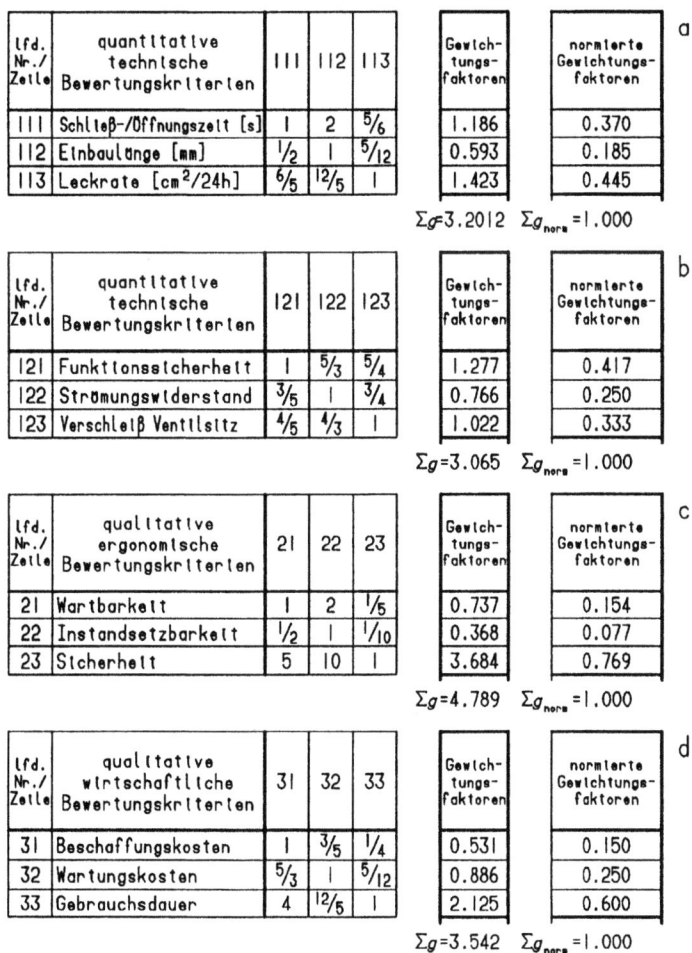

Bild 8.3. Beispiel für die getrennte Ermittlung der Gewichtungsfaktoren quantitativer und qualitativer technischer, ergonomischer und wirtschaftlicher Kriterien

Die in Bild 8.4 gezeigte Tabelle dient der zusammengefaßten Bewertung impliziter und expliziter quantitativer und qualitativer technischer Kriterien, während der Tabellensatz gemäß Bild 8.5 die Bewertung dieser Kriterienarten sowie der qualitativen ergonomischen und wirtschaftlichen Kriterien in getrennter Form zeigt. Für die Bestimmung der Maßzahlen der quantitativen technischen Kriterien wurden *Lineare Straffungsfunktionen* gemäß Bild 4.27 benutzt, da in allen Fällen die niedrigen Werte eine höhere Wertung erhalten als die hohen Werte.

Für die qualitativen Maßzahlen wurde eine Werteskala im Intervall $[0, 4]$ gewählt.

Ordn. Nr.	quantitative und qualitative technische Bewertungskriterien	Gewich- tunga- faktor	Alternativen V1			V2			V3		
			Wert/ Eigen- schaft	Rang- folge	Maß- zahl	Wer- tungs- zahl	Wert/ Eigen- schaft	Rang- folge	Maß- zahl	Wer- tungs- zahl	Wert/ Eigen- schaft	Rang- folge	Maß- zahl	Wer- tungs- zahl
1	2	3	4	5	6	7	4	5	6	7	4	5	6	7
111	Schließ-/Öffnungszeit [s]	1.005	2	2	2.80	2.81	2.5	3	2.50	2.51	<1	1	3.40	3.42
112	Einbaulänge [mm]	0.502	120	3	2.00	1.00	80	1	2.67	1.34	100	2	2.33	1.17
113	Leckrate [cm²/24h]	1.206	0.5	2	3.70	4.46	0.5	2	3.70	4.46	0	1	4.00	4.82
121	Funktionssicherheit	1.507	3	2	3.00	4.52	2.5	3	2.50	3.77	4	1	4.00	6.03
122	Strömungswiderstand	0.904	2	3	2.00	1.81	3.5	2	3.50	3.16	4	1	4.00	3.62
123	Verschleiß Ventilsitz	1.206	3.5	1	3.50	4.22	2	3	2.00	2.41	3	2	3.00	3.62
Gruppenwertigkeiten		./.	./.	./.	./.	18.82	./.	./.	./.	17.65	./.	./.	./.	22.68
normierte Gruppenwertigkeiten		./.	./.	./.	./.	0.83	./.	./.	./.	0.78	./.	./.	./.	1.00
Rangfolge		./.	./.	./.	./.	2	./.	./.	./.	3	./.	./.	./.	1

Bild 8.4. Beispiel für die gemeinsame Eintragung der Gewichtungsfaktoren, der Maßzahlen, der Wertungszahlen und der Bewertungsergebnisse quantitativer und qualitativer technischer Kriterien

6 Berechnen der Wertungszahlen

Die Wertungszahlen der einzelnen Varianten und gegebenenfalls der Idealkonstruktion werden mit Hilfe der Gleichungen (4.263) bzw. (4.264) berechnet und in die Bewertungstabellen eingetragen (vgl. Bild 8.4 bzw. 8.5, Spalten 7).

7 Ermitteln der Bewertungsergebnisse

7.1 Berechnen der Wertigkeiten

Die Wertigkeiten der einzelnen Varianten und gegebenenfalls der Idealkonstruktion werden mit Hilfe der Gleichungen (4.272) bzw. (4.273) berechnet und in die Summenzeilen der Bewertungstabellen eingetragen (vgl. Bild 8.4 bzw. 8.5).

7.2 Normieren der Teilwertigkeiten

Die normierten Wertigkeiten werden mit Hilfe der Gleichungen (4.281) bzw. (4.282) berechnet und in die Bewertungstabellen eingetragen.

7.3 Eintragen der Rangfolge in die Bewertungstabellen.

8 Gewichten und Bewerten der Kriterienarten

Sofern die quantitativen und qualitativen Kriterien einer Kriteriengruppe getrennt gewichtet und ebenso getrennt deren Wertigkeiten, also die sogenannten *Artwertigkeiten*, berechnet wurden, sind die *normierten* Artwertigkeiten zunächst nochmals gegeneinander zu gewichten, um mit den gewonnenen *Artgewichtungsfaktoren* die *Artwertungszahlen* und anschließend die *Gruppenwertigkeiten* berechnen zu können.

Die Artgewichtungsfaktoren ergeben sich aus der Aufteilung des Gesamtgewichtes „1" entsprechend der Wichtigkeit der quantitativen gegenüber den qualitativen Kriterien und können somit direkt in die Artbewertungstabelle eingetragen werden (vgl. Bild 8.6)

8.2 Beschaffung eines Absperrorgans

a

Ordn. Nr.	quantitative technische Bewertungskriterien	Gewichtungsfaktor	Alternativen V1				V2				V3			
			Wert	Rangfolge	Maßzahl	Wertungszahl	Wert	Rangfolge	Maßzahl	Wertungszahl	Wert	Rangfolge	Maßzahl	Wertungszahl
1	2	3	4	5	6	7	4	5	6	7	4	5	6	7
111	Schließ-/Öffnungszeit [s]	1.186	2	2	2.80	3.32	2.5	3	2.50	2.97	<1	1	3.40	4.03
112	Einbaulänge [mm]	0.593	120	3	2.00	1.19	80	1	2.67	1.58	100	2	2.33	1.38
113	Leckrate [cm²/24h]	1.423	0.5	2	3.70	5.27	0.5	2	3.70	5.27	0	1	4.00	5.69
	Artwertigkeiten		./.	./.	./.	9.78	./.	./.	./.	9.82	./.	./.	./.	11.10
	normierte Artwertigkeiten		./.	./.	./.	0.88	./.	./.	./.	0.88	./.	./.	./.	1.00
	Rangfolge		./.	./.	./.	2	./.	./.	./.	2	./.	./.	./.	1

b

Ordn. Nr.	qualitative technische Bewertungskriterien	Gewichtungsfaktor	Alternativen V1				V2				V3			
			Wert	Rangfolge	Maßzahl	Wertungszahl	Wert	Rangfolge	Maßzahl	Wertungszahl	Wert	Rangfolge	Maßzahl	Wertungszahl
1	2	3	4	5	6	7	4	5	6	7	4	5	6	7
121	Funktionssicherheit	1.277	3	2	3.00	3.83	2.5	3	2.50	3.19	4	1	4.00	5.11
122	Strömungswiderstand	0.766	2	3	2.00	1.53	3.5	2	3.50	2.68	4	1	4.00	3.06
123	Verschleiß Ventilsitz	1.022	3.5	1	3.50	3.58	2	3	2.00	2.04	3	2	3.00	3.07
	Artwertigkeiten		./.	./.	./.	8.94	./.	./.	./.	7.91	./.	./.	./.	11.24
	normierte Artwertigkeiten		./.	./.	./.	0.80	./.	./.	./.	0.70	./.	./.	./.	1.00
	Rangfolge		./.	./.	./.	2	./.	./.	./.	3	./.	./.	./.	1

c

Ordn. Nr.	qualitative ergonomische Bewertungskriterien	Gewichtungsfaktor	Alternativen V1				V2				V3			
			Eigenschaft	Rangfolge	Maßzahl	Wertungszahl	Eigenschaft	Rangfolge	Maßzahl	Wertungszahl	Eigenschaft	Rangfolge	Maßzahl	Wertungszahl
1	2	3	4	5	6	7	4	5	6	7	4	5	6	7
21	Wartbarkeit	0.737	2.5	3	2.50	1.84	3	2	3.00	2.21	4	1	4.00	2.95
22	Instandsetzbarkeit	0.368	3	2	3.00	1.10	3	2	3.00	1.10	4	1	4.00	1.47
23	Sicherheit	3.684	3	2	3.00	11.05	2	1	2.00	7.37	4	1	4.00	14.74
	Artwertigkeiten		./.	./.	./.	13.99	./.	./.	./.	10.68	./.	./.	./.	19.16
	normierte Artwertigkeiten		./.	./.	./.	0.73	./.	./.	./.	0.56	./.	./.	./.	1.00
	Rangfolge		./.	./.	./.	2	./.	./.	./.	3	./.	./.	./.	1

d

Ordn. Nr.	qualitative wirtschaftliche Bewertungskriterien	Gewichtungsfaktor	Alternativen V1				V2				V3			
			Eigenschaft	Rangfolge	Maßzahl	Wertungszahl	Eigenschaft	Rangfolge	Maßzahl	Wertungszahl	Eigenschaft	Rangfolge	Maßzahl	Wertungszahl
1	2	3	4	5	6	7	4	5	6	7	4	5	6	7
31	Beschaffungskosten	0.531	2.5	3	2.50	1.33	3	2	3.00	1.59	4	1	4.00	2.12
32	Wartungskosten	0.886	2.5	3	2.50	2.22	3	2	3.00	2.66	4	1	4.00	3.54
33	Gebrauchsdauer	2.125	3.5	2	3.50	7.44	3	2	3.00	6.38	4	1	4.00	8.50
	Artwertigkeiten		./.	./.	./.	10.99	./.	./.	./.	10.63	./.	./.	./.	14.16
	normierte Artwertigkeiten		./.	./.	./.	0.78	./.	./.	./.	0.75	./.	./.	./.	1.00
	Rangfolge		./.	./.	./.	2	./.	./.	./.	3	./.	./.	./.	1

Bild 8.5. Beispiel für die getrennte Eintragung der Gewichtungsfaktoren, der Maßzahlen, der Wertungszahlen und der Bewertungsergebnisse quantitativer und qualitativer technischer, ergonomischer und wirtschaftlicher Kriterien

264   8 Beispiele

Da die absoluten Artwertigkeiten der Kriterienarten aufgrund ihrer in getrennten Matrizen ermittelten Artgewichtungsfaktoren nicht unmittelbar addiert werden können, müssen die normierten Artwertigkeiten in die Artbewertungstabelle eingetragen werden. Die sich ergebenden Gruppenwertigkeiten sind damit gleichzeitig normiert.

Bild 8.6 zeigt die Tabelle zur Ermittlung der Gruppenwertigkeit mit den aus dem Tabellensatz gemäß Bild 8.5 übernommenen normierten Artwertigkeiten der technischen Kriterien. Die Artgewichtungsfaktoren wurden im Verhältnis $g_Z/g_A = 0.65/0.35$ festgelegt.

Ordn. Nr.	Kriterienarten technischer Bewertungskriterien	Art-gewich-tungs-faktor	Alternativen V1		V2		V3	
			normierte Art-wertig-keit	Art-wertungs-zahl	normierte Art-wertig-keit	Art-wertungs-zahl	normierte Art-wertig-keit	Art-wertungs-zahl
1	2	3	4	5	4	5	4	5
Z	quantitative Kriterien	0.65	0.88	0.57	0.88	0.57	1.00	0.65
A	qualitative Kriterien	0.35	0.80	0.28	0.70	0.25	1.00	0.35
(normierte) Gruppenwertigkeiten		./.	0.85	./.	0.82	./.	1.00	

Bild 8.6. Beispiel für die Ermittlung der Gruppenwertigkeit der quantitativen und qualitativen technischen Kriterien

9   Gewichten der Kriteriengruppen

Die Abschätzung der Wichtigkeiten der Kriteriengruppen untereinander sowie die Berechnung der sogenannten *Gruppengewichtungsfaktoren* g_g erfolgt ebenfalls mit Hilfe einer Gewichtungsmatrix nach den in Kapitel 4.4.2 beschriebenen Zusammenhängen. Die Matrix hat jedoch entsprechend der drei Kriteriengruppen

α: Technische Kriterien
β: Wirtschaftliche Kriterien
γ: Psychologische Kriterien

maximal drei Zeilen und drei Spalten (vgl. Bild 8.7).

Ordn. Nr.	α	β	γ	Gewichtungs-faktoren	normierte Gew.faktoren
α	1	3/2	2	1.442	0.462
β	2/3	1	4/3	0.961	0.308
γ	1/2	3/4	1	0.721	0.230
				$\Sigma g_g = 3.124$	$\Sigma g_{g_{norm}} = 1.000$

Bild 8.7. Beispiel einer Gewichtungsmatrix für die Gewichtung dreier Kriteriengruppen

8.2 Beschaffung eines Absperrorgans

10 Gesamtbewertung

Nach Vorlage aller Bewertungsergebnisse je Kriteriengruppe und ihren Gruppengewichtungsfaktoren erfolgt die Gesamtbewertung entsprechend folgenden Arbeitsschritten:

10.1 Übertragen der gemäß Bild 8.7 ermittelten Gruppengewichtungsfaktoren in die Gesamtbewertungstabelle (vgl. Bild 8.8, Spalte 3).

10.2 Übertragen der für jede Kriteriengruppe gemäß Bild 8.4 oder Bild 8.6 ermittelten normierten Gruppenwertigkeiten in die Gesamtbewertungstabelle (vgl. Bild 8.8, Spalten 4).

10.3 Berechnen der Gruppenwertungszahlen als Produkt von normierter Gruppenwertigkeit und Gruppengewichtungsfaktor für jede Variante V_j gemäß

$$w_{ij} = s_{n_{ij}} g_g, \, i = \text{t, w, p.} \tag{8.1}$$

und eintragen in die Gesamtbewertungstabelle (vgl. Bild 8.8, Spalten 5).

10.4 Addieren der Gruppenwertungszahlen je Variante V_j gemäß

$$s_{\text{ges}_j} = \sum_{i=1}^{n} s_{n_{ij}} g_g = \sum_{i=1}^{n} w_{ij}, \, i = \text{t, w, p.} \tag{8.2}$$

und eintragen der Summen in die Gesamtwertigkeitszeile (vgl. Bild 8.8). Diese Summen sind die Bewertungsergebnisse, mit der sich die Varianten letztendlich gegenüberstehen. Sie stellen also die eigentliche *Entscheidungsgrundlage* nach Abschluß einer Konstruktionsprozeß- oder sonstigen Lösungsprozeßphase dar.

10.5 Gesamtwertigkeiten normieren

Zur optisch günstigeren Aussage der Ergebnisse gegeneinander wird eine anschließende Normierung der absoluten Bewertungsergebnisse empfohlen, indem die höchste Wertigkeit = 1 (oder 100%) gesetzt wird. Bei einem Vergleich mit der Idealkonstruktion wird auf die höchsterreichbare Wertigkeit normiert. Damit ergibt sich

$$s_{n_{\text{ges}_j}} = \frac{s_{\text{ges}_j}}{s_{\text{ges}_{\text{max}}}} \, [-] \text{ bzw. } [\%]. \tag{8.3}$$

10.6 Rangfolge eintragen

Auch hier dient der Eintrag der Rangfolge R_{ges_j} in die Gesamtbewertungstabelle lediglich der übersichtlichen Abstufung der Varianten.

11 Bewertungsergebnisse darstellen

Die nach Kriteriengruppen getrennt vorliegenden Bewertungstabellen ermöglichen ihre grafische Darstellung.

Bild 8.8 zeigt die Ermittlung der Gesamtwertigkeiten aus den normierten Gruppenwertigkeiten und Gruppengewichtungsfaktoren. Da keine Idealkonstruktion vorgegeben wurde, entsprechen die normierten den absoluten Gesamtwertigkeiten. Die beste Alternative erhält den Wert $s_{ges_{max}} = 1$ (bzw. 100%). Die Bewertung von drei Kriteriengruppen macht ihre Darstellung in einem dreiachsigen Diagramm erforderlich (vgl. Bild 8.9). Die Lage der Punkte entsprechen den Relationen der bewerteten Alternativen zueinander, geben jedoch infolge einer fehlenden Idealkonstruktion keine Auskunft über ihre Lage zu einer bestmöglichen Lösung.

Um die Gesamtwertigkeiten in dem Diagramm besser zu verdeutlichen, wurden die Gruppenwertungszahlen normiert und zwar derart, daß der höchsten Gruppenwertungszahl der Wert „1" zugeordnet wurde, hier also der technischen Kriterien bei Variante V3.

			Alternativen					
			V1		V2		V3	
Ordn. Nr.	Kriteriengruppen	Gruppengewichtungsfaktor	normierte Gruppenwertigkeit	Gruppenwertungszahl	normierte Gruppenwertigkeit	Gruppenwertungszahl	normierte Gruppenwertigkeit	Gruppenwertungszahl
1	2	3	4	5	4	5	4	5
α	technische Kriterien	0.462	0.85	0.39	0.82	0.38	1.00	0.46
β	ergonomische Kriterien	0.308	0.73	0.22	0.56	0.17	1.00	0.31
γ	wirtschaftliche Kriterien	0.230	0.78	0.18	0.75	0.17	1.00	0.23
Gesamtwertigkeiten			./.	0.79	./.	0.72	./.	1.00
normierte Gesamtwertigkeiten			./.	0.79	./.	0.72	./.	1.00
Rangfolge			./.	2	./.	3	./.	1

Bild 8.8. Beispiel für die Ermittlung der Gesamtwertigkeiten dreier Kriteriengruppen

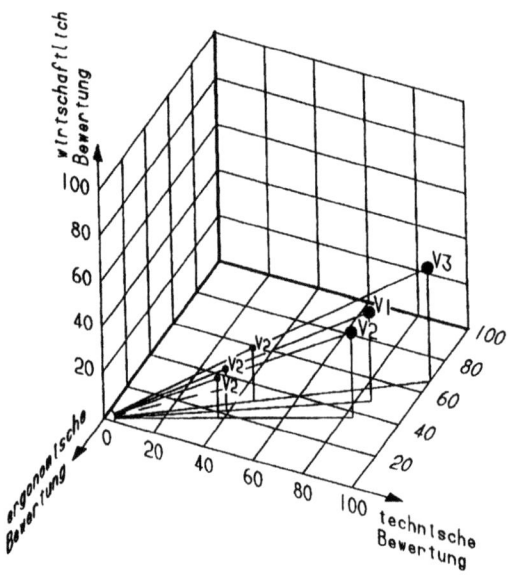

Bild 8.9. Darstellung der Bewertungsergebnisse im dreidimensionalen s-Diagramm

8.3 Bewertung mittels unscharfer und frei abgeschätzter Bewertungsgrößen - Bewertung von hydraulischen Zylindern

Dieses Beispiel behandelt das Bewerten einer Baugruppe als Grundlage zu der Entscheidung, welche der Komponenten als Basislösung bei der Entwicklung eines Baukastensystems verwendet werden kann.

Es sind vier Konstruktionsvarianten V1, V2, V3 und V4 hydraulischer Zylinder zu bewerten (vgl. Bild 8.10). Die Bewertung wurde von einer Bewertergruppe, bestehend aus

E1: führendem Experten,
E2: Konstrukteur,
E3: Hersteller,
E4: Reparateur und
E5: Nutzer,

durchgeführt. Diese legte folgende Kriterien zugrunde:

K1: Kriterium *Zuverlässigkeit*,
K2: Kriterium *Herstellungsfreundlichkeit*,
K3: Kriterium *Reparaturfreundlichkeit*,
K4: Kriterium *maximaler Vereinheitlichungsgrad*,
K5: Kriterium *minimaler Überdimensionierungsgrad*.

Aufgrund einer Analyse der Informationszugänglichkeit bezüglich der Eigenschaften der zu bewertenden Varianten wurde angenommen, daß das Kriterium *Zuverlässigkeit* probabilistisch, das Kriterium *Überdimensionierungsgrad* deterministisch und die übrigen Kriterien unscharf erfaßbar sind.

Die hinsichtlich des Zuverlässigkeitskriteriums in Form der Zugehörigkeitsfunktionen erhaltenen Teilwertigkeiten sind in Bild 8.11 für die Ausfallrate links und für die Ausfalldichte rechts dargestellt. Im weiteren Verlauf der Bewertung wurden zu Vergleichszwecken die Zugehörigkeitsfunktionen für beide Zuverlässigkeitskenngrößen berücksichtigt.

Für die unscharfen Kriterien wurde eine sechsstufige Bewertungsskala zugrundegelegt und die einzelnen Bewertungsgrößen (die untere und obere Grenze sind einander gleich) abgeschätzt. Bild 8.12 zeigt beispielsweise die von allen Bewertern für das Kriterium *Reparaturfreundlichkeit* ausgefüllten Entscheidungsmatrizen wie auch die Maßzahlen in Form ihrer Zugehörigkeitsfunktionen. Es ist ersichtlich, daß Variante V4 von allen Bewertern übereinstimmend als die ungünstigste bezüglich dieses Kriteriums bewertet wurde.

Die Maßzahlen der *Überdimensionierungsgrade* wurden aufgrund des Verhältnisses des Arbeitsdruckes zum zulässigen Druck für den gegebenen Zylinder berechnet. Sie ergaben sich zu

V1 = 1,000, V2 = 0,934, V3 = 0,860, V4 = 1,000.

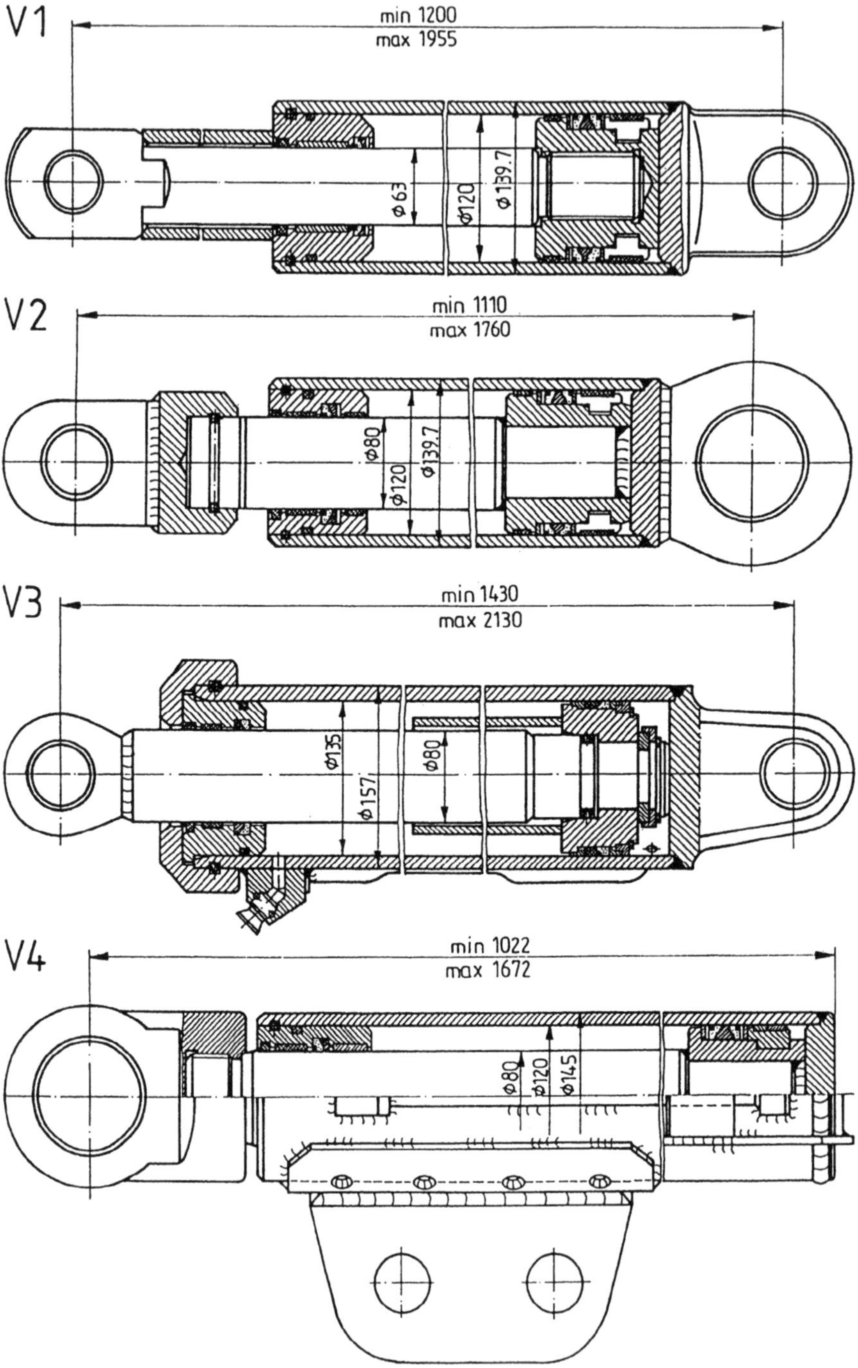

Bild 8.10. Konstruktionsvarianten hydraulischer Zylinder

8.3 Bewertung von hydraulischen Zylindern

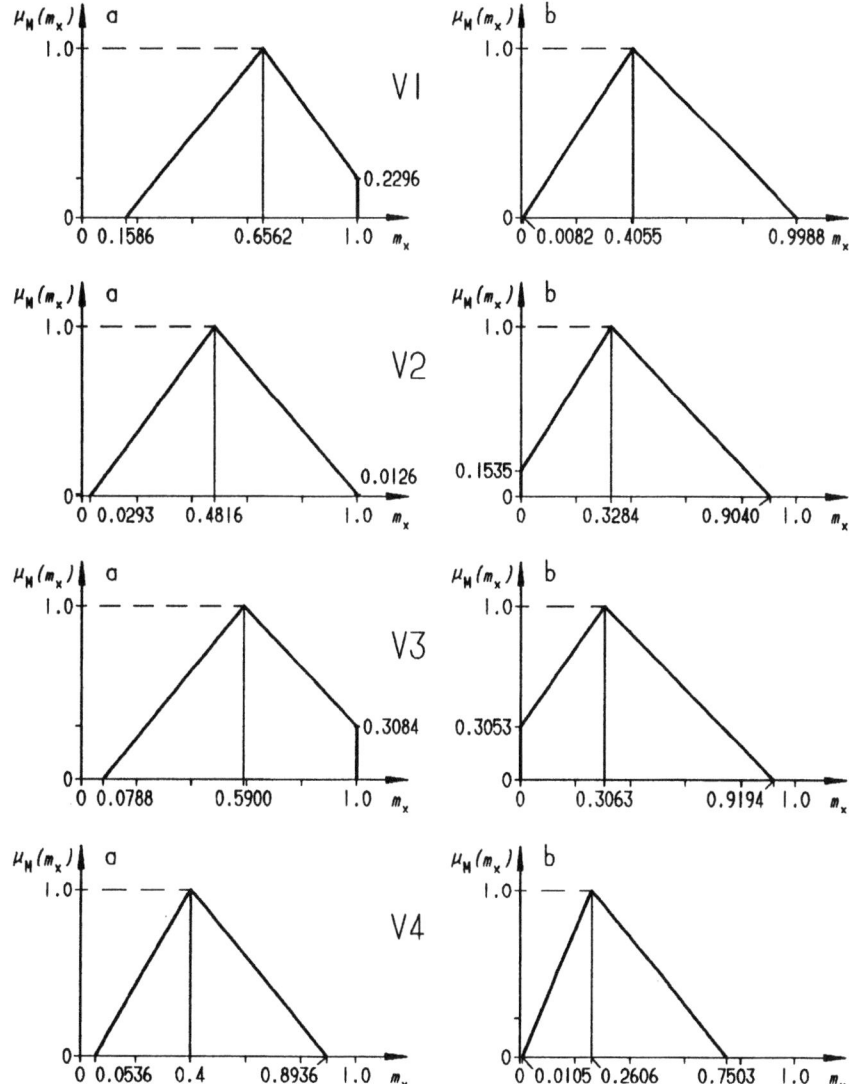

Bild 8.11. Zugehörigkeitsfunktionen der Teilwertigkeiten für die Zuverlässigkeitskriterien *Ausfallrate* (a) und *Ausfalldichte* (b)

Die Wichtigkeitsgrade der Kriterien wurden mittels des numerischen Verfahrens bestimmt. Bild 8.13 zeigt die Ergebnisse des paarweisen Kriterienvergleichs (bei angenommener siebenstufiger Skala) in Form von Tafelmatrizen. Darunter sind die Zugehörigkeitsfunktionen, welche die Wichtigkeitsgrade der einzelnen Kriterien bestimmen, dargestellt.

Es ist ersichtlich, daß das Kriterium *Zuverlässigkeit* (K1) den höchsten Wichtigkeitsgrad annimmt und gleichzeitig nur eine geringe Unschärfe aufweist.

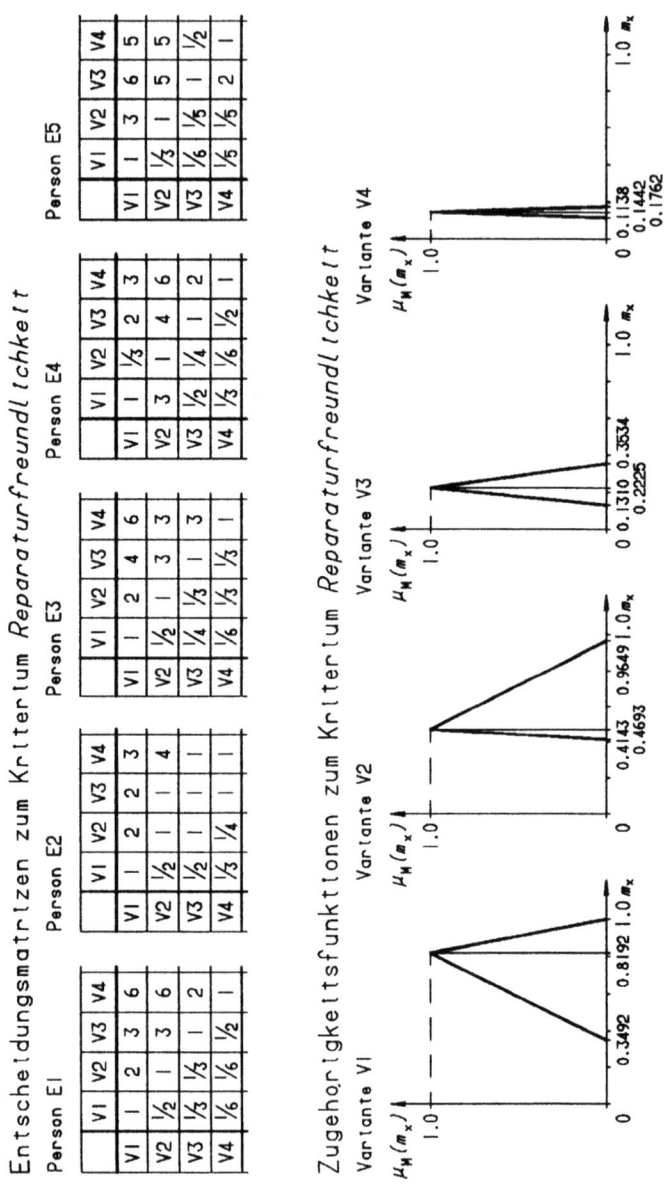

Bild 8.12. Entscheidungsmatrizen und Zugehörigkeitsfunktionen für das Kriterium *Reparaturfreundlichkeit*

8.3 Bewertung von hydraulischen Zylindern

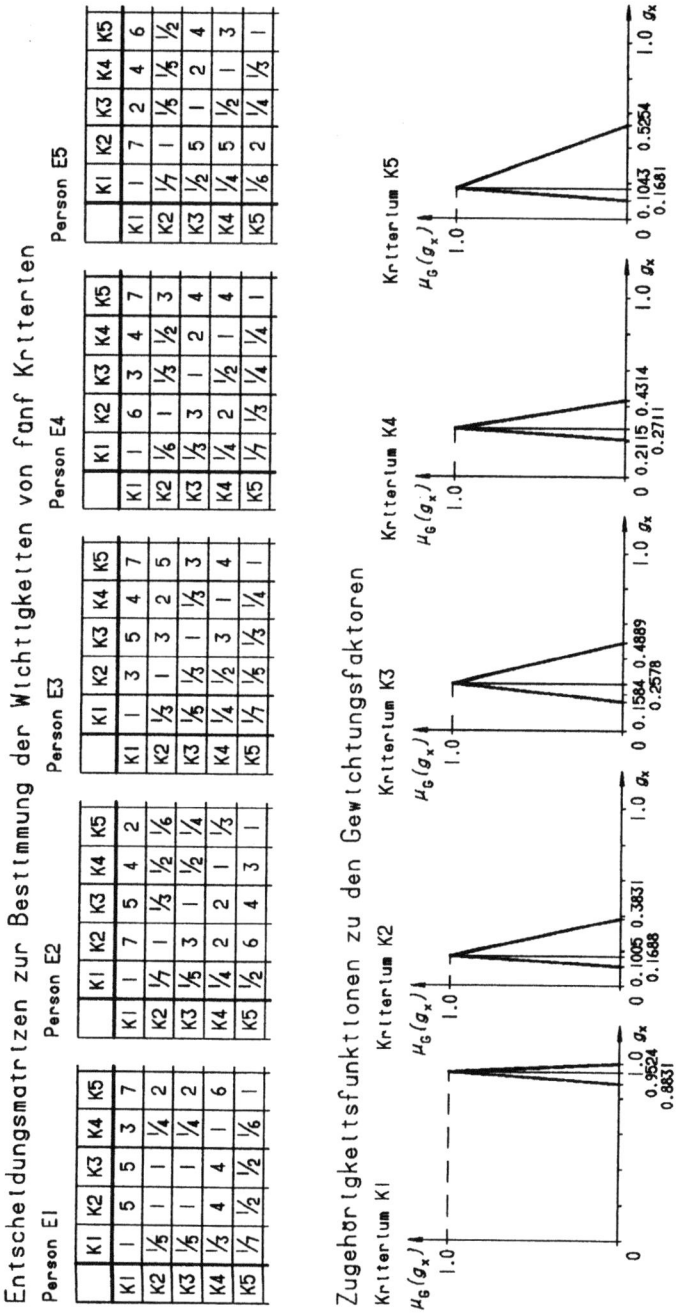

Bild 8.13. Gewichtungsmatrizen und Zugehörigkeitsfunktionen für die Kriterien K1 bis K5

Eine vollständige Liste der Eingabedaten zu den Berechnungen ist in [34], Teil 2, enthalten. Die Berechnungen wurden mittels des Programms **BEWERTEN** [36] durchgeführt. Diesem Programm liegen die in den vorherigen Abschnitten gezeigten Algorithmen zugrunde. Die Gesamtwertigkeiten der einzelnen Varianten werden in Form der Zugehörigkeitsfunktionen ihrer unscharfen Mengen S_1, S_2, S_3 und S_4 in Bild 8.14 gezeigt. Diagramm I zeigt die Zugehörigkeitsfunktionen für die Ausfallrate, Diagramm II die der Ausfalldichte. Die Analyse ihrer Verläufe erlaubt es, folgende Schußfolgerungen zu ziehen:

1. Die Reihenfolge der Varianten ist für die betrachteten Fälle identisch.
2. Die Bewertungsergebnisse für die Ausfallrate haben einen eindeutigeren Charakter als diejenigen für die Ausfalldichte, d. h., die Unterschiede zwischen den Varianten sind für die Ausfallrate prägnanter als für die Ausfalldichte.

Das hier betrachtete Beispiel verlangt keine weitere Ergebnisanalyse, da die Auswahl der besten Variante V1 ausreichend erkennbar ist. Die Protokolle der Bewertungsergebnisse befinden sich ebenfalls in [34], Teil 2.

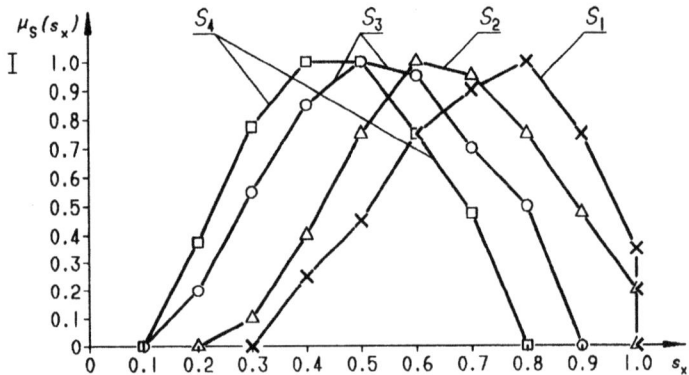

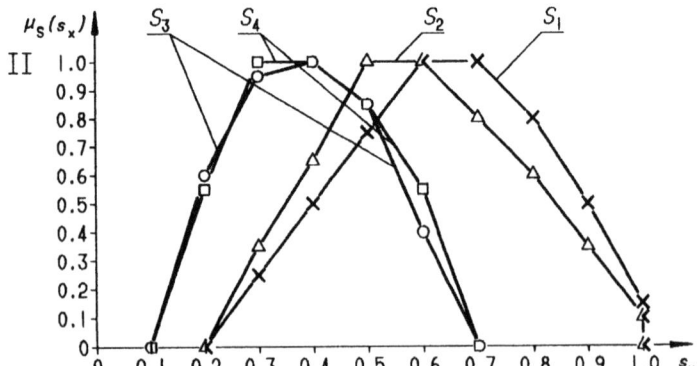

Bild 8.14. Gesamtwertigkeiten in Form der Zugehörigkeitsfunktionen für die *Ausfallrate* (I) und für die *Ausfalldichte* (II)

8.4 Bewertung von Konstruktionsvarianten für eine Kolbenstangenverbindung

In einem Unternehmen für Bergbaumaschinen wurden 19 verschiedene Konstruktionslösungen für hydraulische Zylindern identifiziert (vgl. Bild 8.15). Die Aufgabe beruhte auf einer Typisierung der Konstruktionsformen dieser Lösungen. Der Auswahl typischer Formen mußte eine Bewertung vorausgehen. Diese wurde von einer Bewertergruppe, bestehend aus

— führendem Experten,
— Konstrukteur und
— Hersteller

durchgeführt. Als Bewertungskriterien wurden folgende Anforderungen der präzisierten Aufgabenstellung zugrundegelegt:

1. Zerlegbarkeit der Verbindung,
2. stoßfreie Geschwindigkeitsänderung (Abbremsung) des Kolbens vor der Endlage,
3. minimale Länge des passiven Kolbenteils,
4. Verbindung des Kolbens mit der Rohrstange,
5. Berücksichtigung der Größe des Unterschieds zwischen Zylinder- und Stangendurchmesser, die kleiner als die doppelte Dichtungsdicke sein muß.

Die Bewertung wurde zweistufig unter Berücksichtigung der beiden als Kriterien zu definierenden Anforderungstypen [33]

— Anforderungen mit definierten Grenzen (Festforderungen) und
— Anforderungen ohne definierte Grenzwerte (tolerierte Anforderungen)

durchgeführt. Die sich damit ergebenden Fest-Kriterien gestatteten die Aussonderung in Form einer JA/NEIN-Entscheidung. Die Bewertergruppe nahm an, daß vier der tolerierten Kriterien einen unscharfen Charakter haben.

Sofern die Ergebnisse entsprechender Untersuchungen bekannt waren, konnte das Kriterium *Zuverlässigkeit* probabilistisch ausgedrückt werden und das Kriterium *Koaxialität Kolben/Hohlzylinder* deterministisch oder auch probabilistisch.

Das Kriterium *Anzahl der Verbindungselemente* sollte prinzipiell deterministisch ausgedrückt werden. Die Bestimmung der Elementeanzahl war jedoch nicht bei jeder Lösung eindeutig. Die sich teilweise recht bedeutend unterscheidenden Konstruktionslösungen führten dazu, daß die Angabe einer konkreten Anzahl von Elementen schwierig und mit einiger Unsicherheit verbunden war.

Das Kriterium *Herstellungsfreundlichkeit* wurde vom Prinzip her unscharf erfaßt.

Die Bewertergruppe nahm eine neunstufige Bewertungsskala für die Bestimmung der ungewichteten Maßzahlen der Varianten nach der Methode von T. L. Saaty an. Das Problem umfaßte also die Bewertung von 19 Konstruktionsvarianten hinsichtlich der vier tolerierten Kriterien unter Berücksichtigung ihrer Wichtigkeitsgrade.

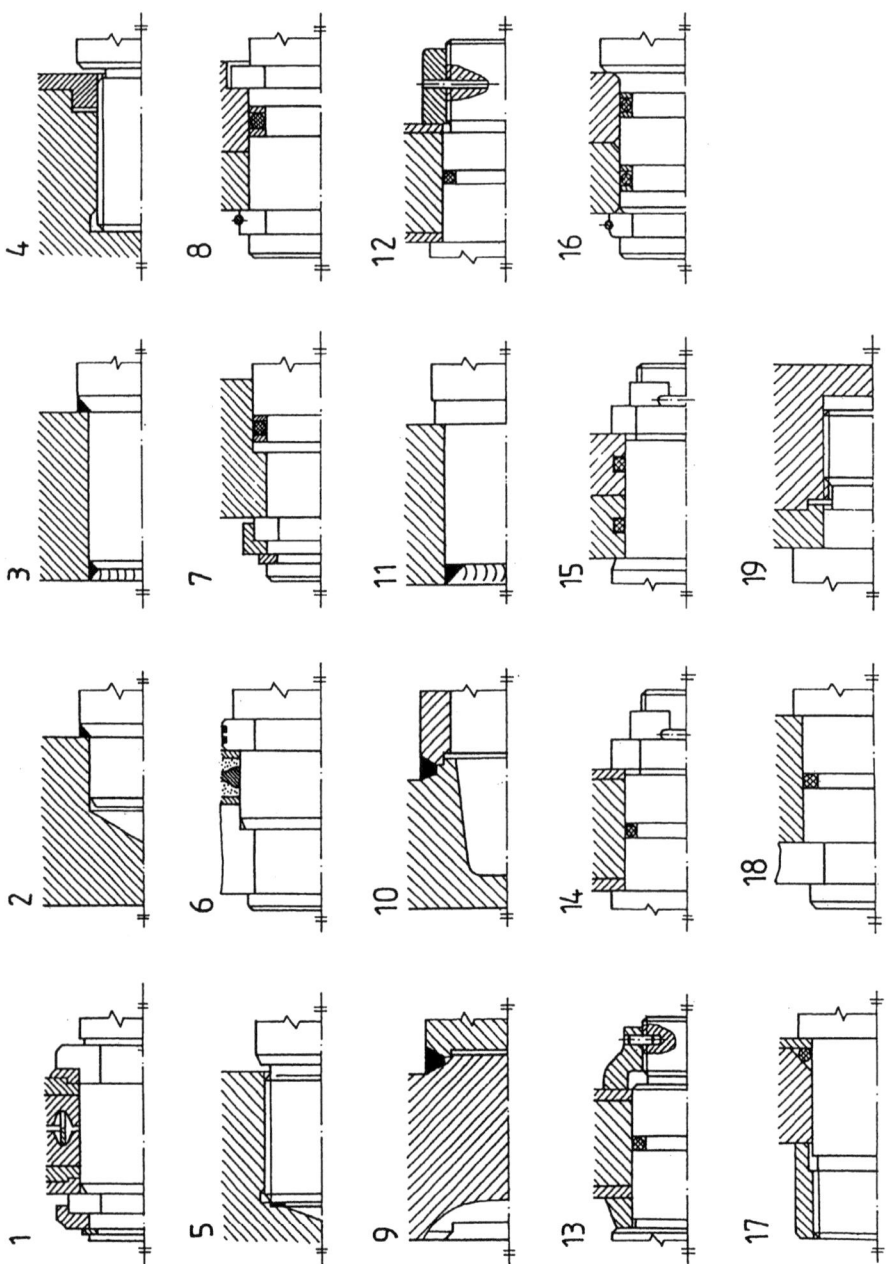

Bild 8.15. Konstruktionsvarianten einer Kolbenstangenverbindung

8.4 Bewertung von Kolbenstangenverbindungen

Die von den Bewertern ausgefüllten Entscheidungsmatrizen für das Kriterium *Zuverlässigkeit* sind in Bild 8.16 auszugsweise dargestellt. In diesem Fall wurde von den Bewertern die Möglichkeit, die Maßzahlen in einem Intervall anzugeben, nicht genutzt. Für die Variantenpaare, die den gleichen Wert haben, betrugen die Bewertungsgrößen den Wert „1". Im unteren Teil des Bildes sind die Zugehörigkeitsfunktionen der Teilwertigkeiten für die jeweiligen Varianten dargestellt.

Entscheidungsmatrizen zur Bestimmung der Maßzahlen

führender Experte

	V1	V2	V3	V4	V5	V5
V1	1	⅕	⅑	⅐	⅕	⅑
V2	5	1	½	1	2	⅓
V3	9	2	1	2	4	1
V4	7	1	½	1	2	⅓
V5	5	½	¼	½	1	⅕
V5	9	3	1	3	5	1

Konstrukteur

	V1	V2	V3	V4	V5	V5
V1	1	⅐	⅛	⅕	⅕	⅑
V2	7	1	½	3	3	⅓
V3	8	2	1	4	4	½
V4	5	⅓	¼	1	1	⅕
V5	5	⅓	¼	1	1	⅕
V5	9	3	2	5	5	1

Hersteller

	V1	V2	V3	V4	V5	V5
V1	1	⅓	⅓	1	2	⅓
V2	3	1	1	2	5	1
V3	3	1	1	2	5	1
V4	1	½	½	1	2	⅓
V5	½	⅕	⅕	½	1	⅕
V5	3	1	1	3	5	1

Zugehörigkeitsfunktionen zum Kriterium *Zuverlässigkeit*

Variante V1 — $\mu_M(m_x)$; 0, 0.0653, 0.1286, 1.0 m_x

Variante V2 — $\mu_M(m_x)$; 0, 0.2632, 0.3448, 0.3859, 1.0 m_x

Variante V3 — $\mu_M(m_x)$; 0, 0.2632, 0.6500, 0.7908, 1.0 m_x

Variante V1 — $\mu_M(m_x)$; 0, 0.1320, 0.3440, 0.1646, 1.0 m_x

Variante V2 — $\mu_M(m_x)$; 0, 0.0804, 0.1646, 0.1714, 1.0 m_x

Variante V3 — $\mu_M(m_x)$; 0, 0.2652, 0.8552, 1.0 m_x

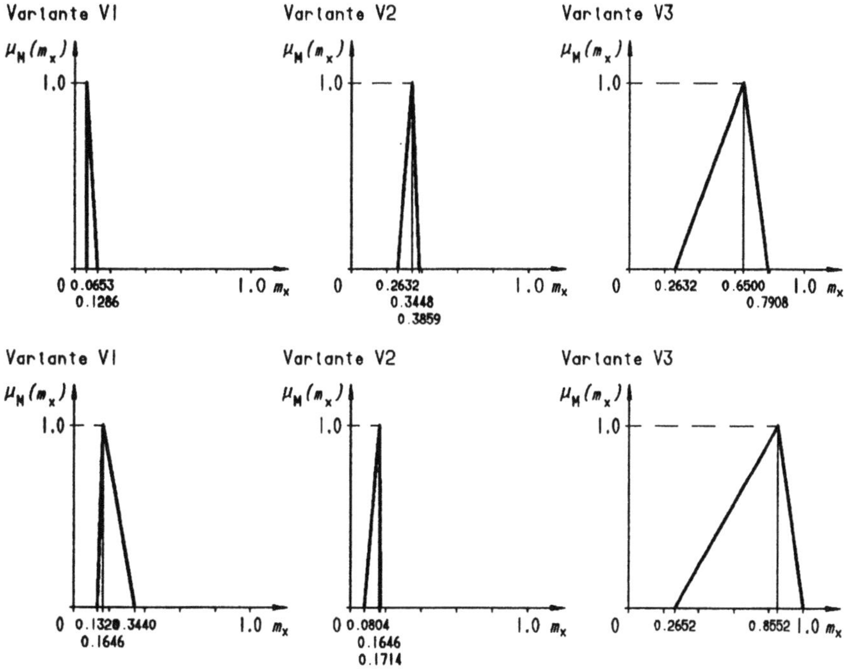

Bild 8.16. Entscheidungsmatrizen und Zugehörigkeitsfunktionen für das Kriterium *Zuverlässigkeit*

Die Gewichtungsfaktoren wurden mittels des numerischen Verfahrens bestimmt. Die Aussagen der Bewerter zu diesem Problem sowie eine vollständige Liste der Eingabedaten zu den Berechnungen sind in [34], Teil 2, enthalten. Die Berechnungen wurden mit dem Programm **BEWERTEN** [36] durchgeführt. Die sich ergebenen Bewertungsprotokolle und die Bewertungsergebnisse einschließlich der grafischen Darstellungen der Zugehörigkeitsfunktionen sind ebenfalls in [34], Teil 2, nachzuschlagen.

Die berechneten Größen, d.h. die normierten Gesamtwertigkeiten $s_{n_{ges_j}}$, die Interaktionskennziffern ρ und die Bewertungsidentitätsgrade φ erlauben es, eine Baumstruktur der Variantenbewertung gemäß Bild 8.17 zu bilden. Die Struktur in Bild 8.17 a betrifft die Bewertung unter voller Berücksichtigung der Eingangsinformation ($\Psi = 0$) und die Struktur in Bild 8.17 b berücksichtigt die Präzisionskennziffer der Eingangsinformation, die $\Psi = 0.5$ beträgt.

Ein Vergleich der Strukturen in Bild 8.17 a und 8.17 b zeigt, daß die Berechnungen eine vergleichbare Makrostruktur der Gesamtwertigkeiten ergeben, und die Unterschiede treten nur in der Mikrostruktur auf (lokale Veränderungen der Position von Gesamtwertigkeiten einiger Varianten). In der Mitte des Bildes 8.17 wurden Zugehörigkeitsfunktionen der Gesamtbewertung von ausgewählten Varianten dargestellt, die die *wahre*, d.h. nicht vereinfachte, Variantenpräferenz bilden.

Interessant ist der Vergleich der so erhaltenen Ergebnisse mit den Bewertungsergebnissen, die sich aus dem Punktwertverfahren mit Gewichtung ergaben. Dazu wurden die linguistischen Bewertungsbegriffe aus Tabelle 8.1 durch eine Punktskala ersetzt:

sehr groß 5
groß   4
mittel   3
klein   2
sehr klein 1

Für das Kriterium *Anzahl der Verbindungselemente* kehrt sich die Punkteskala um.

Auch den die Wichtigkeiten der Kriterien bestimmenden linguistischen Begriffen wurden Punktwerte wie folgt zugeordnet:

K1: am wichtigsten 3
K2: wichtig   2
K3: wenig wichtig 1
K4: wenig wichtig 1

Bild 8.17 c zeigt die Rangfolge der Varianten, die sich aus den mittels Punktwertverfahren berechneten Gesamtwertigkeiten ergibt. Ein Vergleich der in den Bildern 8.17 a, b und c dargestellten Bewertungsergebnisse zeigt, daß sich die Gesamtwerte der besten und schlechtesten Varianten kaum voneinander unterscheiden.

8.4 Bewertung von Kolbenstangenverbindungen

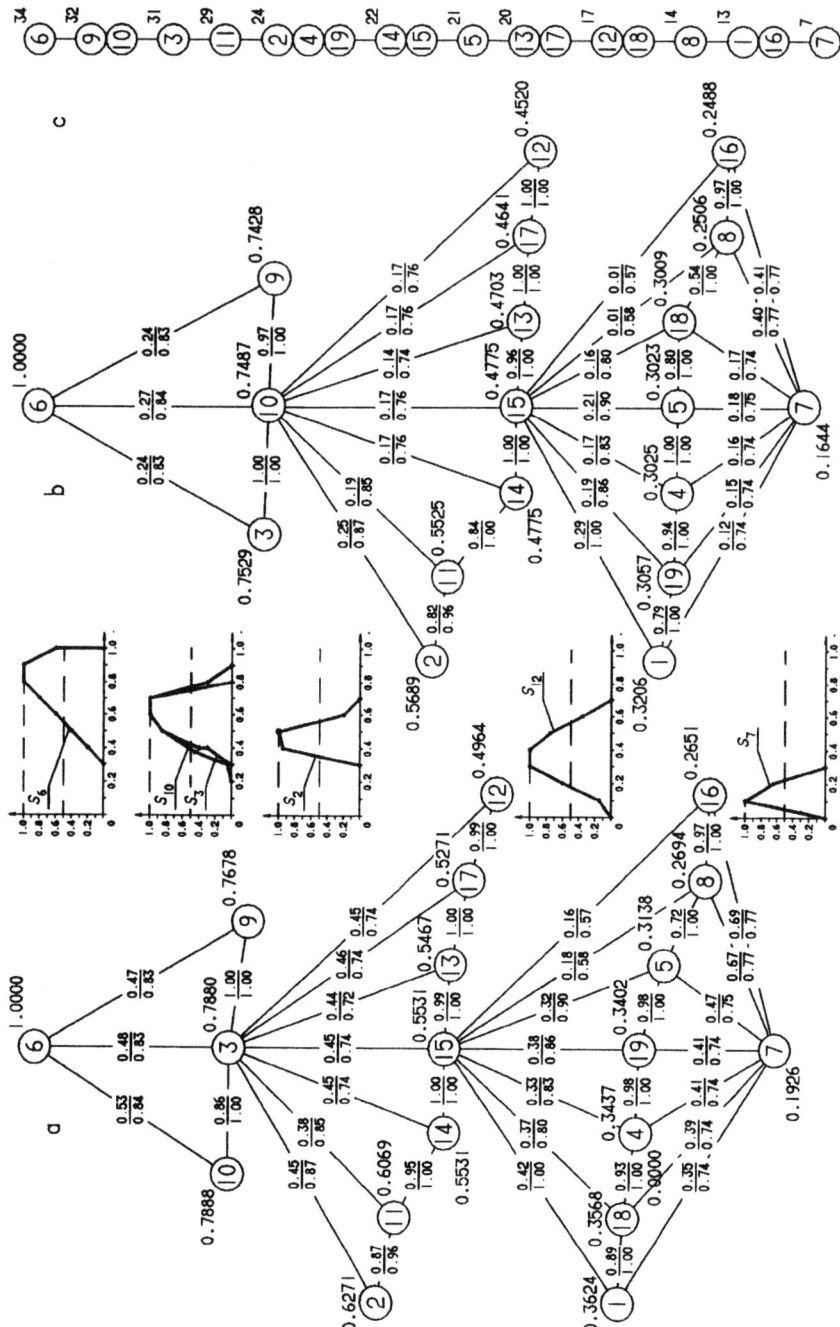

Bild 8.17. Baumstruktur für die Variantenbewertung

Tabelle 8.1. Bewertungsergebnisse mit verbalen Einschätzungen

Kriterien (tolerierte Anforderungen)	Varianten der Konstruktionslösungen																		
	1	2	3	4	5	6	7	8	9	10	11	12	13	14	15	16	17	18	19
1	s.klein	groß	s.groß	groß	mittel	s.groß	s.klein	klein	groß	groß	groß	mittel	groß	groß	groß	klein	mittel	klein	groß
2	klein	groß	groß	mittel	mittel	s.groß	s.klein	klein	klein	groß	groß	klein	klein	mittel	mittel	klein	mittel	mittel	mittel
3	groß	klein	klein	mittel	mittel	klein	groß	groß	s.groß	s.groß	klein	groß	groß	groß	groß	s.groß	mittel	mittel	mittel
4	groß	groß	groß	mittel	mittel	s.groß	s.klein	klein	klein	klein	s.groß	klein	klein	klein	klein	klein	klein	klein	mittel

Tabelle 8.2. Aussonderung von Lösungsvarianten in Form von JA/NEIN-Entscheidungen

Kriterien (Festforderungen)	Varianten der Konstruktionslösungen																		
	1	2	3	4	5	6	7	8	9	10	11	12	13	14	15	16	17	18	19
1	ja	nein	nein	ja	ja	ja	ja	ja	nein	nein	nein	ja	ja	ja	ja	ja	ja	ja	ja
2	nein	nein	nein	nein	nein	nein	nein	nein	nein	nein	nein	ja	ja	ja	ja	ja	ja	ja	ja
3	nein	ja	ja	nein	nein	ja	nein	nein	ja	ja	ja	nein	nein	nein	nein	nein	nein	nein	nein
4	nein	nein	nein	nein	nein	nein	nein	nein	nein	nein	nein	nein	nein	nein	nein	nein	nein	nein	nein
5	ja	nein	nein	nein	nein	nein	nein	nein	nein	nein	nein	nein	nein	nein	nein	nein	nein	nein	nein

8.4 Bewertung von Kolbenstangenverbindungen

Die Interaktionskennziffern ρ und die Bewertungsidentitätsgrade φ (in Bild 8.17 als ρ/φ bezeichnet) werden für eine betrachtete Variante nur in Bezug auf diejenigen Varianten berechnet, deren Gesamtbewertungskennzahlen kleiner sind als die der betrachteten Variante.

Es ist ersichtlich, daß die *senkrechten* Kopplungen dieser Struktur wesentlich schwächer sind als die *waagerechten* Kopplungen, die meist „1" betragen oder diesem Wert nahe sind. Wenn die Präzisionskennziffer der Eingangsinformation berücksichtigt wird (Bild 8.17 b), dann werden die Niveaus der Baumstruktur eindeutig auf Basis der berechneten Größen ρ/φ generiert. Diese Größen sind nur für Elemente des nächsten Niveaus größer als Null. Für die restlichen, niedrigeren Niveaus sind sie gleich Null (mit kleinen Ausnahmen, wo sie sehr nahe Null sind).

Jede für typisch erkannte Konstruktionslösung sollte wenigstens eine der fünf Anforderungen erfüllen und hinsichtlich der tolerierten Kriterien die beste sein. Aufgrund der Bewertungsstruktur und unter Berücksichtigung der JA/NEIN-Entscheidungen (Tabelle 8.2) wurden für das Beispiel folgende Varianten mit den entsprechenden Begründungen ausgewählt (Bezeichnungen gemäß Bild 8.15):

— Variante 6: Sie berücksichtigt, daß die Größe des Unterschieds zwischen Zylinder- und Stangendurchmesser kleiner als die doppelte Dichtungsdicke ist.
— Variante 3: Sie erfüllt die Anforderung hinsichtlich der minimalen Länge des passiven Kolbenteiles.
— Variante 10: Sie berücksichtigt die Möglichkeit einer Verbindung des Kolbens mit der Rohrstange.
— Variante 14: Sie erfüllt die Anforderung *Zerlegbarkeit der Verbindung*.
— Variante 13: Sie verfügt über eine stoßfreie Geschwindigkeitsänderung (Abbremsung) vor der Endlage.

8.5 Bewertung von Spindelfedern für eine Ringspinnmaschine zum ballonlosen Spinnen

Anmerkung: Dieses Beispiel wurde in Zusammenarbeit mit Herrn Dr.-Ing. *S. Plonka* von der Technischen Universität Lodz, Polen, erarbeitet.

Die Bewertung der technischen Produktionsvorbereitung wird anhand einer Textilmaschine gezeigt [38]. Ein wesentlicher Teil dieser Maschine ist die Spinnspindel. Sie verleiht dem Garn eine Drehung und formt die Bobine auf dem Ringspinner. In Ringspinnmaschinen, die zur Herstellung des Garns mit einer Linienmasse über 50 Tex bestimmt sind, werden vorwiegend Spindeln, die oben einen Ansatz besitzen, verwendet (vgl. Bild 8.18).

Die Zuverlässigkeit einer Spinnspindel wird durch die Größe des Radialschlags des Belagszapfens gegenüber dem zylindrischen und kegelförmigen Ende der Spindelnadel bestimmt. Dieser Radialschlag sollte die Größe $\Delta B \leq 0,05$ mm nicht überschreiten, was durch die Forderung einer minimalen Spannungsänderung des Garns und als deren Konsequenz, nämlich eine Begrenzung der Zahl der Verdickungen und Verdünnungen im Garn, diktiert wird.

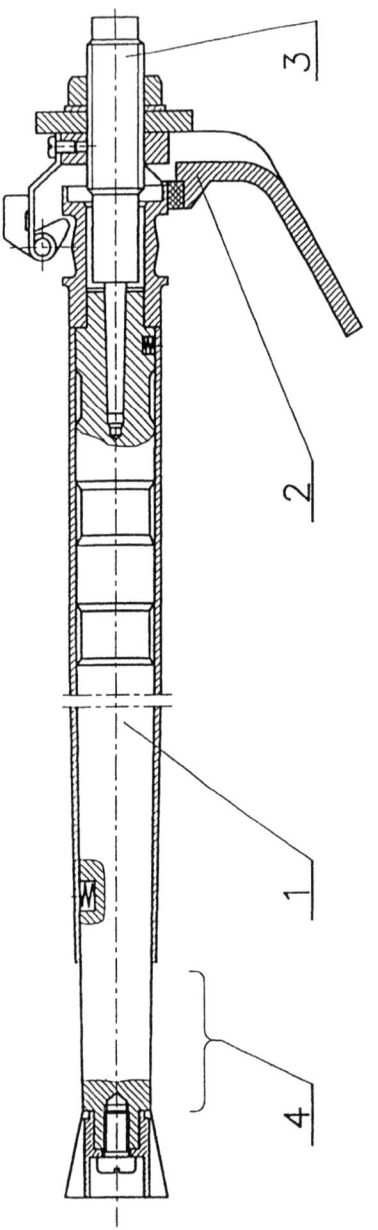

Bild 8.18 Spindel für eine Ringspinnmaschine zum ballonlosen Spinnen
1. Spindelfeder, 2. Bremse, 3. Lagereinsatz, 4. Belagseinhalsung der Spindel

Daraus folgt, daß eines der Bewertungskriterien der Konstruktion einer Spindelfeder das Kriterium *Radialschlag des Zapfen des Federsbelags* (K1), sein sollte. Die durchgeführten Untersuchungen erlaubten eine probabilistische Erfassung dieses Kriteriums.

Beim Spinnprozeß bewegt sich das Garn mit einer Geschwindigkeit von zirka 35 m/Min. Infolge einer örtlichen Reibung, verursacht durch die Spannung des Garns in den Grenzen von 10 bis 18 cN, aber hauptsächlich durch das Klemmen an einem der Ansatzzähne, furcht das Garn an der Einhalsung des Belags tiefe und beachtlich breite, schraubenförmige Rillen, die die Ursache einer Steigerung der Fadenrisse sind. Um dem vorzubeugen, wurden solche Konstruktionsvarianten der Spindelfeder vorgeschlagen, die eine Differenzierung der Mikrohärte der Belagseinhalsung erlaubt. Dies ist ein hinreichender Grund zur Annahme der *Mikrohärte der Belagseinhalsung der Spindelfeder* als das Grundkriterium (K2) bei einer Bewertung. Die vorliegenden Meßergebnisse der Mikrohärte μHV [MPa] erlauben eine deterministische Fassung dieses Kriteriums.

Der Einfluß der Vertikalität der Trägheitsachse der Spindelfeder auf die Garngüte ist ebenfalls sehr wesentlich. Es handelt sich dabei um einen möglichst minimalen Fahrstrahl der Trajektorie, die die Trägheitsachse während der Drehbewegung beschreibt. Somit wird als Bewertungskriterium die *Quersteifigkeit der Spindelfeder* (K3), das einen unscharfen Charakter hat, angenommen.

Unter Beachtung des Fertigungsaufwandes wurde als Bewertungsgrundlage ferner das Kriterium *Herstellungsfreundlichkeit* (K4) mit ebenfalls unscharfem Charakter vorgeschlagen.

8.5 Bewertung von Spindelfedern für eine Ringspinnmaschine

Zur Gewährleistung einer hohen Genauigkeit und Güte der Spinnspindeln sowie zur Steigerung der Verschleißfestigkeit bei gegebenen Produktionskosten wurden sechs Konstruktionsvarianten einer Spindelfeder entworfen und analysiert (vgl. Bild 8.19).

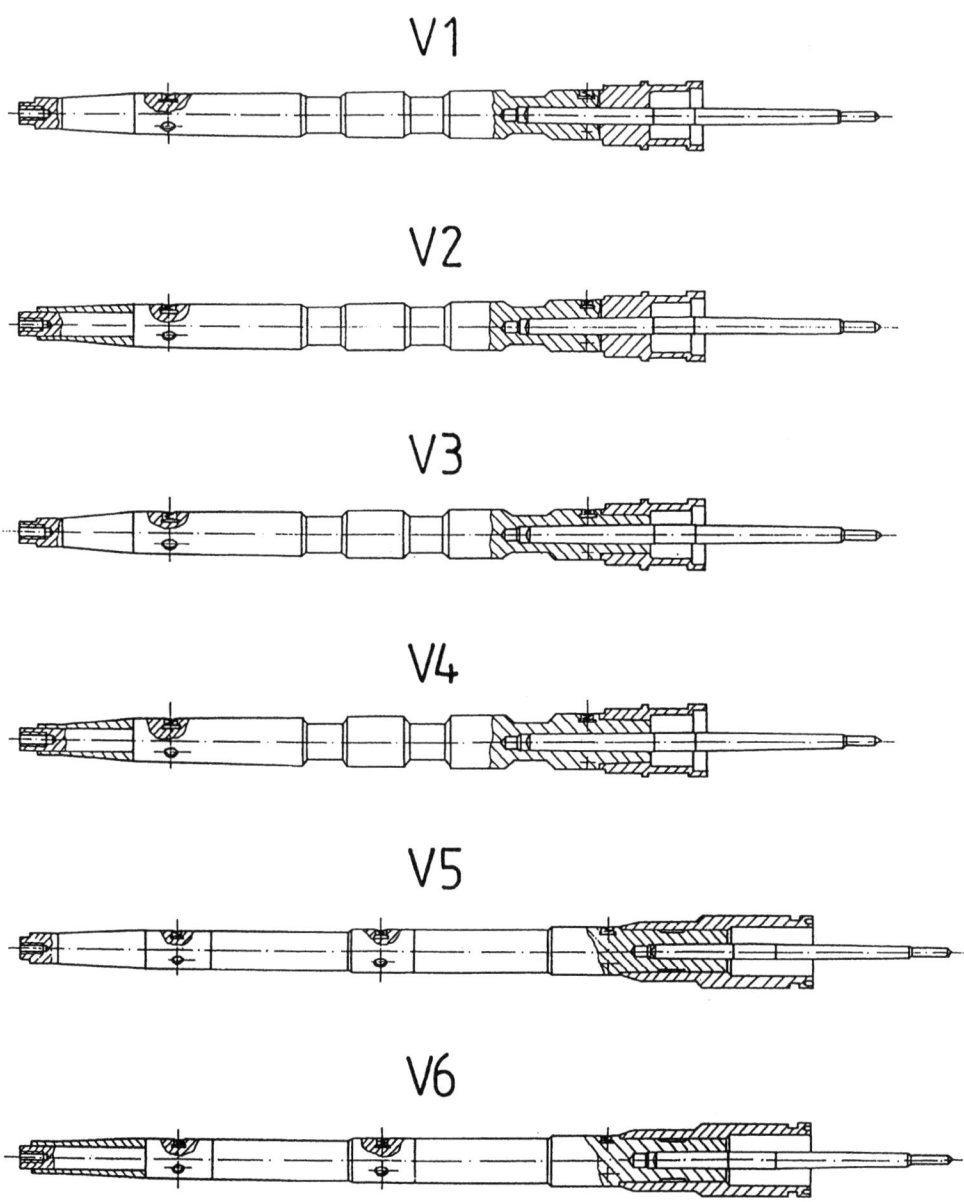

Bild 8.19. Konstruktionsvarianten einer Spindelfeder für eine Ringspinnmaschine

Die Konstruktionsvarianten V1 und V2 der Spindelfeder zum balonlosen Spinnen sind dadurch charakterisiert, daß die jeweilige Nadel sowohl im Belag als auch im Kreisel eine Passung hat; dabei wird bei Variante V2 eine Stahlhülse auf die Belagseinhalsung nach deren Überdrehung aufgedrückt. Bei den Konstruktionsvarianten V3 und V4 hingegen hat die Nadel nur eine Passung im Belag, der Kreisel wurde jedoch im Gegensatz zu den Varianten V1 und V2 auf den kegelförmigen Belag aufgedrückt. Die Variante V4 unterscheidet sich von Variante V3 dadurch, daß auf die Belagseinhalsung nach deren Überdrehen eine Stahlhülse aufgedrückt wird. Die Form und die Maße der Spindelfederbeläge sind bei den Konstruktionsvarianten V1, V2, V3 und V4 identisch. Die Varianten V5 und V6 werden durch eine abweichende Form des Belags im Vergleich zu den übrigen Varianten charakterisiert - u. a. sichert diese Belagsform die gleiche Rauheit der Oberfläche nach dem Kopierdrehen. Ähnlich wie bei den Varianten V3 und V4 hat die Nadel eine Passung nur im Belag, der Kreisel dagegen wird auf den kegelförmigen Teil des Belags aufgedrückt. Die Länge der Passungsoberfläche zwischen Belag und Kreisel ist zwecks Verbesserung der Querfestigkeit der Spindelfeder fast verdoppelt.

Die Konstruktionsvariante V6 unterscheidet sich von Variante V5 dadurch, daß bei ihr auf die Belagseinhalsung nach deren Überdrehen eine Stahlhülse aufgedrückt wird.

Eine Bewertergruppe, bestehend aus

E1: führendem Experten,
E2: Konstrukteur und
E3: Hersteller

nahm die Bewertung vor.

Die hinsichtlich des Kriteriums *Radialschlag* (K1) in Form der logarithmischen Normalverteilungen und (nach der Transformation) in Form der Zugehörigkeitsfunktionen erhaltenen Maßzahlen sind in Bild 8.20 dargestellt.

Die Wertfunktionen und die Werte, die den Verlauf dieser Funktionen bestimmen, sowie Werte der Parameter vor und nach der Transformation für das Kriterium *Mikrohärte der Belagseinhalsung* (K2) zeigt Bild 8.21.

Für die unscharfen Kriterien wurde eine neunstufige Bewertungsskala angenommen, die untere und obere Grenze der geschätzten Maßzahlen wurden als gleich angenommen. Bild 8.22 zeigt beispielsweise die von allen Experten für das Kriterium *Quersteifigkeit der Spindelfeder* (K3) ausgefüllten Entscheidungsmatrizen und Bild 8.23 die unscharfen Maßzahlen in Form ihrer Zugehörigkeitsfunktionen.

Die Gewichtungsfaktoren der Kriterien wurden mittels des numerischen Verfahrens bestimmt. Die Ergebnisse des Kriterienvergleichs untereinander (bei angenommener siebenstufiger Skala) sind in Bild 8.24 in Form von Tafelmatrizen dargestellt. Bild 8.25 zeigt die Zugehörigkeitsfunktionen der ebenfalls unscharf modellierten Gewichtungsfaktoren für die einzelnen Kriterien K1 bis K4. Es ist ersichtlich, daß das Kriterium *Herstellungsfreundlichkeit* (K4) den niedrigsten Gewichtungsfaktor annimmt und gleichzeitig nur eine geringe Unschärfe aufweist.

8.5 Bewertung von Spindelfedern für eine Ringspinnmaschine

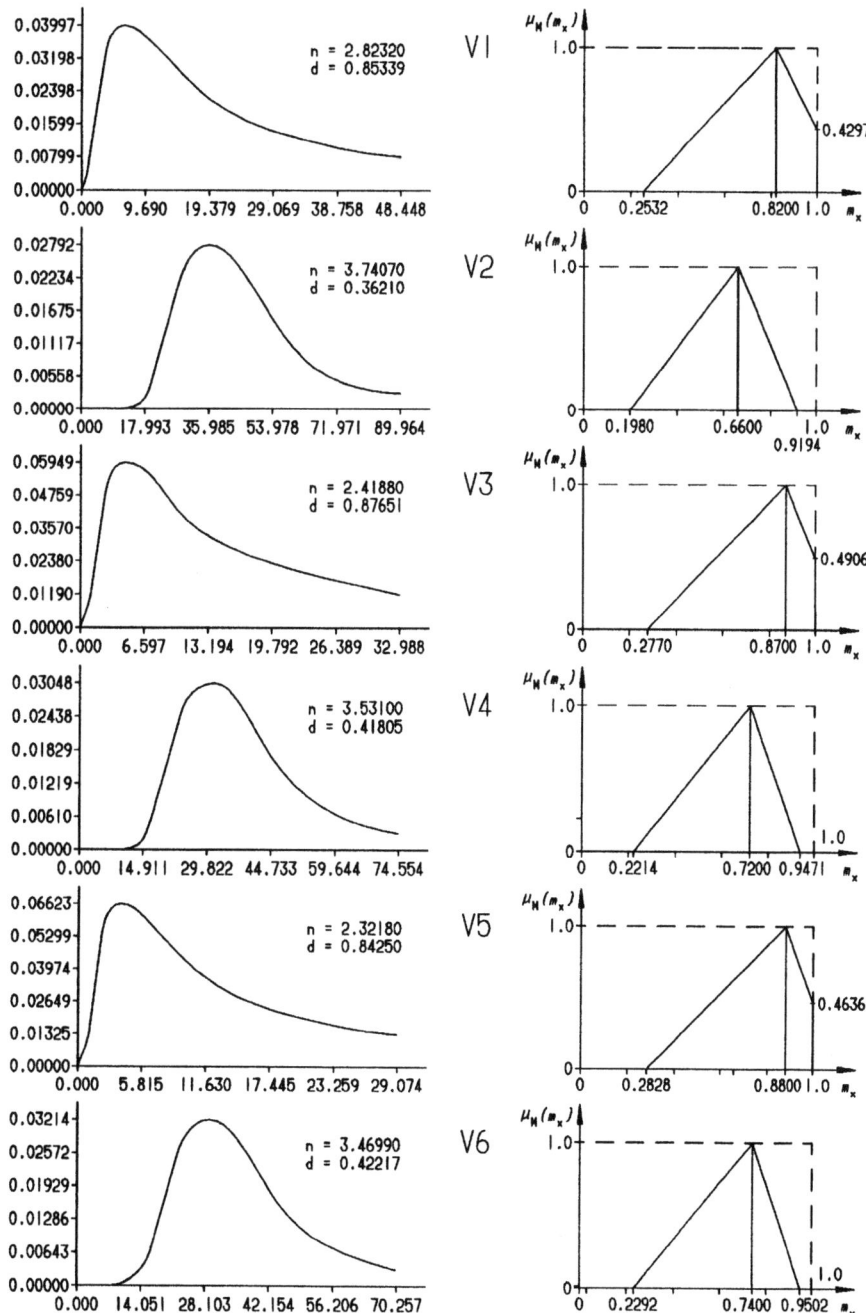

Bild 8.20. Logarithmische Normalverteilungen des Kriteriums *Radialschlag des Zapfens* und die Zugehörigkeitsfunktionen der entsprechenden Maßzahlen

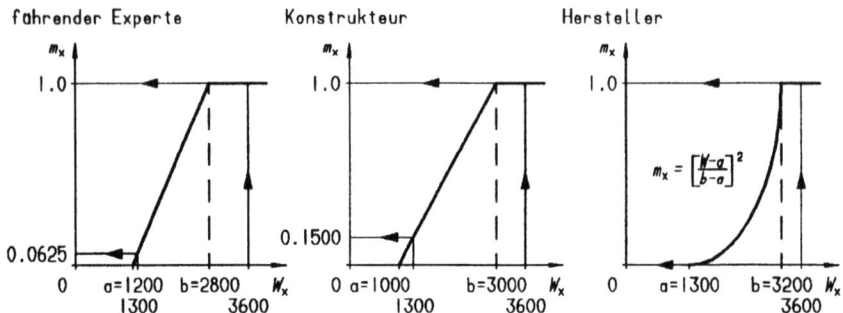

Bild 8.21. Wertfunktionen und Bewertungsgrößen für das Kriterium
Mikrohärte der Belagseinhalsung

Die normierten Gesamtwertigkeiten für die einzelnen Varianten werden in Form von Zugehörigkeitsfunktionen der unscharfen Mengen S_1, S_2, S_3, S_4, S_5 und S_6 in Bild 8.26 gezeigt. Das hier betrachtete Beispiel verlangt keine weitere Ergebnisanalyse, denn die Auswahl der besten Variante V5 ist genügend begründet.

Die Menge der zulässigen technologischen Prozeßvarianten der Spindelfeder für die optimale konstruktive Lösung (V5) wird mit Hilfe von Graphen in Bild 8.27 vorgestellt. Aus dieser Menge wurden drei Variantengruppen V(I), V(II) und V(III) ausgesondert.

Die Gruppe V(I) der technologischen Prozeßvarianten der Spindelfeder wird dadurch charakterisiert, daß das erste Kopierdrehen des Spindelbelags vor der Verbindung des Belags mit der Nadel und dem Kreisel ausgeführt wird, d. h. vor den Operationen *Eindrücken der Nadel in den Belag* und *Aufdrücken des Kreisels auf den Belag*. Die drei weiteren Kopierdrehoperationen dagegen werden nach der Verbindung des Belags mit der Nadel und dem Kreisel ausgeführt, wobei als Basis die Fase (der Außenzentrierkegel) am Zapfen der Belagseinhalsung sowie die Fase am Kreisel genutzt wird. Das Drehen des Zapfens für die Ansatzlagebestimmung wird gleichzeitig mit dem Drehen des ganzen Belags ausgeführt.

führender Experte

	V1	V2	V3	V4	V5	V6
V1	1	2	1/3	1/2	1/7	1/4
V2	1/2	1	1/4	1/3	1/9	1/6
V3	3	4	1	2	1/4	1/2
V4	2	3	1/2	1	1/5	1/3
V5	7	9	4	5	1	3
V6	4	6	2	3	1/3	1

Konstrukteur

	V1	V2	V3	V4	V5	V6
V1	1	1/2	1/4	1/5	1/8	1/9
V2	2	1	1/2	1/3	1/6	1/7
V3	4	2	1	1/2	1/4	1/5
V4	5	3	2	1	1/3	1/4
V5	8	6	4	3	1	1/2
V6	9	7	5	4	2	1

Hersteller

	V1	V2	V3	V4	V5	V6
V1	1	3	1/3	1/2	1/7	1/5
V2	1/3	1	1/6	1/4	1/9	1/7
V3	3	6	1	2	1/3	1/2
V4	2	4	1/2	1	1/5	1/3
V5	7	9	3	5	1	2
V6	5	7	2	3	1/2	1

Bild 8.22. Matrizen mit den im paarweisen Vergleich ermittelten Erfüllungsgraden für das Kriterium *Quersteifigkeit der Spindelfeder*

8.5 Bewertung von Spindelfedern für eine Ringspinnmaschine

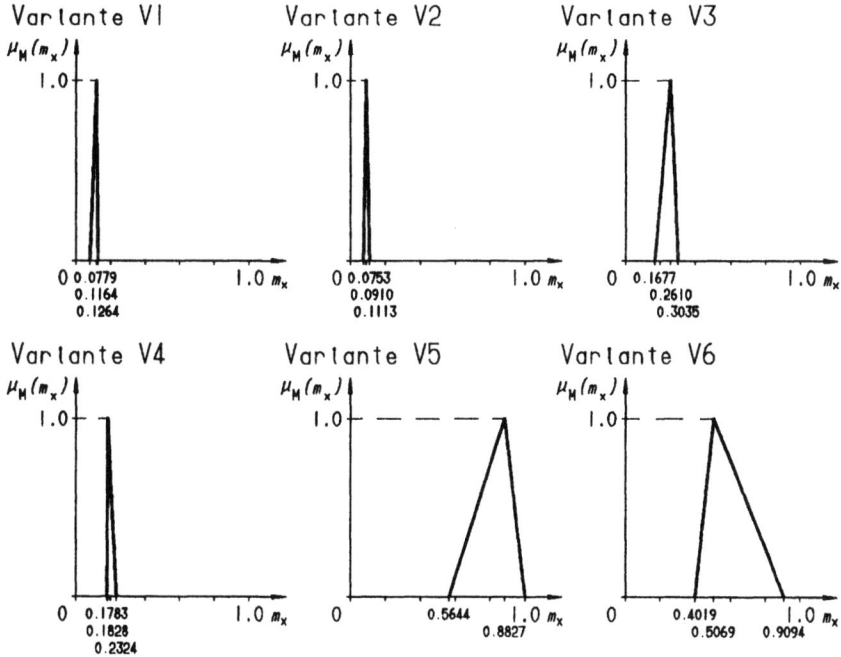

Bild 8.23. Zugehörigkeitsfunktionen der Maßzahlen für das Kriterium *Quersteifigkeit der Spindelfeder*

Die Gruppe V(II) der technologischen Prozeßvarianten der Spindelfeder wird dadurch charakterisiert, daß alle Kopierdreharbeiten des Belags nach dem Verbinden des Belags mit der Nadel und dem Kreisel ausgeführt werden. Das Drehen des Zapfens für die Ansatzlagebestimmung wird gleichzeitig mit dem Kopierdrehen des ganzen Belags ausgeführt.

Die Gruppe V(III) der technologischen Prozeßvarianten der Spindelfeder wird dadurch charakterisiert, daß alle Kopierdreharbeiten des Belags in gleicher Weise wie bei Gruppe V(II) nach dem Verbinden des Belags mit der Nadel und dem Kreisel ausgeführt werden. Der einzige Unterschied besteht darin, daß das Drehen des

führender Experte					Konstrukteur					Hersteller				
	K1	K2	K3	K4		K1	K2	K3	K4		K1	K2	K3	K4
K1	1	⅓÷¼	⅓÷¼	3÷4	K1	1	¼÷⅕	¼÷⅕	2÷3	K1	1	1	½÷⅓	4÷5
K2	3÷4	1	1	6÷7	K2	4÷5	1	1	6÷7	K2	1	1	½ ⅓	4÷5
K3	3÷4	1	1	6÷7	K3	4÷5	1	1	6÷7	K3	2÷3	2÷3	1	6÷7
K4	⅓÷¼	⅙÷⅐	⅙÷⅐	1	K4	½÷⅓	⅙÷⅐	⅙÷⅐	1	K4	¼÷⅕	¼÷⅕	⅙÷⅐	1

Bild 8.24. Entscheidungsmatrizen mit den Bewertungsgrößen für die Gewichtung der Kriterien K1 bis K4

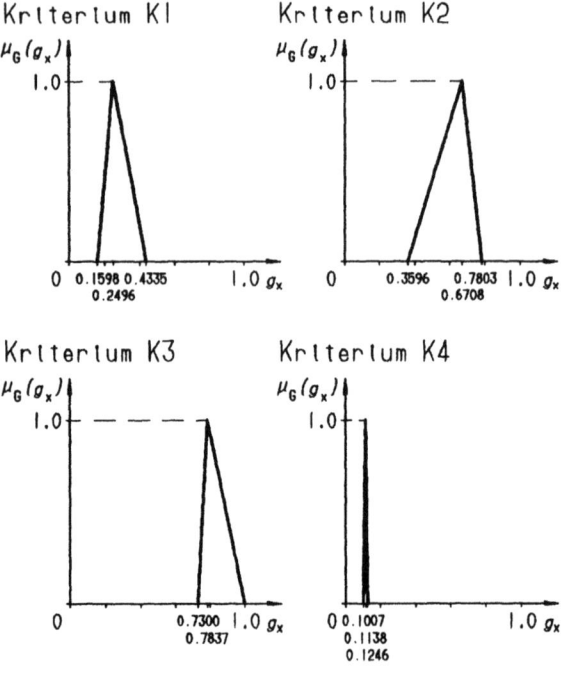

Bild 8.25. Zugehörigkeitsfunktionen der Gewichtungsfaktoren der Kriterien K1 bis K4

Zapfens nicht gleichzeitig mit dem Kopierdrehen des ganzen Belags, sondern in zwei gesonderten Operationen ausgeführt wird.

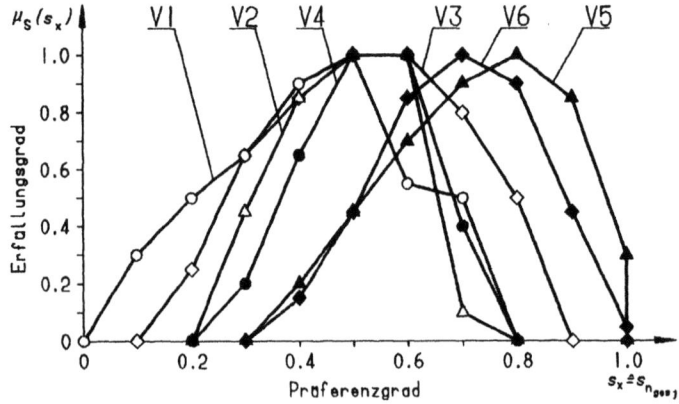

Bild 8.26. Bewertungsergebnisse; Zugehörigkeitsfunktionen der Gesamtwertigkeiten

8.5 Bewertung von Spindelfedern für eine Ringspinnmaschine

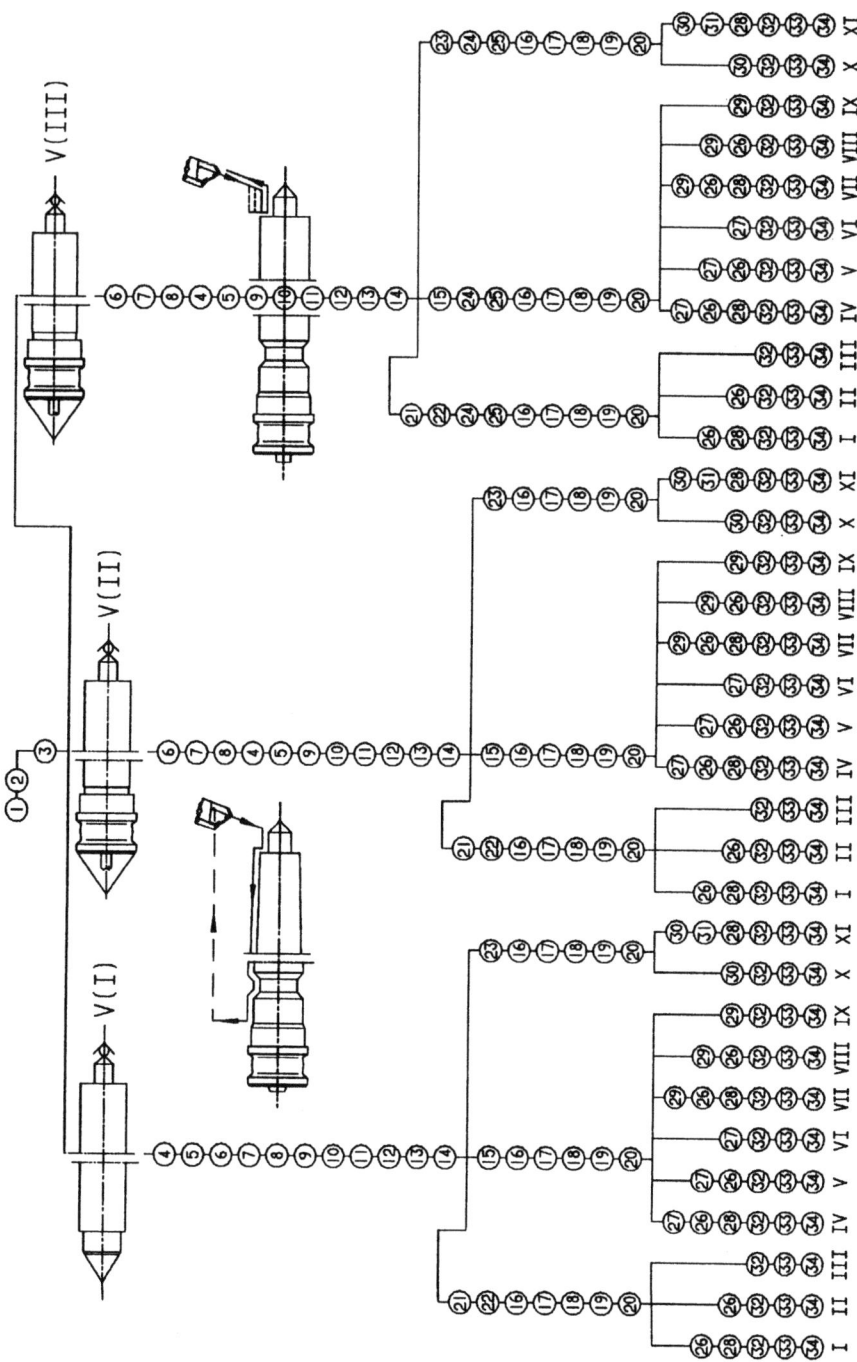

Bild 8.27. Graphen für technologische Prozeßvarianten der Spindelfeder

Als Grundlage der Bewertung der Eingangsphase des technologischen Prozesses, in diesem Falle also der Variantengruppen des technologischen Spindelfederprozesses, wurden folgende Bewertungskriterien angenommen:

K I: Kriterium *Arbeitsaufwand der Herstellung*,
K II: Kriterium *Radialschlag des Belagszapfen der Spindelfeder*,
K III: Kriterium *Radialschlag des zylindrischen Teiles der Belagseinhalsung der Spindelfeder*.

Nach einer Analyse der Informationszugänglichkeit bezüglich der Eigenschaften der zu bewertenden Gruppen wurde angenommen, daß das Kriterium (KI) deterministisch und die übrigen Kriterien probabilistisch erfaßbar sind.

Für jede der drei Gruppen der technologischen Prozeßvarianten der Spindelfeder wurden elf Kombinationen der Oberflächenbehandlung und Feinbearbeitung der Belagseinhalsung vorgesehen, die in Form der bereits gezeigten Graphen (vgl. Bild 8.27) vorgestellt und in Tabelle 8.3 beschrieben sind.

Die Gesamtwertigkeiten für die einzelnen Gruppen in Form von Zugehörigkeitsfunktionen der unscharfen Mengen $S_{V(I)}$, $S_{V(II)}$ und $S_{V(III)}$ sind in Bild 8.28 gezeigt. Die Endergebnisse unterscheidet sich nur geringfügig. Zur weiteren Bewertung wurde die Gruppe V(I) ausgewählt.

Beim Spinnen läuft das Garn nach dem Durchgang durch einen der Einschnitte am Ansatzumfang über die Belagseinhalsung und wird dann erst durch den Ringläufer durchgezogen und auf die Bobine geleitet. Deshalb ist es ratsam, daß die Belagseinhalsung eine kleine Rauheit und eine verhältnismäßig hohe Mikrohärte aufweist. Da gegenwärtig keine Informationen über die empfohlenen Parameter für die Bewertung der geometrischen Oberflächenstruktur der mit dem Garn in Berührung kommenden Elemente vorlagen, wurde ein Bewertungskriterium der technologischen Prozeßvarianten, das Kriterium *kinetischer Reibungskoeffizient μ_k des Garns an der Oberfläche der Belagseinhalsung der Spindelfeder*, angenommen.

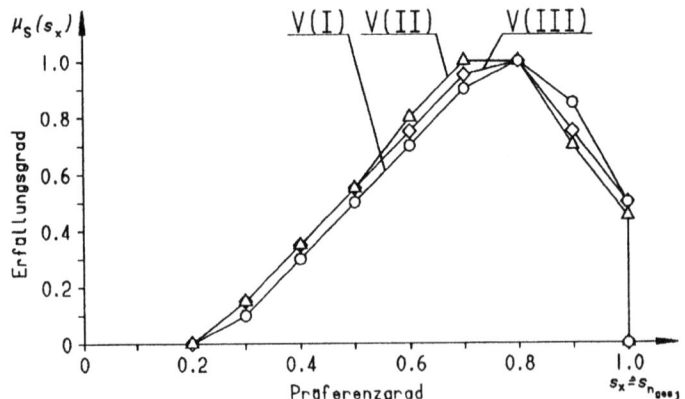

Bild 8.28. Bewertungsergebnisse; Zugehörigkeitsfunktionen der Gesamtwertigkeiten der technologischen Prozeßvarianten

8.5 Bewertung von Spindelfedern für eine Ringspinnmaschine

Nr. der Operation am Graphen	Beschreibung der Operation
1.	Schneiden der Stange Ø36 auf die Länge 453mm
2.	Drehen und Fasen des Zapfens
3.	Drehen, Planen, Bohren und Aufbohren des Kegels
4.	Schleifen der 90°-Phase am Zapfen
5.	Drehen (I) des Belags mit Zuschlag für 4 Schneidfolgen
6.	Aufdrücken der Nadel auf den Belag
7.	Schleifen des Kegels für den Kreisel Ø25,07
8.	Aufdrücken des Kreisels auf den Belag
9.	Schleifen der 90°-Phase am Zapfen
10.	Drehen (II) des Belags mit einem Zuschlag von 1 mm
11.	Schleifen der 90°-Phase am Zapfen
12.	Drehen (III) mit einem Zuschlag von 0,5 mm
13.	Schleifen der 90°-Phase am Zapfen
14.	Schleifen der 90°-Phase am Kreisel
15.	Abschließendes Überdrehen (IV) des Belags
16.	Plandrehen des Zapfens und Vorbohren für das M6-Gewinde
17.	Schneiden des Gewindes M6x14
18.	Polieren des Kreisels und des Belags
19.	Fräsen der 6 Löchern R4.56
20.	Entgraten der Löcher und Montieren der Kappen
21.	Überdrehen (IV) des Belags und der Einhalsung als Vorbearbeitung für das Drehen mit einer Diamantschneide
22.	Drehen (V) der Einhalsung mit einer Diamantschneide
23.	Abschließendes Überdrehen (IV) des Belags und der Einhalsung für die Plasmabearbeitung
24.	Drehen (VI) des Zapfens mit einem Zuschlag von 0,3 mm
25.	Abschließendes Überdrehen (VI) des Zapfens
26.	Anodisieren (anodisches Oxidieren) der Belagseinhalsung auf eine Länge von ≈ 100 mm
27.	Schleifen der Belagseinhalsung mit 320-er Schleifleinen
28.	Schleifen der Belagseinhalsung mit 600-er Schleifleinen
29.	Preßpolieren der Einhalsung auf eine Länge von 86 mm
30.	Plasmabeschichten der Belagseinhalsung mit Aluminiumoxid Al_2O_3
31.	Schleifen der Belagseinhalsung mit 150-er und 320-er Schleifleinen
32.	Abrichten durch Punktieren
33.	Schleifen des Belags bei einem Unrundlauf des Kreisels von > 0.05 mm
34.	Montieren der Krone

Tabelle 8.3. Erklärung des Graphen für die technologischen Prozeßvarianten der Spindelfeder

Die beiden anderen Kriterien waren:

— Kriterium *Mikrohärte* μHV [MPa] *der oberen Belagsschicht* und
— Kriterium *Einzelproduktionskosten*

Die Bewertergruppe nahm an, daß diese Kriterien deterministisch erfaßbar sind.

Für die Variantengruppe V(I) wurden die Werte der Kriterien *kinetischer Reibungskoeffizient* μ_k und *Mikrohärte* μHV für die einzelnen Varianten des technologischen Prozesses ermittelt (vgl. Tabelle 8.4). Die Werte des Kriteriums *Einzelproduktionskosten* wurden mittels Wertfunktionen ermittelt (vgl. Bild 8.29).

Varianten	I	II	III	IV	V	VI	VII	VIII	IX	X	XI
μ_k [-]	0.237	0.265	0.198	0.207	0.245	0.189	0.198	0.217	0.180	0.388	0.304
μHV [MPa]	3800	3800	1250	3725	3725	1300	3485	3485	1550	14400	14400

Tabelle 8.4. Werte der Kriterien *kinetischer Reibungskoeffizient* μ_k und *Mikrohärte* μHV der Varianten der Gruppe V(I)

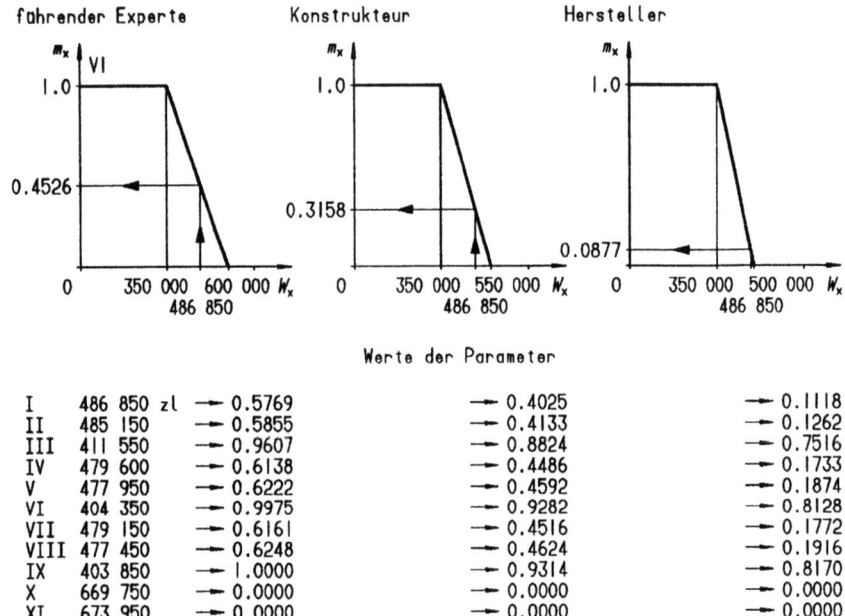

Bild 8.29. Wertfunktionen und zugehörige Bewertungsgrößen für das Kriterium *Einzelproduktionskosten*

Die Werte des Kriteriums *kinetischer Reibungskoeffizient* μ_k wurden direkt mittels einer degenerierten unscharfen Menge als $1 - \mu_k$ modelliert. Die Werte der übrigen Parameter mußten nach bestimmten Wertfunktionen transformiert werden. So wurden die Werte der *Einzelproduktionskosten* beispielsweise nach einer linearen Straffungsfunktion transformiert (vgl. Bild 8.29).

Die Wichtigkeitsgrade der Kriterien wurden mittels des linguistischen Verfahrens bestimmt. Das Kriterium *Mikrohärte* wurde von den Experten für *wichtig* (vgl. Kurve 7 in Bild 8.30), das Kriterium *kinetischer Reibungskoeffizient* für *mehr wichtig* (vgl. Kurve 1 in Bild 8.30) und das Kriterium *Einzelproduktionskosten* für *weniger wichtig* (vgl. Kurve 4 in Bild 8.30) erklärt und bestimmt.

8.5 Bewertung von Spindelfedern für eine Ringspinnmaschine

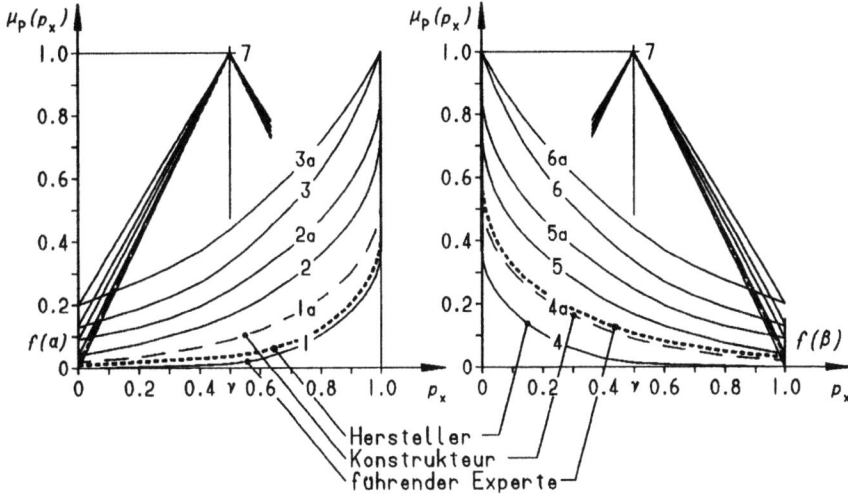

Bild 8.30. Zugehörigkeitsfunktionen für die linguistischen Kategorien der Wichtigkeiten

Die Berechnungen wurden entsprechend [34] bzw. mittels des Programms **BEWERTEN** [36] durchgeführt. Die berechneten Größen, d.h. die normierten Gesamtwertigkeiten $s_{n_{ges_j}}$, die Interaktionskennziffern ρ und die Bewertungsidentitätsgrade φ erlauben, eine Struktur der Variantenbewertung zu bilden (vgl. Bild 8.31). Auf der rechten Seite des Bildes sind beispielsweise die Zugehörigkeitsfunktionen der Gesamtbewertung von ausgewählten Varianten dargestellt, die die *wahre*, d.h. nicht vereinfachte Variantenpräferenz bilden. Die Struktur in Bild 8.31 berücksichtigt die Präzisionskennziffer der Eingangsinformation, die $\Psi = 0.59$ beträgt.

Die Interaktionskennziffern ρ und die Bewertungsidentitätsgrade φ (in Bild 8.31 als ρ/φ bezeichnet) werden für eine betrachtete Variante nur in Bezug auf diejenigen Varianten berechnet, deren Gesamtwertigkeiten kleiner sind als die der betrachteten Variante.

Es ist ersichtlich, daß die *senkrechten* Kopplungen dieser Struktur wesentlich schwächer sind als die *waagerechten* Kopplungen, die meistens „1" betragen oder diesem Wert nahe sind.

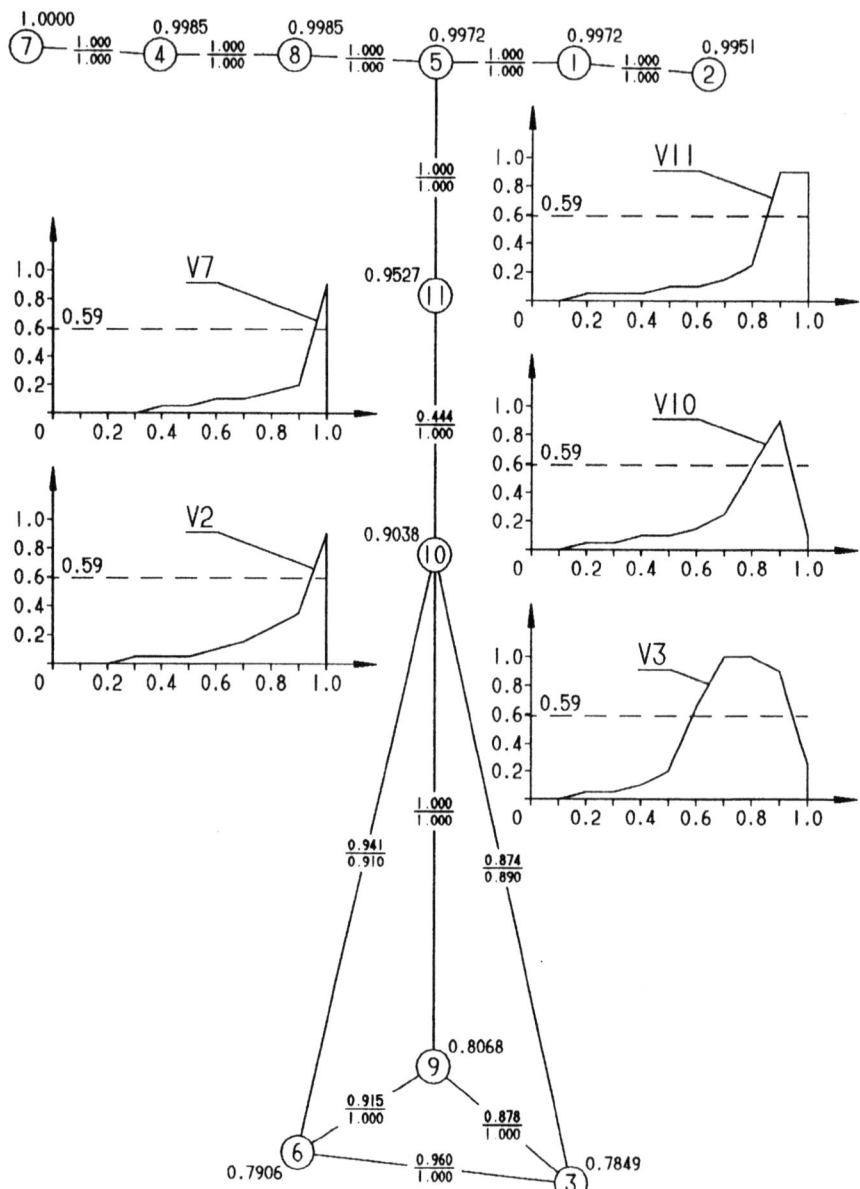

Bild 8.31. Struktur der Gesamtwertigkeiten

9 Resümee und Ausblick

Die Bewertung von Konstruktionslösungen ist grundsätzlich immer dann sinnvoll, wenn Entscheidungen zwischen zwei oder mehreren Lösungen getroffen werden müssen und eine einfache Abschätzung von Vor- und Nachteilen aufgrund mehrerer Entscheidungskriterien objektiv nicht mehr möglich ist.

Der Aufwand, der mit der durchzuführenden Bewertung verbunden ist, sollte so gering wie möglich gehalten werden und dem Risiko, welches mit einer Entscheidung aufgrund von Bewertungsergebnissen verbunden ist, angemessen sein. Entscheidungen von großer technischer, ökonomischer, sozialer oder ökologischer Tragweite erfordern eine erheblich höhere Sorgfalt bei der Erfassung der Kriterien und ihrer Gewichtung, der Ermittlung der quantitativen Werte bzw. der Schätzung der qualitativen Eigenschaften der zu bewertenden Varianten.

Die insbesondere in Kapitel 4 beschriebenen theoretischen und ebenso praxisbezogenen methodischen Ausführungen, die sowohl die Kriterien echt deterministischen als auch unscharfen und ebenso probabilistischen Charakters oder auch eine beliebige Kombination berücksichtigen, haben im Vergleich zu allen bisher bekannten Bewertungsverfahren folgende Vorteile:

— Verringerte Bewertungsunsicherheit und damit bedeutend gesteigerter Genauigkeitsgrad bei der Erfassung von Parametern und nichtparametrisierten Eigenschaften zu bewertender Produkte bzw. technischer Systeme, die deterministisch, unscharf und/oder probabilistisch ausgedrückt werden können;
— objektive Bewertung, da Fehler subjektiver Natur weitgehend eliminiert werden;
— positive *und* negative Formulierungen von Bewertungskriterien sind möglich;
— eine sowohl zahlenwertmäßige als auch linguistisch formulierte Erfassung von Wichtigkeiten der Kriterien ist möglich;
— eine vollständigere Informationen über die Struktur der Teil- und Gesamtbewertungen sowie über die Ordnung bzw. den Rang der Varianten ist gewährleistet;
— eine unüberlegte Nutzung der Bewertungsergebnisse ist ausgeschlossen;
— Hinweise auf die Notwendigkeit, eine zusätzliche Analyse durchzuführen, sind implizit gegeben.

Die Objektivität der Bewertungsergebnisse wird stark beeinflußt durch die fachliche und charakterliche Qualität der Bewerter sowie durch die - zumindest bei Vorlage qualitativ erfaßbarer Kriterien - notwendige Gruppenarbeit.

Die Modellierung subjektiv zu bestimmender Maßzahlen sowie der Kriterienwichtigkeiten als unscharfe Zahlen oder Mengen spiegelt die Toleranzbreite möglicher Schätzungenauigkeiten und -unsicherheiten wider und geht bis zur Darstellung der Bewertungsergebnisse in Form unscharfer oder auch defuzzifizierter Wertigkeiten nicht verloren.

Die Bandbreite der anwendbaren Verfahren bzw. die Zahl ihrer möglichen Kombinationen gestattet eine Anpassung an die jeweils vorliegende Entscheidungssituation, erfordert jedoch im Hinblick auf ihre Auswahl viel Übung und Erfahrung.

Da der Berechnungsaufwand vieler Teilschritte innerhalb des gesamten Bewertungsprozesses allerdings recht umfangreich werden kann, wird der Einsatz des Computers mit einer entsprechenden Softwarelösung - wie beispielsweise das Programm BEWERTEN [36], welches die Behandlung unscharfer Bewertungsgrößen besonders unterstützt - empfohlen.

10 Literaturverzeichnis

[1] S. M. Baas
H. Kwakernaak
Rating and ranking of multi-aspect alternatives using fuzzy sets
Automatica 13 (1977), pp. 47-58

[2] K. Backhaus
et al.
Multivariante Analysemethoden
Springer-Verlag, Berlin Heidelberg New York ... 1996

[3] J. F. Baldwin
N. C. F. Guild
Comparison of fuzzy sets on the same decision space
Fuzzy Sets and Systems 2 (1979), pp. 213-233

[4] W. Beitz
Bewertungsmethoden als Entscheidungshilfe zur Auswahl von Lösungsvarianten
Konstruktion 24 (1972), S. 493-498

[5] W. Beitz
K.-H. Küttner
Dubbel, Taschenbuch für den Maschinenbau
Springer-Verlag, Berlin Heidelberg New York Tokyo 1986

[6] A. Birolini
Zuverlässigkeit technischer Systeme
Schweizer Maschinenmarkt 14 (1987)

[7] G. Böhme
Fuzzy Logik - Einführung in die algebraischen und logischen Grundlagen
Springer-Verlag, Berlin Heidelberg New York ... 1993

[8] G. Bortolan
R. Degani
A review of some methods for ranking fuzzy subsets
Fuzzy Sets and Systems 15 (1985), pp. 1-19

[9] H. H. Bothe
Fuzzy Logic - Einführung in Theorie und Anwendung
Springer-Verlag, Berlin Heidelberg New York ... 1993

[10] W. Brauch
H. J. Dreyer
W. Haacke
Mathematik für Ingenieure des Maschinenbaus und der Elektrotechnik
B. G. Teubner, Stuttgart 1985

[11] A. Breiing
Bewertung von Konstruktionsvarianten technische Systeme
Schweizer Maschinenmarkt 9 (1990), S. 44-47 und
12 (1990), S. 52-57

[12] A. Breiing
Modell eines rechnergestützten Konstruktionsprozesses auf der Basis einer morphographischen Datenbank
ETH-Dissertation Nr. 9379, Zürich 1991

[13] A. Breiing
Analyse des methodischen Vorgehens im Konstruktionsprozeß
Dokument Nr. IKB-B-006/90
Institut für Konstruktion und Bauweisen der ETH Zürich,
Zürich 1990

[14] A. Breiing — Die Prinzipskizze als Ausgangsdokument der Konzeptphase
Schriftenreihe WDK 20, Proceedings of ICED '91, Zürich
Volume 2, pp. 1416-1423
Edition HEURISTA, Zürich 1991

[15] A. Breiing — Neue Gesichtspunkte zur Bewertung technischer Systeme
Expertní skupina EVAD, pp. 20-30
(Evaluation and Decision in Design), Prag 1992

[16] A. Breiing, M. Flemming — Theorie und Methoden des Konstruierens
Springer-Verlag, Berlin Heidelberg New York ... 1993

[17] A. Breiing — Neue Gesichtspunkte zur Gewichtung von Bewertungskriterien
Konstruktion 45 (1993), pp. 171-175

[18] A. Breiing, E. Kalhöfer — Neue Ansätze zur Erhöhung der Objektivität bei der Bewertung technischer Systeme
Dokument Nr. IKB-B-007/95
IKB der ETH Zürich, PTW der TH Darmstadt,
Zürich, Darmstadt 1995

[19] I. N. Bronstein, K. A. Semendjajew — Taschenbuch der Mathematik
Verlag Nauka, Moskau 1981
BSB B. G. Teubner Verlagsgesellschaft, Leipzig 1981

[20] M. R. Civanlar, H. J. Trussel — Constructing membership functions using statistical data
Fuzzy Sets and Systems 18 (1986), pp. 1-13

[21] A. Donnarumma — Über einen Entscheidungsoperator: Das C-Calculus
Expertní skupina EVAD, pp. 40-49
(Evaluation and Decision in Design), Prag 1992

[22] D. Dubois, H. Prade — Fuzzy Sets and Systems: Theory and Applications
Academic Press, London 1980

[23] D. Dubois, H. Prade — Unfair coins and necessity measures:
toward a possibilistic interpretation of histograms
Fuzzy Sets and Systems 10 (1983), pp. 15-20

[24] H.-J. Franke — Methodische Schritte beim Klären konstruktiver Aufgabenstellungen
Konstruktion 27 (1975), pp. 395-402

[25] E. Gerhard — Entwickeln und Konstruieren mit System
Reihe Kontakt und Studium, Band 51
expert-Verlag, Grafenau 1979

[26] R. Gutsch — Entscheidungshilfe durch Systemtechnik
Lehrgang der Technischen Akademie Esslingen 1972

[27] R. Haberfellner, P. Nagel, M. Becker, A. Büchel, H. von Massow — System Engineering
Methoden und Praxis
Verlag Industrielle Organisation, Zürich 1992

10 Literaturverzeichnis

[28] R. Hechler — Bewertung von Alternativen für Beleuchtungsanlagen mit Hilfe der Nutzwertanalyse
Dissertation TU Braunschweig 1976

[29] C. L. Hwang, K. Yoon — Multiple Attribute Decisions Making (Methods and Applications)
Springer-Verlag, Berlin New York 1981

[30] F. Kesselring — Die starke Konstruktion
VDI-Zeitschrift 86, 1942

[31] F. Kesselring — Bewertung von Konstruktionen
Deutscher Ingenieur-Verlag GmbH, Düsseldorf 1951

[32] F. Kesselring — Technische Kompositionslehre
Springer-Verlag, Berlin Göttingen Heidelberg 1954

[33] J. Klose — Konstruktionstheoretische Zusammenhänge in CAD-Lösungen
Maschinenbautechnik 37 (1988), S. 119-122

[34] R. Knosala — Methoden zur Bewertung von Bauelementen als Voraussetzung für die Entwicklung von Baukastensystemen, Teile 1 und 2
Institut für Mechanik und Grundlagen der Maschinenkonstruktion, TU Gliwice 1989

[35] R. Knosala — Objektivierung des Bewertungsprozesses beim Konstruieren
Konstruktion 43 (1991), S. 344-352

[36] R. Knosala — Approximationsprogramm BEWERTEN
siehe auch Aufsatz
Approximationsprogramm auf dem Kleinrechner IBM PC (Programm APPROX)
Mechanisierung und Automatisierung des Bergbaus, Nr. 10, Gliwice 1988

[37] R. Knosala, W. Pedrycz — Evaluation of design alternatives in mechanical engineering
Fuzzy Sets and Systems 47 (1992), pp. 269-280

[38] R. Knosala, S. Plonka — Objektivierung der Bewertung bei technischer Produktionsvorbereitung
Proceedings of the International Conference on Computer Integrated Manufacturing, CIM '94, pp. 51-77, Zakopane 1994

[39] M. Koch — Entwicklung eines datenbankgestützten Systems zur Ausarbeitung der Anforderungsliste und einer darauf aufbauenden Bewertung
Institut für Konstruktion und Bauweisen der ETH Zürich, Zürich 1994

[40] H. Kwakernaak — An algorithm for rating multiple-aspect alternatives using fuzzy sets
Automatica 15 (1979), pp. 615-616

[41] P. J. M. Laarhoven A fuzzy extension of Saaty's priority theory
     W. Pedrycz   Rep. 82-21. Dept. of Mathematics and Informatics Delft
                       University of Technology, Delft 1982

[42] J. Lehn   Einführung in die Statistik
     H. Wegemann   B. G. Teubner, Stuttgart 1985

[43] G. A. Miller   The Magical Number Seven Plus or Minus Two:
                       Some Limits on our Capacity for Processing Information
                       Psychological Review, vol. 63, pp. 81-97, 1956

[44] G. A. Miller   Information and Memory
                       Scientific American, vol. 195, pp. 42-46, 1956

[45] G. A. Miller   Assessment of Psychotechnology
                       American Psychologist, vol. 25, No. 11, pp. 911-1001, 1970

[46] G. A. Miller   Human Memory and the Storage of Information
                       IRE Trans. on Information Theorie,
                       IT-2, No. 3, pp. 128-137, 1956

[47] H. von Neuen-   Kleiner Atlas der Geschichtsgesetze
         kirchen   Piscator-Verlag, Mühlheim (Ruhr) 1960

[48] G. Pahl   Wege zur Lösungsfindung
                       Industrielle Organisation 39 (1971), S.156-157

[49] G. Pahl   Konstruktionslehre
     W. Beitz   Springer-Verlag, Berlin Heidelberg New York . . . 1977, 1986

[50] W. Pedrycz   Ranking multiple aspect alternatives-fuzzy relational
                       equations approach
                       Automatica 22 (1986), pp. 251-253

[51] W. G. Rodenacker Methodisches Konstruieren
                       Konstruktionsbücher Band 27
                       Springer-Verlag, Berlin Heidelberg New York 1970

[52] W. G. Rodenacker Regeln des methodisches Konstruierens I
     U. Claussen   Krauskopf-Verlag, Mainz 1973

[53] K. Roth   Konstruieren mit Konstruktionskatalogen
                       Springer-Verlag, Berlin Heidelberg New York 1982

[54] T. L. Saaty   Exploring the interfaces between hierarchies, multiple objectives
                       and fuzzy sets
                       Fuzzy Sets and System 1 (1978), pp. 57-68

[55] T. L. Saaty   The Analytic Hierarchy Process
                       McGraw-Hill Book Company, New York 1980

[56] H. Seeger   Design technischer Produkte, Programme und Systeme
                       Springer Verlag, Berlin Heidelberg New York . . . 1992

[57] Siemens AG   Organisationsplanung - Planung durch Kooperation
                       Siemens AG, Berlin München 1974

10 Literaturverzeichnis

[58] M. Sugeno Fuzzy measures and fuzzy integrals
Trans. SICE 1972, pp. 218-226

[59] W. Tarnowski Verallgemeinertes Modell eines Auswahlprozesses für den technischen Entwurf
Wissenschaftliche Zeitschrift, TU Gliwice,
Reihe *Energetyka*, 89 (1985), S. 223-248

[60] W. S. Torgerson Theorie and Methods of Sealing
New York 1967

[61] VDI 2212 Datenverarbeitung in der Konstruktion;
Systematisches Suchen und Optimieren konstruktiver Lösungen
VDI-Verlag GmbH, Düsseldorf 1981

[62] VDI 2222 Konstruktionsmethodik;
Konzipieren technischer Produkte
VDI-Verlag GmbH, Düsseldorf 1977

[63] VDI 2225 Konstruktionsmethodik;
Technisch-wirtschaftliches Konstruieren
VDI-Verlag GmbH, Düsseldorf 1977

[64] VDI 2801 Wertanalyse;
Begriffsbestimmungen und Beschreibung der Methode
VDI-Verlag GmbH, Düsseldorf 1970

[65] R. Wenzel
J. Müller Entscheidungsfindung in Theorie und Praxis
VDI-Seminar, Stuttgart 1971

[66] L. A. Zadeh Fuzzy sets
Information and Control, Vol. 8, pp. 338-353, New York 1965

[67] L. A. Zadeh The Concept of a Linguistic Variable and its Application to Approximate Reasoning
New York, Elsevier 1973

[68] L. A. Zadeh
K.-S. Fu
K. Tanaka
M. Shimura Fuzzy Sets and Their Applications to Cognitive and Decision Processes
Academic Press, New York, pp. 1-40
New York 1975

[69] C. Zangemeister Nutzwertanalyse in der Systemtechnik
Wittemannsche Buchhandlung, München 1970

[70] H.-J. Zimmermann Fuzzy Technologien, Prinzipien, Werkzeuge, Potentiale
VDI Verlag GmbH, Düsseldorf 1993

Glossar

Zusammenfassend sind hier die wesentlichen in diesem Buch vorkommenden Begriffe, insbesondere diejenigen zu Theorie und Praxis der Bewertung technischer Systeme, in alpabetischer Reihenfolge erläutert.

Änderungskonstruktion   auch *Anpassungskonstruktion* genannt, dient der Anpassung einer bereits in Gestalt und Werkstoff bekannten Konstruktion an eine veränderte Aufgabenstellung (z. B. infolge Verbesserung der Funktion, veränderter Einsatzbedingungen oder verbesserter Fertigungsmethoden) unter Beibehaltung des bekannten Lösungsprinzips.

    Wesentlich hierbei ist, daß sich der Konstrukteur zuerst Klarheit darüber verschafft, aus welchen Gründen die Ausgangskonstruktion in der vorhandenen Form gemacht wurde. Der nächste Schritt besteht darin, andere (mit der geänderten Aufgabenstellung verträgliche) Wege zu suchen und sie mit den vorhandenen zu vergleichen. Dabei müssen Vor- und Nachteile ermittelt und bewertet werden. So verlangt beispielsweise eine Erhöhung der Produktionsziffern oftmals eine Überarbeitung der bestehenden Konstruktion infolge Umstellung des Herstellverfahrens (Kleinserie als Schweißkonstruktion - Großserie als Kokillenguß, Automatisation der Fertigung usw.).

Aggregationsfunktion   beinhaltet eine mathematische Vorschrift zur Verknüpfung mathematischer Funktionen, hier von → Zugehörigkeitsfunktionen unscharf erfaßter → Bewertungsgrößen.

allgemeine Gesichtspunkte   ist die konservative Bezeichnung für qualitativ erfaßbare → Bewertungskriterien.

Anforderungen   sind Randbedingungen, unter denen die Funktionalität eines technischen Systems zu gewährleisten ist.

    Die Anforderungen werden in einer Anforderungsliste, als Vertragsbestandteil auch Pflichten- oder Lastenheft genannt, niedergeschrieben.

    Sie werden zweckmäßigerweise eingeteilt in → Anforderungstypen, → Anforderungsarten, → Anforderungsgruppen, → Anforderungsfamilien und → Einzelanforderungen.

    Sie lassen sich auch ordnen nach Lebenslaufphasen, in denen sie erfüllt werden müssen. Sie sind dann in jedem Fall nicht nur Grundlage für Entwicklung bzw. Konstruktion, sondern darüberhinaus verbindlich für Verpackung, Lagerung, Transport, Handbüchererstellung, Ersatzteilwesen, Reparatur- und Wartungswesen sowie für die vielfältigen Möglichkeiten einer Entsorgung.

Anforderungsarten	bilden die nach quantitativem und qualitativem Charakter geordneten → Anforderungen.
Anforderungsfamilien	bilden die nach entwicklungs- und gebrauchstechnischen Gesichtspunkten sowie nach Kompetenzbereichen der für Entwicklung und Anwendung verantwortlichen Personen geordneten → Einzelanforderungen.
Anforderungsgruppen	bilden die nach technischen, *design*technischen, wirtschaftlichen, psychologischen usw. Gesichtspunkten geordneten → Anforderungen.
Anforderungsklassen	bilden die nach *expliziten*, d. h. vom Auftraggeber (Kunden) vorgegebenen, und *impliziten*, d. h. generell zu berücksichtigenden und zum Konstruktionssachwissen gehörenden → Anforderungen.
Anforderungsliste	ist eine - meistens nach → Anforderungsgruppen und → Anforderungsfamilien - geordnete Zusammenfassung aller einem Konstruktionsauftrag zugrundegelegten Randbedingungen.
Anforderungstypen	bilden die nach unabdingbaren (festgeschriebenen) und tolerierbaren Werten bzw. Eigenschaften geordneten → Anforderungen. Unterschieden werden damit → Festforderungen und → tolerierte Anforderungen.
Anpassungskonstruktion	→ Änderungskonstruktion
Artgewichtungsfaktoren	stellen die → Wichtigkeit der → quantitativen gegenüber den → qualitativen Kriterien, also den → Kriterienarten, untereinander, dar.
Artwertigkeit	ist die Wertigkeit je → Kriterienart bei nach → quantitativen und → qualitativen Kriterien getrennt durchgeführter Gewichtung.
Artwertungszahl	ist die gewichtete → Teilwertigkeit bzw. → Artwertigkeit einer → Kriterienart.
Bedeutungsprofil	ist eine grafische Darstellung zur Präsentation der persönlichen Einstellung eines Benutzers gegenüber der Erfüllung oder Nichterfüllung von → Bewertungskriterien durch ein technisches System.
Bewertergruppe	häufig auch *Bewerterteam* oder *Expertenteam* genannt, besteht aus den Konferenzteilnehmern einer → Bewertungsrunde, also aus Experten, Fachleuten, allgemeingebildeten Sachverständigen sowie Fach- bzw. Sachfremden.
Bewertungsgröße	ist die allgemeingültige Bezeichnung sowohl für den Wert eines Kriteriums als auch für dessen Gewicht und wird als Synonym insbesondere dann benutzt, wenn theoretische Überlegungen für beide gleichermaßen gelten.
Bewertungskriterien	im allgemeinen nur als Kriterien bezeichnet, sind alle zur Bewertung herangezogenen *expliziten* tolerierten → quantitativen und → qualitativen sowie *impliziten* Anforderungen.
Bewertungsrunde	ist die zur Durchführung einer Bewertung und anschließenden Auswertung innerhalb des Konstruktionsprozesses einberufene Konferenz.

Glossar

Bewertungstabelle dient der tabellarischen Erfassung und Dokumentation aller zur Berechnung bzw. Abschätzung eines Bewertungsergebnisses erforderlichen → Bewertungskriterien und der zu bewertenden Objekte bzw. deren Daten und Fakten.

Defuzzifikation ist die Rückführung eines in Form einer → Zugehörigkeitsfunktion unscharf modellierten (Bewertungs-) Ergebnisses in eine scharfe Zahl.

deterministische Kriterien sind eine Unterklasse der → quantitativen Kriterien und umfassen alle durch → scharfe Zahlen erfaßten Kriterien.

Einzelanforderungen sind die nach festzulegenden Gesichtspunkten zu ordnenden Randbedingungen, unter denen die Funktionalität eines technischen Systems zu gewährleisten ist.

Einzelkriterien entsprechen den → Einzelanforderungen.

Entität ([lat.]: das Seiende) hat sich im Sprachraum (Sprach*jargon*) der Informatik eingebürgert als zusammenfassender Begriff für alle Elemente einer Datenmenge.

Er dient also der Vereinfachung der ansonsten stets exakt zu benennenden Datenarten wie

— Anforderungsart
— Anforderungsgruppe
— Funktion
— Bewertungskriterium
— Gewichtungsfaktor
— Lösungsvariante
 usw.

oder auch als Tätigkeiten und Eigenschaften wie

— Absperren
— Fügen
— Transportieren
— dicht
— lösbar
— schnell
 usw..

Entscheidungsmatrix ist eine sogenannte → Tafelmatrix, in der die → Bewertungsgrößen durch den paarweisen Vergleich der → Entitäten untereinander bestimmt werden und aus denen die Ergebnisvektoren, d. h. die → Maßzahlen bzw. die → Gewichtungsfaktoren, berechnet werden.

Expertenteam → Bewertergruppe

Festforderungen beschreiben meistens wertmäßige → Anforderungen bzw. Konstruktions- oder Lösungsziele, deren genaue Einhaltung unabdingbar ist. Sie werden entweder als Punktforderungen oder innerhalb vorgegebener Toleranzen vorgegeben, deren Istwerte jedoch nicht bewertet werden dürfen.

Festforderungen sind dann nicht erfüllt, wenn ihre wertmäßigen Grenzen unter- oder überschritten werden. Dies führt zum Ausschluß aus der Menge der zu bewertenden Varianten.

Funktionen	([lat.]: Aufgaben, Besorgungen, Tätigkeiten, Verrichtungen ...) beschreiben im allgemeinen die Erbringung einer Leistung oder die Verrichtung einer Aufgabe. Im technischen Sprachgebrauch beschreibt eine Funktion das allgemeine Verhalten eines technischen Systems als eine Menge zeitlich nebeneinander ablaufender oder aufeinander folgender *Zustandsveränderungen*, um einen *Eingangszustand* in einen *Ausgangszustand* zu überführen. Zur Steigerung ihrer Eindeutigkeit können den Funktionen Attribute beigefügt werden, die sich aus den Anforderungen oder den zu ihrer Erfüllung erforderlichen technologischen Prinzipien ergeben.
Fuzzy-Logik	läßt sich mit *unscharf begrenzte, fusselige Logik* übersetzen und behandelt insbesondere die Erfassung bzw. Beschreibung von unscharfen umgangs- und fachsprachlichen (linguistischen) Aussagen und deren mathematische Verarbeitung zu neuen (Gesamt-) Aussagen. Dabei spiegelt die Unschärfe einer Aussage bzw. Information die graduierte Bewertung ihres Wahrheitswertes wider.
Gesamtwertigkeit	ist die Summe der → Gruppenwertungszahlen einer jeden bewerteten Variante und damit das Endergebnis der als Entscheidungsgrundlage heranzuziehenden Bewertung.
Gewichtungsfaktoren, Gewichtungsmatrix	auch bekannt als *Einflußzahlen*, stellen die Wichtigkeit der Kriterien untereinander dar. ist eine in Form einer Tafelmatrix erstellten → Entscheidungsmatrix zur Ermittlung der → Wichtigkeiten der einzelnen Kriterien zueinander.
Gruppengewichtungsfaktoren	stellen die Wichtigkeit der → Kriteriengruppen untereinander dar.
Gruppenwertigkeit	ist die → Wertigkeit je → Kriteriengruppe bei nach diesen getrennt durchgeführter Gewichtung und ergibt sich als Summe der → Wertungszahlen je → Bewertungskriterium bzw. → Kriterienart (→ Artwertungszahl).
Gruppenwertungszahl	ist die gewichtete → Teilwertigkeit bzw. → Gruppenwertigkeit einer → Kriteriengruppe.
Konsistenz	ist die Widerspruchsfreiheit von nebeneinander bestehenden Aussagen, hier insbesondere von im paarweisen Vergleich der → Entitäten ermittelten → Bewertungsgrößen.
Kriterienarten	entsprechen den → Anforderungsarten.
Kriterienfamilien	entsprechen den → Anforderungsfamilien.
Kriteriengruppen	entsprechen den → Anforderungsgruppen.
Kriterienklassen	entsprechen den → Anforderungsklassen.
Kriterientypen	entsprechen den → Anforderungstypen.
linguistische Kriterien	sind eine Unterklasse der → qualitativen Kriterien und umfassen alle durch → unscharfe Zahlen bzw. → unscharfe Mengen erfaßbaren Kriterien.

linguistische Variable	sind Worte bzw. Terme einer natürlichen oder standardisierten synthetischen Sprache, denen ein linguistischer Wertebereich, eine sogenannte → unscharfe Menge von Wahrheitswerten (zwischen *unwahr* und *wahr*) zugeordnet wird. Zur mathematischen Verarbeitung werden die Terme durch → Zugehörigkeitsfunktionen über den numerischen Grundwerten beschrieben.
Maßzahl	gibt die Anzahl der Punkte an, die der Rangfolge der Varianten, ihrem Istzustand entsprechend, je Kriterium zugeteilt werden.
Neukonstruktion	dient dem Erarbeiten einer Konstruktion mit neuem Lösungsprinzip bei gleicher, veränderter oder neuer Aufgabenstellung. Dabei ist die Klärung aller für den gegebenen Verwendungszweck vorhandenen Bedingungen, die Feststellung des Standes der Technik auf ähnlichen Gebieten sowie die Beurteilung von Bauteilen, die in der Neukonstruktion Verwendung finden können, unerläßlich. Die Neukonstruktion ist in der Regel als eigenständige Phase Bestandteil im Ablauf einer technischen Entwicklung.
probabilistische Kriterien	sind eine Unterklasse der → quantitativen Kriterien mit *quasi*-deterministischen Kriterien, die in der Regel als → unscharfe Mengen zu erfassen sind.
qualitative Anforderungen	sind qualitativ beschreibbare Eigenschaften. Sie entsprechen den rangmäßig beurteilbaren → Anforderungen. Sie werden durch linguistische Aussagen beschrieben. Ihre wertmäßige Erfassung erfolgt entweder in Form mathematisch-logischer Aussagevariablen (Eigenschaften) oder aber durch linguistische Terme und deren Modellierung als → unscharfe Mengen.
qualitative Kriterien	entsprechen den → qualitativen Anforderungen. Qualitative Kriterien werden auch → allgemeine Gesichtspunkte genannt.
quantitative Anforderungen	sind quantitativ erfaßbare Werte (also z. B. alle technischen Zahlenwerte oder wirtschaftsspezifischen Daten wie Preis, Lieferzeit, Stapelvolumen usw.). Sie entsprechen den zähl-, meß-, wäg-, berechenbaren oder mit Hilfe physikalischer, chemischer bzw. biologischer Eigenschaften vergleichbaren → Anforderungen. Ihre wertmäßige Erfassung erfolgt entweder durch dimensionsbehaftete, tolerierte ($\pm$) oder relationale ($=$, $>$, $\geq$, $\leq$, $<$ usw.) Zahlen oder aber, im Falle noch nicht nachweisbarer Werte, durch unscharfe Zahlen.
quantitative Kriterien	entsprechen den → quantitativen Anforderungen. Quantitative Kriterien werden auch → Zielfunktionen genannt.
Stärkediagramm	ist die grafische Darstellung der Bewertungsergebnisse in Form eines zweidimensionalen bzw. dreidimensionalen Diagramms.
Tafelmatrix	→ Entscheidungsmatrix, → Gewichtungsmatrix
Teilwertigkeit	ist die Summe der → Wertungszahlen einer jeden Variante innerhalb einer → Kriteriengruppe.

tolerierte Anforderungen	beschreiben → Anforderungen als anzustrebende Konstruktions- bzw. Lösungsziele, oftmals als Mindest- und Höchstanforderungen sowie Bereichsanforderungen definiert. Varianten innerhalb der tolerierten Anforderungen werden bewertet, auch wenn die Toleranzen außerhalb der Vorstellungen liegen.
unscharfe Menge	ist die Menge aller zu einer Basiszahl (→ unscharfe Zahl) oder einem linguistischen Basisbegriff (→ linguistische Variable) zuordbaren Mitgliedsgradwerte, die ihrerseits den prozentualen Wahrheitswerten entsprechen.
unscharfe Zahl	ist eine Zahl, die aufgrund von Unsicherheiten beliebiger Art nicht eindeutig bestimmbar und damit nicht *wahr* ist, sondern in einem engeren oder weiteren Bereich nur zu einem gewissen Prozentsatz *wahr* ist, d. h. noch zu dieser Zahl gehört.
Variantenkonstruktion	dient vorrangig der Variation von Baugrößen und Anordnungen einer bereits vorhandenen Konstruktion innerhalb möglicher und sinnvoller Grenzen unter wesentlicher Beibehaltung der geforderten Funktion und des Lösungsprinzips. Gründe hierfür können z. B. die Erweiterung des Anwendungsgebietes, die Anwendung auf einem neuen Anwendungsgebiet, die Umorganisation der Produktpalette, ihre Erweiterung durch Veränderung der Abmessungen oder die Umstellung auf ein wesentlich anderes Fertigungsverfahren sein. Ein gutes Beispiel bietet die Strukturierung einer Produktpalette nach dem sogenannten *Baukastenprinzip* [16].
Wertfunktionen	dienen der grafischen Darstellung gesetzmäßiger Zusammenhänge eines - meist quantitativen - Kriteriums bei der Vergabe von Maßzahlen an die zu bewertenden Varianten.
Wertigkeit	ist die Summe der Wertungszahlen einer jeden Konstruktionsvariante bzw. -alternative. Es wird unterschieden in → Artwertigkeit, → Gruppenwertigkeit, → Teilwertigkeit und → Gesamtwertigkeit.
Wertprofile	dienen der grafischen Darstellung von Wertungszahlen als Produkt aus Maßzahlen und Gewichtungsfaktoren insbesondere bei der Gegenüberstellung zweier Varianten mit eng beieinander liegenden Bewertungsergebnissen und eignen sich insbesondere zur Sichtbarmachung entwicklungstechnischer bzw. konstruktiver Schwachstellen.
Wertungszahl	ist die gewichtete → Maßzahl eines Kriteriums je Variante.
Wichtigkeit	ist ein Maß für den Rang eines Kriteriums gegenüber jedem der übrigen Kriterien.
Wünsche	auch *Wunschforderungen* genannt, sind Randbedingungen, die der Auftraggeber (Kunden) in einem zu entwickelnden Produkt zwar gerne realisiert sähe, die er aber nicht als *kostenerzeugenden* Bestandteil eines Entwicklungs- bzw. Beschaffungsauftrages bezahlen möchte. Deshalb dürfen Wünsche nicht in einer einem Entwicklungs- bzw. Konstruktionsauftrag zugrundezulegenden Anforderungsliste aufgenommen werden.

Zielfunktionen	ist die konservative Bezeichnung für quantitativ erfaßbare → Bewertungskriterien.
Zugehörigkeitsfunktion	ist eine für die Definition einer → unscharfen Menge charakteristische Funktion, deren Mitgliedsgradwerte zu einer → unscharfen Zahl im normalisierten Fall zwischen „0" (keine Zugehörigkeit) bis „1" (volle Zugehörigkeit) liegen.

Sachwortverzeichnis

absolute Häufigkeit 149
absolute Maßzahlen 89
Änderung 6
Änderungskonstruktion 34, 234, 301
Aggregationsfunktion 83, 301
Akzeptanz 14, 215, 216, 220, 226
Akzeptanzanalyse 220, 252
Akzeptanzdiskussion 225
Akzeptanzkriterien 225
Akzeptanzsynthese 225
Analytic Hierarchy Process 245
Anforderungen 14, 301
Anforderungsarten 21, 302
Anforderungsfamilien 19, 22, 302
Anforderungsgruppen 18, 302
Anforderungsklassen 15, 302
Anforderungsliste 14, 22, 28, 29, 302
Anforderungsrelationen 32
Anforderungstypen 17, 302
Anforderungsunterarten 18
Anforderungsuntergruppen 18
Anforderungsuntertypen 17
Anpassungskonstruktion 34, 215, 234
Antonym 140, 251
Approximationsaufgabe 247
Argumentenbilanz 225, 228, 229
Artgewichtungsfaktoren 193, 302
Artificial Intelligence 253
Artwertigkeiten 192, 193, 195, 302
Artwertungszahlen 193, 302
Aufgabenstellung 14
Ausfalldichte 155
Ausfallrate 155
Ausgleichsrechnung 151, 154, 246
Auswahlproblem 7
α-gestutztes Mittel 212
α-Niveaumenge 82
α-winsorisiertes Mittel 212

Baumstruktur 203
Bedeutungsgrad 48
Bedeutungskriterien 250, 251
Bedeutungsprofil 206, 228, 250, 252, 302
Bedingungen 15
Beschaffung 2, 6
Beschaffungsarten 158
Beurteilung 3
Bewerten, Bewertung 2, 11, 222
Bewerter 46, 60, 210
Bewertergruppe 41, 46, 130, 302
Bewertungsaufwand 8, 9
Bewertungsergebnisse 158, 182, 194, 195
  202, 203, 206, 207, 211
Bewertungsgrößen 49, 79, 160, 180, 181,
  203, 302
Bewertungskonferenz, -runde 242, 302
Bewertungskriterien 5, 35, 38, 42, 158, 302
Bewertungsskala 50
Bewertungstabellen 11, 178, 303
Bewertungstafeln 93, 122
Bewertungsverfahren 12, 227
Bewertungsvoraussetzungen 210
Bewertungsvorgang 5
Bewertungsziele 241

C-Calculuc 253
Centroiden-Methode 88
Chance 215
Checkliste 22
Conjoint-Analyse 253
Cost-Benefit-Analysis 249
Cost-Effectiveness-Analysis 249

Defuzzifikation 88, 303
defuzzifizierte Werte 202
defuzzifizierte Wertigkeiten 192
degenerierte unscharfe Menge 82
degenerierte unscharfe Zahl 248
Design for X 19
deterministische Anforderungen 18, 31
deterministische Kriterien 39, 90, 123,
  135, 138, 182, 303
deterministische Werte 5, 38
Dominanzmatrix 253

Eigenmatrix 136, 247
Eigenvektor 136, 246, 247
Eigenwerte 137
Einflußzahlen 231, 232
Einzelanforderungen 19, 22, 303
Einzelstärke 198
empirische Verteilungsfunktion 146
Entität 49, 303
Entscheiden, Entscheidung 2, 6, 158, 178
Entscheidungsgrundlagen 182, 195, 209
Entscheidungshilfe 3, 7, 158
Entscheidungsinstanz 46
Entscheidungskompetenz 210
Entscheidungskriterien 9, 36, 158, 209
Entscheidungsmatrix 50, 132, 135, 303
Entscheidungsraum 1
Entscheidungstabelle 131
Entwicklung 2, 6
Entwicklungsarten 158
Entwicklungsauftrag 14
Entwicklungslinie 234
Erfahrungsfunktionen 47
Erfüllungsgrade 49, 89, 132, 134, 135, 137, 140, 159, 170, 172, 246, 247
Ergebnisvektor 50, 60, 61, 64, 246, 247
Erkennungsinhalte 228, 250
Erwartungswerte 37, 151, 157, 250, 251
Erweiterungsprinzip 85, 87
Experte 46, 221, 222
explizite Anforderungen 15, 228

Fachkompetenz 1
Feasibility Study 223
Fehleinschätzungen 123
Fehlentscheidung 6
Festforderungen 15, 16, 303
Folgepräferenz 53
Fragebogen 210
Fragebogentechnik 28
Funktionen 14, 304
Funktionsstruktur 7
Funktionsträger 7
Fuzzy-Menge 85

Gebrauchswert 241
Gegenforderungen 16
gegenläufige Anforderungen 32
Gegenläufigkeit 42
geltungswertige Anforderungen 18
Geradenverfahren 198

Gerechtheiten 19, 20, 221
Gesamtbewertung 194
Gesamtentwurf 7
Gesamtkosten 249
Gesamtnutzwert 241
Gesamtrisiko 216
Gesamtstärke 198
Gesamtwertigkeit 195, 203, 204, 205, 304
gewichtete Kriterien 190
Gewichtung 5, 157, 240
Gewichtungsfaktoren 12, 49, 158, 159, 165, 168, 169, 178, 195, 205, 236, 304
Gewichtungsmatrix, -matrizen 159, 304
Gewichtungstabelle 236
Gipfelpunkt 80, 81
Grenzwertklausel 228, 238
Gruppengewichtungsfaktoren 193, 304
Gruppenwertigkeiten 192, 193, 198, 200, 304
Gruppenwertungszahlen 193, 195, 304
Gutachten 3, 7

Häufigkeitsverteilung 147
Herstellkosten 233
Histogramm 146
Hyperbelverfahren 199

Idealkonstruktion 6, 12, 89, 123, 130, 190, 231
Idealkosten 233
Ideallösung 231, 234
Identitätsgrad 204
implizite Anforderungen 15, 19, 20, 228
individuelles Risiko 216
inkonsistente Bewertungsgrößen 228
Interaktionskennziffer 205
Investitionsrechnungen 253

Kann-Forderungen 16
kardinal 45
kardinale Werte, Kardinalwerte 31
Katastrophe 7, 216
Killerkriterien 223, 224
Klassenhäufigkeit 149
Knotengewichte 241
Kompetenzbereiche 221
Kompetenzebenen 221
Konkurrenz 157
konsistente Wichtigkeiten 170
Konsistenz 49, 132, 245, 304

Sachwortverzeichnis

Konsistenz-Index 68, 245
Konsistenzabweichung 68, 135
Konsistenznähe 53, 135, 137
Konsistenzverhältnis 68, 137
Konstruktion 2
Konstruktionsalternativen 5
Konstruktionsauftrag 14
Konstruktionsprozeß 2, 11, 34, 158, 207
Konstruktionsvarianten 5
Konzeptphase 7
Kopplungsgrad 248
Kosten 27, 241
Kosten-Nutzen-Analyse 228, 249
Kosten-Wirksamkeits-Analyse 228, 249
Kostenwirksamkeit 249
Kreativitätskiller 223, 224
Kriterienarten 39, 193, 304
Kriterienerfüllung 172
Kriterienerfüllungsgrade 172
Kriterienfamilien 40, 304
Kriteriengruppen 38, 46, 193, 200, 304
Kriterienunterarten 39
Kriterienuntergruppen 38

Lastenheft 14
Leitlinie 22
linguistische Anforderungen 18, 32
linguistische Ausdrücke 140, 170, 247
linguistische Aussagen 5, 38
linguistische Kriterien 39, 129, 138, 140, 184, 185, 186, 304
linguistische Modifikationsoperatoren 81
linguistische Variable 158, 305
linguistische Mengenoperatoren 141
linguistischer Term 140, 170
Lösungskonzept 7
Lösungsprozeß 2
Logarithmusfunktion 92, 97

Machbarkeitsstudie 223
Maximumfunktion 93, 112, 113, 114, 115
Maßzahlen 5, 12, 49, 89, 90, 123, 129, 134, 146, 158, 182, 186, 305
Maßzahlintervalle 89, 123, 126
Mengendurchschnitt 84, 85
Mengenlehre 37
Mengenoperatoren 141, 170
Mengenvereinigung 85, 87
Mensch-Produkt-Beziehung 18, 23
Merkmalliste 22

Mindestforderungen 15, 16
Minimumfunktion 93, 113, 118, 119
Mitgliedsgradwert 79, 170
Modalgröße 12, 87, 187
Modifikatoren 141, 170
morphologische Matrix 7
Musteranforderungsliste 28

Neuentwicklung 215
Neukonstruktion 34, 215, 234, 305
Nichtakzeptanz 218
nominal 45
nominale Aussagen, Nominalaussagen 32
Normalisierung 88
normierte Bewertungsgrößen 50, 54, 61
normierte Wertigkeiten 192
normierter Ergebnisvektor 66
numerische Werteskala 140, 247
Nutzen 241
Nutzenäquivalenz 211
Nutzwertanalyse 228, 241, 253

Objektivität 130, 135, 209, 210
Öffentlichkeitsarbeit 225
ökologische Einflußgrößen 226
Operations Research 253
ordinal 45
ordinale Aussagen, Ordinalaussagen 32

paarweise normierte Wichtigkeiten 160, 165
Pauschalurteil 13, 228, 235
Pflichtenheft 14
Plausibilität 209, 211
politische Einflußgrößen 226
Präferenz 13, 50, 202, 228
Präferenzgrad 202
Präferenzmatrix 228, 238
Präferenzrelation 202
Präzisionskennziffer 205, 206
Primärterm 140, 170
Prinzipkonzept 8
Prinzipskizze 8
probabilistische Anforderungen 18, 31, 32
probabilistische Bewertungsgrößen 228
probabilistische Kriterien 39, 146, 305
probabilistische Werte 5, 38
problemangepaßte Wertfunktionen 93, 122
Produkt-Lebenszyklus 19
Produkt-Mensch-Beziehungen 23
Produktdokumente 35

psychologische Anforderungen 18
psychologische Wertigkeit 200
Punktbewertung 225
Punktbewertungsskala 231

qualitative Aussagen 5
qualitative Kriterien 39, 305
quantitative Werte 5
quantitative Kriterien 39, 305

Random-Index 68
Randwerte 81
Rangfolge 12, 192, 195, 235
Rangfolgeverfahren 228, 235
Referenzfunktion 80
Relationenprüfmatrix 33
relative Bewertungswerte 172
relative Geldgrößen 250
relative Maßzahlen 89
relative Unwichtigkeit 228, 238
Rest-Risiko 223
Risiko 6, 7, 215, 216
Risikoanalyse 217, 252
Risikofall 217
Risikofrequenz 216
Risikokriterium 218
robuste Mittelwerte 212
Robustheit 184, 209, 211, 212

Sättigungsfunktionen 92, 100, 103, 107, 108, 109
scharfe Bewertungsgrößen 228
scharfe Zahlen 90, 129, 148, 159, 247
Schwerpunktsmethode 88
s-Diagramm 234
Sensibilität 209, 213
Sensibilitätsanalyse 213
S-Funktionen 103, 110
Skalierungsmethoden 45
soziologische Einflußgrößen 226
Spätfolgen 226
Spannweite 80, 81
Spezifikationen 14
Stabdiagramm 146
Stärke 198, 228, 234
Stärkediagramm 198, 200, 234, 305
Straffungsfunktionen 92, 95, 106
Subjektivität 46, 211
Supremum 87

Tafelmatrix 50, 64, 132, 305
Technikfolgen 222, 226
Technikfolgen-Abschätzung 250
technisch-wirtschaftliche Bewertung 228, 230, 253
technische Anforderungen 18
technische Stärke 234
technische Wertigkeit 198, 200
technische Wertigkeit 231
Teilwertigkeiten 190, 195, 198, 199, 200, 305
Termine 27
Testverfahren 210
tolerierte Anforderungen 16, 306
Tragweite 178, 216, 217
Transitivität 142
Transitivitätsprinzip 245
Transitivitätsregel 52, 132, 235, 239, 242, 254
Treppenfunktion 146

Umweltbedingungen 19
unabhängige Anforderungen 32
ungewichtete Kriterien 182
unscharfe Bewertungsgrößen 228
unscharfe Kriterien 134
unscharfe Mengen 12, 79, 123, 134, 149, 159, 168, 247, 306
unscharfe Zahlen 12, 79, 149, 247, 306
Unschärfe, unscharf 12, 37, 123, 202, 204
unterstützende Anforderungen 32
Unwichtigkeitsgrenzwert 228, 238
Urteilsfindung 7

Varianten 49
Variantenkonstruktion 34, 215, 306
Verantwortungsbereitschaft 209
verbindliche Anforderungen 22
Verbindungsgrad 204
verhältnismäßige Bewertungsgrößen 51, 56, 61, 68
verhältnismäßige Wichtigkeiten 163, 166
Verteilungsfunktion 147
vertrauensbildende Maßnahmen 210, 211
Vertrauensgrad 158, 209
Vorrangmethode 228, 245

Wachstumsfunktionen 92, 94, 96, 97, 98
Wahrscheinlichkeit 146, 217
Wahrscheinlichkeitsdichte 147, 149

Sachwortverzeichnis

Wahrscheinlichkeitsverteilung 147, 149
Wechselfunktionen 93, 112, 113
Weiterentwicklung 215
Wertanalyse 16
Wertekategorien 40
Werteskala 50
Wertfunktionen 90, 139, 306
Wertigkeiten 5, 12, 182, 185, 186, 190
 195, 236, 306
Wertprofile 177, 201, 306
Wertungszahlen 5, 12, 158, 178, 179,
 190, 195, 236, 306
Wertvorstellungen 91
Wertzuweisungsprozeß 6
Wettbewerbsfähigkeit 157
Wichtigkeiten 49, 158, 159, 306
Wichtigkeitsverhältnis 172
Widerspruchsfreiheit 49
widersprüchliche Anforderungen 32
Widersprüchlichkeit 42
Wirkprinzip 7
Wirksamkeitskennzahl 249
wirtschaftliche Anforderungen 18

wirtschaftliche Stärke 234
wirtschaftliche Wertigkeit 198, 200, 233
Wirtschaftlichkeitsrechnungen 253
Wünsche 15, 306
Wunschforderungen 16

Zielbaum 158, 241
Zieleigenschaften 12
Zielekatalog 241
Zielerfüllungsgrade 228
Zielforderungen 16
Zielkosten 233
Zielpräzisierung 241
Zielrelationenmatrix 33
Zielsystem 241
Zielwerte 12
Zufallsereignis 146
Zufallsgrößen 146, 157
Zufallsvariable 146
Zugehörigkeitsfunktion 79, 83, 84, 86,
 126, 135, 138, 140, 150, 151, 170, 177,
 179, 182, 187, 202, 203, 307
Zuverlässigkeit 155

MIX
Papier aus verantwortungsvollen Quellen
Paper from responsible sources
FSC® C105338

If you have any concerns about our products,
you can contact us on
ProductSafety@springernature.com

In case Publisher is established outside the EU,
the EU authorized representative is:
**Springer Nature Customer Service Center GmbH
Europaplatz 3, 69115 Heidelberg, Germany**

Printed by Libri Plureos GmbH
in Hamburg, Germany